高等职业教育机电类专业"互联网+"创新教材

液 压 传 动

第 3 版

主　编　刘会清　李　芝
副主编　宋晓光　董德波　国树东
参　编　赵起超　徐金帅
主　审　刘　梅

机械工业出版社

本书主要内容包括概论,液压传动基础,液压泵和液压马达,液压缸,液压辅助装置,液压控制阀及液压回路,典型液压传动系统,液压传动系统的设计,液压伺服系统,液压系统的安装与调试,液压系统的使用、维护和故障排除。本书所用的液压元件符号以及液压油牌号等,均采用了现行国家标准;采用双色印刷,突出了重点内容;除第十、十一章外,各章均附有思考题和习题,并在书后给出部分习题的参考答案,便于学生检测学习效果。为了实现信息化教育,本书部分知识点配有二维码资源链接,学生扫码即可观看视频资源。

本书可作为高等职业院校、高等专科学校和成人高等学校机电类、机制类专业教材,也可作为中等职业学校机械类专业的教学用书,还可供相关工程技术人员参考。

本书配有电子课件及素材包,凡使用本书作为教材的教师可登录机械工业出版社教育服务网 www.cmpedu.com 注册后免费下载。咨询电话:010-88379375。

图书在版编目(CIP)数据

液压传动/刘会清,李芝主编. —3 版. —北京:机械工业出版社,2020.1(2025.1重印)

高等职业教育机电类专业"互联网+"创新教材

ISBN 978-7-111-64551-1

Ⅰ.①液… Ⅱ.①刘… ②李… Ⅲ.①液压传动-高等职业教育-教材 Ⅳ.①TH137

中国版本图书馆 CIP 数据核字(2020)第 011096 号

机械工业出版社(北京市百万庄大街 22 号 邮政编码 100037)
策划编辑:刘良超 责任编辑:刘良超
责任校对:杜雨霏 封面设计:严亚萍
责任印制:单爱军
北京虎彩文化传播有限公司印刷
2025 年 1 月第 3 版第 3 次印刷
184mm×260mm·16.75 印张·410 千字
标准书号:ISBN 978-7-111-64551-1
定价:49.80 元

电话服务 网络服务
客服电话:010-88361066 机 工 官 网:www.cmpbook.com
　　　　　010-88379833 机 工 官 博:weibo.com/cmp1952
　　　　　010-68326294 金 书 网:www.golden-book.com
封底无防伪标均为盗版 机工教育服务网:www.cmpedu.com

前　言

液压传动技术是基本的工业控制技术之一。近年来，液压传动技术在航空航天、军工、船舶、工程机械、车辆工程等领域得到了越来越广泛的应用，已经成为自动化生产中不可或缺的先进科学技术之一。随之而来的是工业产品对液压系统的性能和品质提出了更高的要求。因此，液压传动技术必须有与时俱进的创新。

本书共分十一章，本书主要内容包括概论，液压传动基础，液压泵和液压马达，液压缸，液压辅助装置，液压控制阀及液压回路，典型液压传动系统，液压传动系统的设计，液压伺服系统，液压系统的安装与调试，液压系统的使用、维护和故障排除。

本书着重基本概念和原理的阐述，突出理论知识的应用，加强针对性和实用性，注重能力培养，重视过程方法的应用。本书所用的液压元件符号以及液压油牌号等，均采用了现行国家标准。本书采用双色印刷，突出了重点内容，除第十、十一章外，各章均附有思考题和习题，并在书后给出部分习题的参考答案，便于学生检测学习效果。为了实现信息化教育，本书部分知识点配有二维码资源链接，学生扫码即可观看视频资源。

本书由刘会清、李芝担任主编，宋晓光、董德波、国树东担任副主编，赵起超、徐金帅参编。

由于编者水平所限，书中难免有疏漏之处，望广大读者批评指正。

编　者

二维码索引

名　称	图　形	名　称	图　形
伸缩缸		先导式溢流阀	
内啮合渐开线齿轮泵		单杆活塞缸	
单柱塞泵原理图		双作用叶片泵	
回油节流调速回路		手动换向阀	
旁油路节流调速回路		普通单向阀	
流经薄壁小孔时液流变化		液控单向阀	
烧结式过滤器		纸芯式过滤器	
螺杆泵			

目　录

第一章 概 论

液压传动是利用密闭系统中的受压液体来传递运动和动力的一种传动方式。液压传动与机械传动相比具有许多优点，所以在机械设备中，液压传动是被广泛采用的传动方式之一。特别是近年来，液压技术与微电子、计算机技术相结合，进入了一个新的阶段，成为发展速度最快的技术之一。

下面介绍液压传动的工作原理、组成、优缺点及液压传动的应用和发展等内容。

第一节 液压传动的工作原理及组成

一、液压传动的工作原理及组成

（一）液压千斤顶

千斤顶的液压系统是最简单的液压系统，图 1-1 所示为其液压系统的工作原理。它由手动柱塞泵和举升缸两部分构成。手动柱塞泵由杠杆 1、活塞 2、泵体 3、单向阀 4 和 5 等组成；举升缸由活塞 7、液压缸 6、放油阀 8 组成，另外还有油箱 9。其工作过程如下所述。

提起杠杆 1，活塞 2 上升，泵体 3 下腔的密闭容积由小变大，其内压力降低，单向阀 5 关闭，而油箱 9 中的油液则在大气压力的作用下，推开单向阀 4 的钢球，进入并充满泵体 3 的下腔。压下杠杆 1，活塞 2 下降，泵体 3 下腔的密闭容积由大变小，其内压力升高，使单向阀 4 关闭，并使单向阀 5 的钢球受到一个向上的作用力。当这个作用力大于液压缸 6 下腔对它的作用力时，钢球被推开，油液便进入液压缸 6 的

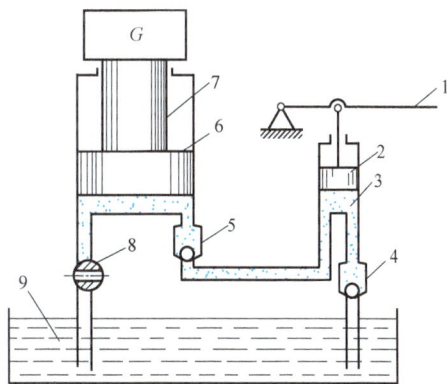

图 1-1 液压千斤顶工作原理
1—杠杆 2、7—活塞 3—泵体 4、5—单向阀
6—液压缸 8—放油阀 9—油箱

下腔（放油阀 8 关闭），推动活塞 7 向上移动。反复提压杠杆 1，就可以使油箱中的油液不断被泵吸入并送到举升缸中，使活塞 7 推举重物不断上升，达到起重的目的。

将放油阀 8 转动 90°，液压缸 6 下腔与油箱连通，重物 G 在重力的作用下向下移动，活塞 7 推动下腔的油液通过阀 8 排回油箱。

从液压千斤顶的工作过程可以看出，液压传动有以下特点。

1）液压传动以液体（一般为矿物油）作为传递运动和动力的工作介质，而且传动中必须经过两次能量转换。其转换过程：首先，通过动力装置（泵等）把机械能转换为液体的

压力能，然后再通过液动机（液压缸或液压马达）把液体的压力能转换为机械能。

2）油液必须在密闭容器（或密闭系统）内传送，而且必须有密闭容积的变化。如果容器不密封，就不能形成必要的压力；如果密闭容积不变化，就不能实现吸油和压油，也就不可能利用受压液体传递运动和动力。

液压传动利用液体的压力能工作，它与在非密闭状态下利用液体的动能或位能工作的液力传动有根本的区别。

（二）简单机床的液压传动系统

机床的液压传动系统要比千斤顶的液压传动系统复杂得多。图1-2a所示为一台简化了的机床往复运动工作台的液压传动系统。

液压缸8固定在床身上，活塞9连同活塞杆带动工作台10做往复运动。液压泵3由电动机驱动，从油箱1中将通过过滤器2过滤的油吸出，并送入密闭的管路内，经节流阀4到换向阀6。当换向阀阀芯处于图1-2a所示的中间位置时，阀孔P、A、B、T均互不相通，液压缸两腔被封闭，活塞和工作台停止不动。

若将换向阀手柄7向右推，使阀芯处于图1-2b所示位置，则阀孔P通A、B通T。此时，压力油经P→A进入液压缸的左腔，缸右腔的油经B→T流回油箱，在左腔液压力的推动下，活塞9连同工作台10向右移动。

若将换向阀手柄7向左推，使阀芯处于图1-2c所示位置，则阀孔P通B、A通T。此时，压力油经P→B进入液压缸的右腔，缸左腔的油经A→T流回油箱，在右腔液压力的推动下，活塞9连同工作台10向左移动。

工作台移动的速度通过节流阀4调节。当转动节流阀的捏手使阀开口增大时，进入液压缸的压力油流量增大，工作台的移动速度提高；关小节流阀，工作台的移动速度即减慢。

转动溢流阀5的调节螺钉，可调节弹簧的预紧力。弹簧的预紧力越大，密闭系统中的油压就越高，工作台移动时能克服的最大负载就越大；预紧力越小，其能得到的最大工作压力就越小，能克服的最大负载也越小。另外，在一般情况下，液压泵输给系统的油量多于液压缸所需要的油量，多余的油须通过溢流阀及时地排回油箱。所以，溢流阀5在该液压系统中起调压、溢流的作用（一般为常开状态）。

从上述两个例子可以看出，液压系统若能正常工作，必须由以下五部分组成。

（1）动力装置　一般由电动机和液压泵组成，其作用是为液压系统提供压力油。它是把原动机输入的机械能转换为液体压力能的能量转换装置。

（2）执行元件　这类元件包括各类液压缸和液压马达，其作用是在压力油的推动下输出力和速度（直线运动），或力矩和转速（回转运动）。它是将液体的压力能转换为运动部件机械能的能量转换装置。

（3）控制调节元件　这类元件主要包括各种液压阀，如溢流阀、节流阀、换向阀及各类组合阀等。其作用是控制或调节液压系统中油的压力、流量或方向，以保证执行装置完成预期的工作。

（4）辅助元件　辅助元件是指油箱、蓄能器、油管、管接头、过滤器、压力表以及流量计等。这些元件分别起散热贮油、蓄能、输油、连接、过滤、测量压力和测量流量等作用，以保证系统正常工作，是液压系统不可缺少的组成部分。

（5）工作介质　工作介质为液压油或其他合成液体。它在液压传动及控制中起传递运

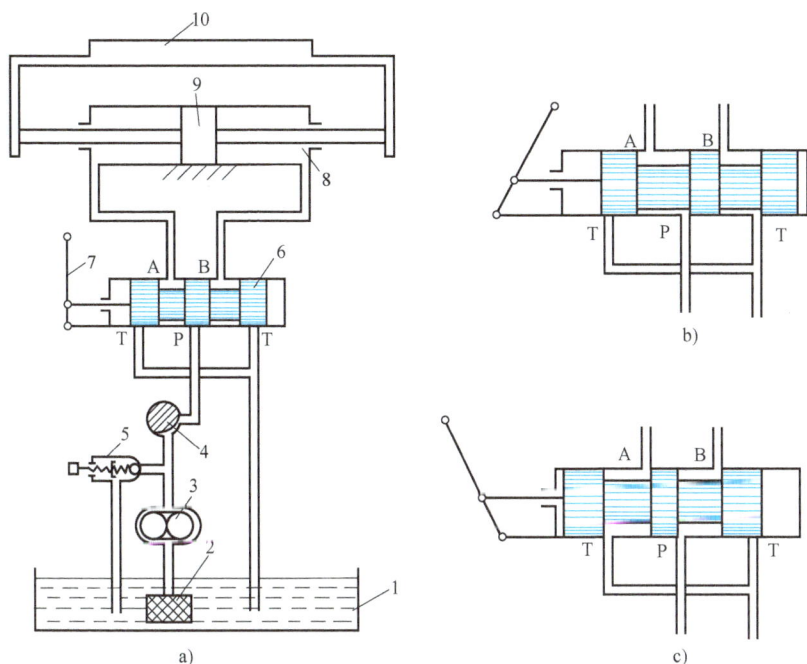

图 1-2 简单机床的液压传动系统

1—油箱 2—过滤器 3—液压泵 4—节流阀 5—溢流阀 6—换向阀
7—换向阀手柄 8—液压缸 9—活塞 10—工作台

动、动力及信号的作用。

二、液压传动系统的图形符号

图 1-1、图 1-2 所示的液压传动系统图是一种半结构式的工作原理图,直观性强,容易理解,但绘制起来比较麻烦,当系统复杂、元件数量多时更是如此。为此,国内外都广泛采用液压元件的图形符号来绘制液压传动系统图。图 1-3 即为用图形符号绘制的图 1-2 所示液压传动系统。

图形符号脱离元件的具体结构,只表示元件的职能。使用这些符号可使液压系统简单明了,便于阅读、分析、设计和绘制。按照规定,液压元件的图形符号应以元件的静止位置或零位来表示。若液压元件无法用图形符号表述时,仍允许采用半结构原理图表示。我国制定的液压元(辅)件图形符号(GB/T 786.1—2009),可参见附录。

第二节 液压传动的优缺点

液压传动与其他传动方式相比,有以下优缺点。

一、液压传动的优点

1)液压传动能输出大的推力或大的转矩,可实现低速大吨位传动,这是其他传动方式所不能比拟的突出优点。

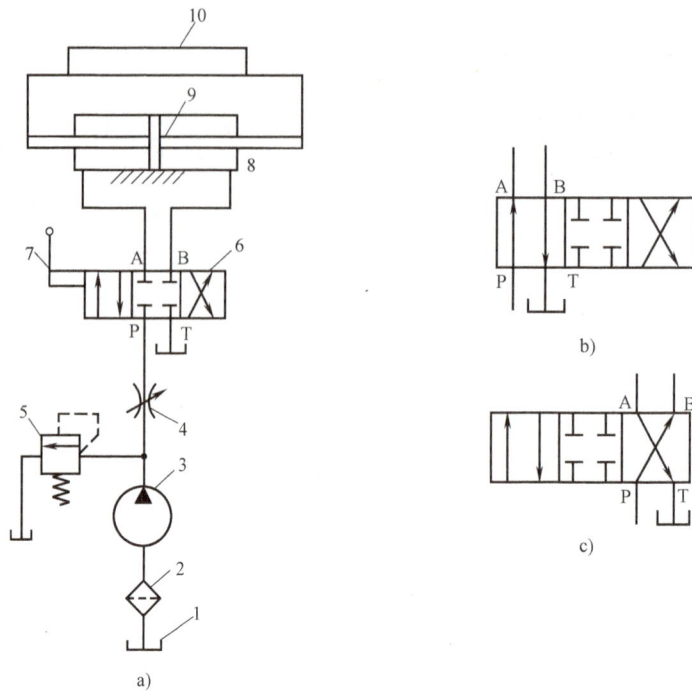

图 1-3 简单机床的液压传动系统（用图形符号绘制）

1—油箱　2—过滤器　3—液压泵　4—节流阀　5—溢流阀　6—换向阀

7—换向阀手柄　8—液压缸　9—活塞　10—工作台

2）液压传动能在大范围内很方便地实现无级调速（调速比范围可达 2000），且可在系统运行过程中调速。

3）在相同功率条件下，液压传动装置体积小、重量轻、结构紧凑。液压元件之间可采用管道连接，或采用集成式连接，其布局、安装有很大的灵活性，可以构成用其他传动方式难以组成的复杂系统。

4）液压传动能使执行元件的运动十分均匀稳定，可使运动部件换向时无换向冲击。而且，由于其反应速度快，故可实现快速起动、制动和频繁换向。

5）液压传动系统操作简单，调整控制方便，易于实现自动化。特别是与机、电、气联合使用，能方便地实现复杂的自动工作循环。

6）液压传动系统便于实现过载保护，使用安全、可靠，不会因过载而造成元件损坏。而且，由于各液压元件中的运动件均在油液中工作，能自行润滑，故元件的使用寿命长。

7）由于液压元件已实现了标准化、系列化和通用化，液压系统的设计、制造、维修都比较方便，且能缩短周期。近年来，叠装、插装技术的应用使液压系统的组装更为容易，从而使其造价进一步降低，液压传动已成为一种比机械传动更经济的选择。

二、液压传动的缺点

1）工作介质的泄漏和液体的可压缩性会影响执行元件运动的准确性，故液压传动系统无法保证严格的传动比，不能用于有严格传动比要求的内传动链中。

2）工作介质对温度的变化比较敏感，工作温度或环境温度的变化对系统工作的影响比较大，故它不宜在很高或很低的温度下工作。

3）液压传动系统工作过程中的能量损失（泄漏损失、溢流损失、节流损失、摩擦损失等）较大，传动效率较低，因而不适宜做远距离传动。

4）为减少泄漏，液压元件的制造和装配精度要求较高，因此液压元件及液压设备的造价较高。而且，液压设备对工作介质的污染比较敏感，要求有较好的工作环境。

5）若液压设备的使用者和维修者工作经验不足，系统出现故障时，不易查找原因。因此，要求使用和维护人员有较高的技术水平。

综上所述，液压传动的优点是主要的、突出的，它的缺点会随着生产技术水平的提高被逐步克服。因此，液压技术的发展十分迅速，它将在现代化生产中发挥更大的作用。

第三节 液压传动的应用和发展

一、液压传动在各类机械中的应用

液压传动在机械设备中的应用非常广泛。有的设备是利用其能传递大的动力，且结构简单、体积小、重量轻的优点，如工程机械、矿山机械、冶金机械等；有的设备是利用它操纵控制方便，能较容易地实现较复杂工作循环的优点，如各类金属切削机床、轻工机械、运输机械、军工机械、各类装载机等。

液压传动在各类机械行业中的应用情况见表 1-1。

表 1-1 液压传动在各类机械行业中的应用

行 业 名 称	应用场所举例
机床工业	磨床、铣床、刨床、拉床、自动和半自动车床、组合机床、数控机床等
工程机械	挖掘机、装载机、推土机、压路机、铲运机等
起重运输机械	汽车吊、港口龙门吊、叉车、装卸机械、带式运输机等
矿山机械	凿岩机、开掘机、开采机、破碎机、提升机、液压支架等
建筑机械	打桩机、液压千斤顶、平地机等
农业机械	联合收割机、拖拉机、农具悬挂系统等
冶金机械	电炉炉顶及电极升降机、轧钢机、压力机等
轻工机械	打包机、注塑机、校直机、橡胶硫化机、造纸机等
汽车工业	自卸式汽车、平板车、高空作业车、汽车中的转向器、减振器等
智能机械	折臂式小汽车装卸器、数字式体育锻炼机、模拟驾驶舱、机器人等

二、液压传动技术的发展概况

液压传动相对于机械传动来说，是一门发展较晚的技术。从 17 世纪中叶帕斯卡提出静压传递原理、18 世纪末英国制成第一台水压机算起，液压传动只有二三百年的历史。19 世纪末德国制成了液压龙门刨床，美国制成了液压转塔车床和磨床。由于缺乏成熟的液压元件，一些通用机床到 20 世纪 30 年代才采用了液压传动。

第二次世界大战期间，由于军事工业需要反应快、动作准确的自动控制系统，促进了液压技术的发展。战后液压技术迅速转向民用。随着工业水平的不断提高，各种液压元件的研制不断完善并实现了各类元件产品的标准化、系列化和通用化，从而使它在机械制造、工程机械、农业机械、汽车制造等行业得到推广应用。

20世纪60年代以来，随着原子能、空间技术、计算机技术的发展，液压技术得到了很大的发展，并渗透到各个工业领域中，开始向高压、高速、大功率、高效率、低噪声、低能耗、经久耐用、高度集成化等方向发展。

从20世纪70年代开始，电子技术和计算机技术迅速发展并进入了液压技术领域，在产品设计、制造和测试方面采用了这些先进技术，取得了显著的效益。利用计算机辅助进行液压元件和液压系统的设计计算、性能仿真、自动绘图以及数据的采集和处理，可提高液压产品的质量，优化性能，降低成本，并大大缩短其生产和交货周期。在设备控制方面，电液控制系统具有高响应、高精度、高功率-重量比、大功率的特点，因而除了应用于导弹、飞机、舰船、坦克、火炮、雷达跟踪系统、近代实验科学之外，还广泛应用到各个工业领域中。

目前，减小液压元件的体积和重量，改进元件的性能、提高元件的寿命，研制新介质、新密封材料、新密封方式，深入研究介质的净化，污染、泄漏和噪声的控制等，均为当前液压技术发展和研究的重要课题。

思考题和习题

1-1　何谓液压传动？液压传动的基本原理是什么？

1-2　液压传动系统若能正常工作，必须由哪几部分组成？各组成部分的作用是什么？

1-3　液压传动与其他传动方式相比，有哪些优缺点？其最突出的优点是什么？其难以克服的缺点是什么？

1-4　根据图1-3画出液压泵、液压缸、节流阀、过滤器的图形符号。

2

第二章 液压传动基础

在液压传动系统中，液体是传递运动和动力的工作介质。液压系统是否能可靠有效地工作，在很大程度上取决于系统中所用的工作介质。因此，了解工作介质的种类、基本性质和主要力学特性，对于正确理解液压传动原理及其规律，从而正确使用液压系统都是非常必要的。这些内容也是液压系统设计和计算的理论基础。

第一节 工 作 介 质

一、工作介质的种类

液压传动及液压控制系统所用工作介质的种类很多，主要可分为石油型、合成型和乳化型三大类，其品种及主要性质见表 2-1。

表 2-1 工作介质的主要类型及性质

性能		可燃性液压油			抗燃性液压油		
		石 油 型			合 成 型		乳 化 型
		通用液压油	抗磨液压油	低温液压油	磷酸酯液	水-乙二醇液	油包水乳化液	水包油乳化液
		L-HL	L-HM	L-HV	L-HFDR	L-HFC	L-HFB	L-HFA
密度/kg·m^{-3}		850~900			1120~1200	1040~1100	920~940	1000
黏度		小至大					小	小
黏度指数 VI	≥	90	95	130	130~180	140~170	130~150	极高
润滑性		优			良			可
缓蚀性		优			良			可
闪点/℃	≥	170~200	170	150~170	难 燃			不燃
凝点/℃	≤	−10	−25	−50~−35	−50~−20	−50	−25	−5

目前，90%以上的液压设备采用石油型液压油。这类工作介质是以石油馏分出的矿油为原料，进一步精炼，去除杂质，并根据需要加入适当的添加剂制成，是多种碳氢化合物的混合物。它所用的添加剂有两类，一类是用以改善其物理性质的，如抗磨剂、增黏剂、降凝剂、防爬剂等；另一类是用以改善其化学性能的，如抗氧化剂、防腐剂、缓蚀剂等。

不同种类的液压油精制的程度不同，添加剂也不同，故适用的场合也不同。石油型液压油主要有通用液压油（L-HL）、液压导轨油（L-HG）、抗磨液压油（L-HM）、低温液压油（L-HV）、高黏度指数液压油（L-HR）和无抑制剂的精制矿油（L-HH）。上述各种油的适用范围见表2-2。

表 2-2　石油型液压油的适用范围

工作介质	黏度等级	应用场合
通用液压油 L-HL	32、46、68	7～14MPa 的液压系统及精密机床液压系统
液压导轨油 L-HG	22、32、46、68	液压与导轨合用的系统，如万能磨床、轴承磨床、螺纹磨床、齿轮磨床等
抗磨液压油 L-HM	32、46、68	−15～70℃ 的高压、高速工程机械和车辆等的液压系统
低温液压油 L-HV	32、46、68	−25℃ 以上的高压、高速工程机械、农业机械和车辆等的液压系统
高黏度指数液压油 L-HR	22、32、46	数控机床及高精密机床的液压系统，如高精度坐标镗床
无抑制剂的精制矿油 L-HH	15、22、32、46、68	7MPa 以下的液压系统，如普通机床液压系统

石油型液压油的黏度较高、润滑性能较好，但其抗燃性较差。

在一些高温、易燃、易爆的工作场合，为安全起见，其液压系统常使用合成型和乳化型工作介质，这类介质的抗燃性能较好。

二、工作介质的主要性质

液压系统的工作介质为液体。对液压系统来讲，液体性质中对其正常工作影响最大的性质是液体的黏性和可压缩性。

（一）液体的黏性

1. 黏性的含义

液体在外力的作用下流动时，液体分子间的内聚力阻碍分子相对运动，而在液体内部产生摩擦力。液体流动时，其内部产生摩擦力的性质即称为液体的黏性。

2. 牛顿内摩擦定律

由大量实验测定可知，液体流动时，相邻液层之间的内摩擦力 F 与液层间的接触面积 A、液层间的相对运动速度 $\mathrm{d}v$ 成正比，而与液层间的距离 $\mathrm{d}y$ 成反比，即

$$F = \mu A \mathrm{d}v/\mathrm{d}y \tag{2-1}$$

若用单位接触面积上的内摩擦力 τ（切应力）来表示，则上式可改写成

$$\tau = \mu \mathrm{d}v/\mathrm{d}y \tag{2-2}$$

式中　μ——比例系数，也称为液体的黏性系数或黏度。

　　$\mathrm{d}v/\mathrm{d}y$——相对运动速度对液层间距离的变化率，也称为速度梯度或剪切率。

式（2-2）表达的就是牛顿内摩擦定律。

在液体静止时，由于 $\mathrm{d}v=0$，内摩擦力 F 为零，因此，液体在静止状态时不呈现黏性。

3. 液体的黏度

液体黏性的大小用黏度来表示。常用的黏度有三种：动力黏度、运动黏度和相对黏度。

（1）动力黏度 μ　动力黏度 μ 是表征流动液体内摩擦力大小的黏性系数。其量值等于液体在以单位速度梯度（$\mathrm{d}v/\mathrm{d}y=1$）流动时，液层接触面单位面积上的内摩擦力，即

$$\mu = F/(A\mathrm{d}v/\mathrm{d}y) = \tau/(\mathrm{d}v/\mathrm{d}y) \tag{2-3}$$

在我国法定计量单位及 SI 单位中，动力黏度的单位是 Pa·s（帕·秒）。

（2）**运动黏度** ν 液体动力黏度 μ 与其密度 ρ 的比值称为该液体的运动黏度 ν，即

$$\nu = \mu/\rho \tag{2-4}$$

运动黏度无明确的物理意义，因为在其单位中只有长度和时间的量纲，类似于运动学的量，故称为运动黏度。它是液体性质及其力学特性研究、计算中常用的一个物理量。各类液压油的牌号，就是按油的运动黏度来标定的。

在我国法定计量单位及 SI 单位中，运动黏度 ν 的单位是 $\mathrm{m^2/s}$。由于该单位偏大，实际上常用 $\mathrm{cm^2/s}$ 或 $\mathrm{mm^2/s}$。它们之间的关系为

$$1\mathrm{m^2/s} = 10^4\mathrm{cm^2/s} = 10^6\mathrm{mm^2/s} \tag{2-5}$$

国际标准 ISO 和我国标准规定，工作介质按其在一定温度下运动黏度的平均值来标定黏度等级。例如，L-AN32 就是指这种油在温度为 40℃时，其运动黏度 ν 的平均值为 $32\mathrm{mm^2/s}$。

我国液压油的旧牌号是按温度为 50℃时运动黏度的平均值来标定的。例如，原来的 20 号机械油，在温度为 50℃时运动黏度的平均值为 $20\mathrm{mm^2/s}$。表 2-3 为全损耗系统用油新旧牌号的黏度对照表。

表 2-3 全损耗系统用油新、旧牌号的黏度对照表

新牌号	L-AN7	L-AN10	L-AN15	L-AN22	L-AN32	L-AN46	L-AN68	L-AN100	L-AN150
旧牌号	5	7	10	15	20	30	40	60	80

（3）**相对黏度** 相对黏度又称条件黏度。它是采用特定的黏度计在规定的条件下测出来的液体黏度。测量条件不同，采用的相对黏度单位也不同。例如，我国、德国、俄罗斯采用恩氏黏度（°E），美国采用国际赛氏黏度（SSU），英国采用商用雷氏黏度（″R）等。

恩氏黏度用恩氏黏度计测定。温度为 t（℃）的 $200\mathrm{cm^3}$ 被测液体由恩氏黏度计的小孔中流出所用的时间 t_1，与温度为 20℃的 $200\mathrm{cm^3}$ 蒸馏水由恩氏黏度计的小孔中流出所用的时间 t_2（通常 $t_2=51\mathrm{s}$）之比，称为该被测液体在温度 t（℃）下的恩氏黏度，记为 $°\mathrm{E}_t$，即

$$°\mathrm{E}_t = t_1/t_2 = t_1/(51\mathrm{s}) \tag{2-6}$$

恩氏黏度与运动黏度（单位为 $\mathrm{mm^2/s}$）的换算关系为

当 $1.3 \leqslant °\mathrm{E} \leqslant 3.2$ 时 $\qquad \nu = 8°\mathrm{E} - 8.64/°\mathrm{E} \tag{2-7}$

当 $°\mathrm{E} > 3.2$ 时 $\qquad \nu = 7.6°\mathrm{E} - 4/°\mathrm{E} \tag{2-8}$

（4）**调合油的黏度** 选择黏度合适的液压油，对液压系统的工作性能有着重要的作用。但有时现有油液的黏度不符合要求，这时可把两种不同黏度的油液混合起来使用，这种混合油称为调合油。调合油的黏度可用下面的经验公式计算

$$°\mathrm{E} = \frac{a°\mathrm{E}_1 + b°\mathrm{E}_2 - c(°\mathrm{E}_1 - °\mathrm{E}_2)}{100} \tag{2-9}$$

式中 $°\mathrm{E}_1$、$°\mathrm{E}_2$——混合前两种油的黏度，$°\mathrm{E}_1 > °\mathrm{E}_2$；

$\quad$ $°\mathrm{E}$——混合后调合油的黏度；

$\quad$ a、b——参与调合的两种油液各占的体积百分数（$a+b=100$）；

$\quad$ c——实验系数（见表 2-4）。

表 2-4 实验系数 c 的数值

a	10	20	30	40	50	60	70	80	90
b	90	80	70	60	50	40	30	20	10
c	6.7	13.1	17.9	22.1	25.5	27.9	28.2	25	17

4. 温度对黏度的影响

温度的变化使液体的内聚力发生变化，因此液体的黏度对温度的变化十分敏感。温度升高时，液体分子间的内聚力减小，其黏度下降（见图 2-1），这一特性称为黏-温特性。

液体的黏-温特性常用黏度指数 VI 来度量。VI 表示该液体的黏度变化的程度与标准液的黏度变化程度之比。通常在各种工作介质的质量标准中都给出黏度指数。黏度指数高，说明黏度随温度的变化小，其黏-温特性好。

一般要求工作介质的黏度指数应在 90 以上。当液压系统的工作温度范围较大时，应选用黏度指数较高的工作介质。

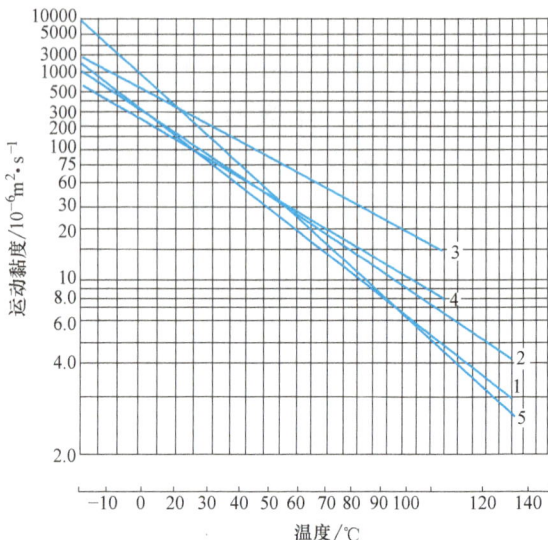

图 2-1 黏度与温度间的关系
1—石油型普通液压油 2—石油型高黏度指数液压油
3—水包油乳化液 4—水-乙二醇液 5—磷酸酯液

5. 压力对黏度的影响

液体所受的压力增大时，其分子间的距离将减小，于是其内聚力增加，黏度也随之增大。但这种影响在中低压时并不明显，可以忽略不计。当压力较大时（大于 10MPa）或压力变化较大时，压力对黏度的影响才趋于显著。压力对黏度的影响可用下式计算

$$\nu_p = \nu(1 + \alpha p) \tag{2-10}$$

式中　ν_p——压力为 p 时液体的运动黏度；

ν——大气压（101.325kPa）下液体的运动黏度；

α——决定于液体黏度和温度的系数（10^5Pa）$^{-1}$，一般取 $\alpha = 0.003$（10^5Pa）$^{-1}$；

p——液体的压力（10^5Pa）。

6. 气泡对黏度的影响

液体中混入直径为 0.25~0.5mm 悬浮状态的气泡时，对液体的黏度有一定的影响，其值可按下式计算

$$\nu_b = \nu_0(1 + 0.015b) \tag{2-11}$$

式中　b——混入空气的体积百分数；

ν_b——混入 $b\%$ 的空气时，液体的运动黏度；

ν_0——不含空气时液体的运动黏度。

(二) 液体的可压缩性

液体因所受压力增高而发生体积缩小的性质称为可压缩性。若压力为 p_0 时液体的体积

为 V_0，当压力增加 Δp 时，液体的体积减小 ΔV，则液体在单位压力变化下的体积相对变化量为

$$k = -\frac{1}{\Delta p}\frac{\Delta V}{V_0} \tag{2-12}$$

式中 k——液体的压缩系数。

由于压力增加时液体的体积减小，因此式（2-12）的右边须加一负号，以使 k 为正值。

液体压缩系数 k 的倒数 K，称为液体的体积模量，即 $K = 1/k$。

表 2-5 列出了各种工作介质的体积模量。由表中数值可见，石油基液压油的可压缩性是钢的 $100\sim170$ 倍（钢的弹性模量为 2.1×10^5 MPa）。

表 2-5　各种工作介质的体积模量（20℃，101.325kPa）

介质种类	体积模量 K/MPa	介质种类	体积模量 K/MPa
石油基液压油	$(1.4\sim2)\times10^3$	水-乙二醇液	3.45×10^3
水包油乳化液	1.95×10^3	磷酸酯液	2.65×10^3
油包水乳化液	2.3×10^3		

一般情况下，工作介质的可压缩性对液压系统的性能影响不大，但在高压下或研究系统的动态性能时，则必须予以考虑。由于空气的可压缩性很大，所以当工作介质中有游离气泡时，K 值将大大减小。因此，一般建议对石油基液压油 K 值取为 $(0.7\sim1.4)\times10^3$ MPa，且应采取措施尽量减少液压系统工作介质中游离空气的含量。

（三）液体的其他性质

液压系统的工作介质还有许多性质，物理性质有密度、润滑性、缓蚀性、闪点、凝点、抗燃性、抗凝性、抗泡沫性以及抗乳化性等；化学性质有热稳定性、氧化稳定性、水解稳定性和对密封材料不浸蚀、不溶胀性等，均可由液压工程手册中查到。各种工作介质的主要物理性质可见表 2-1。

三、工作介质的选择

正确合理地选择工作介质，对液压系统适应各种环境条件和工作状况的能力，延长系统和元件的寿命，提高设备运转的可靠性以及防止事故发生等，都有重要影响。

对于各类液压系统，选择工作介质的类型和牌号时主要考虑以下几个因素。

1. 根据液压设备的类型及工作条件选择

对石油型液压油的选择可参考表 2-6。

表 2-6　选择工作介质时应考虑的因素

考虑因素分类	内　容
系统工作环境	要否阻燃（闪点、燃点）；抑制噪声的能力（空气溶解度、消泡性）；废液再生处理及环保要求
系统工作条件	压力范围（润滑性、承载能力）；温度范围（黏度、黏-温特性、剪切损失、热稳定性等）
工作介质的品质	物理化学指标；对金属和密封件的相容性；过滤性能、吸气情况、去垢能力；缓蚀性、抗氧化稳定性；剪切稳定性
经济性	价格及使用寿命；货源情况；维修、更换难易程度

2. 工作介质黏度的选择

工作介质的黏度对液压系统性能的影响最大。黏度太高，管路的压力损失太大，发热也大，会使系统的效率降低；黏度太低，则系统的泄漏量过多，使系统的容积效率降低。因此，应选用能使液压系统正常、高效和长时间运转的合适黏度的液压油。

液压系统的所有元件中，液压泵的转速最高，压力最大，温度也较高。一般应根据液压泵的要求来确定液压油的黏度。表2-7是各种液压泵用油的黏度范围及推荐牌号，选择时可以参考。

表2-7 液压泵用油的黏度范围及推荐牌号

名　称	运动黏度/mm² · s⁻¹		工作压力 /MPa	工作温度 /℃	推荐用油
	允许	最佳			
叶片泵 1200r/min 叶片泵 1800r/min	16～220 20～220	26～54 25～54	7	5～40	L-HH32, L-HH46
				40～80	L-HH46, L-HH68
			>14	5～40	L-HL32, L-HL46
				40～80	L-HL46, L-HL68
齿轮泵	4～220	25～54	<12.5	5～40	L-HL32, L-HL46
				40～80	L-HL46, L-HL68
			10～20	5～40	
				40～80	L-HM46, L-HM68
			16～32	5～40	L-HM32, L-HM68
				40～80	L-HM46, L-HM68
径向柱塞泵 轴向柱塞泵	10～65 4～76	16～48 16～47	14～35	5～40	L-HM32, L-HM46
				40～80	L-HM46, L-HM68
			>35	5～40	L-HM32, L-HM68
				40～80	L-HM68, L-HM100
螺杆泵	19～49		>10.5	5～40	L-HL32, L-HL46
				40～80	L-HL46, L-HL68

一般说来，液压系统的工作压力较高或环境温度较高时，宜选用黏度较高的液压油，以减少泄漏；工作部件的运动速度较高时，应选用黏度较低的液压油，以减少摩擦损失。

四、工作介质的使用及其污染的控制

要长时间地保持液压系统高效而可靠的工作，除了选好工作介质以外，还必须对工作介质进行合理的使用和正确的维护。工作介质维护的关键是控制污染。统计表明，工作介质的污染是液压系统发生故障的主要原因。其污染的原因、危害及其控制措施简述如下。

1. 污染的原因

工作介质遭受污染的原因是多方面的。工作介质中的杂质主要有外界侵入的和工作过程中产生的两类。

1）从外界环境中混入的污染物，主要是空气、尘埃、切屑、棉纱、水滴、冷却用乳化液等。

2）在液压系统安装或修理时残留下来的污染物主要有铁屑、毛刺、焊渣、铁锈、砂粒、涂料渣、清洗液等。

3）在工作过程中系统内产生的污染物，主要有液压油变质后的胶状生成物、涂料及密封件的剥离物、金属氧化后剥落的微屑等。

2. 污染的危害

工作介质被污染后，将对液压系统和液压元件产生下述不良后果：

1）固体颗粒、胶状物、棉纱等杂物，会加速元件的磨损；堵塞阀件的小孔和缝隙；堵塞过滤器，使阀的性能下降或动作失灵；使泵吸油困难并产生噪声，还能擦伤密封件，使油的泄漏量增加。

2）水分、清洗液、涂料、漆屑等混入液压油中后，会降低油的润滑性能并使油液氧化变质。空气的混入，会使系统工作不稳定，产生振动、噪声、低速爬行及起动时突然前冲的现象；还会使管路狭窄处产生气泡，加速元件的氧化腐蚀。

3. 控制工作介质污染的常用措施

(1) 严格清洗元件和系统 液压元件、油箱和各种管件在组装前应严格清洗，组装后应对系统进行全面彻底地冲洗，并将清洗后的介质换掉。

(2) 防止污染物侵入 在设备运输、安装、加注和使用过程中，都应防止工作介质被污染。介质注入时，必须经过过滤器；油箱通大气处要加空气过滤器；采用密闭油箱，防止尘土、磨料和冷却液侵入等；维修拆卸元件应在无尘区进行。

(3) 控制工作介质的温度 应采用适当措施（如水冷、风冷等），控制系统的工作温度，以防止温度过高，造成工作介质氧化变质，产生各种生成物。一般液压系统的温度应控制在65℃以下，机床的液压系统应更低一些。

(4) 采用高性能的过滤器 研究表明，由于液压元件相对运动表面间间隙较小，如果采用高精度的过滤器能有效地控制$1 \sim 5 \mu m$的污染颗粒，液压泵、液压马达、各种液压阀及液压油的使用寿命均可大大延长，液压故障也会明显减少。另外，必须定期检查和清洗过滤器或更换滤芯。

(5) 定期检查和更换工作介质 每隔一定时间，要对系统中的工作介质进行抽样检查，分析其污染程度是否还在系统允许的使用范围内，如不符合要求，应及时更换。在更换新的工作介质前，必须对整个液压系统进行彻底清洗。

第二节　液体静力学基础

液体静力学主要研究液体处于相对平衡状态下的力学规律及这些规律的实际应用。这里所说的相对平衡是指液体内部各个质点之间没有相对位移。

一、液体的静压力及其特性

（一）液体的静压力

当液体相对静止时，液体单位面积上所受的法向力称为液体的静压力。它在液压传动中简称压力，在物理学中则称为压强。压力通常用p表示

$$p = F/A \tag{2-13}$$

在SI单位中，压力的单位为Pa（帕）或N/m^2（牛/米^2）。由于Pa单位太小，工程上

使用不便，因而常用 kPa（千帕）和 MPa（兆帕）。

$$1\,MPa = 10^3\,kPa = 10^6\,Pa$$

在液压技术中，原来常用的单位还有 bar（巴）和 kgf/cm^2（千克力每平方厘米），现已不用，它们之间的关系为

$$1\,bar = 10^5\,Pa = 0.1\,MPa = 1.02\,kgf/cm^2 \tag{2-14}$$

（二）液体静压力的性质

1）液体的压力沿着内法线方向作用于承压面，即静止液体只承受法向压力，不承受剪切力和拉力，否则就破坏了液体静止的条件。

2）静止液体内，任意点处所受到的静压力各个方向都相等。如果在液体中某点受到各个方向的压力不相等，那么液体就会产生运动，也就破坏了液体静止的条件。

液压系统中实际流动的液体具有黏性，而且因管道截面积不同或在截面中的位置不同，各点的流速不同，即液体不是处于平衡状态的静止液体。但实测表明，在密闭系统中流动的液体，其压力与受相同外载下静压力的数值相差很小。

（三）液压系统中工作压力的分级

液压设备的用途不同，其液压系统所需要的工作压力也不同。为了便于液压元件的设计、生产和使用，将压力分为几个等级，列于表 2-8 中。

表 2-8　压力分级

压力等级	低压	中压	中高压	高压	超高压
压力/MPa	≤2.5	>2.5~8	>8~16	>16~32	>32

二、液体静力学基本方程

在外力作用下的静止液体，如图 2-2a 所示。除了液体的重力、液面上的压力 p_0 以外，还有容器壁面对液体的压力。若要求得液体离液面深度为 h 的 A 点处的压力，可以在液体内取出一个底面通过该点，底面积为 ΔA 的垂直小液柱，如图 2-2b 所示。小液柱的上顶与液面重合，这个小液柱在重力 $G(G = mg = \rho Vg = \rho \Delta Ahg)$ 及周围液体的压力作用下，处于平衡状态，于是有

$$p\Delta A = p_0 \Delta A + \rho \Delta Ahg$$

即

$$p = p_0 + \rho gh \tag{2-15}$$

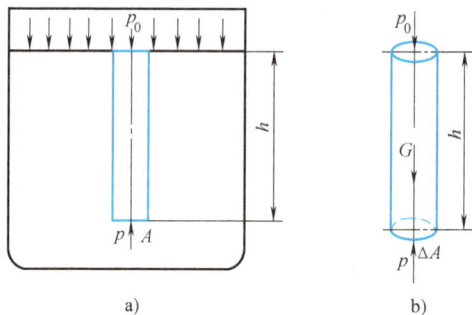

图 2-2　静止液体内压力分布规律

式（2-15）即为液体静压力的基本方程。由此式可知：

1）静止液体内任一点处的压力由两部分组成，一部分是液面上的压力 p_0，另一部分是 ρg 与该点离液面深度 h 的乘积。当液面上只受大气压力 p_a 作用时，点 A 处的静压力应为

$$p = p_a + \rho gh \tag{2-16}$$

2）同一容器（同一系统）中，同一种液体内的静压力随液体深度 h 的增加而线性地增加。

3）连通器内同一种液体中，深度相同处的压力都相等。由压力相等的点组成的面称为等压面。在重力作用下，静止液体中的等压面是一个水平面。

液压传动系统中的工作介质由于自重造成的压差可按 $\Delta p = \rho g h$ 计算。例如，高度为 3m 的立式组合机床，若其液压系统的工作压力为 5MPa，液压油的密度为 900kg/m³，油管的高度差为 2.8m，$g = 9.8\text{m/s}^2$，那么油管中的油因自重而造成的压差为 $\Delta p = 900 \times 9.8 \times 2.8\text{Pa} = 24696\text{Pa}$。可见，该数值与系统的工作压力相比是很小的。而卧式设备高度小，其液压系统管道中因油液自重而引起的压差则更小。所以在液压系统中，由液体自重所产生的压力可以忽略不计。

三、压力的传递

由静力学方程可知，静止液体中任一点处的压力都包含了液面上的压力 p_0。这就是说，在密闭容器中，由外力作用所产生的压力可以等值地传递到液体内部所有各点。这就是帕斯卡原理，或称静压力传递原理。

在液压传动系统中，由于由液体的自重所产生的压力忽略不计，故在液体内部各点的压力也就处处相等了。

例 2-1　图 2-3 所示为相互连通的两个液压缸，若大缸的直径 D 为 30cm，小缸的直径 d 为 3cm，在小活塞上加一重物（W）为 20kg，问大活塞能顶起重物的重量 G 为多少？

图 2-3　帕斯卡原理的
应用实例

解　根据帕斯卡原理，由重物产生的压力 p 在两缸中的数值应相等，即

$$p = \frac{4W}{\pi d^2} = \frac{4G}{\pi D^2}$$

故大活塞能顶起重物的重量 G 为

$$G = \frac{D^2}{d^2} W = \frac{30^2}{3^2} \times 20\text{kg} = 2000\text{kg}$$

由上例可知，液压装置具有力的放大作用。液压压力机、液压千斤顶和我国制造的万吨水压机等，都是利用这个原理进行工作的。

若 $G = 0$，则 $p = 0$；G 的数值越大，将其顶起来所需的压力 p 也越大，这说明了液压系统内工作压力的大小取决于外负载的大小。

四、绝对压力、相对压力和真空度

压力的表示方法有两种：一种是以绝对真空作为基准所表示的压力，称为绝对压力；另一种是以大气压力作为基准所表示的压力，称为相对压力。由于大多数测压仪表所测的压力都是相对压力，所以相对压力也称为表压力。绝对压力和相对压力的关系如下：

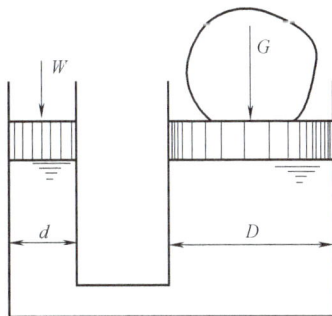

相对压力=绝对压力−大气压力[⊖]

当绝对压力小于大气压力时，比大气压力小的那部分压力数值称为真空度。即

真空度=大气压力−绝对压力

绝对压力、相对压力及真空度的相对关系如图 2-4 所示。

五、液体作用在固体壁面上的力

具有一定压力的液体与固体壁面相接触时，固体壁面上各点在某一方向上所受油压作用力的总和，即为液体在该方向上作用于固体壁面上的力。当不计油的自重对压力的影响时，可以认为作用于固体壁面上的压力是均匀分布的。

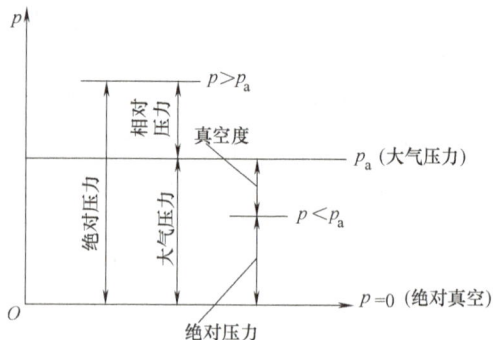

图 2-4　绝对压力、相对压力及真空度

当固体壁面是一个平面时，如图 2-5a 所示，则液压力作用在活塞（活塞直径 D、面积为 A）上的力 F 为

$$F = Ap = \frac{\pi D^2}{4}p \tag{2-17}$$

当固体壁面是一个曲面时，作用在曲面各点的液体压力是不平行的，但是其大小是相等的，因而作用在曲面上的总作用力在不同方向也就不同。因此，必须先明确要计算的是曲面上哪一个方向的力。

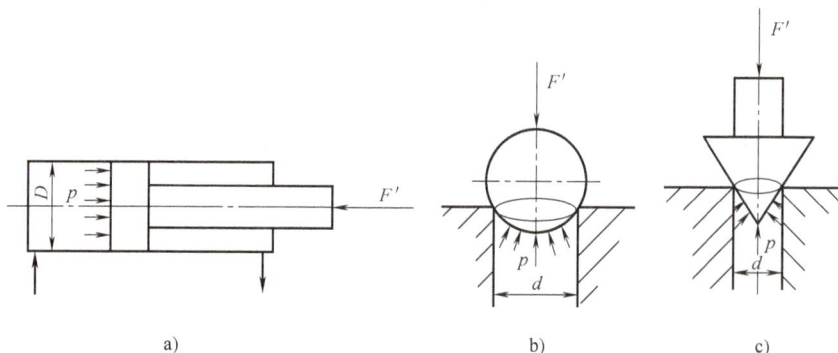

a)　　　　　　　　　　b)　　　　　　　　　c)

图 2-5　液压力作用在固体壁面上的力

如图 2-5b、c 所示的球面和圆锥面，若要求液压力 p 沿垂直方向作用在球面和圆锥面上，其力 F（与图中 F' 方向相反）就等于压力作用在该部分曲面在垂直方向的投影面积 A 与压力 p 的乘积，其作用点通过投影圆的圆心，其方向向上，即

$$F = pA = p\frac{\pi}{4}d^2 \tag{2-18}$$

式中　d——承压部分曲面投影圆的直径。

由此可见，曲面上液压作用力在某一方向上的分力等于液体压力与曲面在该方向的垂直面内投影面积的乘积。

　⊖　一个标准大气压=101.325kPa。

第三节 流动液体动力学基础

本节主要讨论液体在外力作用下流动时的运动规律及液体流动时其能量的转换关系。

一、基本概念

(一) 理想液体和恒定流动

由于实际液体具有黏性和可压缩性,因而液体在外力作用下流动时有内摩擦力;液体压力变化时,其体积也会发生变化。这就增加了讨论流动液体运动规律问题的难度。为简化起见,在讨论该问题前,首先将液体假定为无黏性和不可压缩的理想液体;然后再根据实验结果,对所得到的理想液体运动的基本规律、能量转换关系等进行修正和补充,使之更加符合实际液体流动时的情况。

液体流动时,若液体中任一点处的压力、流速和密度不随时间变化而变化,则称为恒定流动;反之,若液体中任一点处的压力、流量或密度中有一个参数随时间变化而变化,则称为非恒定流动。同样,为使问题讨论简便,也常先假定液体在做恒定流动。

(二) 流量和平均流速

流量和平均流速是描述液体流动的两个基本参数。液体在管道内流动时,通常将垂直于液体流动方向的截面称为通流截面或过流断面。

1. 流量

单位时间内流过某 过流断面液体的体积 V 称为体积流量,简称流量,用 q_V 表示,即

$$q_V = V/t \qquad (2\text{-}19)$$

其单位在国际单位制中为 m^3/s,工程上常用的单位为 L/min。二者的换算关系为

$$1 m^3/s = 6 \times 10^4 L/min$$

2. 流速

流速是指液流质点在单位时间内流过的距离,即 $u = s/t$。在国际单位制中,其单位为 m/s,工程中的常用单位为 m/min。

3. 平均流速

由于液体具有黏性,液体在管道中流动时,在同一截面内各点的流速是不相同的,其分布规律为抛物线体,如图2-6所示。其中心线处流速最高(为平均流速的2倍),而边缘处流速为零,计算、

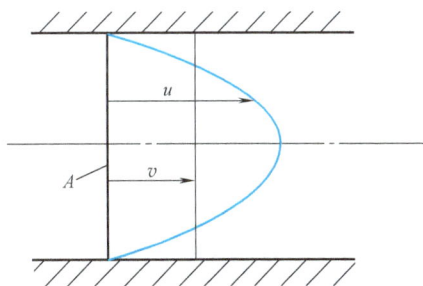

图 2-6 实际流速和平均流速

使用很不方便。在实际工程中,平均流速才具有应用价值。因此,常假定过流断面上各点的流速均匀分布,从而引入平均流速的概念。平均流速 v 是指过流断面通过的流量 q_V 与该过流断面面积 A 的比值,即

$$v = q_V/A \qquad (2\text{-}20)$$

引入平均流速后,液体在液压缸中的平均流速与活塞的运动速度相同,从而可以建立液

压缸有效作用面积 A、流量 q_V 和活塞运动速度 v 之间的一般关系式，即

$$q_V = Av \qquad (2\text{-}21)$$

或

$$v = q_V / A \qquad (2\text{-}22)$$

式（2-22）表明，当液压缸的有效面积一定时，活塞运动速度的大小取决于进入液压缸流量的多少。

（三）层流、湍流和雷诺数

液体流动时，有两种基本流态：层流和湍流。这可通过实验来观察，实验装置如图 2-7a 所示。

图中水箱 4 有一隔板 1，当向水箱中连续注入清水时，隔板可保持水位不变。先微微打开开关 7 使箱内清水缓缓流出，然后打开开关 3。这时可看到水杯 2 内的颜色水呈一条直线流束（见图 2-7b）。这表明，水管中的水流是分层的，而且层与层之间互不干扰，这种流动状态称为层流。

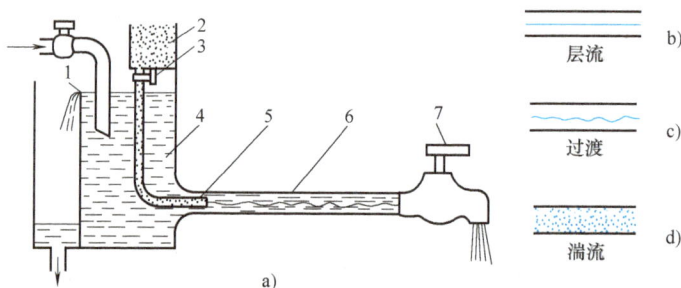

图 2-7　雷诺实验装置

1—隔板　2—水杯　3、7—开关　4—水箱　5—细导管　6—玻璃管

逐渐开大开关 7，管内液体的流速随之增大，颜色水的流束逐渐产生振荡（见图 2-7c），而当流速超过一定值后，颜色水流到玻璃管中便立即与清水混杂，水流的质点运动呈极其紊乱的状态，这种流动状态称为湍流（见图 2-7d）。

实验证明，液体的流动状态不仅与液体在管中的流速 v 有关，还与管径 d 和液体的运动黏度 ν 有关。以上三个参数组成的一个量纲为 1 的数就称为雷诺数，用 Re 表示，即

$$Re = vd/\nu \qquad (2\text{-}23)$$

式中　v——液体在管中的流速（m/s）；

　　　d——管道的内径（m）；

　　　ν——液体的运动黏度（m²/s）。

管中液体的流态随雷诺数的不同而改变，因而可以用雷诺数作为判别液体在管道中流态的依据。一般把层流转变为湍流时的雷诺数称为临界雷诺数 Re_L。当 $Re < Re_L$ 时为层流；当 $Re > Re_L$ 时为湍流。

各种管道的临界雷诺数可以由实验求得。常见管道的临界雷诺数列入表 2-9 中。

液体在管道中流动时，若为层流，则其能量损失较小；若为湍流，则能量损失较大。所以，在液压传动系统设计时，应考虑尽可能使液体在管道中为层流状态。

表 2-9　常见管道的临界雷诺数

管道的形状	临界雷诺数 Re_L	管道的形状	临界雷诺数 Re_L
光滑金属管	2300	带沉割槽的同心环状缝隙	700
橡胶软管	1600~2000	带沉割槽的偏心环状缝隙	400
光滑的同心环状缝隙	1100	圆柱形滑阀阀口	260
光滑的偏心环状缝隙	1000	锥阀阀口	20~100

二、液流连续性方程

液流连续性方程是质量守恒定律在流体力学中的一种表达方式。

理想液体在管道中恒定流动时，由于它不可压缩，在压力作用下，液体中间也不可能有空隙，所以液体流经管道每一个截面的流量应相等，这就是液流连续性原理。

由液流连续性原理可知，图 2-8 所示管道的截面 1 和截面 2 处的流量相等，即 $q_{V_1} = q_{V_2}$。由于 $q_{V_1} = A_1 v_1$，$q_{V_2} = A_2 v_2$（A_1、A_2、v_1、v_2 分别为截面 1、2 处的截面积和流速），故有

$$A_1 v_1 = A_2 v_2 \qquad (2\text{-}24)$$

式（2-24）即称为液流连续性方程。由于截面 1、2 是任意取定的，所以它表明，在同一管道中，任意两个截面的流量都相等。该式还可以改写成

$$v_1 / v_2 = A_2 / A_1 \qquad (2\text{-}25)$$

即同一管道中各个截面的平均流速与过流断面面积成反比，管子细的地方流速大，管子粗的地方流速小。显然，在液压传动系统中，液压缸内的流速最低，而与其连通的进、出油管由于其直径要小得多，故管内液体的流速也就比缸内液体的流速快得多。同理，液体在管道的狭窄处或小孔中的流速要比在管道中的流速高得多。

三、伯努利方程

流动的液体不仅具有压力能和位能，而且由于它有一定的流速，因而还具有动能。伯努利方程是能量守恒定律在流体力学中的一种表达形式。

（一）理想液体的伯努利方程

图 2-9 所示为一液流管道，假定理想液体在管道中做恒定流动。质量为 m、体积为 V 的

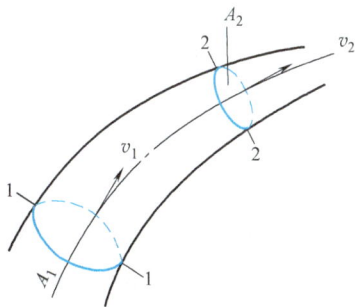

图 2-8　液流的连续性原理

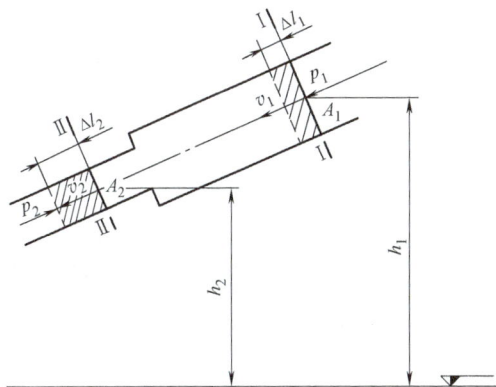

图 2-9　伯努利方程示意图

液体，流经该管任意两个截面积分别为 A_1、A_2 的断面 Ⅰ—Ⅰ、Ⅱ—Ⅱ。设两断面的流速分别为 v_1、v_2，压力为 p_1、p_2，中心高度为 h_1、h_2。若在很短时间内，液体通过两断面的距离为 Δl_1、Δl_2，则液体在两断面处时所具有的能量为

	Ⅰ—Ⅰ断面	Ⅱ—Ⅱ断面
动能	$(1/2)\,mv_1^2$	$(1/2)\,mv_2^2$
位能	mgh_1	mgh_2
压力能	$p_1A_1\Delta l_1 = p_1V = p_1m/\rho$	$p_2A_2\Delta l_2 = p_2V = p_2m/\rho$

（因为 $\rho = m/V$，所以 $V = m/\rho$）

流动液体具有的能量也遵守能量守恒定律，因此可写成

$$(1/2)\,mv_1^2 + mgh_1 + p_1m/\rho = (1/2)\,mv_2^2 + mgh_2 + p_2m/\rho$$

上式简化后得

$$\frac{1}{2}v_1^2 + gh_1 + \frac{p_1}{\rho} = \frac{1}{2}v_2^2 + gh_2 + \frac{p_2}{\rho} \qquad (2\text{-}26\text{a})$$

或

$$\frac{1}{2}\rho v_1^2 + \rho gh_1 + p_1 = \frac{1}{2}\rho v_2^2 + \rho gh_2 + p_2 \qquad (2\text{-}26\text{b})$$

式（2-26）称为理想液体的伯努利方程，也称为理想液体的能量方程。其物理意义是：在密闭的管道中作恒定流动的理想液体具有三种形式的能量（动能、位能、压力能），在沿管道流动的过程中，三种能量之间可以互相转化，但是在管道任一断面处三种能量的总和是一常量。两式的含义相同，只是表达方式不同。式（2-26a）是将液体所具有的能量以单位质量液体所具有的动能、位能和压力能的形式来表达的理想液体的伯努利方程；而式（2-26b）是将单位质量液体所具有的动能、位能、压力能用液体压力值的方式来表达的理想液体的伯努利方程。由于在实际应用中，液压系统内各处液体的压力可以用压力表很方便地测出来，所以式（2-26b）也常用。

（二）实际液体的伯努利方程

实际液体在管道内流动时，由于液体黏性的存在，会产生摩擦力，因而有能量损失；同时，管路中管道的尺寸和形状变化都会使液流产生扰动，也引起能量损失。实际液体流动时的能量损失，通常用单位质量液体在管道中流动时的压力损失 Δp 值来表示。

另外，由于实际液体在管道中流动时，管道过流断面上的流速分布是不均匀的，若用平均流速计算动能，必然会产生误差。为了修正这个误差，需要引入动能修正系数 α。因此，实际液体的伯努利方程为

$$p_1 + \rho gh_1 + \frac{1}{2}\rho\alpha_1 v_1^2 = p_2 + \rho gh_2 + \frac{1}{2}\rho\alpha_2 v_2^2 + \Delta p \qquad (2\text{-}27)$$

式中，动能修正系数 α_1、α_2 的值，当湍流时取 $\alpha = 1$，层流时取 $\alpha = 2$。

伯努利方程揭示了液体流动过程中的能量变化规律，因此它是流体力学中的一个特别重要的基本方程。伯努利方程不仅是进行液压系统分析的理论基础，而且还可用来对多种液压问题进行研究和计算。

例 2-2　用伯努利方程分析图 2-10 所示液压泵的吸油过程，并得到对液压泵装置的设计、安装和合理使用等方面有用的结论。

解　设油箱的液面为 1—1 截面（该处的压力为 $p_1 = p_a$，高度 $h_1 = 0$，流速 $v_1 = 0$），泵进油口处为 2—2 截面（该处的压力为 p_2，高度为 $h_2 = H$，流速为 v_2），则液压泵吸油过程中的能量变化服从以下实际液体的伯努利方程

$$p_1 + \rho h_1 g + \frac{1}{2}\rho \alpha_1 v_1^2 = p_2 + \rho h_2 g + \frac{1}{2}\rho \alpha_2 v_2^2 + \Delta p$$

$$p_a + 0 + 0 = p_2 + \rho g H + \frac{\rho \alpha_2 v_2^2}{2} + \Delta p$$

$$p_a - p_2 = \rho g H + \frac{\rho \alpha_2 v_2^2}{2} + \Delta p \tag{2-28}$$

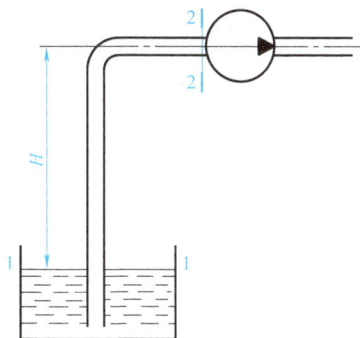

图 2-10　泵的吸油过程示意图

由式（2-28）可知，当泵的安装高度 $H > 0$ 时，等式右边的值均大于零，所以 $p_a - p_2 > 0$，即 $p_2 < p_a$。这时，泵进油口处的绝对压力低于大气压力，形成真空，产生吸力，油箱中的油在其液面上大气压力的作用下被泵吸入液压系统中。

由于 p_2 不能太低（若其低于空气分离压，溶于油中的空气就会析出，形成大量气泡，产生噪声和振动），等式右边的三项之和不可能太大，即其每一项的值都不能不受到限制。由上述分析可知，泵的吸油高度 H 越小，泵越容易吸油，所以在一般情况下，泵的安装高度 H 不应大于 0.5m；而为了减少液体的流动速度 v_2 和油管的压力损失 Δp，液压泵一般应采用直径较粗的吸油管。

第四节　液体在管道中流动时压力损失的计算

实际液体在管道中流动时，因其具有黏性而产生摩擦力，故有能量损失。另外，液体在流动时会因管道尺寸或形状变化而产生撞击和出现涡流，也会造成能量损失。在液压管路中能量损失表现为液体的压力损失。这样的压力损失可分为两种，一种是沿程压力损失，另一种是局部压力损失。

一、沿程压力损失

液体在等截面直管中流动时因黏性摩擦而产生的压力损失，称为沿程压力损失。液体的流动状态不同，所产生的沿程压力损失值也不同。

（一）层流时的沿程压力损失

管道中流动的液体为层流时，液体质点在做有规则的流动，因此可以用数学方法全面探讨其流动时各参数变化间的相互关系，并推导出沿程压力损失的计算公式。经理论推导和实验证明，沿程压力损失 Δp_y 可用以下公式计算

$$\Delta p_y = \lambda \frac{l}{d} \frac{\rho v^2}{2} \tag{2-29}$$

式中　λ——沿程阻力系数，对圆管层流，其理论值 $\lambda = 64/Re$，考虑到实际圆管截面可能有变形，以及靠近管壁处的液层可能冷却，阻力略有加大，实际计算时，对金属管应取 $\lambda = 75/Re$，对橡胶管应取 $\lambda = 80/Re$；

l——油管长度（m）；

d——油管内径（m）；

ρ——液体的密度（kg/m^3）；

v——液流的平均流速（m/s）。

（二）湍流时的沿程压力损失

湍流时计算沿程压力损失的公式在形式上与层流时的计算公式相同，即仍为式（2-29），但式中的阻力系数 λ 除与雷诺数 Re 有关外，还与管壁的粗糙度有关。实用中对于光滑管，$\lambda = 0.3164Re^{-0.25}$；对于粗糙管，$\lambda$ 的值要根据不同的 Re 值和管壁的粗糙程度，从有关资料的关系曲线中查取。

二、局部压力损失

液体流经管道的弯头、接头、突变截面以及过滤网等局部装置时，会使液流的方向和大小发生剧烈的变化，形成涡流，液体质点产生相互撞击而造成能量损失。这种能量损失表现为局部压力损失。由于其流动状况极为复杂，影响因素较多，局部压力损失值不易从理论上进行分析计算。因此，一般是先用实验来确定局部压力损失的阻力系数，再按公式计算局部压力损失值。

局部压力损失 Δp_j 的计算公式为

$$\Delta p_j = \zeta \frac{\rho v^2}{2} \tag{2-30}$$

式中　ζ——局部阻力系数，由实验求得，各种局部结构的 ζ 值可查有关手册；

v——液流在该局部结构处的平均流速。

三、阀的压力损失

液体流过各种阀类元件时产生压力损失的数值计算也服从于式（2-30）。但因阀内通道结构复杂，往往液体要经过多个不同阻力系数的变径通道或弯曲通道，再用该公式计算比较困难。因此，对已系列化生产的阀类元件，在额定流量下的最大压力损失 Δp_e 值都做了严格的规定，该值可在液压元件产品样本或有关手册中查到。当流过阀的液体流量不等于额定流量时，液体通过阀的实际压力损失 Δp_f 值可用以下公式计算

$$\Delta p_f = \Delta p_e \left(\frac{q_{Vs}}{q_{Ve}}\right)^2 \tag{2-31}$$

式中　q_{Ve}——阀的额定流量；

Δp_e——阀在额定流量下允许的最大压力损失；

q_{Vs}——通过阀的实际流量；

Δp_f——阀通过实际流量的压力损失。

四、管路系统的总压力损失

管路系统的总压力损失等于液压执行元件（液压缸或液压马达）进油路的压力损失 Δp_i 与回油路的压力损失 Δp_h 之和，而进、回油路各自的总压力损失 Δp_i、Δp_h 又各自等于其油路中各串联直管的沿程压力损失 $\Sigma\Delta p_y$、弯管及接头等的局部压力损失 $\Sigma\Delta p_j$、各阀的压力损

失 $\Sigma \Delta p_f$ 之和，即

$$\Delta p_i = \Sigma \Delta p_{iy} + \Sigma \Delta p_{ij} + \Sigma \Delta p_{if} \qquad (2-32)$$

$$\Delta p_h = \Sigma \Delta p_{hy} + \Sigma \Delta p_{hj} + \Sigma \Delta p_{hf} \qquad (2-33)$$

如果液压执行元件采用双杆活塞缸或液压马达，其进油腔和回油腔内的有效作用面积相等，进油路和回油路的流量相等，则其管路系统的总压力损失 Δp_z 为

$$\Delta p_z = \Delta p_i + \Delta p_h \qquad (2-34)$$

如果系统所用液压执行元件为单杆活塞缸，其两腔的有效作用面积不相等，则管路系统的总压力损失不能用式（2-34）计算，而应根据以下两种情况采用不同的公式进行计算。

1）当液压缸无杆腔进压力油，有杆腔回油，活塞向右移动（见图2-11a）时，按下式计算

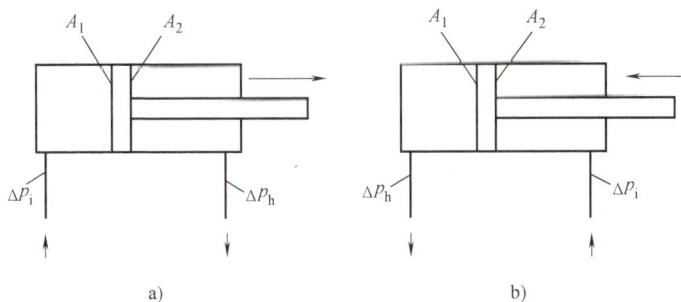

图 2-11　当量压力损失的计算

$$\Delta p_z = \Delta p_i + \Delta p_{hd} = \Delta p_i + \frac{A_2}{A_1}\Delta p_h \qquad (2-35)$$

式中　A_1——液压缸无杆腔有效作用面积；

　　　A_2——液压缸有杆腔有效作用面积；

　　Δp_{hd}——回油路当量压力损失，它是为克服回油路总压力损失 Δp_h 而需要液压泵出口压力提高的数值。

由图2-11a可知，由于 $\Delta p_{hd}A_1 = \Delta p_h A_2$，所以 $\Delta p_{hd} = A_2\Delta p_h/A_1$。

2）当液压缸有杆腔进压力油，无杆腔回油，活塞向左移动（见图2-11b）时，按下式计算

$$\Delta p_z = \Delta p_i + \Delta p_{hd} = \Delta p_i + \frac{A_1}{A_2}\Delta p_h \qquad (2-36)$$

式中　A_1——液压缸无杆腔有效作用面积；

　　　A_2——液压缸有杆腔有效作用面积；

　　Δp_{hd}——回油路当量压力损失。

由于 $\Delta p_{hd}A_2 = \Delta p_h A_1$，所以 Δp_{hd} 值为

$$\Delta p_{hd} = A_1\Delta p_h/A_2$$

第五节　液体流经小孔和间隙的流量

液压传动中常利用液体流经阀的小孔或间隙来控制流量和压力，达到调速和调压的目

的。液压元件的泄漏也属于液体的间隙流动。因此，讨论小孔和间隙的流量计算，了解其影响因素，对于正确分析液压元件和系统的工作性能是很有必要的。

一、液体流经小孔的流量

小孔一般可以分为三种：当小孔的长径比 $l/d \leqslant 0.5$ 时，称为薄壁孔；当 $l/d > 4$ 时，称为细长孔；当 $0.5 < l/d \leqslant 4$ 时，称为短孔。

（一）液体流经薄壁小孔和短孔的流量

图 2-12 所示为液体流过薄壁小孔时液流变化的示意图。当液体从薄壁小孔流出时，左边大直径处的液体均向小孔汇集，在惯性力的作用下，小孔出口处的液流由于流线不能突然改变方向，通过孔口后会发生收缩现象，而后再开始扩散。通过收缩和扩散过程，会造成很大的能量损失。

图 2-12 流经薄壁小孔时液流变化示意图

利用实际液体的伯努利方程对液体流经薄壁小孔时的能量变化进行分析，可以得到如下结论：流经薄壁小孔的流量 q_V 与小孔的过流断面面积 A 及小孔两端压力差的平方根 $\Delta p^{1/2}$ 成正比，即

$$q_V = C_q A \left(\frac{2}{\rho} \Delta p \right)^{1/2} = kA\Delta p^{1/2} \tag{2-37}$$

式中 C_q——流量系数，当孔前通道直径与小孔直径之比 $D/d \geqslant 7$ 时，$C_q = 0.6 \sim 0.62$；$D/d < 7$ 时，$C_q = 0.7 \sim 0.8$；

k——与小孔的结构及液体的密度等有关的系数，$k = C_q \left(\frac{2}{\rho} \right)^{1/2}$。

由于薄壁小孔的孔短且孔口一般为刃口形，其摩擦作用很小，所以通过的流量受温度和黏度变化的影响很小，流量稳定，常用于液流速度调节要求较高的调速阀中。薄壁孔加工比较困难，实际应用较多的是短孔。

液体流经短孔时的流量计算公式与薄壁小孔的流量计算公式（2-37）相同，但其流量系数不同（一般为 $C_q = 0.82$），Δp 的指数稍大于 $1/2$。

（二）液体流经细长小孔的流量

流经细长小孔的液流，由于其黏性作用而流动不畅，一般都是呈层流状态，与液流在等径直管中流动相当，其各参数之间的关系可用沿程压力损失的计算公式 $\Delta p = \lambda(l/d)(\rho v^2/2)$ 表达。将式中 λ、v 等用相应的参数代入，经推导可得到液体流经细长孔的流量计算公式，即

$$q_V = \frac{\pi d^4}{128\mu l}\Delta p = \frac{d^2}{32\mu l} \frac{\pi d^2}{4}\Delta p = kA\Delta p \tag{2-38}$$

式中 d——细长小孔的直径；

μ——液体的动力黏度；

l——小孔的长度；

Δp——小孔两端的压差；

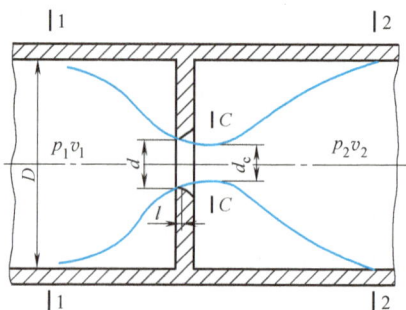

A——小孔的过流断面面积。

由式（2-38）可知，通过细长小孔的流量与小孔的过流断面面积 A 及小孔两端的压差 Δp 成正比；还可见 q_V 与液体的动力黏度 μ 成反比，即当细长孔通过液体的黏度不同或黏度变化时，通过它的流量也不同或发生变化，所以流经细长孔的液体的流速受温度的影响比较大。

变换式（2-38），可以得到液体流过细长孔时，其压力损失 Δp 的计算公式，即

$$\Delta p = \frac{128\mu l q_V}{\pi d^4} \qquad (2-39)$$

由式（2-39）可知，Δp 与 d^4 成反比。当其直径 d 很小时，Δp 相对较大，即液体流过细长小孔时的液阻很大，所以在设计液压元件时，常在压力表座、阀芯或阀体上设有细长的阻尼小孔，以减小由液压泵运行等原因造成的液体流量或压力的脉动，使系统运行平稳，且能保护仪表等较重要的元件。

纵观各小孔流量公式，可以归纳出一个通用公式，即

$$q_V = kA\Delta p^m \qquad (2-40)$$

式中　A——小孔的过流断面面积；

$\quad\quad\Delta p$——小孔两端的压差；

$\quad\quad k$——由孔的形状、尺寸和液体的性质决定的系数，细长孔为 $k = \dfrac{d^2}{32\mu l}$，薄壁孔和短孔为 $k = C_q \left(\dfrac{2}{\rho} \right)^{1/2}$；

$\quad\quad m$——由孔的长径比决定的指数，薄壁孔为 $m = 0.5$，细长孔为 $m = 1$，短孔为 $0.5 < m < 1$。

由式（2-40）可见，不论是哪种小孔，其通过的流量均与小孔的过流断面面积 A 成正比，改变 A 即可改变通过小孔流入液压缸或液压马达的流量，从而达到对运动部件进行调速的目的。在实际应用中，中、小功率的液压系统常用的节流阀就是利用这种原理工作的，这样的调速称为节流调速。

从式（2-40）还可看到，当小孔的过流断面面积 A 不变，而小孔两端的压差 Δp 变化（因负载变化或其他原因造成）时，通过小孔的流量也会发生变化，从而使所控执行元件的运动速度也随之变化。因此，这种节流调速的缺点就是系统执行元件的运动速度不够准确、平稳，这也是它不能用于传动比要求准确处的原因。

二、液体流经间隙的流量

液压元件在装配后，各零件之间可能存在间隙（也称缝隙），而液压元件内做相对运动的零件之间就必须有适当的间隙。这些间隙的大小对液压元件的性能影响极大。间隙太小，会使运动零件卡死；间隙过大，会造成较大的泄漏，降低系统的效率和传动精度，还会污染环境。油液流过间隙产生的泄漏量，称为间隙流量。造成液体在间隙中流动的原因有两个：一是间隙两端的压差引起的流动，称为压差流动；二是由组成间隙的两壁面相对运动而造成的流动，称为剪切流动。这两种流动经常会同时存在。

液体在间隙中流动时，由于间隙小，液流受壁面阻力影响较大，故间隙内的液流几乎都是层流。

（一）　液体流经平行平板间隙的流量

1. 流经固定平行平板间隙的流量

如图 2-13 所示，当两固定平行平板之间有间隙，且间隙两端的液体有压差 Δp 存在时，液体就会在压差的作用下通过间隙流动。理论推导和实验均证明，这时通过间隙的流量 q_V 与间隙的宽度 b、压差 Δp 及间隙高度的三次方 δ^3 成正比，而与液体的黏度 μ 和间隙的泄漏长度 l 成反比，即

$$q_V = \frac{b\delta^3}{12\mu l}\Delta p \qquad (2\text{-}41)$$

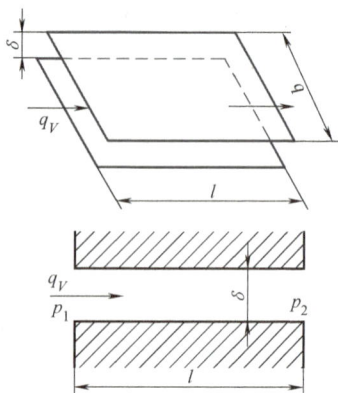

图 2-13　流经固定平行平板间隙的流量

由式（2-41）可见，减小 b、Δp、δ，增大 μ、l，均可减小间隙液体的泄漏量。但由于该泄漏量 q_V 与 δ^3 成正比，所以减小间隙的高度 δ 是减小泄漏量最有效的措施。

2. 流经相对运动平行平板间隙的流量

当一平板固定，另一平行平板以速度 u_0 与其做相对运动时，由于液体有黏性，紧贴于运动平板的液体以速度 u_0 运动，紧贴于固定平板的液体保持静止，中间各层液体的流速呈线性分布，即液体做剪切流动。

因为间隙中液体的平均流速 $v = u_0/2$，故由于平行平板相对运动而使液体流过间隙的流量为

$$q_V = vA = u_0 b\delta/2 \qquad (2\text{-}42)$$

在一般情况下，相对运动平行平板间隙中既有压差流动，又有剪切流动，因此，流过相对运动平行平板间隙的流量为压差流量和剪切流量的代数和，即

$$q_V = \frac{b\delta^3}{12\mu l}\Delta p \pm \frac{u_0}{2}b\delta \qquad (2\text{-}43)$$

当运动平板相对于固定平板移动方向与压差方向相同时取"+"号，方向相反时取"－"号。

（二）　液体流过环形间隙的流量

在液压元件中，如液压缸的活塞与缸体的内孔之间、液压阀的阀芯与阀孔之间，都存在环形间隙，而且实际上由于活动圆柱体（活塞或阀芯）自重的影响或制造、装配等原因，圆柱体与孔的配合间隙不均匀，存在一定的偏心度，这对液体流过间隙时的流量（泄漏量）有相当大的影响。

1. 液体流经同心环形间隙的流量

图 2-14 所示为液体流经同心环形间隙的流动情况。圆柱体的直径为 d，间隙高度为 δ，间隙长度为 l。如果将环形间隙沿圆周方向展开，就相当于一个平行平板间隙。因此，只要用 πd 替代式（2-43）中的 b 就可得到液体通过内外表面间有相对运动情况下同心环形间隙的流量公式，即

$$q_V = \frac{\pi d \delta^3}{12\mu l}\Delta p \pm \frac{\pi d \delta}{2}u_0 \tag{2-44}$$

当相对运动速度 $u_0 = 0$ 时，即为液体流过无相对运动环形间隙的流量公式：

$$q_V = \frac{\pi d \delta^3}{12\mu l}\Delta p \tag{2-45}$$

2. 液体流经偏心环形间隙的流量

如果圆环的内外圆不同心，偏心距为 e（见图 2-15），则形成偏心环形间隙，其流量公式为

$$q_V = \frac{\pi d \delta^3}{12\mu l}\Delta p (1 + 1.5\varepsilon^2) \pm \frac{\pi d \delta}{2}u_0 \tag{2-46}$$

式中　δ——内外圆同心时的间隙；

　　　ε——相对偏心率，$\varepsilon = e/\delta$。

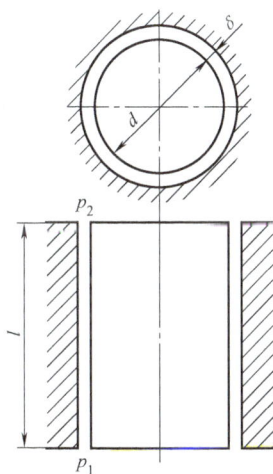

图 2-14　流经同心环形间隙的流动情况　　　图 2-15　流经偏心环形间隙的流动情况

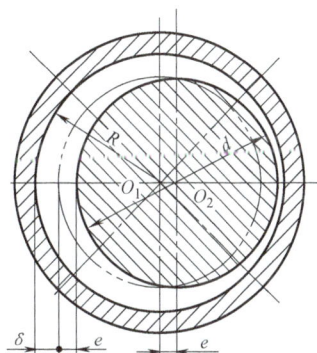

由式（2-46）可见，当偏心距 $e = 0$ 时，$\varepsilon = 0$，它就是同心环形间隙的流量公式。当偏心距 e 增大时，偏心率 ε 增大，通过间隙的流量 q_V 也随之增大。当 $e = \delta$ 时，$\varepsilon = 1$，此时偏心距最大（称为完全偏心），其压差流量为同心环形间隙压差流量的 2.5 倍。可见，在制作或装配时，保证圆柱形液压配合件的同轴度是十分重要的。为此，常在阀芯和活塞的圆柱表面上加工多条环形压力平衡槽，由于槽中油液的压力相等，所以能使配合件自动对中，减小偏心距，从而减小泄漏油量。

第六节　液压冲击和空穴现象

液压冲击和空穴现象会给液压系统的正常工作带来不利影响，因此需要了解这些现象产生的原因，并采取措施加以防治。

一、液压冲击

在液压系统中，常常由于某些原因而使液体压力突然急剧上升，形成很高的压力峰值，这种现象称液压冲击。

（一）液压冲击产生的原因和危害性

在阀门突然关闭或液压缸快速制动等情况下，液体在系统中的流动会突然受阻。这时，由于液流的惯性作用，液体就从受阻端开始，迅速将动能逐层转换为压力能，因而产生了压力冲击波；此后，又从另一端开始，将压力能逐层转化为动能，液体又反向流动；然后，又再次将动能转换为压力能，如此反复地进行能量转换。由于这种压力波的迅速往复传播，便在系统内形成压力振荡。实际上，由于液体受到摩擦力，而且液体自身和管壁都有弹性，不断消耗能量，才使振荡过程逐渐衰减趋向稳定。

系统中出现液压冲击时，液体瞬时压力峰值可以比正常工作压力大好几倍。液压冲击会损坏密封装置、管道或液压元件，还会引起设备振动，产生很大噪声。有时，液压冲击使某些液压元件（如压力继电器、顺序阀等）产生误动作，影响系统正常工作，甚至造成事故。

（二）冲击压力

假设系统的正常工作压力为 p，则产生液压冲击时的最大压力，即压力冲击波第一波的峰值压力 p_{max} 为

$$p_{max} = p + \Delta p \tag{2-47}$$

式中　Δp——冲击压力的最大升高值。

由于液压冲击是一种非恒定流动，动态过程非常复杂，影响因素很多，故精确计算 Δp 是很困难的。下面介绍两种液压冲击情况下 Δp 值的近似计算公式。

1. 管道阀门关闭时的液压冲击

设管道截面积为 A，产生冲击的管长为 l，压力冲击第一波在 l 长度内传播的时间为 t_1，液体的密度为 ρ，管中液体的流速为 v，阀门关闭后的流速为零，则由动量方程得

$$\Delta pA = \rho Alv/t_1$$
$$\Delta p = \rho lv/t_1 = \rho cv \tag{2-48}$$

式中　c——压力冲击波在管中的传播速度，$c = l/t_1$，c 值一般在 $900 \sim 1400 \mathrm{m/s}$ 之间。

若流速 v 不是突然降为零，而是降为 v_1，则式（2-48）可写为

$$\Delta p = \rho c (v - v_1) \tag{2-49}$$

设压力冲击波在管中往复一次的时间为 t_c（$t_c = 2l/c$）。当阀门关闭时间 $t < t_c$ 时，压力峰值很大，称为直接冲击，其 Δp 值可按式（2-48）或式（2-49）计算。当 $t > t_c$ 时，压力峰值较小，称为间接冲击，这时 Δp 可按下式计算

$$\Delta p = \rho c (v - v_1) t_c/t \tag{2-50}$$

2. 运动部件制动时的液压冲击

设运动部件的总质量为 Σm，在制动时速度减小值为 Δv，制动时间为 Δt，液压缸的有效面积为 A，则根据动量定理得

$$\Delta p = \frac{\Sigma m \Delta v}{A \Delta t} \tag{2-51}$$

上式因忽略了阻尼和泄漏等因素，计算结果偏大，但比较安全。

（三）减小液压冲击的措施

1）延长阀门关闭时间和运动部件的制动时间。实践证明，运动部件的制动时间大于 0.2s 时，液压冲击就可大为减轻。

2）限制管道中液体的流速和运动部件的运动速度。在机床液压系统中，管道中液体的流速一般应限制在 4.5m/s 以下。运动部件的运动速度一般不宜超过 10m/min。

3）适当加大管道直径，尽量缩短管路长度。

4）在液压元件中设置缓冲装置（如液压缸中的缓冲装置），或采用软管以增加管道的弹性。

5）在液压系统中设置蓄能器或溢流阀。

二、空穴现象

在液体流动中，因某点处的压力低于空气分离压而产生大量气泡的现象，称为空穴现象。

（一）空穴现象的机理

液压油中总是含有一定量的空气。常温时，矿物型液压油，在一个大气压下含有 6%～12% 的溶解空气。溶解空气对液压油的体积模量没有影响。

在一定温度下，当油的压力低于某个值时，溶于油中的空气就会迅速地从油中分离出来，产生大量气泡。这个压力称为液压油在该温度下的空气分离压。含有气泡的液压油，其体积模量将减小。所含气泡越多，油的体积模量越小。

当液压油在某温度下的压力低于一定数值时，油液本身迅速汽化，即油从液态变为气态，产生大量油的蒸气气泡，这时的压力称为液压油在该温度下的饱和蒸气压。

当由于上述原因产生的大量气泡随着液流流到压力较高的部位时，因承受不了高压而破灭，产生局部的液压冲击，发出噪声并引起振动。而当附着在金属表面上的气泡破灭时，它所产生的局部高温和高压会使金属剥落，使表面粗糙，或出现海绵状小洞穴，这种现象称为气蚀。

（二）液压系统中的空穴现象

在液压系统中，当液流流到节流口的喉部（见图 2-16）或其他管道狭窄位置时，其流速会大为增加。由伯努利方程可知，这时该处的压力会降低，如果压力降低到其工作温度的空气分离压以下，就会出现空穴现象。

如果液压泵的转速过高，吸油管直径太小或过滤器堵塞，都会使泵的吸油口处的压力降低到其工作温度的空气分离压以下，而产生空穴现象。这将使吸油不足，流量下降，噪声激增，输出油的流量和压力剧烈波动，系统无法稳定地工作；严重时，使泵的机件腐蚀，出现气蚀现象。

（三）减小空穴现象的措施

要防止空穴现象的产生，就要防止液压系统中出现压力过低的情况。其具体措施有以下几点。

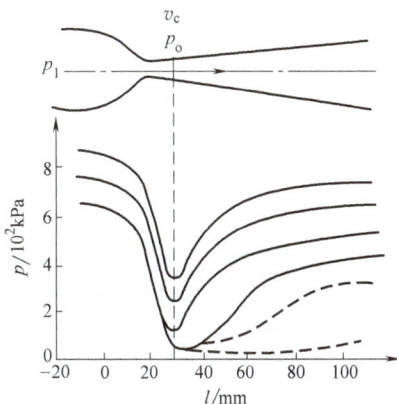

图 2-16 节流口处的空穴现象

1）减小阀孔前后的压差，一般应使油液在阀前与阀后的压力比 $p_1/p_2<3.5$。

2）正确设计液压泵的结构参数，适当加大吸油管的内径，限制吸油管中液流的速度，尽量避免管路急剧转弯或存在局部狭窄处，接头要有良好的密封，过滤器要及时清洗或更换滤芯以防堵塞，高压泵上应设置辅助泵以便向主泵的吸油口供应低压油。

3）提高零件的机械强度，采用抗腐蚀能力强的金属材料，使零件加工的表面粗糙度值减小等。

思考题和习题

2-1　何谓液体的黏性？

2-2　液体黏性的大小用黏度来表示，常用的黏度有哪三种？它们的表示符号和单位各是什么？

2-3　何谓液体的可压缩性？液体的可压缩性比钢的可压缩性大多少？

2-4　组合机床、外圆磨床、平面磨床等普通设备的液压系统一般采用什么工作介质？精密机床的液压系统应采用什么工作介质？在户外作业的挖掘机等工程机械的液压系统应采用什么工作介质？数控设备的液压系统应选用什么工作介质？在高温条件下作业的液压压力机应选用什么工作介质？

2-5　一般液压系统的工作温度应控制在什么数值范围内？

2-6　液体在水平放置的变径管内流动时，其管道直径越细的部位其压力越小，对吗？试用理想液体的伯努利方程进行判断。

2-7　根据液体流经平行平板间隙的流量计算公式分析，采用哪些措施可以减少间隙的漏油量？其中最有效的措施是什么？

2-8　低压、中压、中高压、高压和超高压的压力范围各是多少？

2-9　当液压系统中液压缸的有效面积一定时，其内的工作压力 p 的大小由什么参数决定？活塞运动的速度由什么参数决定？

2-10　一般情况下，液压泵的吸油管比较粗，而且液压泵的安装高度不大于 0.5m，这是为什么？

2-11　如何判断液压系统中流动的液体是层流还是湍流？液体在管道中流动的状态与哪些因素有关？

2-12　若活塞与液压缸的内孔不同轴，或液压阀芯与阀体孔不同轴，那么通过其偏心环缝隙的漏油量最多是其同轴时漏油量的多少倍？

2-13　管路中的压力损失有哪几种？对各种压力损失影响最大的因素（参数）是什么？

2-14　液压系统工作时，在什么情况下会引起液压冲击？应如何避免或减小液压冲击？

2-15　在什么情况下会出现空穴现象？液压系统中的哪些部位会出现金属锈蚀、剥落，甚至出现麻点（气蚀）？

2-16　现有一桶机械用油，但不知油的牌号。若从桶中取出 200mL，并在 40℃时令其从恩氏黏度计的小孔中流出，测出其所用的时间为 230s。试计算该油动力黏度和运动黏度的数值，并判断油的牌号。

2-17　图 2-17 所示的液压千斤顶，柱塞的直径 $D=34mm$，活塞的直径 $d=13mm$，杠杆的长度如图所示。试求操作者在杠杆端所加的力 $F=200N$ 时，在柱塞缸处所产生的起重力有多少？

2-18　如图 2-18 所示，连通器中装有水和另一种液体，两种液体互不相溶。已知水的密度 $\rho_s=1\times10^3 kg/m^3$，$h_1=60cm$，$h_2=75cm$，求另一种液体的密度 ρ。

2-19　图 2-19 所示为 U 形管测压计。已知汞的密度为 $\rho_g=13.6\times10^3 kg/m^3$，油的密度 $\rho_y=900kg/m^3$。若 U 形管内为汞，不计油液的自重，问当管内相对压力为 1atm（0.101325MPa）时，汞柱的高度 h 是多少？若 U 形管内为油，问当管内的压力为 1at（0.0981MPa）时，油柱的高度 h 是多少？

2-20　如图 2-20 所示，小活塞的面积 $A_1=10cm^2$，大活塞的面积 $A_2=100cm^2$，管道的截面积 $A_3=2cm^2$，试计算：

1）若使 $W=10\times10^4 N$ 的重物抬起，应在小活塞上施加的力 F。

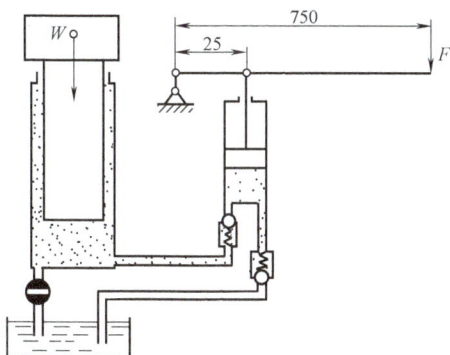

图 2-17 题 2-17 图

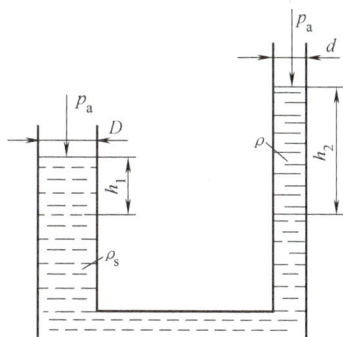

图 2-18 题 2-18 图

2）当小活塞以 $v_1 = 1\text{m/min}$ 的速度向下移动时，大活塞上升的速度 v_2，管道中液体的流速 v_3。

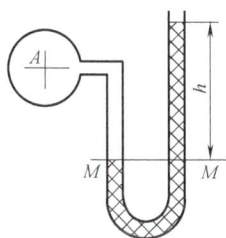

图 2-19 题 2-19 图

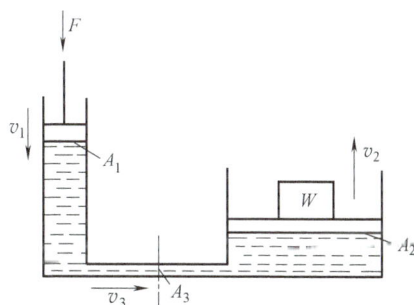

图 2-20 题 2-20 图

2-21 图 2-21 所示为文丘里流量计工作原理图。若在截面 1—1、2—2 处的过流断面面积分别为 A_1、A_2，测压管高度的读数差为 Δh，求通过该流量计所在管路液体的流量 q_V。

2-22 如图 2-22 所示，容器的下部开一小孔，容器的截面积 A 比小孔截面积大得多，容器上部为一活塞，并受一重物 W 的作用，活塞至小孔的距离为 h，求孔口液体的流速 v。若液体仅在自重作用下流动（即 $W=0$），其流速 v 是多少？

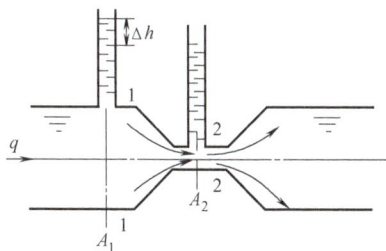

图 2-21 题 2-21 图

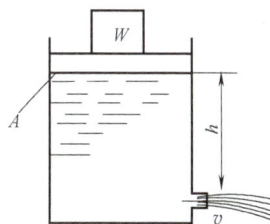

图 2-22 题 2-22 图

2-23 某液压系统由液压泵到液压马达的管路如图 2-23 所示。已知油管内径 $d = 16\text{mm}$，管路总长 $l = 384\text{cm}$，油的运动黏度为 $20\times10^{-6}\text{mm}^2/\text{s}$，流速 $v=5\text{m/s}$，管道为金属光滑管，在 45°处局部阻力系数 $\zeta_1 = 2$，在 135°处 $\zeta_2 = 0.3$，在 90°处 $\zeta_3 = 2.12$。试求由液压泵至液压马达之间管路中的压力损失 Δp。

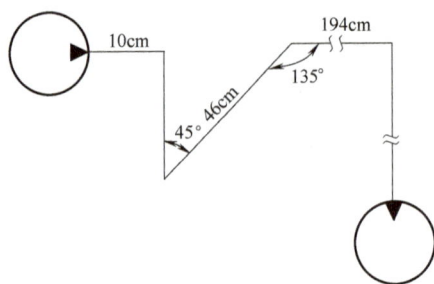

图 2-23　题 2-23 图

第三章　液压泵和液压马达

液压泵是液压系统的动力元件，它是将输入的机械能转换为液体的压力能的能量转换装置。液压马达是液压系统的执行元件，它是将液体的压力能转换为旋转运动机械能的能量转换装置。

第一节　液压泵概述

一、液压泵的工作原理、分类及图形符号

液压泵的工作原理如图 3-1 所示。偏心轮 6 在原动机的带动下旋转时，柱塞 5 在缸体 4 内上下移动。当柱塞向下移动时，缸体内的密封工作容积 a 增大，其内压力降低，单向阀 3 关闭；当其压力降低到低于大气压时，形成真空，油箱内的油液在大气压力的作用下顶开单向阀 1 进入缸体内，实现了吸油。当柱塞向上移动时，工作腔 a 的容积逐渐减小，油液受到柱塞的挤压后压力升高，单向阀 1 关闭；当压力升高到一定数值时，单向阀 3 被打开，油液进入液压系统，实现了压油。这样液压泵就将原动机输入的机械能转换成为液体的压力能。由上述可知，液压泵是通过密封容积的变化完成吸油和压油的。

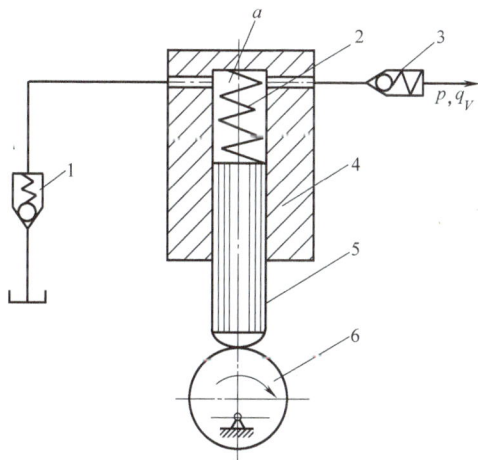

图 3-1　液压泵工作原理图
1、3—单向阀　2—弹簧　4—缸体
5—柱塞　6—偏心轮

单柱塞泵
原理图

液压泵的类型很多，其结构不同，但是它们的工作原理相同，都是依靠密闭容积的变化来工作的，因此都称为容积式液压泵。

图 3-1 所示的单柱塞泵，在吸油时，单向阀 1 开启，单向阀 3 关闭；而在压油时，单向阀 1 关闭，单向阀 3 开启。前者为吸油阀，后者为压油阀。这种吸油和压油的转换称为配流。液压泵的配流方式主要有阀配式配流和确定式配流两类。确定式配流又有配流盘式和配流轴式等。

液压泵的密封工作腔处于吸油状态时称为吸油腔，处于输油状态时称为压油腔。吸油腔的压力取决于液压泵吸油口至油箱液面的高度和吸油管路的压力损失。压油腔的压力取决于负载的大小和压油管路的压力损失。

液压泵输出的理论流量只决定于工作腔容积每一次的变化量和单位时间内工作腔容积变化的次数，而与油腔的压力无关。

根据以上分析，液压泵必须具有密闭容积及密闭容积的交替变化，才能吸油和压油，而且在任何时候其吸油腔和压油腔都不能互相连通。

液压泵按其结构形式不同可分为叶片泵、齿轮泵、柱塞泵、螺杆泵等；按其输出流量能否改变，又可分为定量泵和变量泵；按其工作压力不同还可分为低压泵、中压泵、中高压泵和高压泵等；按输出液流的方向，又有单向泵和双向泵之分。

常用液压泵的图形符号如图 3-2 所示。

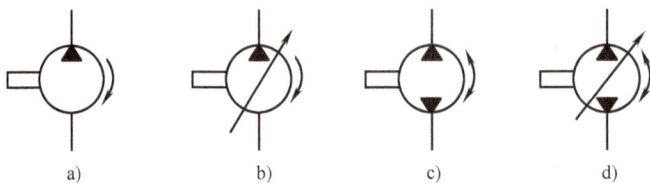

图 3-2　液压泵的图形符号

a）单向定量泵　b）单向变量泵　c）双向定量泵　d）双向变量泵

二、液压泵的主要性能参数

（一）液压泵的压力

1. 工作压力 p

液压泵工作时输出油液的实际压力称为工作压力 p。其数值取决于负载的大小。

2. 额定压力 p_n

泵在正常条件下连续运转允许达到的最高压力称为额定压力 p_n。它是按实验标准规定在产品出厂前必须达到的铭牌压力。

（二）液压泵的排量 V 和流量 q_V

1. 排量 V

在没有泄漏的情况下，泵轴转过一转时所能排出液体的体积称为排量 V，其单位为 mL/r（毫升/转）。排量的大小仅与泵的几何尺寸有关。

2. 理论流量 q_{Vt}

在没有泄漏的情况下，泵单位时间内所输出油液的体积称为理论流量 q_{Vt}，其数值取决于泵的排量 V 和泵的转速 n 的乘积，即 $q_{Vt} = Vn$。其单位为 m^3/s 或 L/min（升/分）。

3. 实际流量 q_V

泵在单位时间内实际输出油液的体积称为实际流量 q_V。由于泵在运转时总存在一定的泄漏量 Δq_V，所以其实际流量 q_V

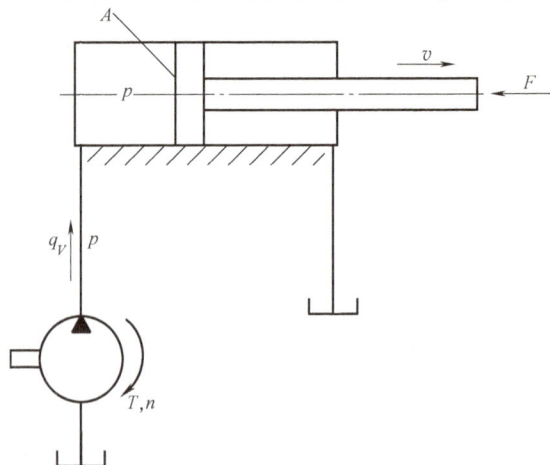

图 3-3　液压功率的计算

小于理论流量 q_{V_t}，即 $q_V = q_{V_t} - \Delta q_V$。

4. 额定流量 q_{Vn}

泵在额定转速和额定压力下输出的实际流量称为额定流量 q_{Vn}，其数值是按实验标准规定在出厂前必须达到的铭牌流量。

（三）液压泵的功率 P

1. 液压功率与压力及流量的关系

功率是指单位时间内所做的功，用 P 表示，其单位为 W（瓦），$1W = 1N \cdot m/s$。由物理学可知，功率 P 等于力 F 与速度 v 的乘积，即 $P = Fv$。在图 3-3 所示的液压缸中，为克服负载，其进油腔的压力为 p，流量为 q_V，若活塞的面积为 A，则液体作用在活塞上的推力 $F = pA$，活塞的移动速度 $v = q_V/A$，所以其液压功率为

$$P = Fv = pAq_V/A = pq_V \tag{3-1}$$

由式（3-1）可见，液压功率 P 等于液体压力 p 与液体流量 q_V 的乘积。

2. 泵的输入功率 P_i

原动机（如电动机等）对泵的输出功率即为泵的输入功率，它表现为原动机输出转矩 T 与泵输入轴转速 ω（$\omega = 2\pi n$）的乘积，即

$$P_i = 2\pi n T \tag{3-2}$$

3. 泵的输出功率 P_o

P_o 为泵实际输出液体的压力 p 与实际输出流量 q_V 的乘积，即

$$P_o = pq_V \tag{3-3}$$

（四）液压泵的效率 η

1. 液压泵的总效率 η

η 为泵的输出功率 P_o 与输入功率 P_i 之比，即

$$\eta = P_o/P_i \tag{3-4}$$

2. 液压泵的容积效率 η_V

η_V 为泵的实际流量 q_V 与理论流量 q_{V_t} 之比，即

$$\eta_V = q_V/q_{V_t} = q_V/Vn \tag{3-5}$$

由式（3-5）可以得到已知排量为 V（mL/r）和转速 n（r/min）时，实际流量为 q_V（L/min）的计算公式，即

$$q_V = Vn\eta_V \times 10^3 \tag{3-6}$$

3. 液压泵的机械效率 η_m

η_m 为泵的实际转矩 T（$T_i - \Delta T$）与输入转矩 T_i 的比值，即

$$\eta_m = (T_i - \Delta T)/T_i = 1 - \Delta T/T_i \tag{3-7}$$

由上面的公式可知，液压泵的总效率等于其容积效率与其机械效率的乘积，即

$$\eta = \eta_V \eta_m \tag{3-8}$$

（五）液压泵所需电动机功率的计算

在液压系统设计时，如果已选定了泵的类型，并计算出了所需泵的输出功率 P_o，则可

用公式 $P_i = P_o/\eta$ 计算泵所需要的输入功率 P_i。

在实际应用中，可直接用以下两个公式之一计算：

$$P_i = pq_V/(1000\eta) \tag{3-9}$$

式中各参数的单位：p 为 Pa；q_V 为 m^3/s；P_i 为 kW。

$$P_i = pq_V/(60\eta) \tag{3-10}$$

式中各参数的单位：p 为 MPa；q_V 为 L/min；P_i 为 kW。

例如，已知某液压系统所需泵输出油的压力为 4.5MPa，流量为 10L/min，泵的总效率为 0.7，则泵所需要的输入功率 P_i 应为

$$P_i = \frac{4.5 \times 10}{60 \times 0.7}kW = 1.07kW$$

这样，即可从电动机产品样本中查取功率为 1.1kW 的电动机。

（六）液压泵的特性曲线

液压泵的特性曲线是在一定的介质、转速和温度下，通过试验得出的。它表示液压泵的工作压力 p 与容积效率 η_V（或实际流量 q_V）、总效率 η 与输入功率 P_i 之间的关系。图 3-4 所示为某一液压泵的性能曲线。

由性能曲线可以看出，实际流量随工作压力的升高而减少。当压力 $p=0$ 时（空载），泄漏量 $\Delta q_V \approx 0$，实际流量近似等于理论流量。总效率 η 随工作压力增高而增大，且有一个最高值。

对于某些变量泵，为了显示整个允许工作范围内的全部性能特性，常用泵的通用特性曲线表示，如图 3-5 所示。

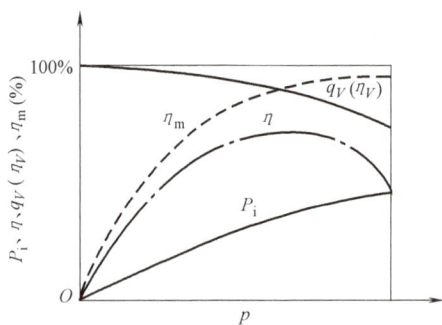

图 3-4 液压泵性能曲线

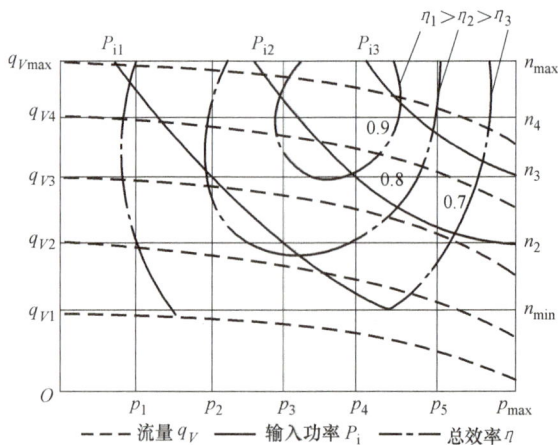

图 3-5 液压泵的通用特性曲线

图中除表示工作压力 p、流量 q_V、转速 n 的关系外，还表示了等效率曲线 η_i、等功率曲线 P_i 等。

第二节 叶 片 泵

叶片泵具有结构紧凑、输出流量均匀、运转平稳、噪声小等优点，所以在机床、各种加

工流水线、自动线、注射机、液压机和部分工程机械中得到了非常广泛的应用。目前使用的叶片泵有中压叶片泵（其额定压力一般为 6.3MPa）、中高压叶片泵（其额定压力为 10～16MPa）、新型的高压叶片泵（其额定压力可达到 25～32MPa）。可见叶片泵最适用于用量较大的中等功率设备的液压系统。

叶片泵有双作用式定量叶片泵和单作用式变量叶片泵两大类。

一、双作用式定量叶片泵

（一）工作原理

图 3-6 所示为双作用式定量叶片泵的工作原理图。该泵主要由定子 1、转子 2、叶片 3、配流盘 4、传动轴 5 和泵体等件组成。定子的内表面是由两段半径 R 的长圆弧面、两段半径 r 的短圆弧面、四段过渡曲面组成的。在与定子厚度相等且与定子同轴安装的转子上，均匀分布着径向斜槽，每个槽中装着一片叶片。转子通过化键联接与传动轴相连。在泵体内，定子与转子的两端各安置一个配流盘。配流盘上均布着四个腰形槽，分别将泵的吸油腔与吸油管道连通和将泵的压油腔与液压系统连通。

双作用叶片泵

当转子转动时，叶片在离心力和根部压力油（系统压力建立后）的作用下被甩出，紧顶在定子的内表面上。泵内每两叶片间的液体被定子的内表面、转子的外表面、两配流盘端面及叶片所封闭，形成一个个容积为 V_{mi} 的密封油腔。随着转子的转动，在图的右上和左下位置，V_{mi} 由小逐渐变大，腔内压力降低，产生吸力，油箱中的油在大气压力的作用下被吸入腔内。在图的右下和左上位置，V_{mi} 由大逐渐变小，腔内压力升高，压力油被压入液压系统中，实现压油。转子不停地转动，油箱中的油便连续不断地被送入液压系统中。

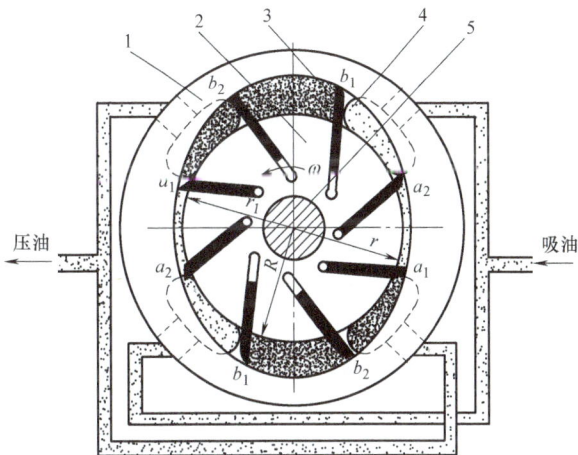

图 3-6 双作用式定量叶片泵工作原理图
1—定子 2—转子 3—叶片 4—配流盘 5—传动轴

由于这种泵的转子每转一转，吸油、压油各两次，所以称为双作用式叶片泵。又由于该泵的吸、压油腔的布局是径向对称的，其径向液压力互相平衡，故这种泵又称为卸荷式叶片泵。

（二）YB₁ 型叶片泵的结构

图 3-7 所示为 YB₁ 型叶片泵的结构。它由前泵体 7、后泵体 6、左右配流盘 1 和 5、定子 4、转子 12、叶片 11 和传动轴 3 等组成。为方便装配和使用，两个配流盘与定子、转子和叶片等用两个定位销（长螺钉）13 装成一个组件。螺钉的头部作为定位销插入后泵体内的定位孔内，以保证配流盘上吸、压油窗口的位置能与定子内表面的过渡曲线相对应。转子 12 上开有 12 条窄槽（小排量泵为 10 条），叶片 11 安放在槽内，并可在槽内自由滑动。转子通过内花键与传动轴 3 相联接，传动轴由两个滚珠轴承 2 和 8 支承。骨架式密封圈 9 安装

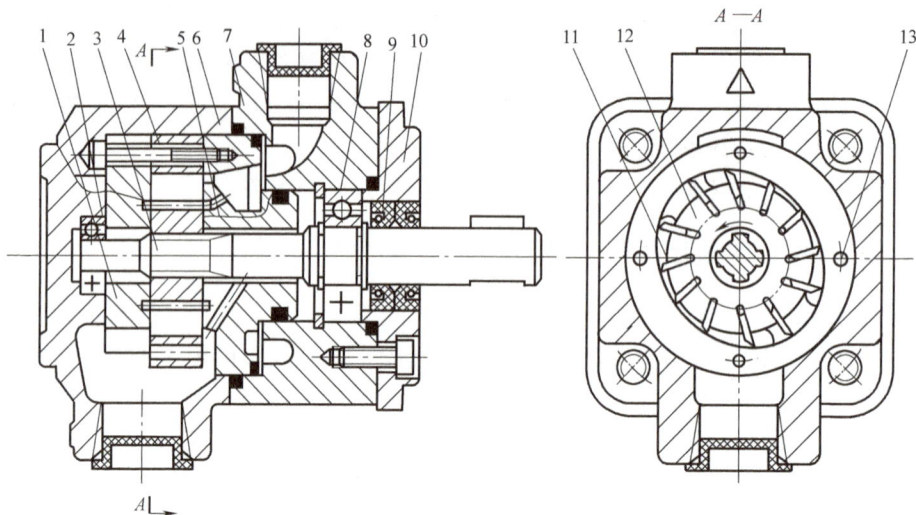

图 3-7　YB₁型叶片泵的结构图

1、5—配流盘　2、8—轴承　3—传动轴　4—定子　6—后泵体　7—前泵体

9—密封圈　10—盖板　11—叶片　12—转子　13—定位销

在盖板 10 上，用以防止油液泄漏和空气渗入。

在配流盘上对应叶片槽底部小孔的位置，开有一环形槽 c（见图 3-8），槽内有两个小孔与配流盘 5 的压油腔相通。这样可使叶片根部的小孔内通压力油，保证了叶片顶部与定子内表面的可靠密封。配油流上的上、下两个缺口为吸油槽口，两个腰形孔为压油孔。在腰形孔端部开有三角槽，其作用是使叶片间的密封容积逐步与高压腔相连通，这样不致产生液压冲击。配流盘 5 采用凸缘式，小直径部分伸入前泵体内，并合理布置了 O 形密封圈。这样，当配流盘右侧受到液压力的作用后会贴紧定子，并使配流盘端面与前泵体分开，仍能保证可靠的密封。配流盘本身的变形也有 <0.01mm 的补偿作用。

该泵定子内表面的过渡曲面为等加速等减速曲面。这种曲面所允许的定子半径比 R/r 比其他类型的曲面大，可使泵的结构紧凑、输油量大；而且叶片由槽中伸出和缩回的速度变化均匀，不会造成硬性冲击。

该泵转子上的叶片槽一般向转子转动的方向倾斜 13°，称为前倾。这样可使压油腔处叶片顶部所受定子作用力的分力 F_n 增大，F_t 减小（见图 3-9）。F_n 增大有利于叶片的缩进；而 F_t 减小，则有利于减小叶片所受的弯矩及叶片与转子槽的磨损。

该泵的前泵体上有压油口，后泵体上有吸油口。在安装时可根据实际需要，使两油口的相对位置成 90°、180°、270°，以便于使用。

YB₁ 型叶片泵是在 YB 型泵基础上的改进型。这种泵定子内表面吸油腔的过渡曲面处容易磨损，如果将其转子反装且反转，并将定子相对于泵体转 90° 即可使泵反转使用，这样可使泵的寿命大为延长。

（三）双作用叶片泵的排量和流量

1. 排量

由泵的工作原理可知，当泵轴转一转时，双作用叶片泵每两叶片间排出的油量，等于大圆弧段的密封容积减去小圆弧段的密封容积，若叶片数为 z，则泵轴一转排出的容积为 z 个

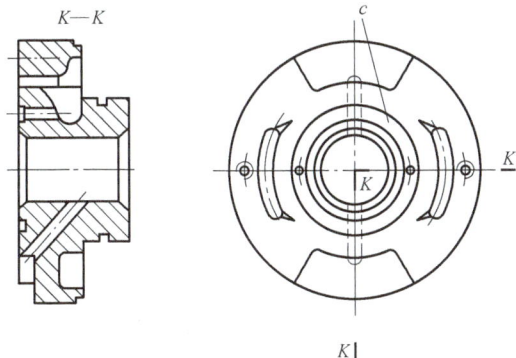

图 3-8　叶片泵的配流盘

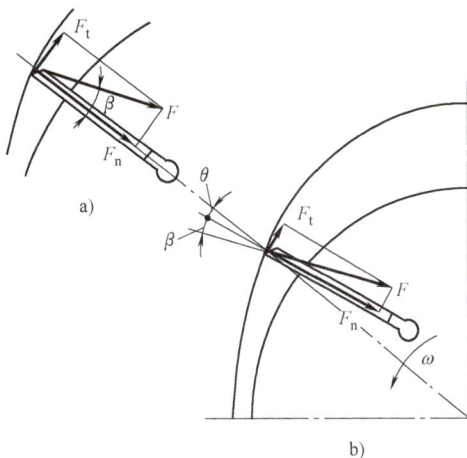

图 3-9　叶片的倾角

圆弧段，即等于一环形体积。由于是双作用叶片泵，故若不去除叶片所占的体积，其排量 V_o（mL/r）为两倍的环形体积（见图 3-10），即

$$V_o = 2\pi(R^2 - r^2)B \qquad (3-11)$$

式中　R——定子内表面大圆弧半径（cm）；

$\quad\quad r$——定子内表面小圆弧半径（cm）；

$\quad\quad B$——定子宽度（cm）。

若去掉叶片所占的体积，其排量 V（mL）应为

$$V = 2B\left[\pi(R^2 - r^2) - \frac{(R - r)\delta z}{\cos\theta}\right] \qquad (3-12)$$

式中　δ——叶片厚度（cm）；

$\quad\quad z$——叶片数；

$\quad\quad \theta$——叶片倾角（°）。

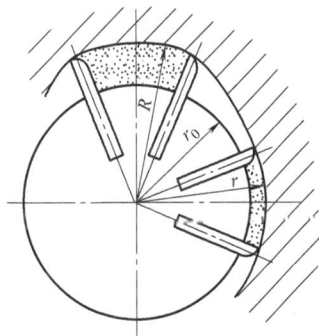

图 3-10　双作用叶片泵
排量的计算

2. 流量

双作用叶片泵的实际流量 q_V（L/min）应按下式计算

$$q_V = Vn\eta_V \times 10^{-3} = 2B\left[\pi(R^2 - r^2) - \frac{(R - r)\delta z}{\cos\theta}\right]n\eta_V \times 10^{-3}$$

$$(3-13)$$

式中　n——泵轴的转速（r/min）；

$\quad\quad \eta_V$——泵的容积效率。

双作用叶片泵的容积效率为 0.8 ~ 0.96，总效率在 0.75 以上。该泵的转速一般为 960r/min，小流量泵的转速为 1450r/min。其排量范围为 2.5 ~ 200mL/r。

（四）双联叶片泵

双联叶片泵相当于两个双作用式叶片泵的组合。泵的两套转子、定子和配流盘等安装在一个泵体内，泵体有一个公共的吸油口，两个单独的排油口。两个转子由同一个传动轴带

动，其结构如图 3-11 所示。双联泵的排量（后泵排量/前泵排量）由 2.5～10mL/r/2.5～10mL/r 到 125～200mL/r/32～50mL/r。两个泵的流量可以按需要选择。

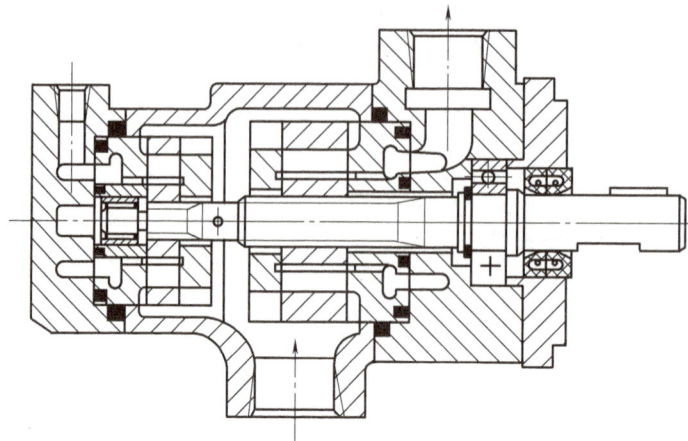

图 3-11 双联叶片泵

双联叶片泵的流量可以分开使用，也可以合并使用。当运动部件在高速轻载运行时，可由两个泵同时供给低压油；在重载慢速时，可由高压小流量泵单独供油，而大流量泵卸荷。

采用双联泵可以节省功率损耗，减少油液发热，提高系统的总效率，所以得到了广泛的应用。

（五）中高压叶片泵

YB$_1$ 双作用叶片泵应用广泛，但其额定压力仅为 6.3MPa。这种泵存在的主要问题是在泵的吸油区，叶片顶部油压很低，而叶片根部的压力过大（等于泵输出油的压力），因而叶片顶部和定子的过渡曲面均有较大的磨损，使其密封不良，所以压力的升高受到限制。近年来，已生产的中高压叶片泵的额定压力一般为 14～21MPa。其结构的主要特点是能减小叶片顶部和定子过渡曲面的磨损，所采用的主要方法是以下几种。

1. 采用子母叶片式结构（也称为复合式叶片）

如图 3-12 所示，其叶片分母叶片 1 和子叶片 2 两部分，通过配流盘使母、子叶片间的小腔 a 内总是与压力油腔相通。而母叶片根部 c 腔，则经转子 3 上的虚线油孔 b 始终与顶部吸油区油腔相通。当叶片在吸油区工作时，使叶片根部不受高压油的作用，只受 a 腔高压油的作用而压向定子。由于 a 腔面积不大，所以定子表面所受的力也不太大，定子表面的磨损可比中压泵小很多，但

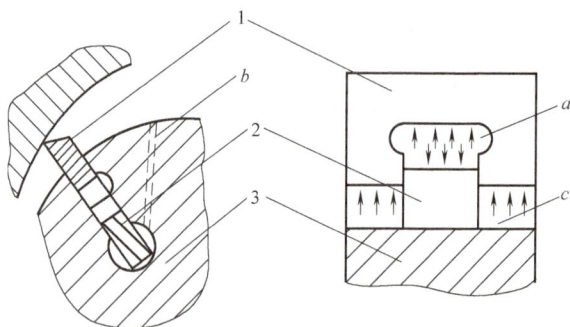

图 3-12 子母叶片式结构
1—母叶片 2—子叶片 3—转子

能使叶片与定子接触良好，保证密封，从而达到比较高的压力。这种叶片泵的压力可达到 20MPa，其结构如图 3-13 所示。

2. 采用双叶片式结构

如图 3-14 所示，在转子的叶片槽内装有两个叶片 1、2，两叶片间可以相对滑动。叶片

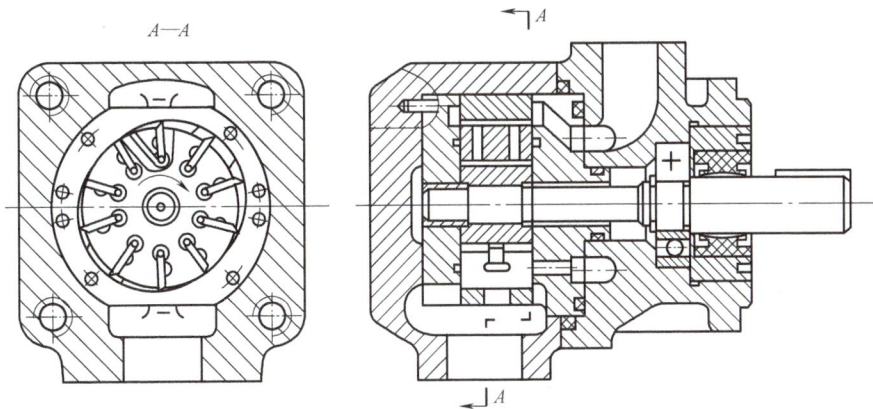

图 3-13　子母叶片泵

顶端倒角部分形成油室 a，经叶片中间小孔 c 与叶片底部 b 油室相通，使叶片顶部和根部油压作用基本平衡，从而减小叶片和定子过渡曲面的磨损，保证各油腔有良好的密封，使输出油压得以提高。采用这种结构的叶片泵，其压力可达到17MPa。

3. 采用辅助阀减小叶片根部的油压

在吸油区叶片根部与压油腔之间的通道上，串联一减压阀或设一阻尼槽，使压油腔的压力经减压后再与叶片根部相通。用这种方法也可达到减小磨损、保证密封和提高压力的目的。

二、单作用式变量叶片泵

（一）单作用式叶片泵的工作原理

图3-15所示为单作用式叶片泵的工作原理图。它由转子1、定子2、叶片3、配流盘等组成。定子具有圆柱形内表面，定子和转子间有偏心距 e，叶片装在转子槽中，并可在槽中滑动。当转子按图示方向转动时，在离心力的作用下，叶片从槽中甩出顶在定子的内圆表面上。这样就由每两个叶片、定子内表面、转子外表面及两配流盘端面形成一个个密封油腔。在图的右半侧，叶片逐渐伸出，密封油腔的容积由小变大，油压降低，从吸油口吸油，故右侧为吸油腔。在图的左半侧，叶片被定子的内表面逐渐压进叶片槽内，密封油腔容积由大变

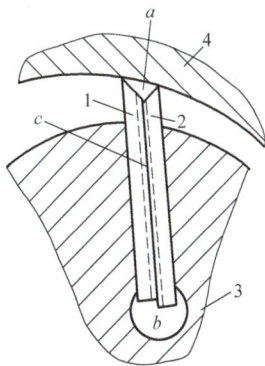

图 3-14　双叶片式结构
1、2—叶片　3—转子　4—定子

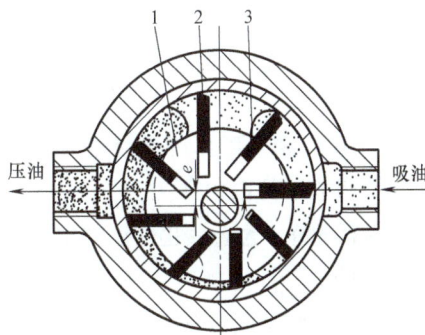

图 3-15　单作用式叶片泵工作原理图
1—转子　2—定子　3—叶片

小，将油从压油口压出，故左侧为压油腔。在吸油腔和压油腔之间有一段封油区，将吸油腔和压油腔隔开。这种泵的转子每转一转完成一次吸油和压油，因此称为单作用式叶片泵。当转子不停地转动时，泵就不停地吸油和压油。

单作用式叶片泵一侧为吸油腔，另一侧为压油腔，配流盘上只需两个配流窗口，而转子及其轴承上受到了不平衡的液压力，因此这种泵又称为非平衡式叶片泵。该泵的径向不平衡力随着工作压力的提高而增加，因此是限制其工作压力提高的主要因素。

（二）排量和流量

图 3-16 所示为单作用式叶片泵的几何排量计算。由图可见，当两叶片处于最下位置时，其密封容积最小；而当两叶片到达最上位置时，其密封容积最大。如果不考虑叶片厚度，则转子每转一转，两叶片间密封容积的变化近似为 V'。即

$$V' = B\pi[(R+e)^2 - (R-e)^2]/Z$$

整个泵有 Z 个密封容积，故泵的排量 V（mL/r）为

$$V = B\pi[(R+e)^2 - (R-e)^2]$$
$$= 4B\pi Re = 2\pi BDe \tag{3-14}$$

式中　B——定子宽度（cm）；

　　　　D——定子的内径（cm）；

　　　　e——定子与转子的偏心量（cm）。

泵的实际流量 q_V（L/min）为

$$q_V = Vn\eta_V \times 10^{-3} = 2\pi BDen\eta_V \times 10^{-3} \tag{3-15}$$

式中　n——泵轴的转速（r/min）；

　　　　η_V——泵的容积效率。

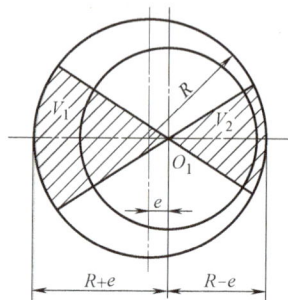

图 3-16　单作用式叶片泵的几何排量计算

（三）限压式变量叶片泵

变量叶片泵的变量方式有手调和自调两种。自调变量泵又根据工作特性的不同分为限压式、恒压式和恒流式三类。目前最常用的是限压式。限压式变量泵的流量，是利用泵工作压力的反馈作用来实现自动调节的。它有外反馈和内反馈两种形式。

1. 外反馈式变量叶片泵

（1）工作原理　图 3-17 所示为外反馈限压式变量泵的工作原理图。该泵除了转子 1、定子 2、叶片及配流盘外，在定子的右边有限压弹簧 3 及调节螺钉 4；定子的左边有反馈缸，缸内有反馈缸柱塞 6，缸的左端有调节螺钉 7。反馈缸通过控制油路（图中虚线所示）与泵的压油口相连通。

调节螺钉 4 用以调节限压弹簧 3 的预紧力 F（$F = kx_0$，k 为弹簧刚度，x_0 为弹簧的预压缩量），也就是调节泵的限定压力 p_B（$p_B = kx_0/A$，A 为柱塞有效面积）。调节螺钉 7 用以调节反馈缸柱塞 6 左移的终点位置，也即调节定子与转子的最大偏心距 e_{max}，调节最大偏心距也就是调节泵的最大流量 q_{Vmax}。

转子 1 的中心 O_1 是固定的，定子 2 可以在右边弹簧力 F 和左边有反馈缸液压力 pA 的作用下，左右移动而改变定子相对于转子的偏心距 e，即根据负载的变化自动调节泵的流量 q_V。其工作过程如下。

当泵的工作压力 p 因负载小而小于限定压力 p_B 时，$pA<F$，定子与柱塞在弹簧力的作用下左移，直至靠紧在调节螺钉 7 的端面处，此时泵的偏心距 e 为最大（e_{max}），泵的流量 q_V 也最大（q_{Vmax}）；当泵的工作压力 p 因负载的增大而大于限定压力 p_B 时，$pA>F$，定子和柱塞在反馈缸液压力的作用下右移，偏心距 e 减小，泵的流量 q_V 也减小，而且负载越大，p 就越高，e 就越小，q_V 也越小；当工作压力达到其极限值 p_C（称极限压力）时，弹簧被压缩至最短，泵的偏心距 e 减至最小（$e\approx0$），使泵的流量趋近于零（$q_V\approx0$），这时泵仅输出少量油来补偿泄漏。

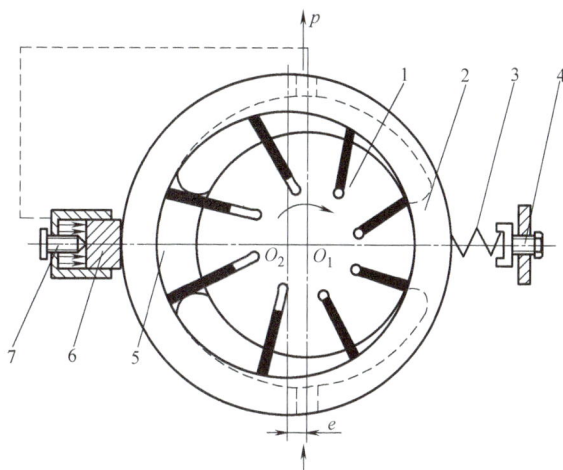

图 3-17　外反馈式变量叶片泵工作原理图
1—转子　2—定子　3—限压弹簧
4、7—调节螺钉　5—配流盘　6—反馈缸柱塞

限压式变量叶片泵常用在其运动部件需要实现"空载快进—慢速工进—空载快退"工作循环的金属切削机床、自动线上的组合机床等设备的液压系统中。

（2）泵的结构及其调整　图 3-18 所示为外反馈限压式变量叶片泵的结构图。泵的传动轴 2 支承在两个滚针轴承 1 上，转子 7 用键和轴向挡圈与轴固定联接。叶片滑装在转子的槽内，定子 6 套装在转子的外面。图中定子的下方为反馈缸，缸内有柱塞 11，10 为调节螺钉；上方 4 为调压弹簧，5 为弹簧座，3 为调压螺钉。定子可在反馈缸的液压力和调压弹簧力的作用下沿图中垂直方向移动，以改变其与转子的偏心距 e，即调节泵的流量 q_V。滑块 8 用以支持定子 6，它又支承在水平滚道的滚针 9 上，以承受压力油对定子的作用力。这种泵的叶片也不是沿转子的径向放置的。叶片槽的倾斜方向与双叶片泵叶片槽的方向相反，为后倾（即向转子旋转方向的相反方向倾斜），倾角为 24°。这是因为这种泵在吸油腔侧的叶片根部不通压力油，其叶片的伸出要靠离心力的作用，叶片后倾有利于叶片的甩出。由于定子与转子的偏心距很小，仅有 2～3mm，定子的内表面又是易加工的圆弧，所以磨损也不大。

在泵使用前，一般应对其进行如下调整：先利用调节螺钉 10 调节泵的最大偏心距 e_{max}，以满足系统快速所需的最大流量 q_{Vmax}；然后利用调压螺钉 3 调节调压弹簧 4 的预紧力 F，并达到由负载所决定的限定压力 p_B 的数值。

2. 内反馈限压式变量叶片泵的工作原理

图 3-19 所示为内反馈限压式变量泵的工作原理图。这种泵的工作原理与外反馈式相似。它没有反馈缸，但在配流盘上的腰形槽位置与 y 轴不对称。在图中上方压油腔处，定子所受到的液压力 F 在水平方向的分力 F_x 与右侧弹簧的预紧力方向相反。当这个力 F_x 超过限压弹簧 5 的限定压力 p_B 时，定子 3 即向右移动，使定子与转子的偏心距 e 减小，从而使泵的流量 q_V 得以改变。泵的最大流量 q_{Vmax} 由调节螺钉 1 调节，泵的限定压力 p_B 由调节螺钉 4 调节。

3. 限压式变量叶片泵的压力流量特性曲线

图 3-20 所示为限压式变量叶片泵的压力流量特性曲线。图中 AB 段是泵的工作压力 p 小

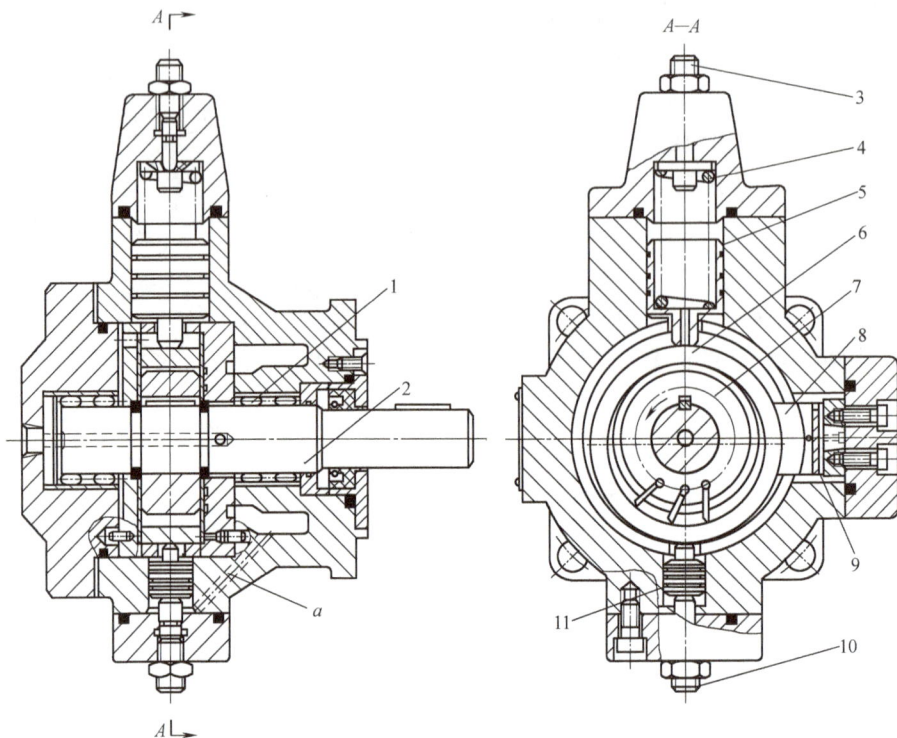

图 3-18　外反馈限压式变量叶片泵结构图

1—滚针轴承　2—传动轴　3—调压螺钉　4—调压弹簧　5—弹簧座　6—定子
7—转子　8—滑块　9—滚针　10—调节螺钉　11—柱塞

于限定压力 p_B 时，偏心距 e 最大，流量 q_V 也是最大的一段。该段为稍微向下倾斜的直线，与定量泵的特性相当。这是因为此时泵的偏心距不变而压力增高时，其泄漏油量稍有增加，泵的实际流量也稍有减少所致。图中 BC 段是泵的变量段。在这一区段内，泵的实际流量随着工作压力的增高而减小。图中 B 点称为拐点，其对应的工作压力为限定压力 p_B，C 点对应的压力 p_C 为泵的极限压力 p_{max}，在该点泵的流量为零，即 $q_V = 0$。

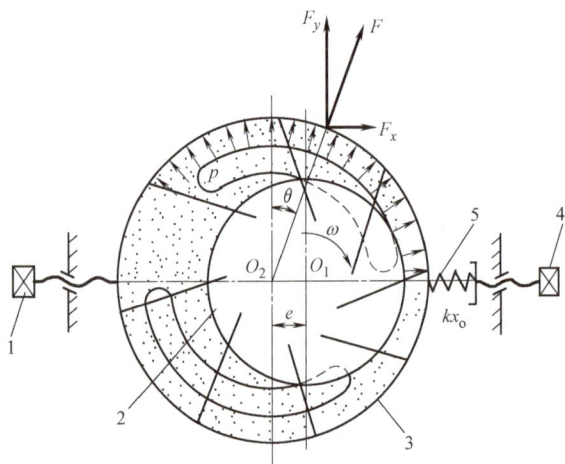

图 3-19　内反馈限压式变量泵工作原理图

1、4—调节螺钉　2—转子　3—定子　5—限压弹簧

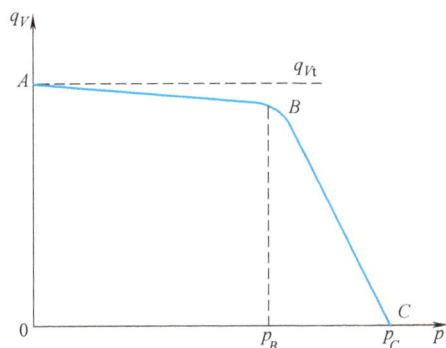

图 3-20　限压式变量叶片泵的
特性曲线

调节螺钉 1 时，可改变最大偏心距 e_{max}，从而改变最大流量 q_{Vmax}，这时特性曲线图上的 AB 段斜线上下平移，p_B 点的位置稍有变化。调节螺钉 4 可改变限定压力 p_B 和极限压力 p_C 的值，且其特性曲线的 BC 段左右平移。如果更换刚度不同的弹簧，则可改变 BC 段的斜率。弹簧越软，则 BC 段越陡；反之，弹簧越硬，则 BC 段越平缓。

第三节 齿 轮 泵

齿轮泵是一种常用的液压泵。它的主要优点是：结构简单，制造方便，造价低；重量轻，外形尺寸小；自吸性能好；对油的污染不敏感；工作可靠；允许转速高。其缺点是流量脉动较大；有困油现象；噪声较大；排量不可变。

低压齿轮泵的工作压力为 2.5MPa，中高压齿轮泵的工作压力为 16~20MPa，某些高压齿轮泵的工作压力已达到 32MPa。

齿轮泵利用一对齿轮的啮合运动，造成吸、压油腔的容积变化进行工作。按照其啮合形式，可分为外啮合齿轮泵和内啮合齿轮泵。外啮合齿轮泵一般都采用一对渐开线直齿轮。内啮合齿轮泵除采用渐开线齿轮外，还有的采用摆线齿轮。

一、外啮合齿轮泵的工作原理与结构

图 3-21 所示为 CB-B 型齿轮泵的结构。它为三片式结构，三片是指前、后泵盖 4、8 和泵体 7。泵体 7 内装有一对齿数和模数均相等，宽度与泵体内腔宽度相等，又互相啮合的齿轮 6。这对齿轮的齿间槽与两端盖及泵体内壁形成一个个密封腔，而两齿轮的啮合处的接触面则将泵进、出油口处的密封腔分为两部分，即吸油腔和压油腔。两齿轮分别用键固定在由滚针轴承支承的主动轴 10 和从动轴 1 上，主动轴由电动机带动旋转。

齿轮泵的工作原理如图 3-22 所示。当齿轮按图示方向旋转时，齿轮泵右侧（吸油腔）轮齿脱开啮合，齿槽内密封容积增大，形成局部真空，在外界大气压的作用下，从油箱中吸油，而且随着齿轮的旋转，吸入的油液被齿间槽带入左侧的压油腔。泵的左腔（压油腔）轮齿进入啮合，使密封齿槽内的容积逐渐减小，压力升高，由于液体的体积变化很小，故液体经管道输出给液压系统，这就是压油过程。泵轴不停地转动，油箱中的油就源源不断地被泵送入液压系统。

泵的前后盖和泵体由两个定位销 11 定位，用六个螺钉 5 固紧（见图 3-21）。在齿轮端面和泵盖之间有适当的轴向间隙，小流量泵的间隙为 0.025~0.04mm，大流量泵为 0.04~0.06mm，以使齿轮转动灵活，又能保证油的泄漏最小。齿轮的齿顶与泵体内表面间的间隙（径向间隙），一般为 0.13~0.16mm，由于齿顶油液泄漏的方向与齿顶的运动方向相反，故径向间隙稍大一些。

在泵体的两端面上开有卸荷槽 d，其作用是将渗入泵体和泵盖间的压力油引入吸油腔。在泵盖和从动轴上设有小孔 a、b、c，其作用是将润滑轴承后由轴承端部泄漏出的油引入吸油腔。

二、齿轮泵的排量和流量

齿轮泵的排量 V，应为两个齿轮所有齿槽容积之和。如果齿间容积大致等于轮齿的体

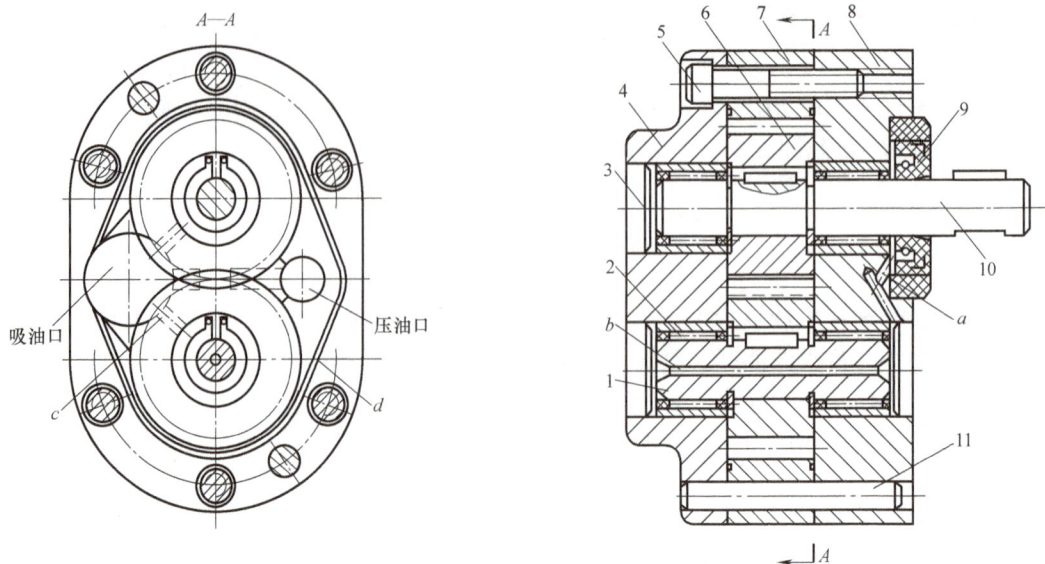

图 3-21　CB-B 型齿轮泵的结构

1—从动轴　2—滚针轴承　3—堵　4、8—前、后泵盖　5—螺钉　6—齿轮

7—泵体　9—密封圈　10—主动轴　11—定位销

积，那么齿轮泵的排量就相当于以有效齿高和齿宽构成的平面所扫过的环形体积，如图 3-23 所示。若齿轮齿数为 z，模数为 m（cm），轮齿的有效高度 $h = 2m$（cm），齿宽为 B（cm），则泵的排量 V（mL/r）为

$$V = 2\pi z m^2 B \qquad (3-16)$$

实际上，齿槽比轮齿体积稍大一些，所于常用以下公式计算

$$V = 6.66 z m^2 B \qquad (3-17)$$

齿轮泵的流量 q_V（L/min）为

$$q_V = V n \eta_V \times 10^{-3} \qquad (3-18)$$

由以上公式可知，在外形体积相同的情况下，增大模数 m，减少齿数 z，可以增大泵的排量。因此，用于机床液压

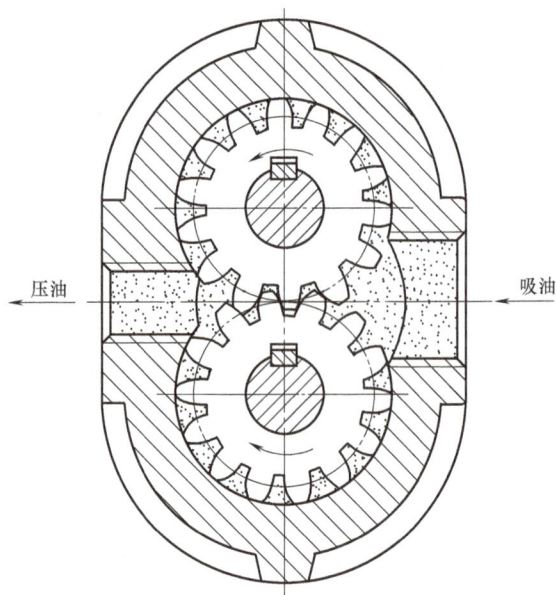

图 3-22　齿轮泵的工作原理

系统的低压齿轮泵，一般取 $z = 13 \sim 19$；而中高压齿轮泵，取 $z = 6 \sim 14$。当 $z < 14$ 时，齿轮要进行修正。

齿轮泵采用直齿轮，其输出的油是有脉动的。齿轮的齿数越少，油的脉动率越大，所以有时也用增加齿数的方法减小泵油的脉动。

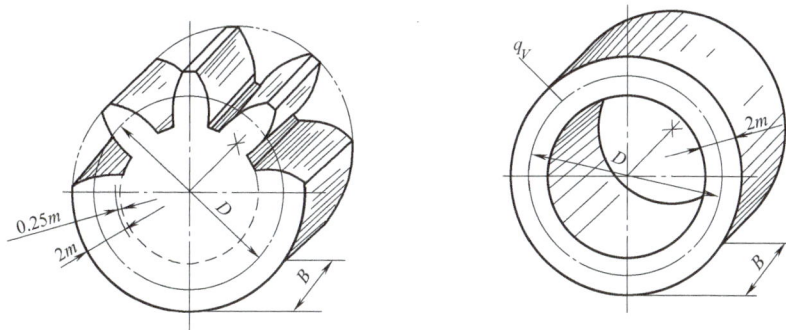

图 3-23　齿轮泵排量的计算

三、齿轮泵的困油现象及其径向力的不平衡问题

(一) 齿轮泵的困油现象

为保证齿轮泵齿轮平稳地啮合运转，必须使齿轮的啮合重叠系数 ε 略大于 1，即在前一对齿尚未脱开之前，后一对齿已进入啮合。当两对齿同时啮合时，这两对齿之间的油液与泵的吸、压油腔均不相通，形成一个密闭油腔（见图 3-24）。在齿轮转动时，此密闭油腔的容积会发生变化，使其中的液体膨胀或受压缩，造成油压的急剧变化，这种现象称为困油现象。

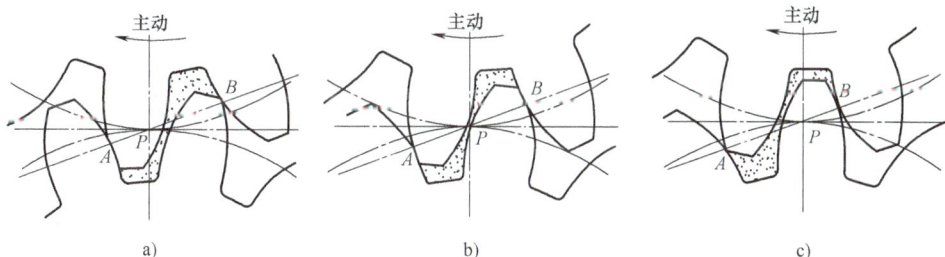

图 3-24　齿轮泵的困油现象

由于液体的可压缩性很小，当密闭腔容积由大变小时（见图 3-24a），其内压力骤增，造成功率损失，使油发热，高压力的油由缝隙中挤出时还会出现振动和哨叫等噪声。当密闭腔容积由小变大时（见图 3-24c），其压力降低，形成真空，会出现大量气泡，产生气蚀。这种周期性的冲击压力会使泵的各零件受到很大的冲击载荷，甚至使泵不能正常平稳地工作，所以困油现象十分有害。

为减小困油现象的危害，常在齿轮泵啮合部位侧面的泵盖上开卸荷槽，使密闭腔在其容积由大变小时，通过卸荷槽与压油腔相连通，避免了压力急剧上升；密闭腔在其容积由小变大时，通过卸荷槽与吸油腔相连通，避免形成真空。两个卸荷槽间须保持合适的距离，以便吸、压油腔在任何时候都不连通，避免增大泵的泄漏量。实测证明，齿轮泵盖上两个卸荷槽的位置向吸油腔偏移一小段距离，偏移后的效果比对称分布更好一些，但采用这种卸荷槽时，泵不能反转。

矩形卸荷槽形状简单，加工容易，基本上能满足使困油卸荷的使用要求，但是封闭油腔与泵的吸、压油腔通道仍不够通畅，困油现象造成的压力脉动还部分地存在。而采用如图 3-25 所示的几种异形困油卸荷槽，则能使困油及时顺利地导出，对改善齿轮泵的工作，较彻底地解除困油现象更有利一些。

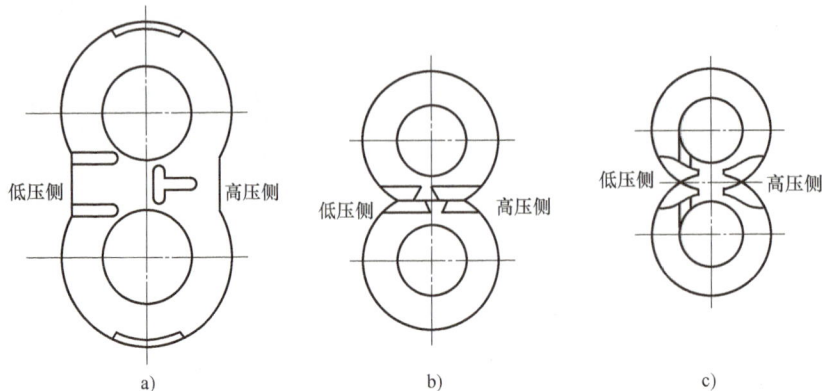

低压侧　　　　　　　高压侧　　　　低压侧　　　　　高压侧　　　　低压侧　　　　高压侧

a)　　　　　　　　　　　　b)　　　　　　　　　　　c)

图 3-25　几种异形困油卸荷槽

（二）径向力不平衡问题

在齿轮泵中，压油腔的油经过齿轮齿顶和泵体内孔间的径向间隙向吸油腔泄漏，从压油腔到吸油腔，各齿槽处的油压依次下降。各油腔液压油对齿轮、轴和轴承的合力指向其对面的吸油腔方向，这个力是不平衡的径向力。泵的工作压力越高，这个力越大。它能使泵轴弯曲，使齿轮齿顶与泵体内表面产生摩擦，而且会使圆环间隙偏心，增大间隙的泄漏量。

为减小径向不平衡力的影响，低压齿轮泵中常采取缩小压油口的办法，使压力油只作用到一个至两个齿的范围内。同时，适当增大径向间隙，使齿顶不致与泵体内表面产生摩擦。由于齿轮泵的吸油必须通畅，故其吸油口较大，而压油口较小，所以其吸、压油路不能接反，泵轴也不能反转。

四、中高压齿轮泵

齿轮泵有结构简单，体积小，重量轻，造价低，对油污染不太敏感，易造，易修等优点。但也存在着几大缺点：①齿轮与配流盘必须有一定的轴向间隙（也称端面间隙），其间隙处的泄漏量与间隙高度的三次方成正比。若此间隙量为固定值，则工作压力提高时，其泄漏量剧增，容积效率大大下降。②齿轮泵的吸油腔和压油腔各居一侧，使轴及轴承承受的径向液压力不平衡。当泵的工作压力提高时，径向不平衡力增大，这就对轴承和轴的承载能力及寿命提出了更高的要求。③齿轮泵工作时，输出油压力和流量的脉动比较大。这些缺点曾限制了它的应用，一度齿轮泵仅用于低压系统或者作为设备主要液压系统的辅助泵。

近些年来，许多国家的科研机构和生产部门开展了对中高压齿轮泵的研制和开发工作，出现了相当数量的创新产品，使中高压齿轮泵的生产和应用有了相当大的进展，并将会有更好的发展前景。

中高压齿轮泵的结构主要有以下特点。

1. 采用端面间隙能自动补偿的结构

中高压齿轮泵，一般都采用端面间隙（轴向间隙）能自动补偿的结构，使泵能在其工作压力升高时，齿轮的端面间隙自动减小，因而泄漏量并没有明显的增加。图 3-26 所示为端面间隙能自动补偿的齿轮泵与固定端面间隙结构的齿轮泵容积效率、总效率与工作压力的关系曲线。由图可见，采用端面间隙能自动补偿的结构后，泵的容积效率和总效率大大提高。采用端面间隙能自动补偿的结构是中高压齿轮泵的主要特点之一。

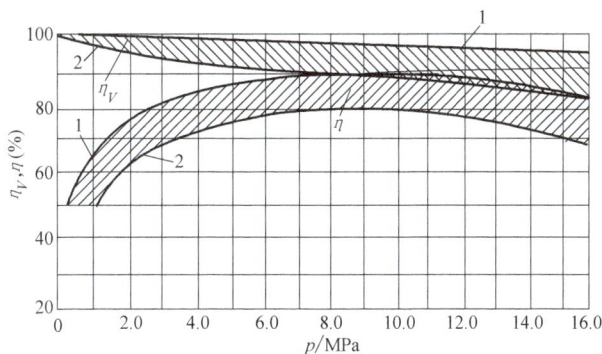

图 3-26 端面间隙补偿与固定端面间隙结构的
容积效率、总效率与工作压力的关系曲线
1—端面间隙补偿结构 2—固定端面间隙结构

齿轮泵端面间隙自动补偿结构有多种形式，图 3-27 所示为采用浮动轴套结构补偿齿轮端面间隙的中高压齿轮泵。图中轴套 1 和 2 是浮动安装的，轴套左面的油腔与齿轮泵的压油腔相通。因此，当泵工作时，轴套 1 和 2 的左端面受到压力油的作用而向右移动，使齿轮与两侧轴套端面紧靠，达到减小泄漏量、提高容积效率的目的。泵的工作压力越高，浮动轴套对齿轮端面的作用力越大，因而泵的容枳效率不会因其工作压力的提高而有明显的降低。这种结构，即使是齿轮或轴套端面有较大的磨损，也可以得到自动补偿，泵的容积效率不会有明显降低，所以泵的寿命也较长。这种泵的工作压力可达到 15MPa 左右。

图 3-28 所示为利用弹性侧板自身的变形来补偿端面间隙的中高压齿轮泵。图中弹性侧板 1 和 4 是薄钢板，在它与齿轮接触的一侧表面，烧结了一层磷青铜，以保证侧板与齿轮端面有

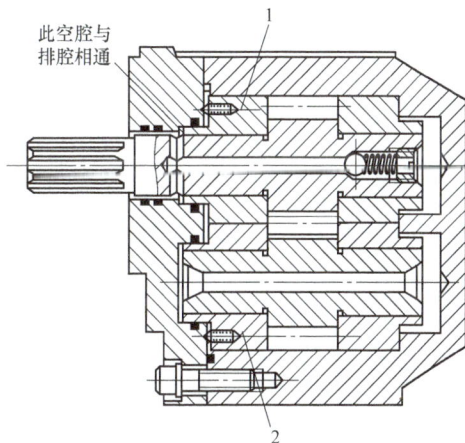

图 3-27 采用浮动轴套补偿齿轮端面
间隙的中高压齿轮泵
1、2—轴套

良好的摩擦性能。在侧板的背面，弓形密封圈 5 组成一个密封的油腔 c，而 O 形密封圈 6 使 c 腔与压力油通道 a 隔开。侧板上的小孔 b，使 c 腔与泵过渡区的压力油腔相连通。

泵在过渡区的压力是沿齿轮圆周方向，由压油腔向吸油腔逐渐降低的，因此适当选择 b 孔在过渡区的位置，便可调整 c 腔中油液的压力，而使侧板对齿轮端面的压紧力适中。侧板在压紧力的作用下，产生挠度变形紧贴在齿轮端面。泵的工作压力越高，侧板对齿轮端面的压紧力就越大，因此能保证泵在中高压下工作时，容积效率没有明显的降低。这种泵齿轮端面和侧板端面的磨损量可由侧板本身的弹性变形自动补偿，所以泵的寿命也较高。这种泵的工作压力可达到 14～17MPa。

2. 采用二次密封结构

为了减少泄漏，提高容积效率，除了减小泄漏间隙外，还可以减小泄漏间隙两端的压力

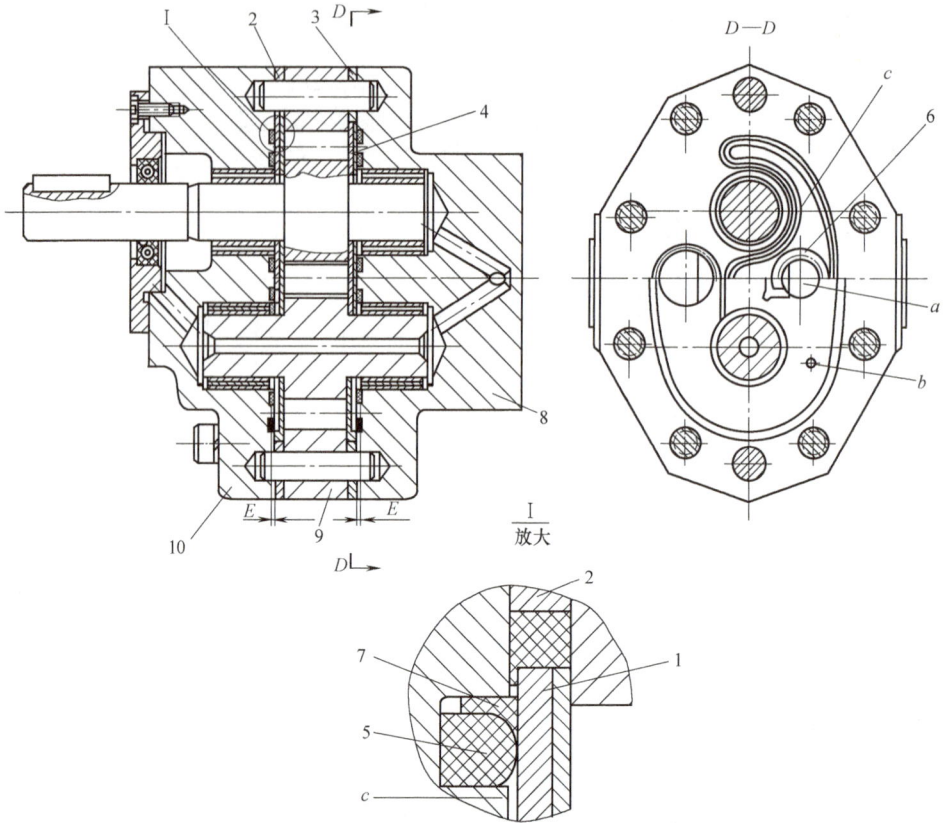

图 3-28　用弹性侧板补偿端面间隙的中高压齿轮泵

1、4—侧板　2、3—垫板　5—弓形密封圈　6—O形密封圈　7—密封挡圈
8—后泵盖　9—泵体　10—前泵盖
a—压油通道　b—小孔　c—密封腔　E—滑动轴承内端面与泵盖内端面之距

差。图 3-29 所示的中高压齿轮泵，在主动轴的前轴颈处设置了用铝锡青铜制作的密封环 3，其作用是使沟通外泄漏口的低压油腔与通过端面间隙的泄漏油隔开，形成第二密封腔。由于密封环 3 的密封作用，第二密封腔的压力一般可达到工作压力的 3/4，因而端面间隙泄漏可以减小。这类泵采用固定端面间隙结构，由于二次密封的作用，使泵在 16MPa 的工作压力下，容积效率仍能达到 90%以上。

由于密封环 3 的作用，主轴轴端的旋转密封圈处于低压工作状态。

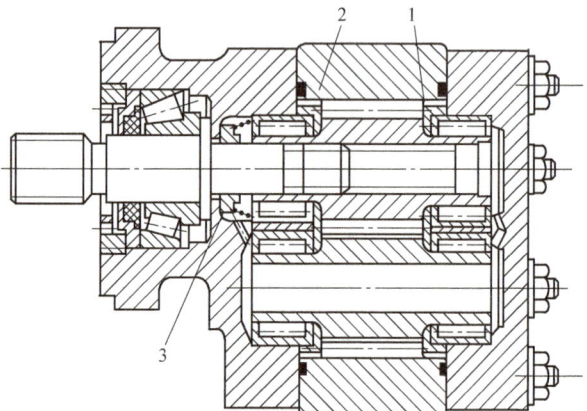

图 3-29　采用二次密封结构的中高压齿轮泵

1、2—浮动侧板　3—密封环

在采用二次密封结构时，应注意主动轴的轴向力平衡。由于二次密封腔压力仍较高，而

轴的一端伸出泵体外，主动轴上作用着轴向液压推力，因此必须在泵的主动轴上装向心推力轴承。或者在主动轴的另一端也相应地设置密封环，并将轴端面与低压腔沟通，也可使主动轴上的轴向力得到平衡。

3. 中高压齿轮泵的径向轴承

随着齿轮泵工作压力的提高，齿轮泵承受的径向力增大，因而中高压齿轮泵的径向轴承必须有较大的承载能力。但其径向尺寸又受到齿轮中心距的限制，所以中高压齿轮泵齿轮和轴的直径增大一些是合适的。

中高压齿轮泵一般选用滚针轴承或滑动轴承。滚针轴承对油的清洁度要求较低，油温的变化对承载能力的影响较小。滑动轴承承载能力大，结构紧凑，工作平稳，噪声低。滑动轴承一般采用低压润滑的螺旋槽从吸油腔吸油，其优点是吸入的是温度较低的冷油，油膜的承载能力强，轴承的冷却效果好。

近年来，各国研制的中高压齿轮泵，有的采用全浮动从动轮（即从动齿轮没有从动轴），有的采用椭圆齿轮传动，有的具有排气结构，有的还具有能减小输出油脉动的结构等，都在不同的方面提高了其工作压力和性能。总之，结构较简单、造价较低的中高压齿轮泵还是很有发展前途的。

五、内啮合齿轮泵

内啮合齿轮泵主要有带月牙形隔板式渐开线内啮合齿轮泵和摆线转子泵两种。

图 3-30 所示为带月牙形隔板式渐开线内啮合齿轮泵的工作原理。它由小齿轮 1、内齿环 3 和月牙形隔板 2 等组成。当小齿轮按图示方向绕其中心 O_1 旋转时，内齿环被驱动，绕其中心 O_2 旋转，在图的左下半部轮齿脱开啮合，由内轮齿、外轮齿、月牙板端部及两端配流盘组成的密闭油腔的容积由小变大，其内油压降低，通过配流盘上的吸油槽从油箱中吸油。进入齿槽的油被带到压油腔。在图的右下半部，轮齿进入啮合，齿间密闭油腔的容积由大减小，其内油压升高，并通过配流盘上的压油槽压入液压系统，即压油。月牙形隔板 2 在内齿环 3 和小齿轮 1 之间将吸油腔和压油腔隔开。

与外啮合齿轮泵相比，月牙形隔板式内啮合齿轮泵齿轮的啮合长度较长，因此工作平稳，泵的吸油区大，流速低，吸入性能好。它的显著特点是流量脉动很小（仅为外啮合齿轮泵的 1/20~1/10），此外，这种泵的困油现象轻，噪声较小。

渐开线内啮合齿轮泵也可以采用端面间隙自动补偿结构，提高其容积效率和工作压力。现有高压渐开线内啮合齿轮泵的最高工作压力已达到 32MPa。

图 3-31 所示为摆线转子泵的工作原理。该泵主要由内转子、外转子、两配流盘、传动轴和泵体等组成。其内、外转子（齿轮）的齿形不是渐开线，而是外摆线的等距线。外转子比内转子多一个齿，当内转子按图示方向转动时，图中左半部，啮合的轮齿逐渐脱开，由内、外轮齿及两配流盘组成的密闭油腔的容积由小变大，其内压力降低，通过配流盘上的吸油槽从油箱中吸油，并随着内转子的转动将油带入压油腔。在图中的右半部，轮齿逐渐进入啮合，齿槽内的密闭容积由大变小，油压升高，具有较高压力的油经配流盘上的压油槽被压入液压系统中，实现压油。

摆线转子泵结构更简单，尺寸更小，而其排量大，且由于啮合的重叠系数大，所以传动平稳，吸油条件更好，其转速范围为 1000~4500r/min。这种泵可以正转、反转，也可作为

图 3-30　渐开线内啮合齿轮泵工作原理

1—小齿轮　2—月牙形隔板　3—内齿环
4—外壳　5—低压腔　6—高压腔

内啮合渐开
线齿轮泵

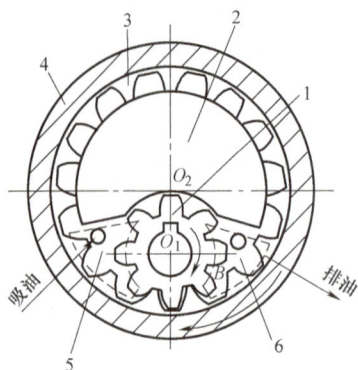

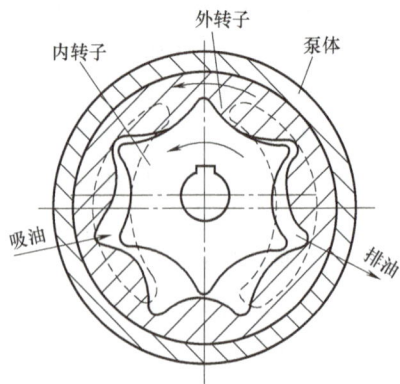

图 3-31　摆线转子泵的工作原理

液压马达用。其转子可采用粉末冶金压制成形，仅需对其齿形进行精密加工，因而造价并不太高。飞机及有些机床的润滑系统已采用这种泵。低压摆线转子泵的额定压力为2.5MPa，而采用了端面间隙补偿结构的中高压摆线转子泵，其工作压力可达到16MPa。

第四节　柱　塞　泵

柱塞泵用圆形柱塞和具有圆柱孔的回转缸体作为主要构件。当柱塞在缸体的柱塞孔中做往复运动时，由柱塞与柱塞孔所构成密闭油腔的容积产生变化，从而实现吸油和压油工作。由于柱塞和柱塞孔都是圆柱表面，加工方便，配合精度高，密封性能好，容积效率高，因此柱塞泵多用于高压和中高压系统。此外，由于柱塞处于受压状态，能使材料的性能充分发挥，而且只要改变柱塞的工作行程就能改变泵的排量，所以柱塞泵具有压力高、容积效率高、流量调节方便等优点。其缺点是结构比较复杂，成本较高。

柱塞泵可以分为径向柱塞泵和轴向柱塞泵两大类。

一、径向柱塞泵

图 3-32 所示为径向柱塞泵的工作原理图。柱塞 1 均布于回转缸体 2 的径向圆孔中，青铜衬套 3 与回转缸体 2 用过盈配合装在一起，并套装在配流轴 5 上。配流轴 5 是固定不动的。回转缸体连同柱塞由电动机带动一起旋转。柱塞靠离心力和辅助泵低压油的作用紧压在定子 4 的内壁面上。由于定子中心线与回转缸体的回转中心线间有一偏心距 e，所以当回转缸体按图示方向旋转时，柱塞在上半周内向外伸出，柱塞底部密封油腔的容积由小逐渐增大，压力降低，产生局部真空，因而通过配流轴上的吸油窗口 a 从油箱中吸油。当柱塞处于下半周时，各柱塞底部密封油腔的容积由大逐渐减小，压力升高，并通过配流轴上的压油窗口 b 将压力油压入液压系统。回转缸体每转一转，每个柱塞各吸压油一次。若使定子水平移动，改变定子 4 与回转缸体 2 的偏心距 e，则可改变泵的排量；若使定子移动，改变偏心距的方向（即由正值改变为负值），则排油量的方向也改变，即成为双向径向柱塞变量泵。

径向柱塞泵的性能稳定，耐冲击性能好，工作可靠，其容积效率可达 0.94～0.98，也易

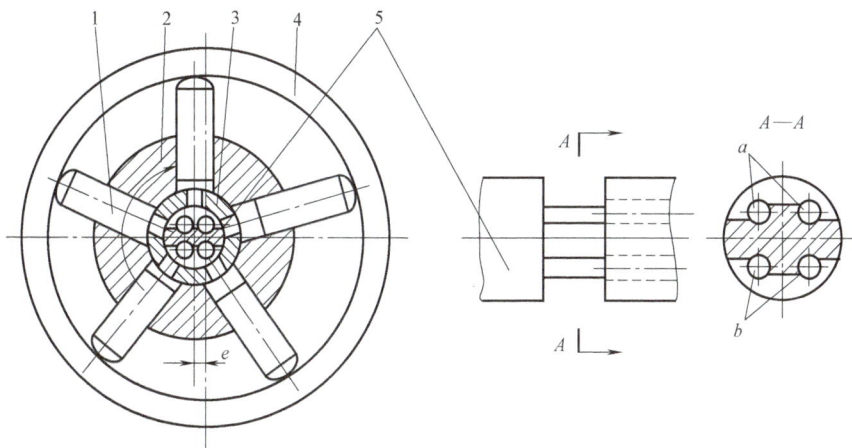

图 3-32　径向柱塞泵工作原理图

1—柱塞　2—回转缸体　3—青铜衬套　4—定子　5 配流轴

于形成高压，多用于工作压力为 10MPa 以上的液压系统中。例如，龙门刨床、拉床、液压压力机等设备的液压系统，目前仍采用这种径向柱塞泵。

这种泵的结构比较复杂：为了增大泵的排量，每个泵实际上有几个柱塞；为了减小径向尺寸，柱塞沿轴向排成几排；为了减少油的脉动，相邻两排柱塞之间在径向交错排开；为了减小柱塞顶部的磨损，定子实际上为一滚动轴承，其内圈随柱塞一起转动，内圈内表面与柱塞接触的部分做成锥面，柱塞顶端做成球面，在泵运转时，柱塞 边公转一边自转。

径向柱塞泵配流轴的一侧为高压油腔，而另一侧为低压油腔，受到较大的径向力。为防止轴受力变形后与转动的衬套卡死，配油轴与衬套间需要有一定的间隙，因而其密封性受到较大的影响，最高压力一般不超过 20MPa。

径向柱塞泵的吸油方式一般有两种：一种是液压泵直接从油箱中吸油，称为自吸式；另一种是由齿轮泵提供低压油，称为非自吸式，后者用得较多。

由上述分析可知，径向柱塞泵结构较复杂，径向尺寸较大，运动件的转动惯量较大，制造和维修难度也较大，故近年来有逐渐被轴向柱塞泵替代的趋势。

二、轴向柱塞泵

轴向柱塞泵的结构形式很多，按其配流方式来分，主要有端面配流和阀配流两种。端面配流的轴向柱塞泵又可分为斜盘式和斜轴式两大类。现主要讨论应用最多的端面配流斜盘式轴向柱塞泵。

（一）工作原理

图 3-33 所示为轴向柱塞泵的工作原理图。轴向柱塞泵中柱塞的轴线与回转缸体的轴线平行。它主要由柱塞 5、回转缸体 7、配流盘 10 和斜盘 1 等零件组成。斜盘 1 与配流盘 10 固定不动，斜盘的法线与回转缸体轴线的交角为 γ。回转缸体由传动轴 9 带动旋转。在回转缸体的等径圆周处均匀分布了若干个轴向柱塞孔，每个孔内装一个柱塞 5。带有球头的套筒 4 在中心弹簧 6 的作用下，通过压板 3 使各柱塞头部的滑履 2 与斜盘靠牢。同时，套筒 8 左端的凸缘将回转缸体 7 与配流盘 10 紧压在一起，消除两者接触面间的间隙。

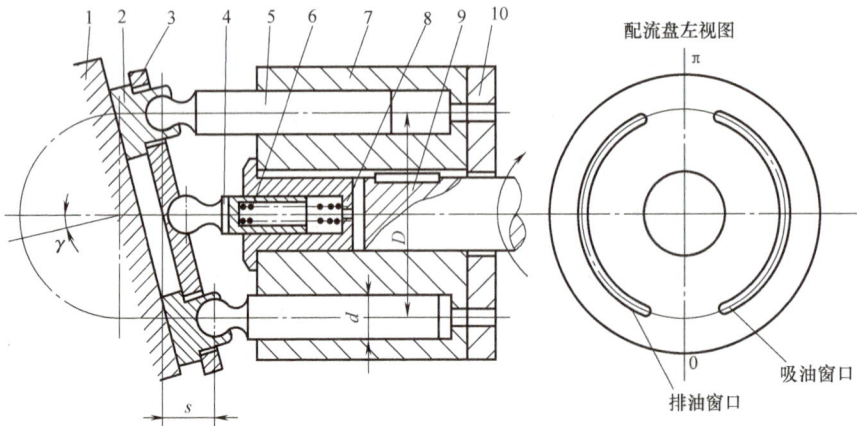

图 3-33　轴向柱塞泵工作原理图

1—斜盘　2—滑履　3—压板　4、8—套筒　5—柱塞　6—中心弹簧
7—回转缸体　9—传动轴　10—配流盘

当回转缸体在传动轴 9 的带动下按图示方向旋转时，由于斜盘和压板的作用，迫使柱塞在回转缸体的各柱塞孔中做往复运动。在配流盘的左视图所示的右半周，柱塞随回转缸体由下向上转动的同时，向左移动，柱塞与柱塞孔底部密封油腔的容积由小变大，其内压力降低，产生真空，通过配流盘上的吸油窗口从油箱中吸油；在左半周，柱塞随回转缸体由上向下转动的同时，向右移动，柱塞与柱塞孔底部密封油腔的容积由大变小，其内压力升高，通过配流盘上的压油窗口将油压入液压系统中，实现压油。

若改变斜盘倾角 γ 的大小，就能改变柱塞的行程长度，也就改变了泵的排量；若改变斜盘倾角 γ 的方向，就能改变泵的吸、压油的方向。因此，轴向柱塞泵一般制作成为双向变量泵。

（二）排量和流量

若柱塞数为 Z、柱塞直径为 d（cm）、柱塞孔分布圆的直径为 D（cm）、斜盘倾角为 γ（°）时，泵的排量 V（mL/r）为

$$V = \frac{\pi d^2}{4} sZ = \frac{\pi d^2}{4} D\tan\gamma Z \qquad (3\text{-}19)$$

泵的流量 q_V（L/min）为

$$q_V = Vn\,\eta_V \times 10^{-3} = \frac{\pi d^2}{4} D\tan\gamma Zn\eta_V \times 10^{-3} \qquad (3\text{-}20)$$

不同柱塞数目的柱塞泵，其输油量的脉动率是不同的，具体脉动率的大小见表 3-1。

表 3-1　柱塞泵柱塞数不同时的脉动率

柱塞数 Z	5	6	7	8	9	10	11	12
脉动率（%）	4.98	14	2.53	7.8	1.53	4.98	1.02	3.45

由表 3-1 可以看出，柱塞泵的柱塞数较多且为奇数时，泵输出油的脉动率较小；柱塞数较少或为偶数时，输出油的脉动率较大。因此，柱塞泵的柱塞数一般为奇数。从结构和工艺性考虑，常取柱塞数 $Z = 7$ 或 $Z = 9$。

（三）轴向柱塞泵的结构

图 3-34 所示为 CY14-1B 型斜盘式轴向柱塞泵的结构。它主要由泵的主体部分和变量机构两部分组成。

1. 泵的主体部分

回转缸体 5 安装在中间泵体 1 和前泵体 7 内，由传动轴 8 通过花键带动旋转。在回转缸体的柱塞孔中各装一个柱塞 9。柱塞的球形头部装在滑履 12 的孔内并可作相对滑动。定心弹簧 3 通过内套 2、钢球和压盘 14 将滑履紧紧地压在斜盘 15 上，使泵具有自吸能力。当回转缸体由传动轴带动旋转时，柱塞相对于回转缸体做往复运动，于是柱塞与柱塞孔底之间密封油腔的容积发生变化，这时油液可通过柱塞孔底部的孔及配流盘的配流窗口完成吸、压油工作。柱塞密封腔内的压力油将回转缸体 5 压向配流盘 6，定心弹簧 3 通过套筒 10 的左凸缘也将回转缸体 5 压向配流盘 6，所以回转缸体与配流盘能保持良好的接触，使密封非常可靠。即使配流盘端面或回转缸体端面有一些磨损也可以得到自动补偿，所以这类泵的工作压力一般为 32~40MPa，而且它在高压下仍能保持容积效率在 95% 以上。

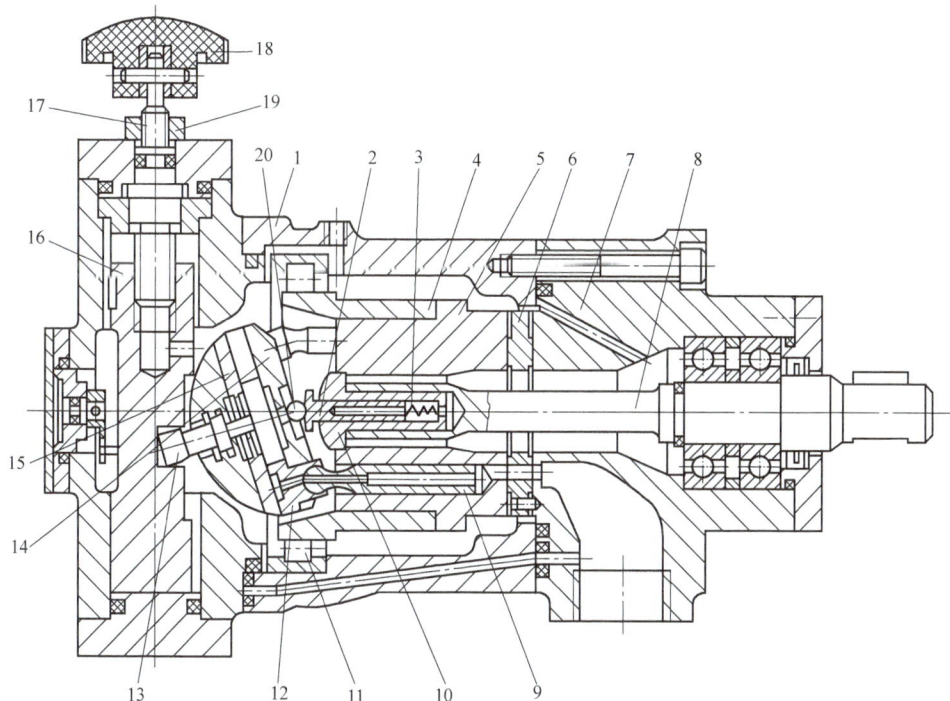

图 3-34　CY14-1B 型斜盘式轴向柱塞泵的结构

1—中间泵体　2—内套　3—定心弹簧　4—钢套　5—回转缸体　6—配流盘　7—前泵体
8—传动轴　9—柱塞　10—套筒　11—滚柱轴承　12—滑履　13—销轴　14—压盘
15—斜盘　16—变量柱塞　17—丝杠　18—手轮　19—锁紧螺母　20—钢球

图 3-35 所示为配流盘的结构。图中 a 为压油窗口，c 为吸油窗口，外圈 d 为卸压槽，与回油相通。两个通孔 b 起减小冲击和降低噪声的作用。配流盘下面的缺口是定位槽。

回转缸体用铝铁青铜制成（见图 3-34），外面镶钢套 4，支承在滚柱轴承 11 上，使斜盘对回转缸体的径向分力由该轴承来承受，传动轴和回转缸体不承受弯曲力矩。柱塞孔中的压力油经柱塞和滑履中间的小孔，通入滑履和斜盘的接触平面间，形成静压油垫，使滑履和斜盘间的磨损减小。

2. 变量机构

轴向柱塞泵只要改变斜盘倾角 γ，就能改变液压泵的排量。这类泵的变量机构有多种，如手动变量（SCY14-1B）、压力补偿变量（YCY14-1B）以及手动伺服变量（CCY14-1B）等，还有不变量的定量泵（MCY14-1B）。

图 3-34 所示的轴向柱塞泵采用了手动变量机构。若转动手轮 18，使丝杠 17

图 3-35　配流盘结构

转动，带动变量柱塞 16 沿导向键做轴向移动，通过销轴 13 使支承在变量壳体上的斜盘 15 绕钢球的中心转动，改变了倾角的大小，从而改变了泵的排量。当斜盘倾角 $\gamma=0$ 时，泵的排量等于零。若使斜盘继续转动，斜盘倾角 γ 变为负值，则改变了泵吸油和压油的方向。泵的排量或方向调好后，应将锁紧螺母 19 锁紧。

轴向柱塞泵径向尺寸小，运动部件的转动惯性小，结构紧凑，密封性能好，工作压力高，在高压下的容积效率高，容易实现变量和变向。因此，高压大流量的工程机械、锻压机械、起重机械、矿山机械、冶金机械和要求重量轻和体积小的船舶、飞机等的液压系统，大都采用轴向柱塞泵。

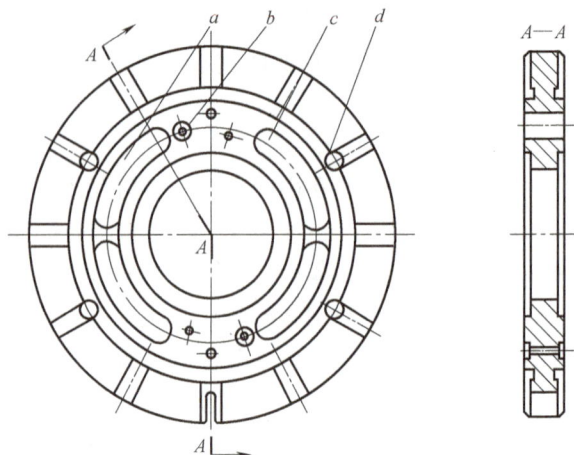

第五节　螺　杆　泵

螺杆泵实质上是一种外啮合的摆线齿轮泵。按螺杆的根数，螺杆泵可以分为单螺杆泵、双螺杆泵、三螺杆泵和多螺杆泵。常用的是双螺杆泵和三螺杆泵。

图 3-36 所示为三螺杆泵的结构简图。在壳体中有三根轴线平行的螺杆，在它的中间有一根凸螺杆，两边各有一根凹螺杆与之啮合。啮合线将螺旋槽分成若干个密封油腔。当中间的主动螺杆（凸螺杆）按图示方向带动从动螺杆（凹螺杆）转动时，被密封的油腔带动其

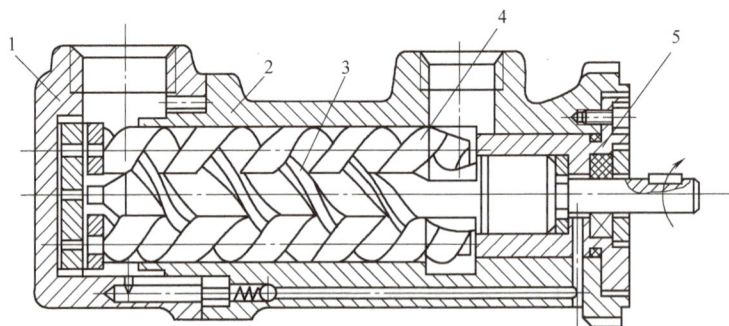

螺杆泵

图 3-36　三螺杆泵的结构简图

1—后盖　2—壳体　3—主动螺杆　4—从动螺杆　5—前盖

内的油液沿轴向向右移动。泵左端的密封油腔容积由小逐渐增大，其内压力降低，从油箱中吸油；泵右端的密封油腔容积由大逐渐减小，压力升高，将油液压入液压系统，实现压油。主动螺杆每转一周，各密封油腔就带其内的油液移动一个导程。主动螺杆连续转动时，泵即连续向液压系统供油。

主动螺杆因为要传递转矩，所以都采用刚度较大的凸螺杆，并且大多为右旋，螺纹线数为2。从动螺杆不需要传递转矩，因而采用凹螺杆，螺纹线数为2，左旋。螺杆泵要正常工作必须形成密闭的工作油腔，为此，应使凹螺杆将凸螺杆螺旋槽隔断，这就要求凸凹螺杆的齿顶圆和齿根圆必须相切，凸螺杆和凹螺杆须为一对互相啮合的共轭螺杆。凸螺杆的齿廓为摆线齿形，凹螺杆的齿廓为长摆线齿形。螺纹的升距一般为螺杆顶圆的两倍。螺杆泵的螺杆直径越大，螺旋槽越深，排量就越大；螺杆越长，吸、压油口间的密封层次越多，密封就越好。

螺杆泵依靠旋转的螺杆输送液体，它在工作中不产生困油现象，流量均匀，无压力脉动，对油液污染不敏感，噪声和振动小，工作平稳可靠，使用寿命长。因此，螺杆泵常用于精密机床、舰船等液压系统。螺杆泵还可以用来输送黏度较大或具有悬浮颗粒的液体，因此在石油、化工、食品工业中也常应用。螺杆泵只作为定量泵。由于螺杆是一个对称的旋转体，所以可在高速下运行，其转速一般为 1500~3000r/min，有的可达 10000r/min。螺杆泵的流量范围为 6~10000L/min，工作压力为 2.5~20MPa，容积效率一般为 0.75~0.95。

三螺杆泵的主要缺点是螺杆形状复杂，加工较困难，不易保证精度；压力等级较低。

螺杆泵是可逆的液压元件，可以作为液压马达运行。

第六节　液压泵的选用

在设计液压系统时，应根据设备液压系统的工作情况和其所需要的压力、流量、工作稳定性等来确定液压泵的类型和具体规格。表3-2为常用液压泵的一般性能比较，可供选择时参考。

表 3-2　常用液压泵一般性能比较

项目	齿轮泵	双作用叶片泵	限压式变量叶片泵	轴向柱塞泵	径向柱塞泵	螺杆泵
工作压力/MPa	<20	6.3~21	≤7	20~35	10~20	<10
转速/(r·min⁻¹)	300~7000	500~4000	500~2000	600~6000	700~1800	1000~18000
容积效率	0.7~0.95	0.8~0.95	0.8~0.9	0.9~0.98	0.85~0.95	0.75~0.95
总效率	0.6~0.85	0.75~0.85	0.7~0.85	0.85~0.95	0.75~0.92	0.7~0.85
功率质量比	中	中	小	大	小	中
流量脉动率	大	小	中	中	中	很小
自吸特性	好	较差	较差	较差	差	好
对有污染的敏感性	不敏感	敏感	敏感	敏感	敏感	不敏感

（续）

项目	齿轮泵	双作用叶片泵	限压式变量叶片泵	轴向柱塞泵	径向柱塞泵	螺杆泵
噪声	大	小	较大	大	大	很小
寿命	较短	较长	较短	长	长	很长
单位功率造价	最低	中等	较高	高	高	较高
应用范围	机床、工程机械、农机、矿机、起重机	机床、注射机、液压机、起重机械、工程机械	机床、注射机	工程机械、锻压机械、矿山机械、冶金机械、起重运输机械、船舶、飞机等	机床、液压机、船舶机械	精密机床,精密机械,食品、化工、石油、纺织机械

　　一般负载小、功率小的液压设备，可用齿轮泵或双作用式定量叶片泵；精度较高的中、小功率的液压设备，可用螺杆泵或双作用式定量叶片泵（如磨床）；负载较大并有快速和慢速工作行程的液压设备（如组合机床等），可选用限压式变量叶片泵；负载大、功率大的液压设备（如龙门刨床、拉床、液压压力机等），可选用径向柱塞泵或轴向柱塞泵；机械设备辅助装置的液压系统，如送料、定位、夹紧、转位等装置的液压系统，可选用造价较低的齿轮泵。

第七节　液压马达

　　液压马达是将液体的压力能转换为旋转运动机械能的液压执行元件。液压马达输入液压功率，输出旋转运动机械功率。液压马达从理论上讲是可逆的，即前面讲的齿轮泵、叶片泵、柱塞泵、螺杆泵等，理论上都可以作为液压马达使用。但实际上为改善其工作性能，除了螺杆泵和部分柱塞泵可作为液压马达使用以外，其他一些泵由于结构上的原因是不能作为液压马达使用的。

一、液压马达的类型及应用范围

　　液压马达可分为高速马达、中速马达和低速马达三大类。一般认为额定转速高于600r/min以上的属于高速马达，额定转速低于100r/min的属于低速马达。

　　高速马达的主要特点是转速高，转动惯量小，便于起动和制动，调速和换向灵敏度高，而输出的转矩不大，仅几十N·m到几百N·m，故又称高速小转矩马达。这类马达主要有内、外啮合式齿轮马达、叶片式马达和轴向柱塞马达。它们的结构与同类型的液压泵基本相同。但是由于作为马达工作时的一些特殊要求（如需要正、反转，反转时高低压油腔互换，起动时马达的转速为零等），所以同类型的马达与泵在结构细节上有一些差别，不能互相代用。

　　低速马达的基本形式是径向柱塞式。其主要特点是排量大、体积大、低速稳定性好，一般可在10r/min以下平稳运转，因此可以直接与工作机构连接，不需要减速装置，使机械传动机构大大简化。因其输出转矩较大，可以达到几千N·m到几万N·m，所以又称为低速大转矩马达。

中速中转矩马达主要包括双斜盘轴向柱塞马达和摆线马达。

各类液压马达的应用范围见表3-3。

表3-3 各类液压马达的应用范围

类 型		适 用 工 况	应 用 实 例
高速小转矩马达	齿轮马达 外啮合	适用于高速小转矩、速度平稳性要求不高、对噪声限制不大的场合	钻床、风扇转动、工程机械、农业机械、林业机械的回转机构液压系统
	齿轮马达 内啮合	适合于高速小转矩、对噪声限制大的场合	
	叶片马达	适用于转矩不大、噪声要小、调速范围宽的场合。低速平稳性好,可作伺服马达	磨床回转工作台、机床操纵机构、自动线及伺服机构的液压系统
	轴向柱塞马达	适用于负载速度大、有变速要求或中高速小转矩的场合	起重机、铰车、铲车、内燃机车、数控机床等的液压系统
低速大转矩马达	径向马达 曲轴连杆式	适用于低速大转矩的场合,起动性较差	塑料机械、行走机械、挖掘机、拖拉机、起重机、采煤机牵引部件等的液压系统
	径向马达 内曲线式	适用于低速大转矩、速度范围较宽、起动性好的场合	
	径向马达 摆缸式	适用于低速大转矩的场合	
中速中转矩马达	双斜盘轴向柱塞马达	低速性能好,可作伺服马达	适用范围广,但不宜在快速性要求严格的控制系统中使用
	摆线马达	用于中低负载速度、体积要求小的场合	塑料机械、煤矿机械、挖掘机、行走机械等的液压系统

一般机械和机床常用叶片式液压马达和轴向柱塞式液压马达。塑料机械、行走机械、挖掘机、拖拉机、起重机、采煤机等常用径向柱塞马达。

二、液压马达的主要性能参数

1. 液压马达的容积效率 η_V 和转速 n

若马达的排量为 V,转速为 n,则马达所需要的理论流量 $q_{Vt} = Vn$。由于马达存在泄漏量 Δq_V,故马达所需要的实际流量 q_V 大于理论流量 q_{Vt}。即

$$q_V = q_{Vt} + \Delta q_V = Vn + \Delta q_V$$

液压马达的容积效率 η_V 为理论流量与实际流量之比,即

$$\eta_V = \frac{q_{Vt}}{q_V} = \frac{Vn}{q_V} \tag{3-21}$$

液压马达的转速 n 为

$$n = \frac{q_V}{V}\eta_V \tag{3-22}$$

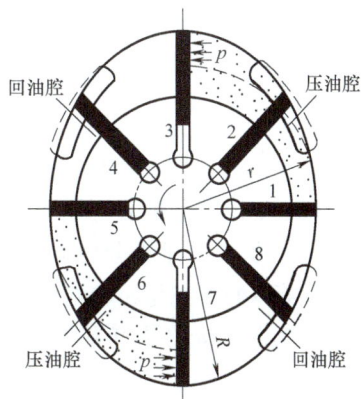

图 3-37 叶片式液压马达工作原理
(图上数字表示叶片排列顺序)

2. 液压马达的机械效率 η_m 和输出转矩 T

若不考虑马达的机械摩擦损失，马达输入的液压功率与其输出的机械功率相等。即 $pq_{V_t} = \omega T_t$（$pVn = 2\pi nT_t$），所以马达的理论转矩为 $T_t = pV/2\pi$。但因有机械摩擦，故实际输出转矩 T 比理论转矩 T_t 小 ΔT，即 $T = T_t - \Delta T$，故液压马达的机械效率为

$$\eta_m = T/T_t \tag{3-23}$$

液压马达的输出转矩为

$$T = T_t\eta_m = pV\eta_m/2\pi \tag{3-24}$$

3. 液压马达的总效率 η

液压马达的总效率等于马达的输入功率与输出功率之比，即

$$\eta = \frac{\omega T}{pq_V} = \frac{2\pi nT}{pVn/\eta_V} = \frac{T}{pV/2\pi}\eta_V = \eta_m\eta_V \tag{3-25}$$

三、叶片式液压马达

图3-37所示为叶片式液压马达的工作原理。当压力油进入压油腔后，在叶片1、3、5、7上，其一面为压力油，另一面为无压力油。由于叶片1、5受力面积小于叶片3、7，由叶片受力差构成的力矩推动转子和叶片做逆时针方向旋转。其输出的转矩和转速可由式（3-24）和式（3-22）计算。

图3-38所示为叶片式液压马达的结构。为使液压马达正常工作，叶片式马达与叶片泵在结构上主要有以下区别：①马达的叶片槽是径向设置的，这是因为液压马达有双向旋转的要求。②马达叶片的底部有碟形弹簧，以保证在初始条件下叶片贴紧定子内表面，形成密封容积。③马达的壳体内有两个单向阀，进、回油腔的油经单向阀选择后才能进入叶片底部。如图3-38所示，不论Ⅰ、Ⅱ腔哪个为高压腔，压力油均能进入叶片底部，使叶片与定子内表面压紧。国产YM-A型叶片马达额定压力为6MPa，输出转速为100~2000r/min，输出转矩为10~72N·m。YM-E型叶片马达工作压力为16~20MPa，输出转速为200~1200r/min，输出转矩为284~460N·m。

四、轴向柱塞式液压马达

图3-39所示为轴向柱塞式液压马达的工作原理。斜盘1和配流盘4固定不动，柱塞2可在回转缸体3的孔内移动。斜盘中心线与回转缸体中心线间的倾角为 γ。高压油经配流盘窗口进入回转缸体3的柱塞孔时，处在高压腔中的柱塞被顶出，压在斜盘上。斜盘对柱塞的反作用力 F，可分解为与柱塞上液压力平衡的轴向分力 F_x 和作用在柱塞上（与斜盘接触处）的垂直分力 F_y。垂直分力 F_y 使回转缸体产生转矩，带动马达轴转动。

设第 i 个柱塞与回转缸体垂直中心线的夹角为 θ，柱塞在回转缸体上分布圆的半径为 R，则在柱塞上产生的转矩为

$$T_i = F_yh = F_yR\sin\theta = F_xR\tan\gamma\sin\theta \tag{3-26}$$

液压马达产生的总转矩，应为处于泵压油腔的柱塞所产生转矩的总和，即

$$T = \sum F_xR\tan\gamma\sin\theta \tag{3-27}$$

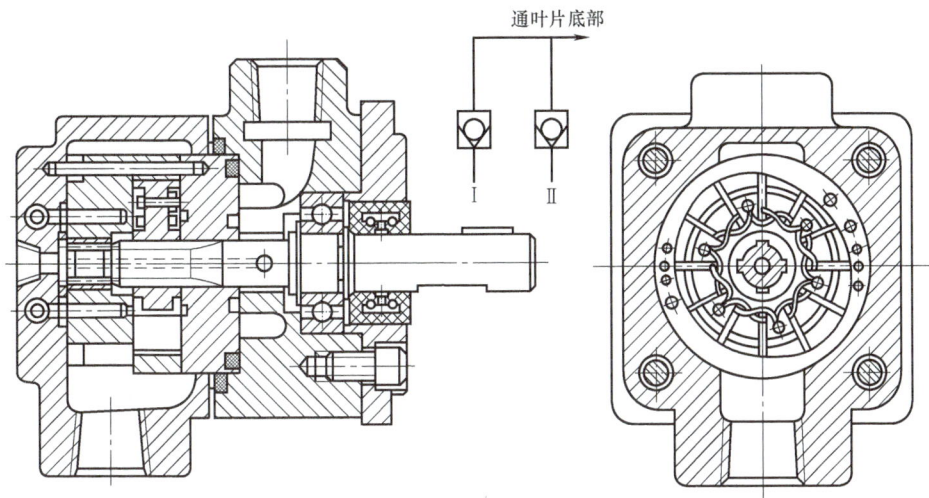

图 3-38　叶片式液压马达的结构

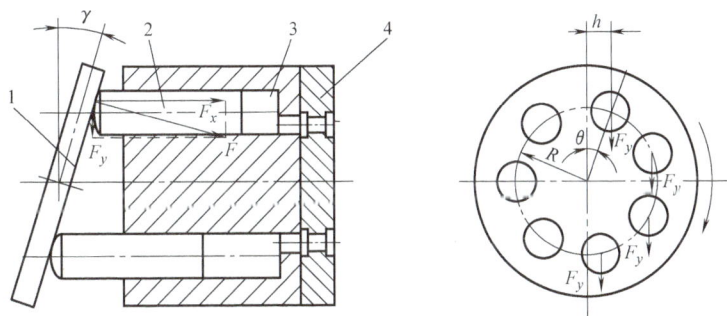

图 3-39　轴向柱塞式液压马达工作原理

1—斜盘　2—柱塞　3—回转缸体　4—配流盘

随着 θ 角的变化，每个柱塞产生的转矩也发生变化，故液压马达产生的总转矩也是脉动的。柱塞数为奇数，且数量越多时，输出转矩的脉动就越小。

图 3-40 所示为轴向液压马达的典型结构图。在回转缸体 7 和斜盘 2 间装入鼓轮 4。在鼓轮半径为 R 的圆周上均匀分布着推杆 10，液压力作用在回转缸体 7 孔中的柱塞 9 上，并通过推杆作用在斜盘上。推杆在斜盘的反作用下产生一个对轴 1 的转矩，迫使鼓轮转动。鼓轮又通过键带动马达的轴旋转。回转缸体还可在弹簧 5 和柱塞孔内压力油的作用下，紧贴在配流盘 8 上。这种结构可使回转缸体只受轴向力，因而配流盘表面、柱塞和缸体上的柱塞孔磨损均匀；还可使回转缸体内孔与马达轴的接触面积较小，有一定的自位作用，保证缸体与配流盘很好地贴合，减少了端面的泄漏，并使配流盘表面磨损后能得到自动补偿。这种液压马达的斜盘倾角固定，所以是一种定量液压马达。

轴向柱塞液压马达结构紧凑，径向尺寸小，转矩较小，转速较高，因此适用于转速较高，负载较小的工作场合。该种液压马达工作压力为 14 ~ 28MPa，输出转矩为 31 ~ 495 N·m，输出最高转速可达 2000 ~ 3000r/min。XM 型（日本东芝系列改型产品）轴向柱塞马

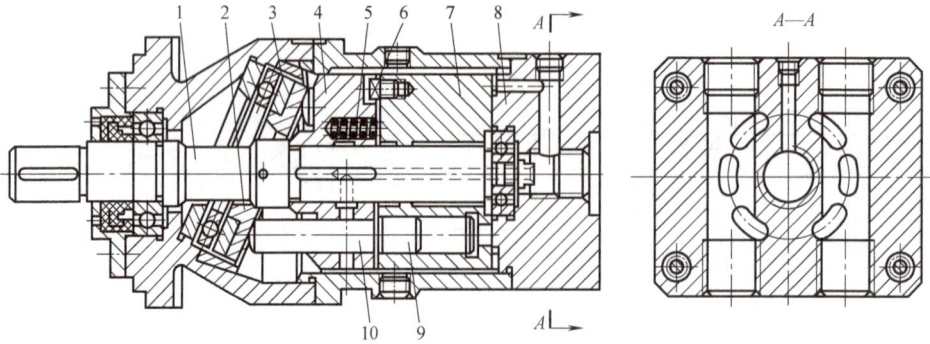

图 3-40　轴向液压马达典型结构图

1—轴　2—斜盘　3—推力轴承　4—鼓轮　5—弹簧　6—拨销

7—回转缸体　8—配流盘　9—柱塞　10—推杆

达工作压力为 16~31.5MPa，输出转矩为 90~11269N·m，输出转速范围为 80~3000r/min。

五、径向柱塞式液压马达

径向柱塞式液压马达是低速大转矩液压马达的基本形式。它的主要特点是结构简单，工作可靠，规格品种多，价格低，输入油液压力高，排量大，体积大，输出转矩大（可达几千 N·m 到几万 N·m），低速稳定性能好（一般可在 10r/min 以下平稳运转，有的可低到 0.5r/min 以下），因此可以直接与工作机构连接，不需要减速装置，使传动机构大大简化。所以又称为低速大转矩马达。

图 3-41 所示为连杆型径向柱塞马达的结构原理图。在壳体内有五个沿径向均匀分布的柱塞缸，柱塞 2 通过球铰与连杆 3 相连接。连杆的另一端以弧面与曲轴 4 的偏心轮外圆接触。配流轴 5 与曲轴 4 通过联轴器相连。

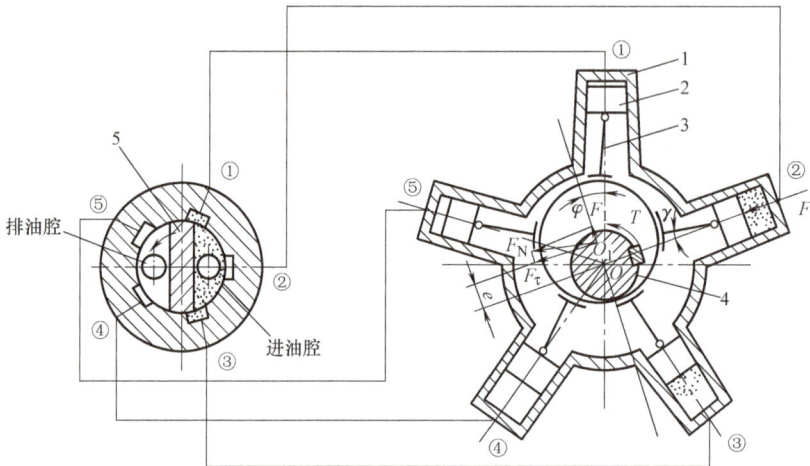

图 3-41　连杆型径向柱塞马达结构原理图

1—壳体　2—柱塞　3—连杆　4—曲轴　5—配流轴

压力油经配流轴进入马达的进油腔后，通过壳体槽①②③进入相应柱塞缸的顶部油腔，使其承受油液压力。例如，柱塞缸②作用于偏心轮上的液压力 F_N 沿着连杆的中心线指向偏心轮中心 O_1。它的切向分力 F_t 对曲轴旋转中心 O 形成转矩 T，使马达轴（曲轴）逆时针方向转动。由于三个柱塞缸位置不同，所以产生转矩的大小也不同。马达输出的总转矩等于与高压腔相连通的柱塞缸所产生的转矩之和。此时，柱塞缸④、⑤与排油腔相连通，油液经配流轴流回油箱。

马达轴通过十字接头与配流轴相连，当配流轴随马达轴转过一个角度后，配流轴"隔墙"封闭了油槽③，仅缸①、②压油，马达产生转矩，缸④、⑤排油。这样，配流轴随马达轴连续转动时，进、排油腔分别依次与各柱塞缸连通，从而保证马达连续转动。若进、排油腔互换，则液压马达反转，过程与以上相同。

这种马达的配流轴一侧为高压腔，另一侧为低压腔，因而工作时受到很大的径向力，使滑动表面的磨损和泄漏量增加，效率下降。开设对称平衡油槽，可实现配流轴的静压平衡，减少磨损和泄漏，提高效率（总效率为 85%～96%）。

国产连杆式径向柱塞马达额定压力为 16～25MPa，最高压力为 32MPa；转速范围为 12～630r/min，输出转矩为 1483～5763N·m。

六、内曲线径向柱塞马达

图 3-42 所示为目前应用较广泛的内曲线径向柱塞马达的工作原理图。图中，定子 1 的内表面由 6 段形状相同且均匀分布的曲面组成。曲面凹部的顶点将曲面分为进油区段和回油区段。回转缸体 2 套在固定不动的配流轴 6 上，并可绕配流轴 6 转动。缸体上 8 个径向均布的柱塞孔中各装有一个圆柱塞 3。柱塞头部与具有矩形截面的横梁 4 接触，横梁可在缸体的径向槽中滑动。安装在横梁两端的滚轮 5 可沿定子的内表面滚动。配流轴上有径向均布的 6 个孔与该轴中心的进油孔相连通，另有 6 条沿径向均布且与上述 6 个孔错开的通道与轴上的回油孔相连通。而且，轴上的 12 条配油通道的位置分别与定子内表面的进、回油区段的位置一一对应。

当压力油进入进油区段柱塞底部的油腔时，柱塞向外伸出，使滚轮紧紧顶住定子的内壁。在滚轮与定子的接触处，定子对滚轮的反作用力 F 可分解为径向力 F_r 和切向力 F_t。F_r 与作用在柱塞底部的液

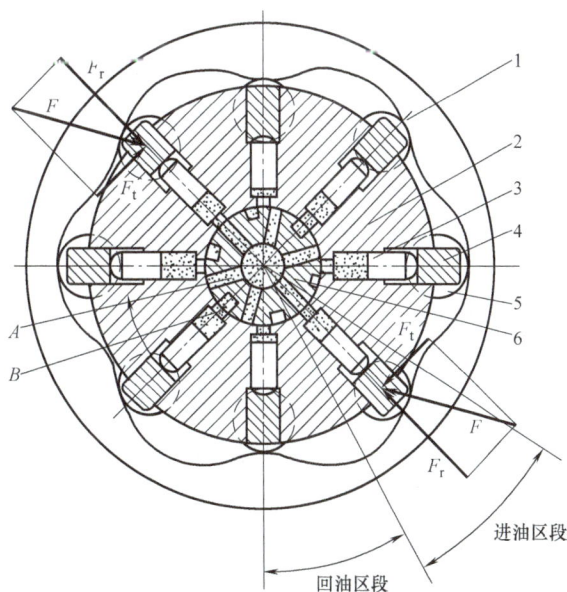

图 3-42 内曲线径向柱塞马达的工作原理图
1—定子 2—回转缸体 3—柱塞
4—横梁 5—滚轮 6—配流轴

压力平衡，F_t 通过横梁对回转缸体 2 产生转矩，使缸体及与其相连接的马达轴转动，向外输出转矩和转速。同时，处于回油区段的柱塞受压缩回，回油通过轴 6 上的回油通道排出。

缸体每转一圈，每个柱塞往复移动 6 次。由于柱塞数为 8（不为 6），所以任一瞬时总有一部分柱塞处于进油区段，使缸体及马达轴转动。当配流轴上的进、回油口互换时，马达将

反向转动。

内曲线马达具有尺寸小、径向受力平衡、转矩脉动小、起动效率高及能在很低的转速下稳定工作等优点，因此在挖掘机、拖拉机、起重机、采煤机上获得了广泛的应用。

七、齿轮式液压马达

图 3-43 所示为外啮合齿轮式液压马达的工作原理图。图中 P 为两齿轮的啮合点，若轮齿高为 h，P 点到两个齿根的距离分别为 a 和 b。由于 a 与 b 均小于 h，故当压力油进入压油腔（图中右腔）时，两个齿轮上各有一个使它们产生转矩的作用力 $p(h-a)B$ 和 $p(h-b)B$（图中，凡齿面两侧均受力而相互抵消的，均未用箭头表示），其中 p 为输入油液的压力，B 为齿宽。当上述两力产生的力矩之和大于齿轮轴的阻力矩时，两齿轮按图示方向转动，并把油液带到回油腔（图中左腔）排出。

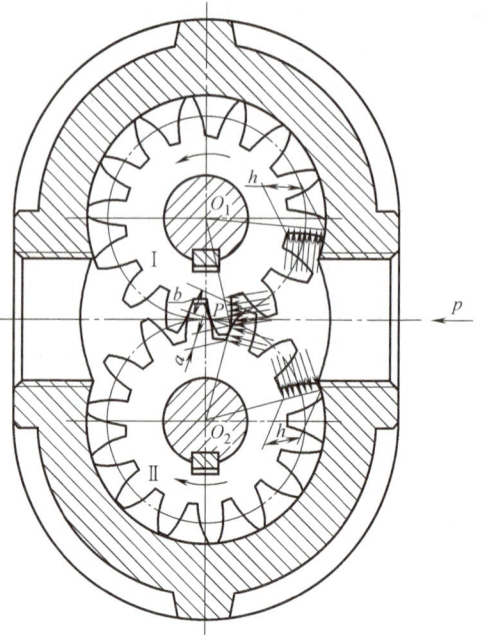

图 3-43　齿轮式液压马达的工作原理图

理论上讲，齿轮马达与齿轮泵是可逆的，但是由于两者的使用要求不同，所以两者的结构亦不同，不能互相代用。齿轮马达与齿轮泵相比，具有以下特点：

1）由于马达必须能正反转，所以在结构上具有对称性：进出油口的直径相等；轴套端面由各密封圈围成的密封区域对称；进回油腔的卸荷槽对称。

2）齿轮马达设有单独的泄油口，使泄漏油液流回油箱。

3）齿轮马达齿轮的齿数比齿轮泵的齿数多，以减小输出转矩的脉动。

4）齿轮马达必须采用滚动轴承或静压轴承，以适应马达转速范围大的要求。

齿轮马达具有结构简单、体积小、价格低、使用可靠等优点，但是输出转矩脉动较大，机械效率较低，低速性能不够好。齿轮马达适用于高速、小转矩及对转矩均匀性要求不高的场合，如农业机械、工程机械等。国产各种型号齿轮马达的额定压力为 $10\sim20\mathrm{MPa}$，转速为 $150\sim2500\mathrm{r/min}$，输出转矩为 $100\sim420\mathrm{N\cdot m}$。

另外，摆线内啮合齿轮液压马达，因其体积小，重量轻，转矩大，故其单位质量功率远比其他类型的液压马达大，且它的转速范围大，价格低廉，故被广泛用于塑料机械、工程机械、农业机械、起重运输机械及专用机床等设备中。其工作压力为 $6.3\sim20\mathrm{MPa}$（有的型号可达到 $28\sim31.5\mathrm{MPa}$），输出转速为 $125\sim710\mathrm{r/min}$，输出转矩为 $80\sim2230\mathrm{N\cdot m}$。

思考题和习题

3-1　从能量转换的观点分析，液压泵与液压马达有什么不同？在同一液压系统中，二者之间有什么联系？

3-2　由图 3-1 说明液压泵的工作原理。液压泵完成吸油和压油必须具备什么条件？为什么将各类液压泵都称为容积式液压泵？

3-3　液压泵按其结构不同，可分为哪几类？液压泵的图形符号有哪几个？其结构与其表示的图形符号有什么关系？

3-4　什么是液压泵的额定压力和额定流量？液压泵在使用时，其实际工作压力和实际流量是否允许达到泵的额定压力和泵的额定流量？

3-5　机械功率 P 等于力 F 与速度 v 的乘积，即 $P=Fv$。液压功率 P 与液体的压力 p 和流量 q_V 有什么关系？

3-6　新型号的液压泵产品说明书中，除原来规定的参数数值（如额定压力、额定压力损失、排量、容积效率、总效率等）外，还向用户提供了液压泵的性能曲线；对某些变量泵，为了显示整个允许范围内的全部性能，还应提供什么资料？这些资料表示了泵的哪些性能？对用户有什么作用？

3-7　叶片泵为什么能得到最广泛的应用？目前所用中压叶片泵、中高压叶片泵和高压叶片泵的额定压力范围各是多少？

3-8　双作用定量叶片泵的定子内表面，其过渡曲面的母线是什么曲线？采用这种曲线的突出优点是什么？

3-9　为什么双作用定量叶片泵的叶片及叶片槽要前倾？而限压式变量叶片泵的叶片及叶片槽要后倾？

3-10　一般叶片泵的转速不能低于 500r/min，这是为什么？

3-11　双作用式定量叶片泵的容积效率和总效率各是多少？这种泵的转速是多少？其排量范围为多大？这种泵在安装时，其吸油口和压油口的相对位置能否根据需要而改变？

3-12　双联叶片泵有什么优点？它常用在什么场合下？说明 YB-10/25 的含义。

3-13　中高压叶片泵结构的主要特点是什么？提高叶片泵压力的主要措施有哪几种？

3-14　外啮合齿轮泵有哪些优缺点？低压齿轮泵、中高压齿轮泵和高压齿轮泵的压力范围各是多少？

3-15　什么是齿轮泵的困油现象？困油现象有什么危害？用什么方法能减小或较好地解决齿轮泵的困油问题？

3-16　中高压齿轮泵的结构主要有哪些特点？

3-17　径向柱塞泵和轴向柱塞泵各有什么优缺点？各适用于什么场合？

3-18　液压马达可分为哪三类？内啮合式齿轮马达、外啮合式齿轮马达、叶片马达和轴向柱塞马达都属于哪一类？径向柱塞马达属于哪类液压马达？各类液压马达各适用于哪些设备的液压系统？

3-19　由图 3-20 所示限压式变量叶片泵的特性曲线，说明限压式变量叶片泵的工作原理。

3-20　若某液压传动系统已选用了 YBX-40 型液压泵，要求泵的限定压力 $p_B=3.5$MPa，泵的最大流量 $q_{max}=32$L/min。试由图 3-44 所示的外反馈限压式变量叶片泵工作原理和图 3-20 中这种泵的特性曲线，说明对该泵参数进行调整的方法及步骤。

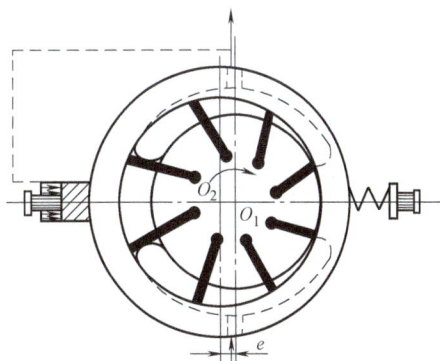

图 3-44　题 3-20 图

3-21　已知某一液压泵的排量 $V=100$mL/r，转速 $n=1450$r/min，容积效率 $\eta_V=0.95$，总效率 $\eta=0.9$，泵输出油的压力 $p=10$MPa。求泵的输出功率 P_o 和所需电动机的驱动功率 P_i。

3-22　已知一齿轮泵的参数为：齿轮模数 $m=4$mm，齿数 $z=12$，齿宽 $b=32$mm，泵的容积效率 $\eta_V=0.8$，机械效率 $\eta_m=0.9$，转速 $n=1450$r/min，工作压力 $p=2.5$MPa。试计算齿轮泵的理论流量、实际流量、输出功率及电动机的驱动功率。

3-23　某组合机床动力滑台的液压系统采用双联叶片泵 YB-40/6。快速进给时，两泵同时供油，工作压力为 10×10^5Pa；工进时大流量泵卸荷，卸荷压力为 3×10^5Pa，系统由小流量泵供油，工作压力为 45×10^5Pa。若泵的总效率为 0.8，求该双联泵所需的电动机功率。

3-24 某变量叶片泵，其转子的外径 $d=83\text{mm}$，定子的内径 $D=89\text{mm}$，定子宽度 $b=30\text{mm}$。求：1）当泵的排量 $V=16\text{mL/r}$ 时，定子与转子的偏心量 e；2）泵的最大排量 V。

3-25 一轴向柱塞泵，其斜盘的倾角 $\gamma=22°30'$，柱塞直径 $d=22\text{mm}$，柱塞分布圆直径 $D=68\text{mm}$，柱塞数 $z=7$。若泵的容积效率 $\eta_V=0.98$，机械效率 $\eta_m=0.9$，转速 $n=960\text{r/min}$，输出压力 $p=10\text{MPa}$，试求泵的理论流量、实际流量和泵的输入功率。

3-26 某液压马达的进油压力为 $10\times10^6\text{Pa}$，排量为 200mL/r，总效率 $\eta=0.75$，机械效率 $\eta_m=0.9$。试计算：1）该液压马达能输出的理论转矩；2）若马达的转速为 500r/min，则输入液压马达的理论流量应为多少？3）若外负载为 $200\text{N}\cdot\text{m}$（$n=500\text{r/min}$）时，该液压马达的输入功率和输出功率各为多少？

3-27 图 3-45 所示为定量泵和定量液压马达系统，已知泵的输出压力 $p_p=10\text{MPa}$，排量 $V_p=10\text{mL/r}$，转速 $n=1450\text{r/min}$，容积效率 $\eta_{pV}=0.9$，机械效率 $\eta_{pm}=0.9$；液压马达的排量 $V_M=10\text{mL/r}$，容积效率 $\eta_{MV}=0.9$，机械效率 $\eta_{Mm}=0.9$；泵的出口与马达进口管道间的压力损失为 0.5MPa，其他损失不计。试求：

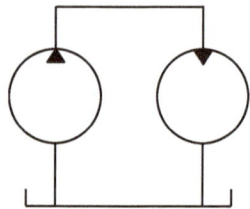
图 3-45 题 3-27 图

1）液压泵的驱动功率；2）液压泵的输出功率；3）液压马达的输出转速；4）液压马达的输出转矩；5）液压马达的输出功率。

4

第四章 液压缸

液压缸是液压系统中的执行元件。它的作用是将液体的压力能转变为运动部件的机械能，使运动部件实现往复直线运动或摆动。

第一节 液压缸的分类和特点

液压缸按结构特点的不同可分为活塞缸、柱塞缸和摆动缸三类。活塞缸和柱塞缸用以实现直线运动，输出推力和速度；摆动缸用以实现小于360°的转动，输出转矩和角速度。

液压缸按其作用方式不同，可分为单作用式和双作用式两种。单作用式液压缸中液压力只能使活塞（或柱塞）单方向运动，反方向运动必须靠外力（如弹簧力或自重等）实现；双作用式液压缸可由液压力实现两个方向的运动。

一、活塞缸

活塞缸可分为双杆式和单杆式两种结构，其固定方式有缸体固定和活塞杆固定两种。

（一）双杆活塞缸

图 4-1 所示为双杆活塞缸原理图。其活塞的两侧都有伸出杆，当两活塞杆直径相同，缸两腔的供油压力和流量都相等时，活塞（或缸体）两个方向的运动速度和推力也都相等。因此，这种液压缸常用于要求往复运动速度和负载相同的场合，如各种磨床。

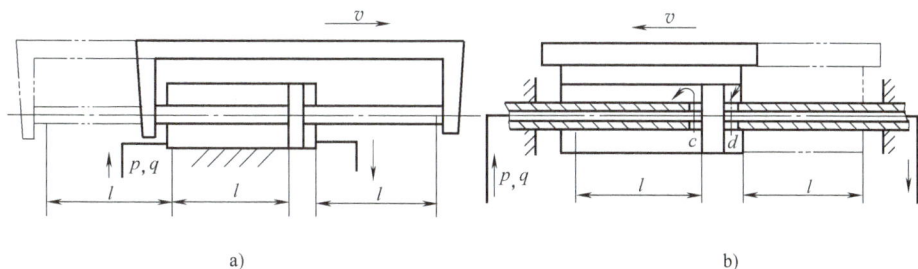

图 4-1 双杆活塞缸

图 4-1a 所示为缸体固定式结构简图。当缸的左腔进压力油，右腔回油时，活塞带动工作台向右移动；反之，右腔进压力油，左腔回油时，活塞带动工作台向左移动。工作台的运动范围略大于缸有效长度的三倍，一般用于小型设备的液压系统。

图 4-1b 所示为活塞杆固定式结构简图。液压油经空心活塞杆的中心孔及其活塞处的径向孔 c、d 进、出液压缸。当缸的左腔进压力油，右腔回油时，缸体带动工作台向左移动；反之，右腔进压力油，左腔回油时，缸体带动工作台向右移动。其运动范围略大于缸有效行

程的两倍，常用于行程长的大、中型设备的液压系统。

双杆活塞缸的推力和速度可按下式计算

$$F = Ap = \frac{\pi}{4}(D^2 - d^2)p \qquad (4-1)$$

$$v = \frac{q}{A} = \frac{4q}{\pi(D^2 - d^2)} \qquad (4-2)$$

式中　A——液压缸有效工作面积；

　　　F——液压缸的推力；

　　　v——活塞（或缸体）的运动速度；

　　　p——进油压力；

　　　q——进入液压缸的流量；

　　　D——液压缸内径；

　　　d——活塞杆直径。

（二）单杆活塞缸

图 4-2 所示为单杆活塞缸原理图。其活塞的一侧有伸出杆，两腔的有效工作面积不相等。当向缸两腔分别供油，且供油压力和流量相同时，活塞（或缸体）在两个方向的推力和运动速度不相等。

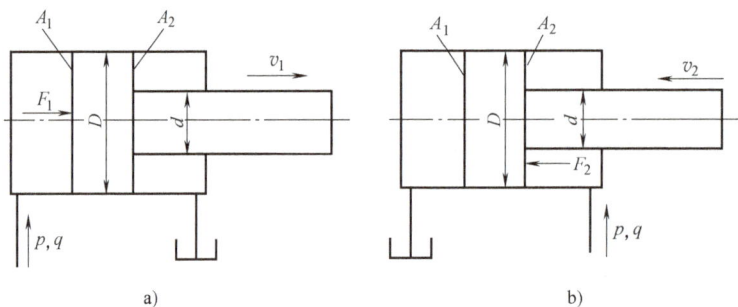

图 4-2　单杆活塞缸

当无杆腔进压力油，有杆腔回油（见图 4-2a）时，活塞推力 F_1 和运动速度 v_1 分别为

$$F_1 = A_1 p = \frac{\pi}{4}D^2 p \qquad (4-3)$$

$$v_1 = \frac{q}{A_1} = \frac{4q}{\pi D^2} \qquad (4-4)$$

当有杆腔进压力油，无杆腔回油（见图 4-2b）时，活塞推力 F_2 和运动速度 v_2 分别为

$$F_2 = A_2 p = \frac{\pi}{4}(D^2 - d^2)p \qquad (4-5)$$

$$v_2 = \frac{q}{A_2} = \frac{4q}{\pi(D^2 - d^2)} \qquad (4-6)$$

式中　A_1——缸无杆腔有效工作面积；

　　　A_2——缸有杆腔有效工作面积。

比较上面公式可知：$v_1 < v_2$，$F_1 > F_2$，即无杆腔进压力油工作时，推力大，速度低；有杆腔进压力油工作时，推力小，速度高。因此，单杆活塞缸常用于一个方向有较大负载但运行速度较低，另一个方向为空载快速退回运动的设备。例如，各种金属切削机床、压力机、注射机、起重机的液压系统常用单杆活塞缸。

单杆活塞缸两腔同时通入压力油时，如图4-3所示，由于无杆腔工作面积比有杆腔工作面积大，活塞向右的推力大于向左的推力，故其向右移动。液压缸的这种连接称为差动连接。

差动连接时，活塞的推力 F_3 为

$$F_3 = A_1 p - A_2 p = A_3 p = \frac{\pi d^2}{4} p \tag{4-7}$$

若活塞的速度为 v_3，则无杆腔的进油量为 $v_3 A_1$，有杆腔的出油量为 $v_3 A_2$，因而有下式

$$v_3 A_1 = q + v_3 A_2$$

故

$$v_3 = \frac{q}{A_1 - A_2} = \frac{q}{A_3} = \frac{4q}{\pi d^2} \tag{4-8}$$

比较式（4-4）和式（4-8）可知，$v_3 > v_1$；比较式（4-3）和式（4-7）可知，$F_3 < F_1$。这说明单杆活塞缸差动连接时，能使运动部件获得较高的速度和较小的推力。因此，单杆活塞缸还常用在需要实现"快进（差动连接）→工进（无杆腔进压力油）→快退（有杆腔进压力油）"工作循环的组合机床等设备的液压系统中。这时，通常要求"快进"和"快退"的速度相等，即 $v_3 = v_2$。由式（4-8）、式（4-6）知，$A_3 = A_2$，即 $D = \sqrt{2} d$（或 $d = 0.71D$）。

单杆活塞缸不论是缸体固定，还是活塞杆固定，工作台的活动范围都略大于缸有效行程的两倍。

二、柱塞缸

活塞缸缸体内孔加工精度要求很高，当缸体较长时加工困难，因而常采用柱塞缸。如图4-4a 所示，柱塞缸由缸筒1、柱塞2、导向套3、密封圈4和压盖5等零件组成。柱塞由套3导向，与缸体内壁不接触，因而缸体内孔不需要精加工，工艺性好，成本低。

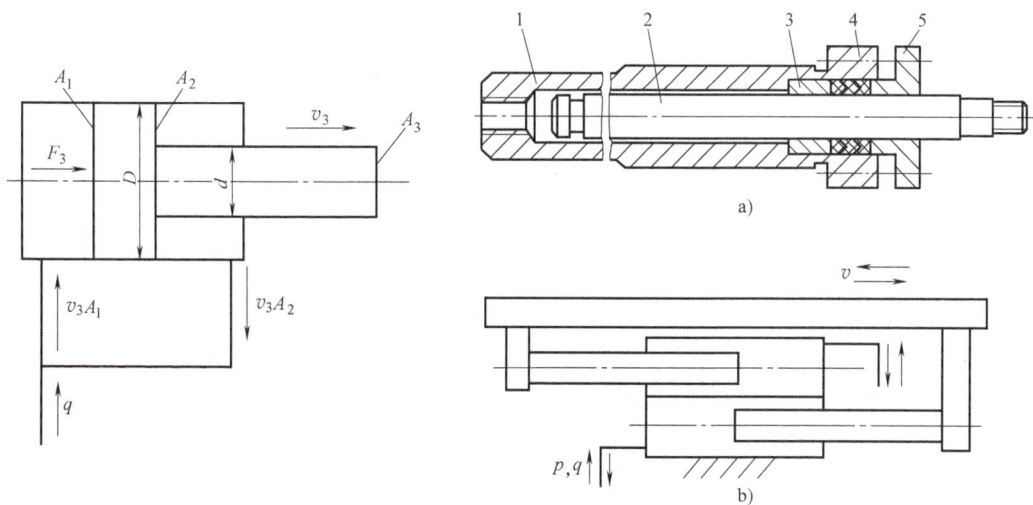

图 4-3 单杆活塞缸的差动连接

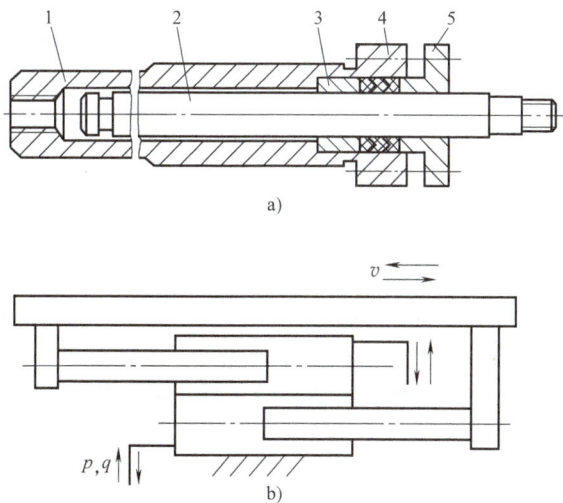

图 4-4 柱塞缸
1—缸筒 2—柱塞 3—导向套 4—密封圈 5—压盖

柱塞端面受压，为了能输出较大的推力，柱塞一般较粗、较重。水平安装时易产生单边磨损，故柱塞缸适宜于垂直安装使用。当其水平安装时，为防止柱塞因自重而下垂，常制成空心柱塞并设置支承套和托架。

柱塞缸只能实现单向运动，它的回程需借自重（立式缸）或其他外力（如弹簧力）来实现。在龙门刨床、导轨磨床、大型拉床等大行程设备的液压系统中，为了使工作台得到双向运动，柱塞缸常成对使用，如图 4-4b 所示。

三、摆动缸

摆动缸用于将油液的压力能转变为叶片及输出轴往复摆动的机械能。它有单叶片和双叶片两种形式。图 4-5a、b 所示为其工作原理图。它们由缸体 1、叶片 2、定子块 3、摆动输出轴 4、两端支承盘及端盖（图中未画出）等零件组成。定子块固定在缸体上，叶片与摆动输出轴连为一体。当两油口交替通入压力油（交替接通油箱）时，叶片即带动摆动输出轴做往复摆动。

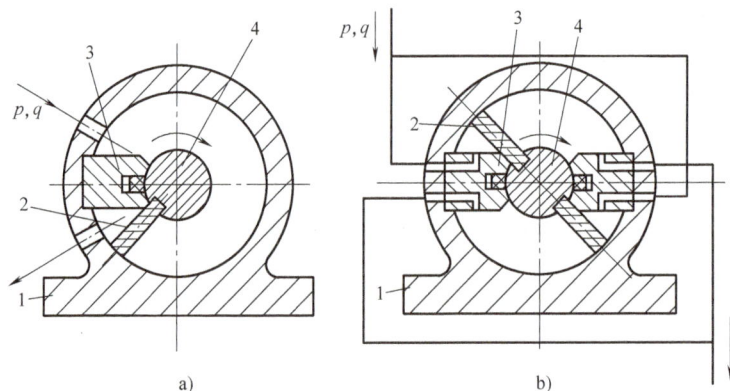

图 4-5 摆动缸

1—缸体 2—叶片 3—定子块 4—摆动输出轴

若叶片的宽度为 b，缸的内径为 D，输出轴直径为 d，叶片数为 Z，在进油压力为 p，流量为 q，且不计回油腔压力时，摆动缸输出的转矩 T 和回转角速度 ω 分别为

$$T = Zpb \frac{D-d}{2} \frac{D+d}{2} = \frac{Zpb(D^2 - d^2)}{8} \tag{4-9}$$

$$\omega = \frac{pq}{T} = \frac{8q}{Zb(D^2 - d^2)} \tag{4-10}$$

单叶片缸的摆动角一般不超过 280°，双叶片缸当其他结构尺寸相同时，其输出转矩是单叶片缸的两倍，而摆动角度为单叶片缸的一半（一般不超过 150°）。

摆动缸常用于机床的送料装置、间歇进给机构、回转夹具、工业机器人手臂和手腕的回转装置及工程机械回转机构等的液压系统中。

四、其他液压缸

（一）增压器

增压器能将输入的低压油转变为高压油，供液压系统中的某一支油路使用。它由大、小

直径分别为 D 和 d 的复合缸筒及有特殊结构的复合活塞等件组成，如图 4-6 所示。

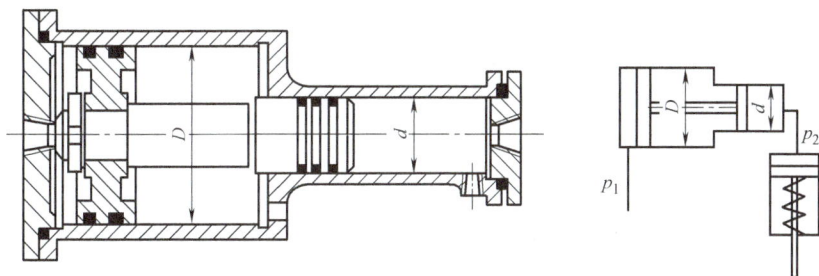

图 4-6 增压器

若输入增压器大端油的压力为 p_1，由小端输出油的压力为 p_2，且不计摩擦阻力，则根据力学平衡关系有

$$\frac{\pi}{4}D^2 p_1 = \frac{\pi}{4}d^2 p_2$$

故

$$p_2 = \frac{D^2}{d^2}p_1 \tag{4-11}$$

式中 $\dfrac{D^2}{d^2}$——增压比。

由式（4-11）可知，当 $D = 2d$ 时，$p_2 = 4p_1$，即可增压 4 倍。

应该指出，增压器只能将高压端输出油通入其他液压缸以获取大的推力，其本身不能直接作为执行元件。所以安装时应尽量使它靠近执行元件。

增压器常用于压铸机、造型机等设备的液压系统中。

（二）伸缩缸

伸缩缸由两级或多级活塞缸套装而成，如图 4-7 所示。前一级的活塞与后一级的缸筒连为一体（图中一级活塞 2 与二级缸筒 3 连为一体）。活塞伸出的顺序是先大后小，相应的推力也是由大到小，而伸出时的速度是由慢到快。活塞缩回的顺序一般是先小后大，而缩回的速度是由快到慢。

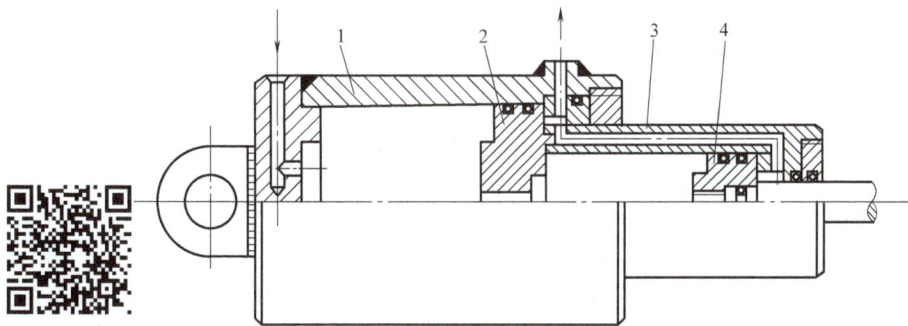

伸缩缸

图 4-7 伸缩缸

1——一级缸筒　2——一级活塞　3——二级缸筒　4——二级活塞

伸缩缸活塞杆伸出时行程大，而收缩后结构尺寸小，适用于起重运输车辆等需占空间小

的机械上。例如，起重机伸缩臂缸、自卸汽车举升缸等。

（三）齿条活塞缸

齿条活塞缸由带齿条杆身的双活塞缸及齿轮齿条机构组成，如图4-8所示。它将活塞的直线往复运动转变为齿轮轴的往复摆动。调节缸两端盖上的螺钉，可调节活塞杆移动的距离，从而调节齿轮轴的摆动角度。

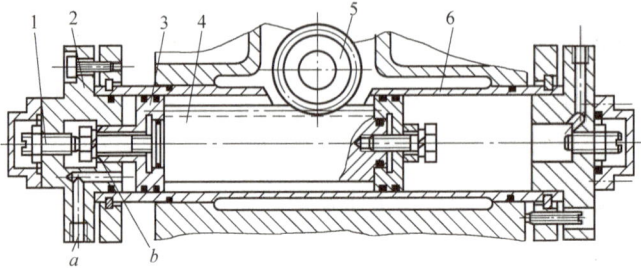

图 4-8　齿条活塞缸

1—调节螺钉　2—端盖　3—活塞　4—齿条活塞杆　5—齿轮　6—缸体

齿条活塞缸常用于机械手、回转工作台、回转夹具、磨床进给系统等转位机构的驱动。

（四）多位液压缸

多位液压缸通常为杆径相等的双杆活塞缸，如图4-9所示。缸的两端有进油口 a、b，缸筒沿轴线方向上有多个出油孔，如 c_1、c_2、c_3、c_4、c_5。每个出油孔口都有管道与一控制阀相连，可使出油口关闭，也可使其与油箱连通（图中未画出）。当 a、b 同时通入压力相等的液压油，而且所有出油口均关闭时，由于活塞两端受力相等，故保持原位置不动（见图4-9a）。若 a、b 通入压力相等的液压油，而某一出油口的控制阀开启，使其与油箱连通，例如 c_4 与油箱连通，则缸右腔油压降低，活塞右移，直到活塞将 c_4 油口关闭，缸两腔的压力又相等时，活塞停止在该位置上（见图4-9b）。

由于缸体上出油孔口的数量、间距及其出油管道上开关阀的开启顺序均可按需要设计，所以这种液压缸多用于位置精度要求不很高的多工位和不等送进距离的送料装置。

（五）数字液压缸

数字液压缸是由多级活塞串联而成的复合式液压缸，其每级活塞的行程长度为前一级行程长度的两倍。图4-10所示为16位数字液压缸。它由四级活塞组成，其活塞的行程长度分

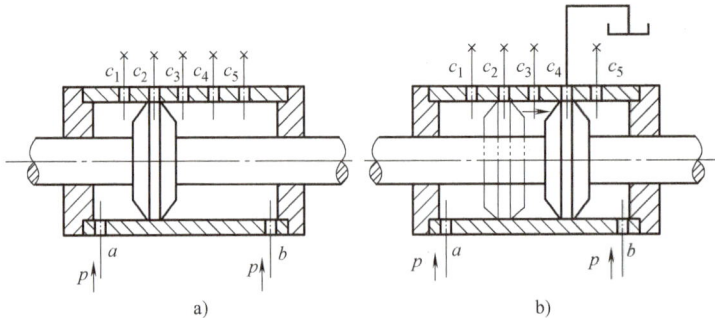

图 4-9　多位液压缸工作原理图

别为 l、$2l$、$4l$、$8l$。缸体上有 a、b、c、d 四个油口及一个低压油进油口 e。当四个油口按不同的组合（由阀控制）通入压力较高的压力油时，其末级活塞及运动部件可以得到 16 种不同的行程，见表 4-1。

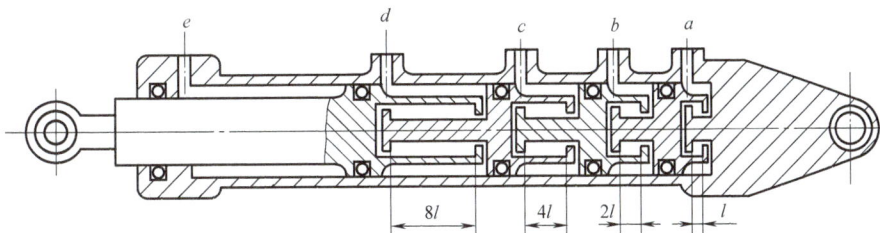

图 4-10　16 位数字液压缸

表 4-1　16 位数字缸末级活塞行程表

末级活塞行程		0	l	$2l$	$3l$	$4l$	$5l$	$6l$	$7l$	$8l$	$9l$	$10l$	$11l$	$12l$	$13l$	$14l$	$15l$
油口通油状态	a	−	+	−	+	−	+	−	+	−	+	−	+	−	+	−	+
	b	−	−	+	+	−	−	+	+	−	−	+	+	−	−	+	+
	c	−	−	−	−	+	+	+	+	−	−	−	−	+	+	+	+
	d	−	−	−	−	−	−	−	−	+	+	+	+	+	+	+	+

注："+"表示油口通压力油；"−"表示油口接通油箱。

数字液压缸定位精度高，能在二进制的输入信号下获得十进制的输出，多用于工业机器人等具有微机控制的设备中。

第二节　液压缸主要尺寸的确定

液压缸的主要尺寸包括缸的内径、长度、活塞杆的直径及长度等。确定上述尺寸的原始依据是液压缸的负载、运动速度、行程长度和结构形式等。通常，液压缸需要自行设计。

一、液压缸内径和活塞杆直径的确定

动力较大的设备（如拉床、刨床、车床、组合机床、液压压力机等）液压缸的内径通常是先根据设备类型及缸所受负载 F 参照表 4-2 和表 4-3 确定出缸的工作压力 p，再按表 4-4 确定出比值 λ（$\lambda = d/D$），然后根据承载情况按下面的公式计算得出。

表 4-2　各类液压设备常用工作压力

设备类型	磨　床	车床、铣床钻床、镗床	组合机床	龙门刨床拉床	注塑机、农业机械、小工程机械	液压压力机、重型机械、起重运输机械
工作压力 p /MPa	0.8~2	2~4	3~5	8~10	10~16	20~32

表 4-3　液压缸工作压力与负载之间的关系

负载 F/kN	<5	5~10	10~20	20~30	30~50	>50
工作压力 p/MPa	<0.8~1.0	1.5~2.0	2.5~3.0	3.0~4.0	4.0~5.0	>6.0

表 4-4　系数 λ 的推荐值

工作压力 p/MPa	<5	5~7	>7
活塞杆受拉力	0.3~0.45		
活塞杆受压力	0.50~0.55	0.6~0.7	0.7

当有杆腔进压力油驱动负载时，由于

$$F = \frac{\pi}{4}(D^2 - d^2)p = \frac{\pi}{4}D^2(1 - \lambda^2)p$$

故

$$D = \sqrt{\frac{4F}{\pi(1 - \lambda^2)p}} \tag{4-12}$$

当无杆腔进压力油驱动负载时，由于

$$F = \frac{\pi}{4}D^2 p$$

故

$$D = \sqrt{\frac{4F}{\pi p}} \tag{4-13}$$

由式（4-12）、式（4-13）算出的 D 值及选定的 λ 值即可求出活塞杆的直径 d（$d = \lambda D$）。D、d 的取值应按标准进行圆整。

动力较小的设备（如磨床、研磨机床、珩磨机床等），液压缸的尺寸若按负载计算，其数值可能很小，故多按结构需要而确定。对单杆活塞缸，一般是先按结构要求选定活塞杆直径 d，再按给定的速比 φ [$\varphi = v_2/v_1 = D^2/(D^2 - d^2)$]，根据以下公式计算出缸的内径 D。

$$D = \sqrt{\frac{\varphi}{\varphi - 1}}d \quad \text{或} \quad D = \sqrt{\frac{v_2}{v_2 - v_1}}d \tag{4-14}$$

二、液压缸壁厚的确定

在中、低压系统中，液压缸壁厚 δ 根据结构和工艺上的需要确定，一般不进行计算。当液压缸工作压力较高或直径较大时，才有必要对其最薄弱部位的壁厚进行强度校核。

当 $D/\delta \geqslant 10$ 时，按以下薄壁筒公式校核

$$\delta \geqslant \frac{p_y D}{2[\sigma]} \tag{4-15}$$

当 $D/\delta < 10$ 时，按以下厚壁筒公式校核

$$\delta \geqslant \frac{D}{2}\left[\sqrt{\frac{[\sigma] + 0.4p_y}{[\sigma] - 1.3p_y}} - 1\right] \tag{4-16}$$

式中　p_y——试验压力，比缸最高工作压力大 20%~30%。

$[\sigma]$——缸筒材料的许用应力。

三、液压缸其他尺寸的确定

液压缸的长度按其最大行程确定，一般为（20~30）D。活塞的宽度按缸的工作压力和活塞的密封方式确定，一般为（0.6~1）D。导向套滑动面的长度，当 $D<80mm$ 时，取（0.6~1）D；当 $D\geqslant80mm$ 时，取（0.6~1）d。活塞杆的长度按缸的长度、活塞的宽度、导向套的长度、端盖的有关尺寸及它与工作台连接方式确定。对长度与直径之比大于15的受压活塞杆，应按材料力学公式进行稳定性校核计算。当压力不高时，端盖的尺寸、紧固螺钉的个数和尺寸可由结构决定；高压系统则必须进行螺钉强度的校核。

第三节 液压缸的结构设计

一、液压缸典型结构举例

图4-11所示为外圆磨床空心双杆活塞缸结构图。它由压盖1、活塞杆2、托架3、端盖4、密封圈5、堵头6、导向套7、销钉8、密封圈9、活塞10、缸筒11、压环12、半环13、密封纸垫14及端盖15等零件组成。

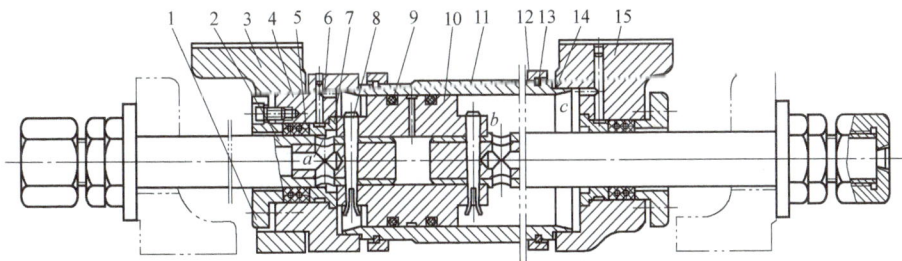

图4-11 空心双杆活塞缸结构图
1—压盖 2—活塞杆 3—托架 4、15—端盖 5、9—密封圈 6—堵头 7—导向套 8—销钉
10—活塞 11—缸筒 12—压环 13—半环 14—密封纸垫

该液压缸用托架3和端盖15与机床工作台连接在一起。两活塞杆2用螺母与床身支座固定在一起，螺母在支座的外侧，使活塞杆只受拉力，受热伸长时不会弯曲。活塞杆与活塞10用销钉8连接。活塞与缸筒11之间用O形密封圈9密封。活塞杆与端盖4、15之间用V形密封圈5密封，这种密封圈的密封性能可随工作压力的升高而提高。导向套7的内孔与活塞杆外径配合，起导向作用。

这种液压缸一般缸筒较长，多采用无缝钢管制成。缸筒11两端的环槽内嵌装两个半环13，用以防止压环12向端部移动。端盖15和4通过螺钉与压环连接。端盖4的部分外圆面与托架3的光孔滑动配合，使缸体受热变形时可自由伸长。

当压力油通过左空心活塞杆经 a 孔进入液压缸的左腔，缸右腔通过 b 孔及右活塞杆中心孔回油时，液压力推动缸体带动工作台向左移动；反之，当液压缸右腔进压力油，左腔回油时，液压力推动缸体带动工作台向右移动。两端盖的上部有小孔 c 与排气阀相通，用以排除液压缸中的空气。

由上例可知，液压缸主要由缸体组件（缸筒、端盖、压环等）和活塞组件（活塞杆、导向套、密封圈等）组成。

二、液压缸端部与端盖的连接

液压缸端部与端盖的连接方式很多。铸铁、铸钢和锻钢制造的缸体多采用法兰式（见图 4-12a）。这种结构易于加工和装配，其缺点是外形尺寸较大。用无缝钢管制作的缸筒，常采用半环式连接（见图 4-12b）和螺纹连接（见图 4-12d）。这两种连接方式结构紧凑、重量轻。但半环式连接须在缸筒上加工环形槽，削弱缸筒的强度；螺纹连接须在缸筒上加工螺纹，端部的结构比较复杂，装拆时需要专门的工具，拧紧端盖时有可能将密封圈拧扭。较短的液压缸常采用拉杆连接（见图 4-12c）。这种连接具有加工和装配方便等优点，其缺点是外廓尺寸和重量较大。此外，还有焊接式连接，其结构简单，尺寸小，但焊后缸体有变形，且不易加工，故使用较少。

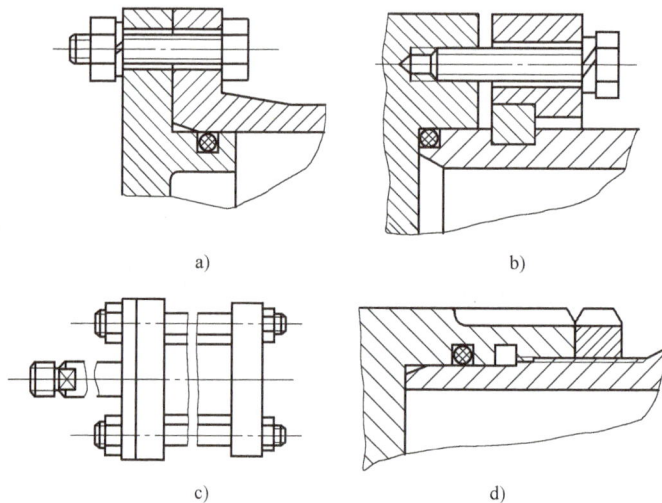

图 4-12　液压缸端部与端盖的连接
a）法兰式　b）半环式　c）拉杆式　d）螺纹式

三、活塞与活塞杆的连接

活塞与活塞杆的连接方式很多，常见的有锥销连接（见图 4-11）和螺纹连接（见图 4-13a、b、c）。锥销连接结构简单，装拆方便，多用于中、低压轻载液压缸中。螺纹连接装卸方便，连接可靠，适用尺寸范围广，缺点是加工和装配时都要用可靠的方法将螺母锁紧。在高压大负载的场合，特别是在振动比较大的情况下，常采用半环式连接（见图 4-13d、e、f）。这种连接拆装简单，连接可靠，但结构比较复杂。

四、液压缸的密封装置

液压缸的密封装置用以防止油液的泄漏（液压缸一般不允许外泄漏，其内泄漏也应尽可能小），其设计的好坏对液压缸的工作性能和效率有直接的影响，因而要求密封装置有良

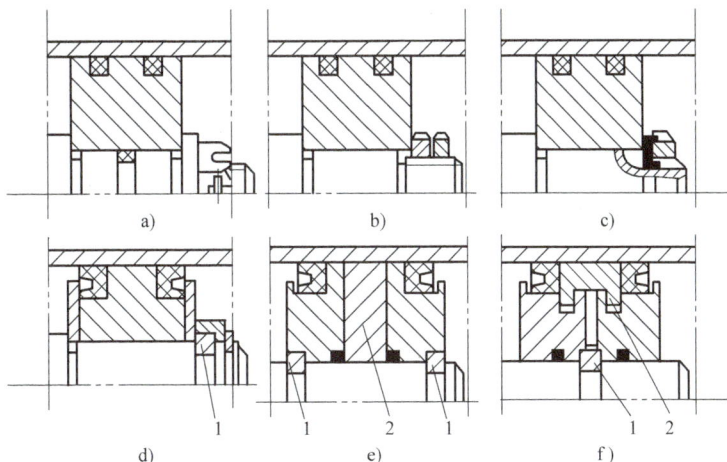

图 4-13 活塞与活塞杆的连接

a)、b)、c) 螺纹连接 d)、e)、f) 半环式连接

1—轴半环 2—活塞半环

好的密封性能，摩擦阻力小，制造简单，拆装方便，成本低且寿命长。液压缸的密封主要指活塞与缸筒、活塞杆与端盖间的动密封和缸筒与端盖间的静密封。

常见的密封方法有间隙密封及用 O 形、Y 形、V 形及组合式密封圈密封。密封件的结构及选用方法见第五章。

五、液压缸的缓冲装置

当液压缸驱动的工作部件质量较大，运动速度较高，或换向平稳性要求较高时，应在液压缸中设置缓冲装置，以免在行程终端换向时产生过大的冲击压力、噪声、甚至机械碰撞。

常见的缓冲装置，如图 4-14 所示。

（1）环状间隙式缓冲装置 图 4-14a 所示为圆柱形环隙式缓冲装置，活塞端部有圆柱形缓冲柱塞，当柱塞运行至液压缸端盖上的圆柱光孔内时，封闭在缸筒内的油液只能从环形间隙 δ 处挤出去。这时活塞即受到一个很大的阻力而减速制动，从而减缓了冲击。图 4-14b 所示为圆锥形环隙式缓冲装置。其缓冲柱塞加工成圆锥体（锥角约为 10°），环形间隙 δ 将随柱塞伸入端盖孔中距离的增长而减小，从而获得更好的缓冲效果。

（2）可变节流式缓冲装置 图 4-14c 所示为可变节流式缓冲装置。在其圆柱形的缓冲柱塞上开有几个均布的三角形节流沟槽。随着柱塞伸入孔中距离的增长，其节流面积减小，使缓冲作用均匀，冲击压力小，制动位置精度高。

（3）可调节流式缓冲装置 图 4-14d 所示为可调节流式缓冲装置。在液压缸的端盖上设有单向阀 1 和可调节流阀 2。当缓冲柱塞伸入端盖上的内孔后，活塞与端盖间的油液须经节流阀 2 流出。由于节流口的大小可根据液压缸负载及速度的不同进行调整，因此能获得最理想的缓冲效果。当活塞反向运动时，压力油可经单向阀 1 进入活塞端部，使其迅速起动。

六、液压缸的排气装置

液压系统中混入空气后会使其工作不稳定，产生振动、噪声、低速爬行及起动时突然前

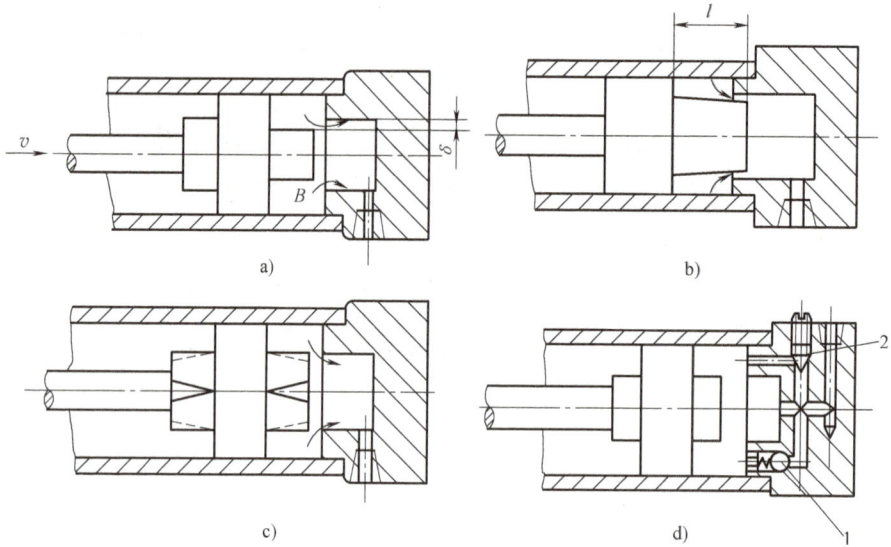

图 4-14 液压缸的缓冲装置

a）圆柱形环隙式 b）圆锥形环隙式 c）可变节流式 d）可调节流式

1—单向阀 2—可调节流阀

冲等现象。因此，在设计液压缸时必须考虑空气的排除。

对于要求不高的液压缸可以不设专门的排气装置，而将油口布置在缸筒两端的最高处，由流出的油液将缸中的空气带往油箱，再从油箱中逸出。对速度的稳定性要求高的液压缸和大型液压缸，则需在其最高部位设置排气孔并用管道与排气阀相连（见图 4-15）排气，或在其最高部位设置排气塞（见图 4-16）排气。当打开排气阀（图示位置）或松开排气塞的螺钉并使液压缸活塞（或缸体）以最大的行程快速运行时，缸中的空气即可排出。一般空行程往复 8~10 次即可将排气阀或排气塞关闭，液压缸便可进入正常工作。

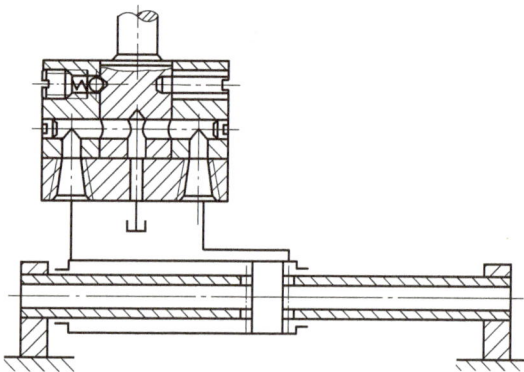

图 4-15 排气阀

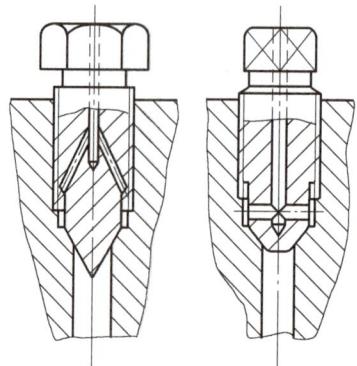

图 4-16 排气塞

思考题和习题

4-1 试分析图 4-11 所示空心双杆活塞缸其活塞杆受什么力？如果将背紧螺母置于床身支座的内侧，

活塞杆受什么力？上述两种结构哪一种比较好？为什么？

4-2 试按图4-3推导单杆活塞缸差动连接时的推力F_3和速度v_3的计算公式。

4-3 设有一双杆活塞缸，缸内径$D = 10$cm，活塞杆直径$d = 0.7D$，若要求活塞杆运动的速度$v = 8$cm/s，求液压缸所需要的流量q。

4-4 如图4-17所示，一与工作台相连的柱塞缸，工作台重980kg，如缸筒与柱塞之间的摩擦力为1960N，$D = 100$mm，$d = 70$mm，$d_0 = 30$mm，求工作台在0.2s时间内从静止加速到最大稳定速度$v = 7$m/min时，泵的供油压力和流量各为多少？

4-5 设计一单杆液压缸，已知外载$F = 2×10^4$N，活塞和活塞杆处的摩擦阻力$F_\mu = 12×10^2$N，液压缸的工作压力为5MPa，试计算液压缸的内径D。若活塞最大工作进给速度为0.04m/s，系统的泄漏损失为10%，应选取多大流量的泵？若泵的效率为0.85，电动机的驱动功率应多大？

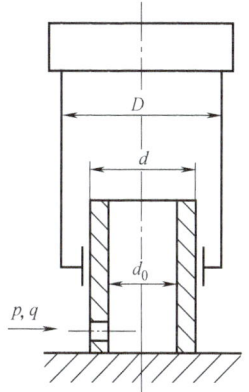

图4-17 题4-4图

4-6 设计一单杆液压缸，用以实现"快进—工进—快退"工作循环，且快进与快退的速度相等，均为5m/min，采用额定流量为25L/min，额定压力为6.3MPa的定量叶片泵供油，试计算液压缸内径D和活塞杆直径d。当外负载为$25×10^3$N时，液压缸的工进压力为多少？当工进时的速度为1m/min时，进入液压缸的流量为多少（不计摩擦损失）？

4-7 图4-5a所示单叶片摆动液压缸，其供油压力$p = 2$MPa，供油流量$q = 25$L/min，缸内径$D = 240$mm，叶片安装轴直径$d = 80$mm，若输出轴的回转角速度$\omega = 0.7$rad/s，试求叶片的宽度b和输出轴的转矩T。

4-8 如图4-18所示，两结构尺寸相同的液压缸，$A_1 = 100$cm^2，$A_2 = 80$cm^2，$p_1 = 0.9$MPa，$q_1 = 12$L/min。若不计摩擦损失和泄漏，试问：

1）两缸负载相同（$F_1 = F_2$）时，两缸的负载和速度各为多少？

2）缸1不受负载时，缸2能承受多少负载？

3）缸2不受负载时，缸1能承受多少负载？

4-9 液压缸如何实现排气和缓冲？

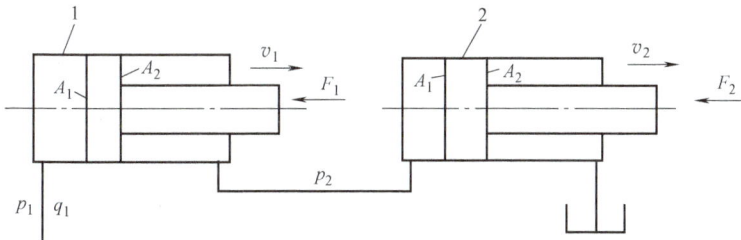

图4-18 题4-8图

第五章 液压辅助装置

液压系统中的辅助装置包括管件、过滤器、测量仪表、密封装置、蓄能器、油箱等，它们是液压系统的重要组成部分。这些辅助装置如果选择或使用不当，会对系统的工作性能及元件的寿命有直接的影响。因此必须给予足够的重视。

在设计液压系统时，油箱常需根据系统的要求自行设计，其他辅助装置已标准化、系列化，应合理选用。

第一节 油管及管接头

一、油管

油管用于液压系统中液压元件之间工作介质的输送。油管的种类很多，有钢管、纯铜管、耐油橡胶软管、尼龙管、塑料管等，需根据系统的工作压力、工作环境及其安装位置正确选用。

(1) 钢管 钢管分为无缝钢管和焊接钢管。无缝钢管耐压高（能承受 25~32MPa 高压），变形小，而且耐油、耐蚀，因此，广泛应用于中高压系统。无缝钢管有冷拔和热轧两种。系统的压油管路多采用 10、15 冷拔无缝钢管。这是因为其尺寸准确，质地均匀，强度高和焊接性好。焊接钢管价格便宜，但承压低，其最高工作压力不大于 1MPa，可用于主油路中的吸油管路和回油管路。要求耐蚀、防锈的场合，可选用不锈钢管；超高压系统，可选用合金钢管。

钢管能承受高压，刚性好，耐蚀，价格低廉。缺点是弯曲和装配均较困难，需要专门的工具或设备。因此，常用于中、高压系统或低压系统中装配部位限制少的场合。

(2) 纯铜管 纯铜管可以根据需要较容易地弯成任意形状，安装方便，且管壁光滑，摩擦阻力小。但其耐压力较低，抗振能力差，因而仅适用于压力低于 5MPa 的管路。另外，由于油与铜接触能加速油液氧化，且铜价格较贵，因而仅用于小型中、低压设备内部装配不方便处和控制装置、仪表的小直径油管。

(3) 耐油橡胶软管 橡胶软管用作两个相对运动部件的连接油管，分高压和低压两种。高压软管由耐油橡胶夹 2~3 层钢丝编织网制成。层数越多，承受的压力越高，其最高承受压力可达 42MPa。低压软管由耐油橡胶夹帆布制成，其承受压力一般在 1.5MPa 以下。

橡胶软管安装方便，不怕振动，并能吸收部分液压冲击。其缺点是制造困难，成本高，寿命短，刚性差，因此，不拆卸的固定连接油管不用软管。橡胶软管的规格和耐压能力可查阅有关标准。

（4）**尼龙管**　尼龙管为乳白色半透明新型油管，其承压能力因材质而异，可为 2.5 ~ 8.0MPa。尼龙管有软管和硬管两种，其可塑性大。硬管加热后也可以随意弯曲成形和扩口，冷却后又能定形不变，使用方便，价格低廉。尼龙管是一种有发展前途的非金属油管。

（5）**耐油塑料管**　耐油塑料管价格便宜，装配方便，但承压低，使用压力不超过 0.5MPa，长期使用会老化，只用作泄油管和某些回油管。

与泵、阀等标准元件连接的油管，其管径一般由这些元件的接口尺寸决定。其他部位的油管（如与液压缸相连的油管等）的管径和壁厚，也可根据通过油管的最大流量、允许的流速及工作压力计算确定。计算方法及步骤见第八章。

软管在直线安装时要有 30% 左右的余量，以适应油温变化、拖拉和振动的需要。弯曲半径要大于 9 倍软管外径，弯曲处到管接头的距离至少等于 6 倍外径。

二、管接头

在液压系统中油管与油管、油管与液压元件间的连接，可以采用直接焊接、法兰连接和管接头连接。直接焊接要在现场进行，质量不易保证，安装后不易拆卸，故很少采用。当油管外径大于 50 mm 时，为使工作可靠，装拆方便，多采用法兰连接。当油管外径小于 50mm 时，普遍采用管接头连接。管接头连接应满足连接牢固、密封可靠、液阻小、结构紧凑、拆装方便等要求。

管接头的种类很多，按接头的通路方向分，有直通、直角、三通、四通、铰接等形式；按其与油管的连接方式分，有管端扩口式、卡套式、焊接式、扣压式等。管接头与机体的连接常用圆锥螺纹和细牙普通螺纹。用圆锥螺纹连接时，应外加防漏填料；用细牙普通螺纹连接时，应采用组合密封垫（熟铝合金与耐油橡胶组合），且应在被连接件上加工出一个小平面。

图 5-1a 所示为管端扩口式管接头，适用于连接纯铜管、薄壁钢管、尼龙管及塑料管等。在装配前应先将油管管端套上导向套 3 和接头螺母 2，然后在专用的工具上将其端部扩成约 74°~90°的喇叭口。连接时，靠拧紧接头螺母 2 使管端扩口紧压在接头体 1 的锥面上并保证其密封。这种连接，结构简单，造价低，一般用于压力小于 10MPa 的中低压系统。

图 5-1b 所示为卡套式管接头，当旋紧接头螺母 2 时，卡套 6 产生弹性变形并嵌入被连接的油管（一般嵌入 0.25 ~ 0.5mm）而将油管夹紧并实现密封。这种接头装配方便，能承受较大的振动，反复拆装性好。但当螺母紧固力不足时，容易引起泄漏，故对油管径向尺寸的精度要求较高，需采用冷拔无缝钢管且油管外径不超过 42mm。卡套式接头常用于高压系统中，特别适用于有燃烧爆炸危险、高空作业和装拆频繁的场合，其工作压力可达 32MPa。

图 5-1c、d 所示为焊接式管接头。这种管接头焊接较麻烦，拆卸不方便，主要用于连接厚壁钢管。它利用 O 形密封圈密封（见图 5-1c）或球面与锥面接触密封（见图 5-1d）。这种接头连接简单，前者有结构简单、制造方便、耐高压和振动、密封可靠等优点，广泛用于高压系统，工作压力可达 32MPa；后者有自位性好、安装时要求不很严格的优点，但球面加工难度大，密封性较差，其最高工作压力须低于 8MPa。

图 5-1e 所示为卡套式铰接管接头，可用于液流方向呈直角的连接。其优点是可使管道在一个平面内按任意方向安装，占空间小，其工作压力可达 31.5MPa。

图 5-2 所示为扣压式软管接头，可用于工作压力为 6~40MPa 系统中软管的连接。在接

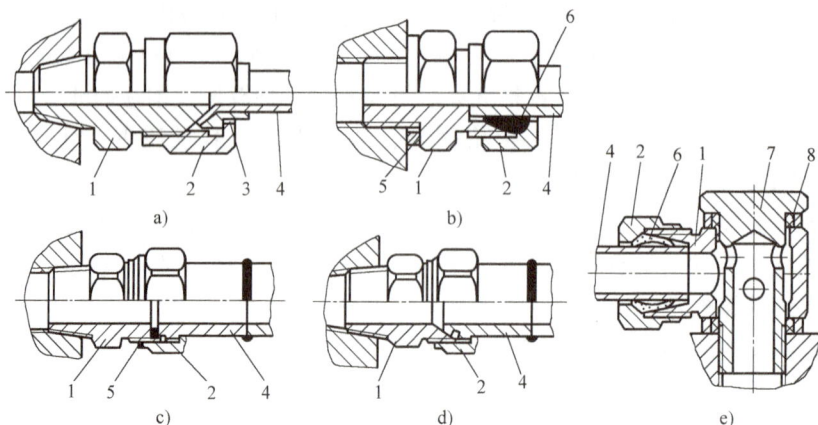

图 5-1　管接头

a）扩口式　b）、e）卡套式　c）、d）焊接式

1—接头体　2—接头螺母　3—导向套　4—油管　5—密封圈　6—卡套　7—固定螺钉　8—组合密封圈

头体 1 的外圆锥表面上加工有若干圈圆弧槽，在外接头体 2 的内圆表面上加工有若干圈锯齿形环形槽。装配前先剥去胶管端部外层胶（一小段），然后旋入外接头体 2 内，再将接头体 1 插入外套及胶管内。最后用专门的模具挤压外接头体 2 的薄壁部分，使胶管充填于外套的环形槽内，从而防止接头拔脱和漏油。

图 5-3 所示为快换管接头。当接头连接时（图示位置）两锥阀 1、7 互相顶开，形成油流通道。当将卡箍 5 压弹簧 3 向左移动时，钢球 4 可以从环槽中向外退出，这时可将接头芯子 6 从接头体 2 中拔出。由于锥阀 1 和 7 在两端弹簧 8 的作用下各自关闭，故分开的两段软管均不漏油。

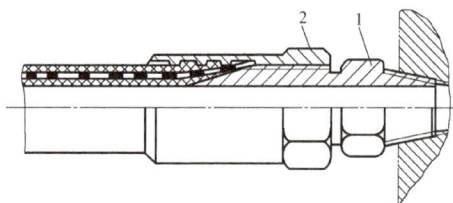

图 5-2　扣压式软管接头

1—接头体　2—外接头体

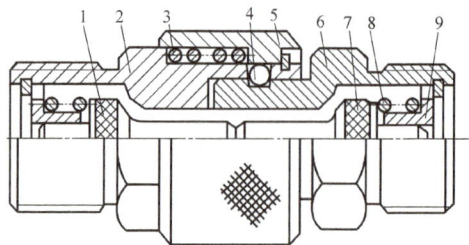

图 5-3　快换管接头

1、7—锥阀　2—接头体　3、8—弹簧　4—钢球
5—卡箍　6—接头芯子　9—弹簧座

这种接头使用方便，但结构较复杂，压力损失较大，常用于各种液压实验台及需经常断开油路的场合。

图 5-4 所示为伸缩式管接头，它用于有相对直线运动要求的管道连接。在该连接中，移动管的外径必须进行精密加工，固定管的管口处需加粗，并设置导向部分和密封装置。图 5-5 所示为法兰式管接头，它用于大直径油管的连接。

各种管接头均已标准化，选用时可查阅有关液压手册。

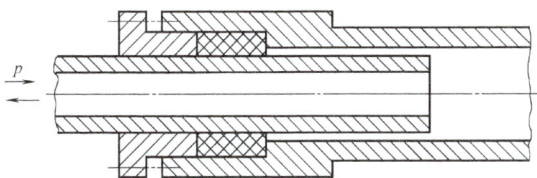

图 5-4 伸缩式管接头

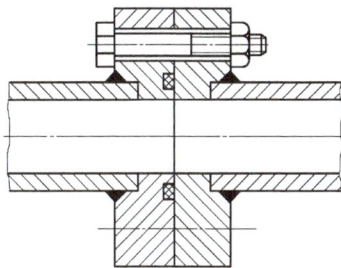

图 5-5 法兰式管接头

第二节 过 滤 器

过滤器的功用是清除油液中的各种杂质，以免其划伤、磨损、甚至卡死有相对运动的零件，或堵塞零件上的小孔及缝隙，影响系统的正常工作，降低液压元件的寿命，甚至造成液压系统的故障。用过滤器对油液进行过滤是十分重要的。

一、选用过滤器的基本要求

1. 应有适当的过滤精度

过滤精度是指过滤器滤除杂质颗粒直径 d 的公称尺寸（单位 μm）。过滤器按过滤精度不同可分为四个等级：粗过滤器（$d \geqslant 100 \mu m$）；普通过滤器（d 为 $10 \sim 100 \mu m$）；精密过滤器（d 为 $5 \sim 10 \mu m$）；特精过滤器（d 为 $1 \sim 5 \mu m$）。

研究表明，由于液压元件相对运动表面间间隙较小，如果采用高精度过滤器有效地控制 $1 \sim 5 \mu m$ 的污染颗粒，液压泵、液压马达、各种液压阀及液压油的使用寿命均可大大延长，液压故障也会明显减少。

不同的液压系统有不同的过滤精度要求，可参照表 5-1 选择。

表 5-1 各种液压系统的过滤精度

系统类别	润滑系统	传动系统			伺服系统	特殊要求
工作压力 p/MPa	$0 \sim 2.5$	$\leqslant 7$	$7 \sim 35$	$\geqslant 35$	$\leqslant 21$	$\leqslant 35$
精度 d/μm	100	$25 \sim 50$	25	5	5	1

2. 有足够的过滤能力

过滤能力是指在一定压降下允许通过过滤器的最大流量。过滤器的过滤能力应大于通过它的最大流量，允许的压降一般为 $0.03 \sim 0.2$ MPa（高压系统中压油管路或回油管路的纸芯式过滤器报警压降为 0.35 MPa）。

3. 有足够的强度

过滤器的滤芯及壳体应有一定的机械强度，并便于清洗。

二、过滤器的类型及其选用

按滤芯材料和结构形式的不同，过滤器可分为网式过滤器、线隙式过滤器、纸芯式过滤器、烧结式过滤器及磁性过滤器等。

（1）网式过滤器　图5-6所示为网式过滤器，它由上盖1、下盖4、开有很多圆孔的金属或塑料圆筒2和包在圆筒上的一层或两层铜丝网3组成。其过滤精度由网孔的大小和层数决定，有80μm、100μm和180μm三个规格。网式过滤器结构简单，清洗方便，通油能力大，压力损失小（不超过0.025MPa），但过滤精度低，常用于泵的吸油管路，对油液进行粗过滤，以保护液压泵。

（2）线隙式过滤器　图5-7所示为线隙式过滤器。它由用铜线或铝线密绕在筒形芯架1的外部而成的滤芯2和壳体3组成。流入壳体内的油流经线间缝隙流入滤芯内，再从上部孔道流出。这种过滤器的过滤精度为30~100μm，常安装在压油管路上，用以保护系统中较精密或易堵塞的液压元件，其通油压力可达6.3~32MPa，压降不大于0.06MPa。用于吸油管路上的线隙式过滤器没有外壳体，过滤精度为50~100μm，压力损失为0.03~0.06MPa，其作用是保护液压泵。线隙式过滤器也可用于中低压系统的回油管路中。

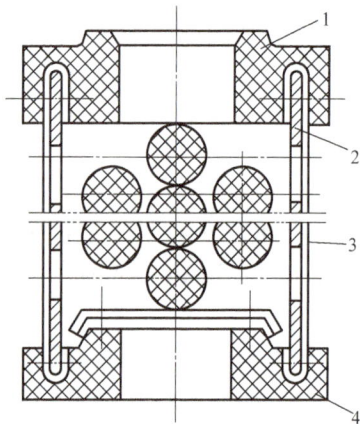

图5-6　网式过滤器

1—上盖　2—圆筒　3—铜丝网　4—下盖

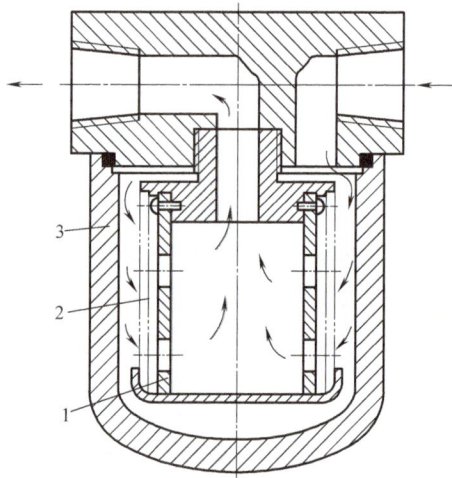

图5-7　线隙式过滤器

1—芯架　2—滤芯　3—壳体

线隙式过滤器过滤效果好，结构简单，通油能力强，机械强度高，但不易清洗。

（3）纸芯式过滤器　纸芯式过滤器的结构（见图5-8）与线隙式过滤器类同，只是滤芯的材质和结构不同。它的滤芯有三层：外层为粗眼钢板网，中层为折叠成W形的滤纸，内层由金属丝网与滤纸折叠而成。这样就提高了滤芯的强度，增大了滤芯的过滤面积，延长了其使用寿命。它的过滤精度可达5~30μm，压降为0.05~0.2MPa，主要用于精密机床、数控机床、伺服机构、静压支承等要求过滤精度高的液压系统中。它常与其他类型的过滤器配合使用。

高压纸芯式过滤器的通油压力可达32MPa，用于压力管路中。低压纸芯式过滤器的通油压力为1.6MPa，主要用于回油管路或低压系统中。纸芯式过滤器结构紧凑，通油能力强，过滤精度高，滤芯价格低。其缺点是无法清洗，需经常更换滤芯。

多数纸芯式过滤器上方装有堵塞状态发讯装置，如图5-9所示。当滤芯堵塞，其进、出口压降升高到规定值时，活塞1和永久磁铁2即向右移动，感簧管4内的触点受到磁力的作用后吸合，接通电路，指示灯 3 发出报警信号（报警压力一般为 0.35MPa），操作者即可更换滤芯，或由时间继电器延时一段时间后实现自动停机保护。

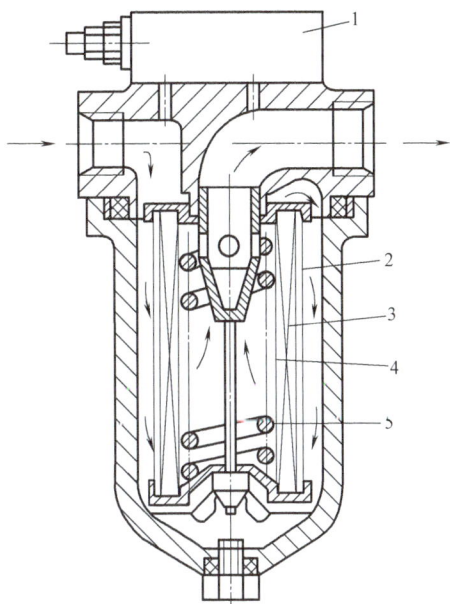

纸芯式过滤器

图 5-8 纸芯式过滤器
1—堵塞状态发讯装置 2—滤芯外层 3—滤芯中层
4—滤芯里层 5—支承弹簧

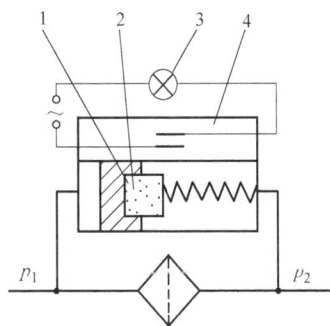

图 5-9 堵塞状态发讯装置
1—活塞 2—永久磁铁
3—指示灯 4—感簧管

（4）烧结式过滤器 图 5-10 所示为烧结式过滤器。它由端盖 1、壳体 2 和滤芯 3 组成。其滤芯是由球状青铜颗粒，用粉末冶金烧结工艺高温烧结而成的。它利用颗粒间的微孔滤去油中的杂质，其过滤精度为 10～100μm，压力损失为 0.03～0.2MPa。滤芯可制成杯状、管状、板状和碟状等多种形状。

烧结式过滤器的优点是强度大，性能稳定，抗冲击性能好，耐蚀性好，能在高温下工作（青铜粉末滤芯可达 180℃，低碳钢粉末滤芯可达 400 ℃，镍铬粉末滤芯可达 900℃），过滤精度高，制造比较简单。其缺点是易堵塞，难清洗，若有颗粒脱落，会影响过滤精度。它主要适用于高温环境，有腐蚀性介质和过滤精度高的场合。

（5）磁性过滤器 磁性过滤器用于滤除油液中的铸铁末、铁屑等能磁化的杂质。图 5-11 所示为一种结构简单的磁性过滤器。它由圆筒式永久磁铁 3、非磁性罩 2 及罩外的多个铁环 1 等零件组成。铁环之间保持一定距离，并用铜条连接（图中未画出）。当油液流经过滤器时，能磁化的杂质即被吸附于铁环上而起到过滤作用。为便于清洗，铁环分为两半，清洗时可取下，清洗后再装上，能反复使用。

磁性过滤器对能磁化的杂质滤除效果很好，特别适用于经常加工钢铁材料的机床液压系统。其缺点是维护较为复杂。磁性滤芯常与其他过滤材料（如滤纸、烧结青铜）组成有复合式滤芯的过滤器，如纸质—磁性过滤器、磁性烧结过滤器等，以满足实际生产的需要。

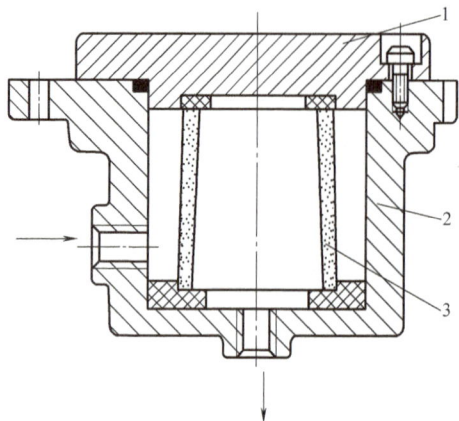

图 5-10 烧结式过滤器
1—端盖 2—壳体 3—滤芯

烧结式过滤器

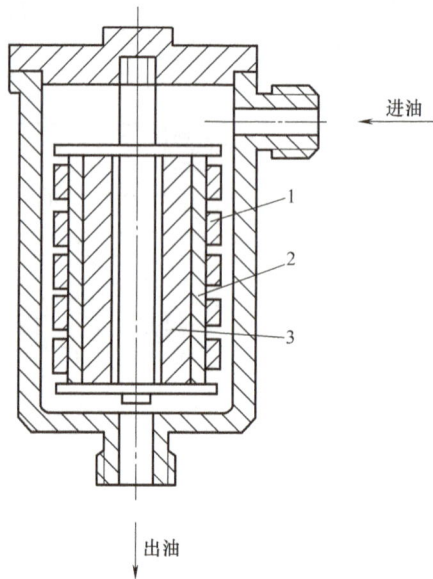

图 5-11 磁性过滤器
1—铁环 2—非磁性罩 3—永久磁铁

三、过滤器的安装位置

过滤器可以安装在液压系统的不同部位,过滤器的图形符号如图5-12a、b、c所示。

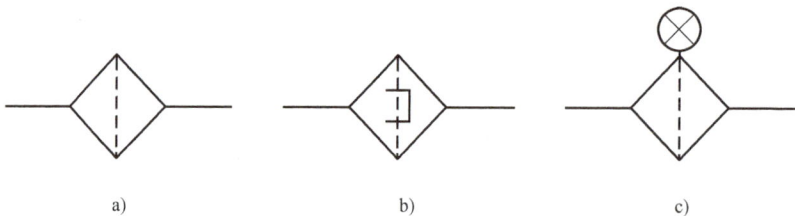

a)   b)   c)

图 5-12 过滤器的图形符号
a) 一般符号 b) 带磁性滤芯的过滤器 c) 带堵塞指示器的过滤器

1. 安装在吸油管路上 (见图 5-13a)

通常将粗过滤器 (一般为网式或线隙式过滤器) 装在泵的吸油管路上,并需浸没在油箱液面以下,用以保护液压泵免遭较大颗粒杂质的直接伤害及防止空气进入液压系统。为了不影响液压泵的吸油能力,此处过滤器的通油能力应大于液压泵流量的两倍,并需要经常地进行清洗,以免增加液压泵的吸油阻力。其压力损失不得超过 0.02MPa。对过滤精度要求较高的轴向柱塞泵,也可选用纸质或纸质—磁性的精过滤器 (其几何尺寸比压油管路用的过滤器大将近一倍),其过滤精度可达 10~25μm,压力损失为 0.02MPa。

2. 安装在压油管路上 (见图 5-13b、c)

在中、低压系统的压油管路上,常安装各种形式的精密过滤器,以保护液压泵以外的其他液压元件,防止小孔或缝隙堵塞。这样安装的过滤器要有一定的强度,应能承受油路上的工作压力和冲击压力,其压力降不应超过 0.35MPa,并应装在溢流阀之后或与溢流阀并联,

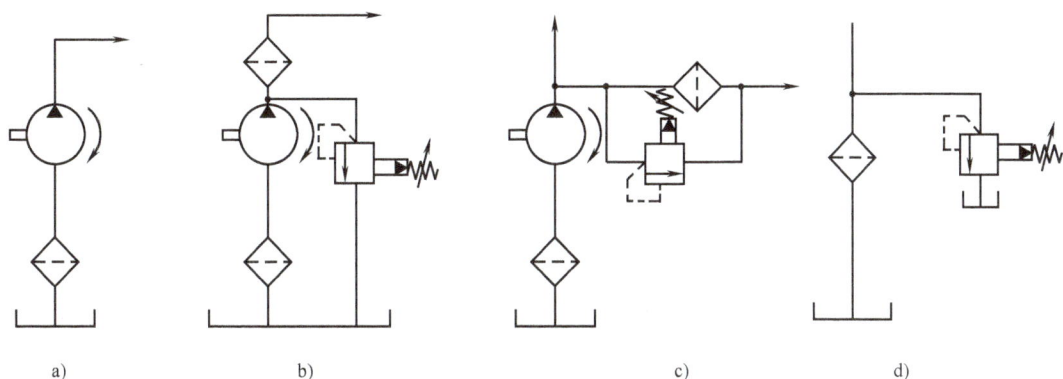

图 5-13　过滤器的安装位置（一）

a）在吸油管路上　b）、c）在压油管路上　d）在回油管路上

有时还要安装堵塞状态发讯装置，以防止过滤器堵塞造成故障或滤芯损坏。溢流阀的开启压力应略低于过滤器的最大允许压差。

3. 安装在回油管路上（见图 5-13d）

若在高压系统的压油管路上安装过滤器，就要求其滤芯有足够的强度，从而加大了过滤器的尺寸和重量。因此，可将过滤器安装在回油管路上，对液压元件起间接的保护作用。这样做，既不会在主油路上造成压降，又不承受系统的工作压力，所以其强度要求较低，体积和重量也可以减小，还可以保证流回油箱的油液是清洁的。为防止其堵塞，也应并联堵塞状态发信装置或一溢流阀。

4. 安装在支油路上（见图 5-14a）

对开式液压系统，当泵的流量较大时，如果采用压油管路或回油管路过滤，过滤器的体积将很大。这时，可将过滤器安装在只有 20%～30% 的泵流量通过的支油路上，如图 5-14a 所示在溢流阀之后，或如图 5-14b 所示在支油路的节流阀之后。这样也能起滤除混入油液中的杂质的作用。不过，在这样的系统中，

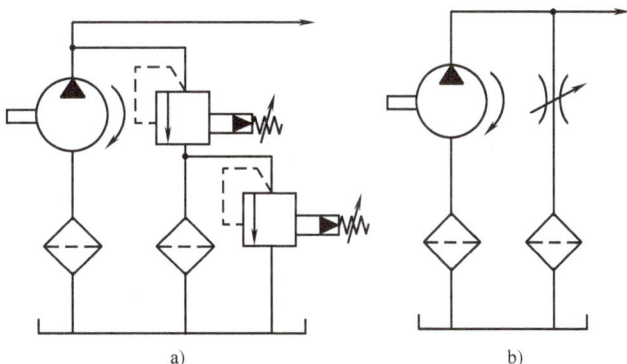

图 5-14　过滤器的安装位置（二）

要在关键的液压元件（如伺服阀、微量调节阀等）前安装辅助的精密过滤器。

5. 单独过滤（见图 5-15）

对一些大型的液压系统，可用单独的液压泵和过滤器来滤除混入油液中的杂质。这种过滤方法，由于压力和流量的波动小，故过滤效果好，且对滤除油液中的全部杂质很有利。滤油车即为这种专用滤油设备。

为便于滤芯清洗和使过滤精度稳定，一般过滤器只能单向使用，即进、出油口不能反用，不能安装在液流方向变换的油路上。必要时可增设单向阀和过滤器，保证双向过滤。

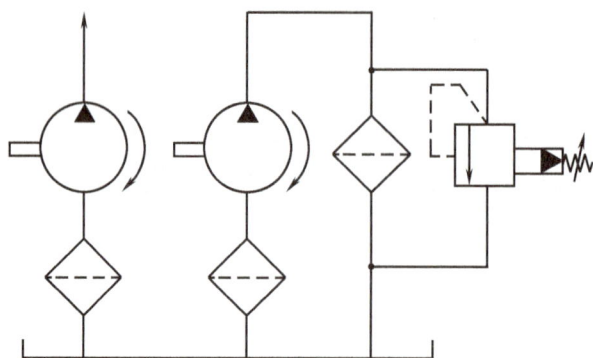

图 5-15　单独过滤油路

第三节　流量计、压力表及压力表开关

一、流量计

流量计用以观测系统的流量。常用的有涡轮流量计和椭圆齿轮流量计。图 5-16 所示为涡轮流量计的结构图。它由涡轮 1、壳体 2、轴承 3、支承 4、导流器 5、磁电式传感器 6 等组成。导磁的不锈钢涡轮 1 装在不导磁壳体 2 中心的轴承 3 上，它有 4~8 片螺旋形叶片。当液体流过流量计时，涡轮即以一定的转速旋转。这时装在壳体外的非接触式磁电式传感器 6 则输出脉冲信号，信号频率与涡轮的转速成正比，即与通过的流量成正比，因此可以测定液体的流量。

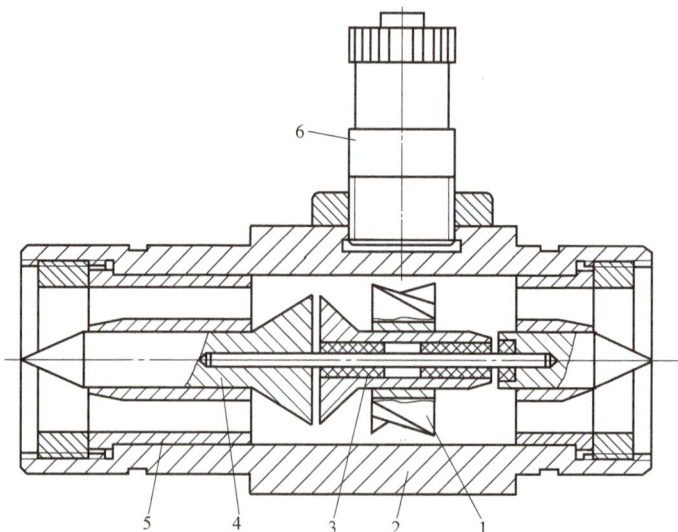

图 5-16　涡轮流量计

1—涡轮　2—壳体　3—轴承　4—支承　5—导流器　6—磁电式传感器

涡轮流量计能承受的最大工作压力为 25MPa，压力损失为 0.25MPa，有多种规格可供选用。

二、压力表

液压系统各部位的压力可通过压力表观测，以便调整和控制。压力表的种类很多，最常用的是弹簧管式压力表，如图 5-17 所示。弹簧管式压力表的型号有 Y-40、Y-60、Y-100、Y-150、Y-200（-后数字为表的外径，单位为 mm）。

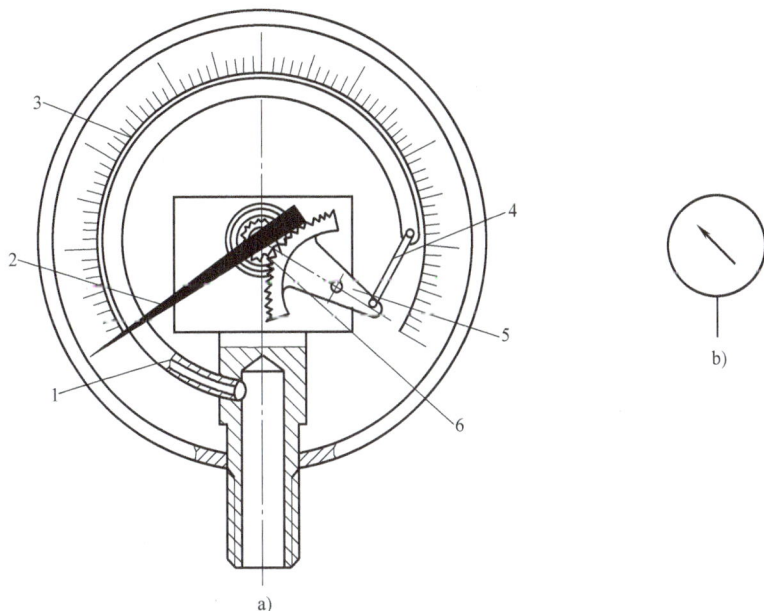

图 5-17　弹簧管式压力表

1—弹簧弯管　2—指针　3—刻度盘　4—杠杆　5—齿扇　6—小齿轮

压力油进入扁截面弹簧弯管 1，弯管变形使其曲率半径加大，端部的位移通过杠杆 4 使齿扇 5 摆动。于是与齿扇 5 啮合的小齿轮 6 带动指针 2 转动，这时即可由刻度盘 3 上读出压力值。

压力表有多种精度等级。普通精度的有 1、1.5、2.5、……级；精密型的有 0.1、0.16、0.25、……级。精度等级的数值是压力表最大误差占量程（表的测量范围）的百分数。例如，2.5 级精度，量程为 6MPa 的压力表，其最大误差为 $6 \times 2.5\%$ MPa（即 0.15MPa）。一般机床上的压力表用 2.5~4 级精度即可。

用压力表测量压力时，被测压力不应超过压力表量程的 3/4。压力表必须直立安装。压力表接入压力管道时，应通过阻尼小孔，以防止被测压力突然升高而将表损坏。

三、压力表开关

压油路与压力表之间须装一压力表开关。实际上它是一个小型的截止阀，用以接通或断开压力表与油路的通道。压力表开关有一点、三点、六点等。多点压力表开关，可使压力表油路分别与几个被测油路相连通，因而用一个压力表可检测多点处的压力。

图 5-18 所示为六点式压力表开关。图示位置为非测量位置，此时压力表油路经沟槽 a、小孔 b 与油箱连通。若将手柄向右推进去，沟槽 a 将把压力表油路与被测量点处的油路连

通，并将压力表油路与通往油箱的油路断开，这时便可测出该测量点的压力。如将手柄转到另一个测量点位置，则可测出其相应测量点的压力。压力表中的过油通道很小，可防止表针的剧烈摆动。

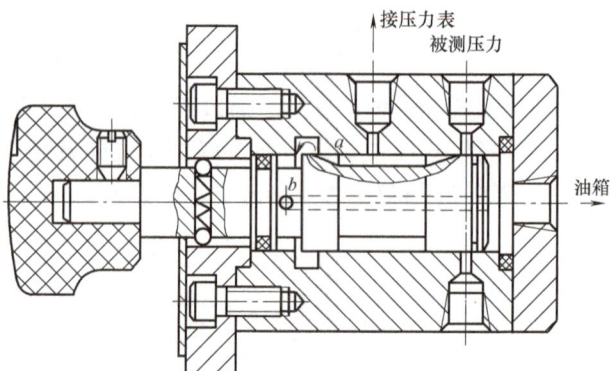

当液压系统进入正常工作状态后，应将手柄拉出，使压力表与系统油路断开，并与油箱连通卸压，以保护压力表并延长其使用寿命。六点式压力表开关因各测量点的压力不同，使阀杆径向受力不平衡而不易操作，所以只适用于低压系统。

图 5-18　六点式压力表开关

图 5-19 所示为公称压力为 32MPa 的单点式压力表开关。它只能连接一个压力表和测一个测压点的压力。

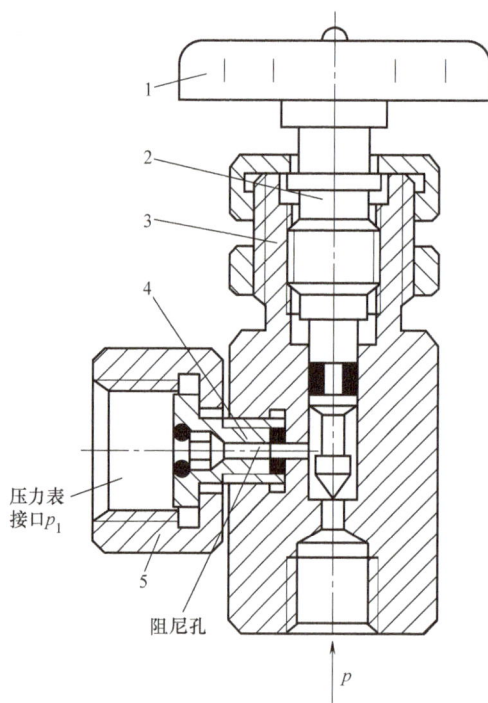

图 5-19　单点式压力表开关

1—手轮　2—阀杆　3—阀体　4—压紧螺栓　5—接头螺母

调节手轮 1，使阀杆 2 下移到底，可切断压力表与被测油路；使阀杆向上移，即可使油路与压力表油口接通。调节阀开口大小可改变阻尼，以减缓压力表指针的急剧跳动，防止压力表损坏。安装压力表时，通过接头螺母 5 可以任意调整压力表表面的方向。

单点式压力表开关也可在小流量回路中作截止阀用。

第四节 密封装置

密封装置的功用在于防止液压元件和液压系统中液压油的内漏和外漏，保证建立起必要的工作压力。此外，还可以防止外漏油液污染工作环境，节省油料。密封装置应有良好的密封性能，结构简单，维护方便，价格低廉。密封材料的摩擦因数要小，耐磨，寿命长，且磨损后能自动补偿。常见的密封方法及密封元件有以下几种。

一、间隙密封

间隙密封是通过精密加工，使相对运动零件的配合面之间有极微小的间隙（0.01~0.05mm）而实现密封，如图 5-20 所示。为增加泄漏油的阻力，常在圆柱面上加工几条环

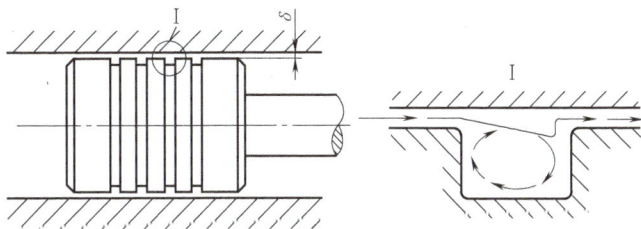

图 5-20 间隙密封

形小槽（宽 0.3~0.5mm；深 0.5~1mm；间距为 2~5mm）。油在这些槽中形成涡流，能减缓漏油速度，还能起到使两配合件同轴，降低摩擦阻力和避免因偏心而增加漏油量等作用。因此这些槽也称为压力平衡槽。间隙密封有时也使用迷宫式密封件，对于不可压缩的液体来说，它是一连串的环形节流孔，压降和泄漏量（可由方程算出）表明，它比相同长度的单一节流孔有更好的密封作用。

间隙密封结构简单，摩擦阻力小，能耐高温，是一种简便而紧凑的密封方式。在液压泵、液压马达和各种液压阀中得到了广泛的应用。其缺点是密封效果差，密封性能随工作压力的升高而变差，配合面磨损后无法补偿。尺寸较大的液压缸，要达到间隙密封所需要的加工精度比较困难，也不经济。因此，间隙密封在液压缸中仅用于尺寸较小、压力较低、运动速度较高的活塞与缸体内孔间的密封。

二、O 形密封圈密封

O 形密封圈的截面为圆形（见图 5-21），一般用耐油橡胶制成。它结构简单，密封性能好，动摩擦阻力小，制造容易，成本低，安装沟槽尺寸小，使用非常方便。其工作压力可达 70MPa，工作温度可为 -40~+120℃。它应用很广泛，既可用于直线往复运动和回转运动的动密封，又可用于静密封；既可用于外径密封，又可用于内径密封和端面密封。

O 形密封圈安装时要有合理的预压缩量 δ_1 和 δ_2，它在沟槽中受到油压作用变形，会紧贴槽壁及配合偶件的壁，因而其密封性能可随压力的增加而提高。O 形密封圈及其安装沟槽的尺寸均已标准化，可根据据需要从液压设计手册中查取。

在使用 O 形密封圈时，若工作压力大于 10MPa，需在密封圈低压侧设置聚四氟乙烯或尼龙制成的挡圈（厚度为 1.2~2.5mm）；若其双向受高压，则需在其两侧加挡圈，以防止密封圈被挤入间隙中而损坏。

三、Y 形密封圈密封

Y 形密封圈的截面呈 Y 形（见图 5-22a），它用耐油橡胶制成。当其工作时，利用油的

压力使两唇边紧压在配合偶件的两结合面上实现密封。其密封能力可随压力的升高而提高，并且在磨损后有一定的自动补偿能力。因此，装配时其唇边应对着有压力的油腔。

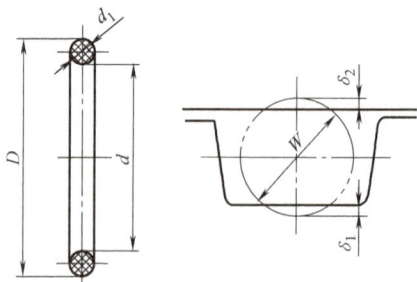

图 5-21　O 形密封圈

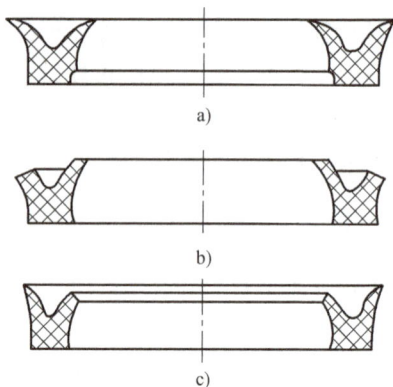

图 5-22　Y 形密封圈

a）普通 Y 形　b）Y_x 形（孔用）　c）Y_x 形（轴用）

　　Y 形密封圈的工作压力不大于 20MPa，使用温度为 $-30 \sim +80℃$。一般用于轴、孔做相对移动，且速度较高的场合。例如，活塞与缸筒之间的密封、活塞杆与缸端盖间的密封等。它既可作轴用密封圈，也可作孔用密封圈。

　　Y_x 形密封圈的截面宽而薄，且内、外唇边不相等，分孔用（见图 5-22b）和轴用（见图 5-22c）两种。其特点是固定边长（以增大支承），滑动唇边短（能减少摩擦）。它用聚氨酯橡胶制成，其密封性、耐磨性和耐油性都比普通 Y 形密封圈好，工作压力可达 32MPa，孔用 Y_x 形密封圈使用温度为 $-40 \sim +100℃$，轴用 Y_x 形密封圈使用温度为 $-20 \sim +100℃$。因而 Y_x 形密封圈的使用日趋广泛。

四、V 形密封圈密封

　　V 形密封圈由多层涂胶织物压制而成。它由形状不同的支承环 1、密封环 2 和压环 3 组成，如图 5-23 所示。当压环压紧密封环时，支承环可使密封环产生变形而起密封作用。其工作压力可达 50MPa，工作温度为 $-40 \sim +80℃$。当密封压力高于 10MPa 时，可增加密封环 2 的数量。安装时应将密封环的开口面向压油腔。调整压环压力时，应以不漏油为限，不可压得过紧，以防密封阻力过大。

　　用 V 形密封圈密封，其密封长度大，密封性能好，但其摩擦阻力较大。它主要用于压力较高，移动速度较低的场合。例如液压压力机中，高压大直径活塞（或柱

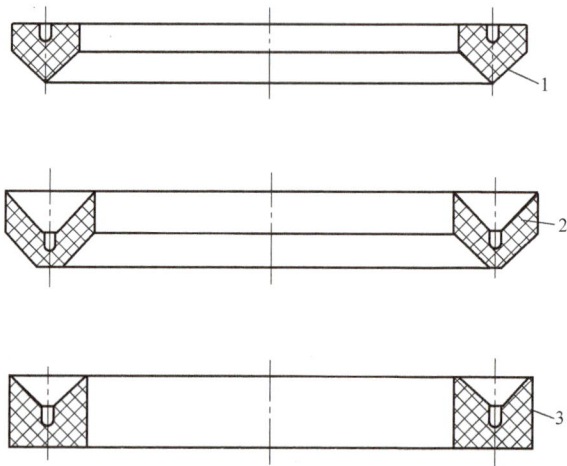

图 5-23　V 形密封圈

1—支承环　2—密封环　3—压环

塞）与其缸筒间的密封等。

五、滑环式组合密封圈密封

图 5-24 所示为一种由聚四氟乙烯滑环 2 和 O 形密封圈 1 组合而成的新型密封圈。滑环与金属的摩擦因数小，因而耐磨；O 形密封圈弹性好，能从滑环内表面施加一向外的涨力，从而使滑环产生微小变形而与配合件表面贴合，故它的使用寿命比单独使用 O 形密封圈提高很多倍。这种组合式密封圈主要用于要求起动摩擦力很小，滑动阻力小，且动作循环频率很高的场合，例如伺服液压缸等。

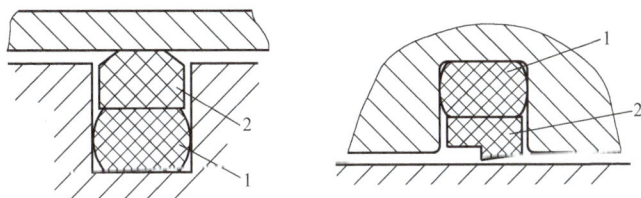

图 5-24　滑环式组合密封圈
1—O 形密封圈　2—滑环

图 5-25 所示为弹簧压紧式密封圈。它用橡胶或聚四氟乙烯材料制作（橡胶的弹性比聚四氟乙烯好，但耐磨性不如聚四氟乙烯，故通常用聚四氟乙烯）。这种密封圈的结构特点是，在其截面形槽内装有片式弹簧，弹簧力使密封圈的两唇口紧贴密封表面及沟槽底面以达到密封。图中所示密封圈有孔用（见图 5-25a、c）和轴用（见图 5-25b、d）两种，其唇形有圆弧形（见图 5-25a、b）和尖形（见图 5-25c、d）两种。

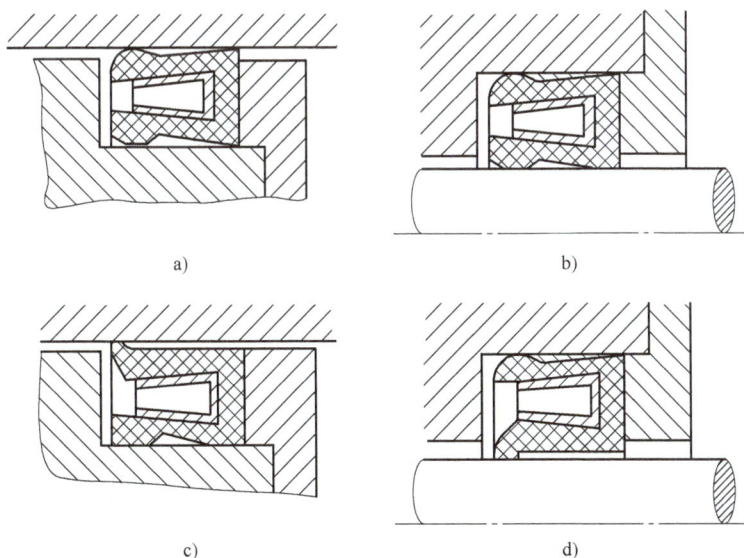

a)　　　　　b)

c)　　　　　d)

图 5-25　弹簧压紧式密封圈

除用上述各种密封圈进行密封外，目前国内、外已研制出多种新型的密封装置。例如，双向组合唇形密封圈、金属唇形密封圈、紧密式复合密封圈、适用于高压重型液压缸活塞的自动式组合U形密封圈等。它们具有一系列的优点，促进了液压元件设计和制造技术的发展。

六、油封和防尘圈

油封通常是指对润滑油的密封，用于旋转轴上。油封一般由耐油橡胶制成，其断面形状有J形、U形等。油封不仅用于防止液压泵、液压马达和摆动缸旋转轴内油液的外漏，而且可以防止外部灰尘进入其内，起防尘圈的作用。油封一般用于旋转轴的线速度不大于12m/s，压力不大于0.1MPa的场合。

图5-26所示为J形无骨架式橡胶油封，其内圈的外径上绕一螺旋弹簧使内圈收紧在轴上，以进行密封。

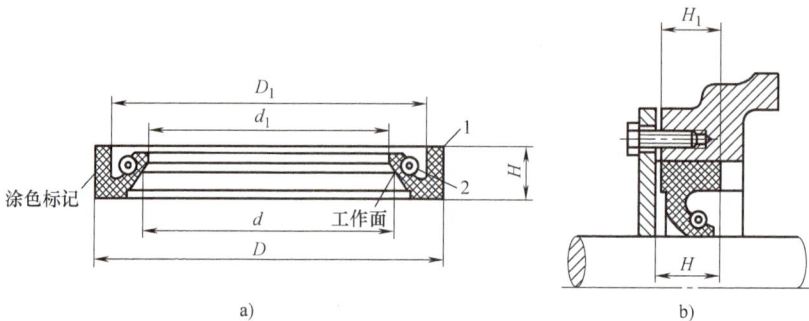

图 5-26 J形无骨架式橡胶油封
a）油封形状 b）油封安装
1—油封 2—螺旋弹簧

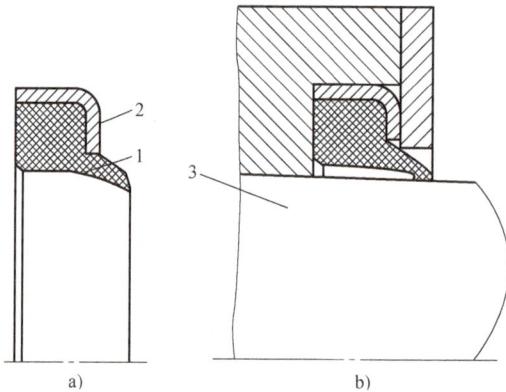

图 5-27 骨架式防尘圈
a）防尘圈形状 b）防尘圈的安装
1—防尘圈 2—骨架 3—轴

防尘圈用于刮除活塞杆上的脏物，以防其进入缸内。在尘土较多的环境下工作的液压缸，其活塞杆与缸盖之间的密封圈外面，一般都要装设防尘圈。图5-27所示为骨架式防尘圈，它用聚氨酯制造，使用温度为-35～+100℃；骨架用以增加其强度和刚度，一般用08钢制成。

第五节 蓄 能 器

蓄能器是液压系统中的贮能元件。它能贮存一定量的压力油，并在需要时迅速地或适量地释放出来，供系统使用。

一、蓄能器的结构

图 5-28 所示为气囊式蓄能器的结构图。它由充气阀 1、气囊 2、壳体 3、提升阀 4 等组成。气囊用耐油橡胶制成，固定在壳体 3 的上部，囊内充入惰性气体（一般为氮气）。提升阀是一个用弹簧加载的菌形阀，压力油由该阀通入。在压力油全部排出时，该阀能防止气囊膨胀挤出油口。

这种蓄能器气囊惯性小，反应灵敏，容易维护，所以最常用。其缺点是容量较小，气囊和壳体的制造比较困难。

此外还有活塞式、重力式、弹簧式和隔膜式蓄能器，可参考产品样本或液压设计手册选用。

二、蓄能器的功用

随着液压技术向高压化、高性能化发展，蓄能器在节能、补偿压力、吸收压力脉动、缓和冲击、提供应急动力、输送特殊液体方面所发挥的作用已经越来越大。

1. 用作辅助动力源（节能）

当执行件做间歇运动或只做短时高速运动时，可利用蓄能器在执行件不工作时贮存压力油，而在执行件需快速运动时，由蓄能器与液压泵同时向液压缸供给压力油。这样就可以用流量较小的泵使运动件获得较快的速度，不但可减少功率损耗，还可降低系统的温升。

2. 用作应急油源

当电源突然中断或液压泵发生故障时，蓄能器能释放出所贮存的压力油使执行件继续完成必要的动作和避免可能因缺油而引起的事故。

3. 使系统保压

当执行件停止运动的时间较长，并且需要保压时，可利用蓄能器贮存的液压油补偿油路的泄漏损失，以保证其压力不变。这时，为降低能耗，可使液压泵卸荷。

4. 缓和冲击，吸收系统的压力脉动

在控制阀快速换向、突然关闭或执行件的运动突然停止时都会产生液压冲击，齿轮泵、柱塞泵、溢流阀等元件工作时也会使系统产生压力和流量的脉动。因此，当液压系统的工作平稳性要求较高时，可在冲击源和脉动源附近设置蓄能器，起缓和冲击和吸收脉动的作用。

另外，在输送对泵和阀有腐蚀作用或有毒、有害的特殊液体时，可用蓄能器作为动力源吸入或排出液体，作为液压泵使用。

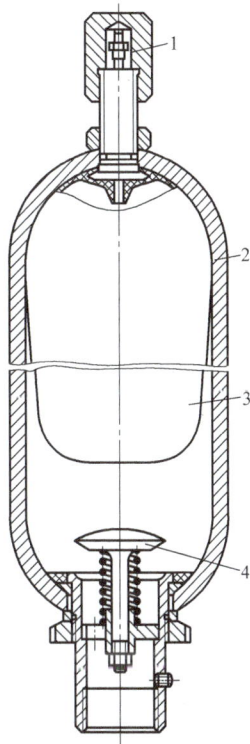

图 5-28 气囊式蓄能器图
1—充气阀 2—气囊 3—壳体 4—提升阀

三、蓄能器的安装及使用

蓄能器在安装和使用时应注意以下问题。

1）蓄能器是压力容器，搬运和装拆时应先将充气阀打开，排出充入的气体，以免因振动或碰撞而发生意外事故。

2）蓄能器应将油口向下竖直安装，且应有牢固的固定装置。

3）液压泵与蓄能器之间应设置单向阀，以防止停泵时，蓄能器的压力油向泵倒流。蓄能器与液压系统连接处应设置截止阀，供充气、调整或维修时使用。

4）用于吸收液压冲击和脉动的蓄能器，应尽可能地装在冲击源或脉动源附近，并便于检修。

5）蓄能器的充气压力应在系统最低工作压力的 90% 和系统最高工作压力的 25% 之间选取。蓄能器的容量，则应根据其用途不同而用不同的方法确定，必要时可参阅液压设计手册通过计算确定。

第六节　油　　箱

油箱的用途是储油、散热、分离油中的空气和沉淀油中的杂质。

一、油箱容量的确定

液压系统中的油箱有总体式和分离式两种。总体式油箱是利用机器设备机身内腔作为油箱（例如注射机、压铸机等），结构紧凑，各处漏油易于回收，但维修、清理不便，散热条件不好。分离式油箱是设置一个单独油箱，与主机分开，散热好，易维护，清理方便，且能减少油箱发热及液压源振动对主机工作精度和性能的影响，因此得到了广泛的应用。特别是在组合机床、自动线和精密机械设备上大多采用分离式油箱。

油箱的容量应能保证在设备的液压系统内充满油液全伸工作时，其液面（最低液面）高于过滤器上端 200mm 以上，以防止泵吸入空气；在设备的液压系统停止运动时，油箱的液面不应超过油箱高度的 80%；而当液压系统中的油液全部返回油箱时，油液不能溢出油箱外。

油箱的有效容积（液面高度占油箱高度的 80% 时油箱的容积），当系统为低压系统时，取液压泵每分钟排出油液体积的 2~4 倍；中高压系统时取为 5~7 倍；若为行走机械，则取为 2 倍。若为高压闭式循环系统，其油箱的有效容积应由所需外循环油或补充油油量的多少而定。对工作负载大，并长期连续工作的液压系统，油箱的容量需按液压系统的发热量，通过计算确定。

二、油箱的结构设计

在设计液压系统时，油箱常需根据需要自行设计。图 5-29 所示为一常见油箱的结构示意图。要求比较高的油箱还设有加热器、冷却器和油温测量装置等。

油箱结构设计要点及注意问题如下。

1）油箱一般为长六面体形箱体，其长、宽、高之比可依主机总体布置决定，可在

1∶1∶1到1∶2∶3之间。中、小型油箱用钢板直接焊成，大型油箱须先用角钢焊成骨架，然后再焊上钢板制成。当容量在100L以内时，其壁厚应为3mm；容量为100～320L时，壁厚为3～4mm，容量大于320L时，壁厚可达4～6mm。油箱底脚的高度一般应在150mm以上，以便散热、搬移和放油，其壁厚应为箱体壁厚的2～3倍。若液压泵及电动机需要安装在油箱顶盖上时，为避免振动，油箱顶盖板的厚度应为侧壁厚度的3倍左右。油箱顶盖板必须用螺钉与箱体内所焊的角钢固定连接。顶盖可以是整体的；也可分几块，分别安装阀板（集成块）、电动机和液压泵等。油箱的适当部位应设有吊耳，以便起吊装运。

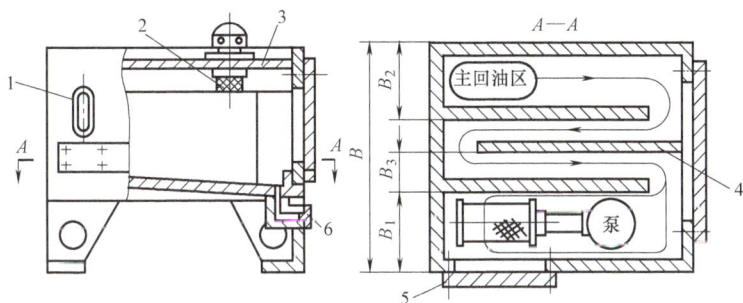

图 5-29　油箱结构示意图

1—油面指示器　2—空气过滤器　3—上盖　4—隔板　5—侧盖　6—放油塞

2）油箱内常设2～3块隔板，将回油区与吸油区分开，这样有利于散热、杂质的沉淀及气泡的逸出。隔板的高度为油面高度的2/3～3/4。

3）油箱顶盖板上应设置通气孔，使液面与大气相通。通气孔处应设置空气过滤器，它既能过滤空气，又可利用其下部的过滤网作加油时的过滤装置。油箱的底面应适当倾斜，并在其最低位置处设置放油阀或放油塞。在箱壁的易见部位应设置表示油面高度的油面指示器。在油箱的侧壁应开设用于安装、清洗、维护的窗口，平时可装密封垫及盖板封死，需要时打开。

4）泵的吸油管口所装过滤器，其底面与油箱底面应保持一定距离，其侧面离箱壁应有3倍管径的距离，以使油液能在过滤器的四周和上面、下面进入过滤器内。回油管口应插入最低油面以下，离箱底距离大于管径的2～3倍，以免飞溅起泡。回油管口应切成45°斜口，以增大出油面积，其斜口应面向箱壁以利于散热，减缓流速和杂质沉淀。阀的泄漏油管应在液面以上（不宜插入油中），以免增加漏油腔的背压。各进、回油管通过顶盖的孔均需装密封圈，以防止油液污染。

5）油箱的内壁也必须进行加工处理。新油箱须经喷丸、酸洗和表面清洗，其内壁可涂一层与工作液相容的塑料薄膜或耐油涂料。

三、冷却器和加热器

油箱中油液的温度一般推荐为30～50℃。最高温度不应超过65℃，最低温度不应低于15℃。对高压系统，为了避免漏油，油温不应超过50℃。为此，有时需要用冷却器或加热器来控制油温。

油箱中常用蛇形管冷却器，它浸入油液中，管内有冷水流过以带走油箱的部分热量。它结构简单，但耗水量大，效果不够理想，正逐渐被冷却效果更好的翅片式多管冷却器取代。

图 5-30 所示为翅片式冷却器的一种典型结构。它采用水管外面通油，油管外面加装横向或纵向散热翅片（厚度为 0.2~0.3mm 的铝片或钢片）的结构，其散热面积可达光管的 8~10 倍，冷却效果可为其他冷却器的数倍，体积和质量相对减少许多，翅片采用铝片，成本低，不易生锈，因此应用日趋广泛。

风冷式冷却器由风扇和许多带散热片的管子组成。油液流过油管时，风扇迫使空气穿过管子和散热片表面，使油液冷却。它的冷却效果不如水冷式冷却器，但使用时不需要水源，比较方便，特别适用于行走机械的液压系统。

油箱中通常采用结构简单的电加热器使油温升高。电加热器（见图 5-31）应水平安装，并使其发热部分全部浸入油中。其安装位置应保证油箱内油液有良好的自然对流。加热器的功率不应选得过高，以免它周围的油温过高。

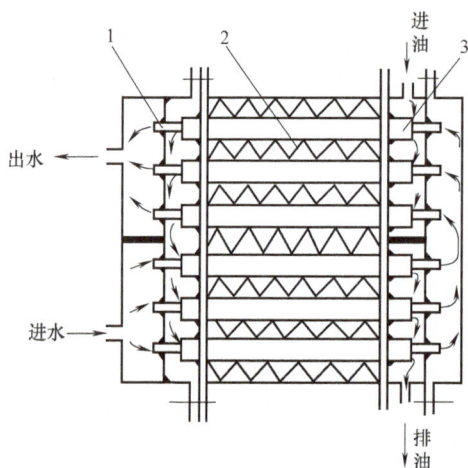

图 5-30 翅片式冷却器

1—水管 2—翅片 3—油管

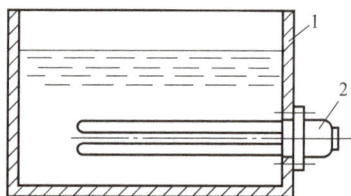

图 5-31 电加热器安装示意图

1—油箱 2—电加热器

思考题和习题

5-1 常用油管有哪几种？它们的适用范围有何不同？

5-2 常用的管接头有哪几种？它们各适用于什么场合？

5-3 常用的过滤器有哪几种？它们各适用于什么场合？过滤器一般安装在什么位置？

5-4 蓄能器有哪些功用？安装和使用蓄能器应注意哪些问题？

5-5 压力表的精度等级是指什么？如何选用压力表？压力表开关有什么功用？

5-6 常用的密封装置有哪几种？它们各适用于什么场合？

5-7 油箱的功用是什么？设计油箱时，应注意哪些问题？

6

第六章　液压控制阀及液压回路

液压控制阀是液压系统中控制油液压力、流量及流动方向的元件。液压回路是能实现某种规定功能的液压元件的组合，是液压系统的组成部分。

本章讲述常见的液压控制阀及液压回路。

第一节　概　　述

一、液压阀的分类

（一）按用途分类

液压阀按其用途不同可分为方向控制阀（如单向阀和换向阀）、压力控制阀（如溢流阀、减压阀、顺序阀等）和流量控制阀（如节流阀和调速阀等）三类。这三类阀还可根据需要互相组合成为组合阀，如单向顺序阀、单向节流阀、电磁溢流阀、单向行程调速阀等，使几阀同体，结构紧凑，使用方便。

（二）按安装连接方式分类

液压阀按其安装连接方式不同，可分为螺纹式（管式）、板式、法兰式、叠加式和插装式。

（1）**螺纹式（管式）连接**　阀的油口为螺纹孔，可用螺纹管接头和油管与其他元件连接，并由此固定在管路上。这种连接方式简单，但刚性差，拆卸不方便，仅用于简单液压系统。

（2）**板式连接**　板式连接的阀各油口均布置在同一安装面上，且为光孔。它用螺钉固定在与阀各油口有对应螺纹孔的连接板上，再通过板上的孔道或与板连接的管接头和管道同其他元件连接。还可把几个阀用螺钉分别固定在一个集成块的不同侧面上，由集成块上加工出的孔道连接各阀组成回路。由于拆卸阀时不必拆卸与阀相连的其他元件，故这种连接方式应用最广泛。

（3）**法兰式连接**　通径大于 32mm 的大流量阀一般采用法兰式连接，这种连接方式连接可靠，强度高。

（4）**叠加式连接**　阀的上下面为连接结合面，各油口分别在这两个面上，且同规格阀的油口连接尺寸相同。每个阀除实现自身功能外，还起油路通道的作用，阀相互叠装组成回路，不需油管连接，这种连接结构紧凑，损失小。

（5）**插装式连接**　这类阀无单独的阀体，只有由阀芯和阀套等组成的单元组件，单元组件插装在插装块体（可通用）的预制孔中，用连接螺纹或盖板固定，并通过块内通道把各插装式阀连通，组成回路。插装块体起到阀体和管路通道的作用。这是一种能灵活组装的新型连接阀。

二、液压阀的性能参数及对阀的基本要求

阀的性能参数是评定和选用液压阀的依据。它反映了阀的规格大小和工作特性。

阀的规格用阀进、出油口的名义通径 D_g 表示，单位为 mm。D_g 相同的阀，其阀口的实际尺寸不一定完全相同。目前仍在使用的某些按旧标准生产的阀，其性能参数主要有额定压力、额定流量、额定压力损失、最小稳定流量等。按新标准生产的阀除了规定性能参数（如最大工作压力、开启压力、压力调整范围、允许背压、最大流量）外，还给出若干条特性曲线，如压力—流量曲线、压力损失—流量曲线等，这就能更确切地表明阀的性能。

液压传动系统对液压阀的基本要求为以下几点：

1）结构简单、紧凑，动作灵敏，使用可靠，调整方便。

2）密封性能好，通油时压力损失小。

3）通用性好，便于安装与维护。

三、液压回路的分类

可以认为，液压系统是由若干个液压回路组成的，每一个液压回路由一些相关的液压元件组成，并能完成液压系统的某一特定的功能（例如调速、调压等）。这样，只要对组成液压系统的各类液压回路的特点、组成方法、所实现的功能及它们与整个系统的关系进行研究，就可掌握液压系统构成的基本规律，从而能方便、迅速地分析液压系统图和设计液压系统。

按实现的功能不同，液压回路可分为以下几类：

1）方向控制回路（如换向回路、锁紧回路等）。

2）压力控制回路（如调压回路、保压回路、减压回路、增压回路、卸荷回路、平衡回路等）。

3）速度控制回路（如调速回路、快速回路、速度转换回路等）。

4）多缸工作控制回路（如顺序动作回路、同步回路、互锁回路、多缸快慢速互不干扰回路等）。

第二节　方向控制阀及方向控制回路

方向控制阀分为单向阀和换向阀两类。

一、单向阀

（一）普通单向阀

普通单向阀控制油液只能按一个方向流动而反向截止，故又称止回阀，也简称单向阀。图 6-1 所示为普通单向阀，按其进口油流和出口油流的方向来分有直通式和直角式两种。直通式可用螺纹连接在管路中；直角式是指进、出油流方向成直角。

单向阀由阀体、阀芯、弹簧等零件组成。当压力油从左油口进入时，油液推力使阀芯向

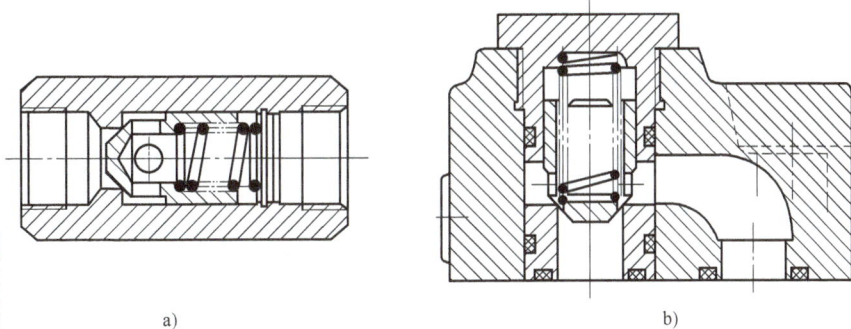

图 6-1　普通单向阀

a）直通式单向阀　b）直角式单向阀

右移动，阀口打开，油液从右油口流出。当压力油从右油口进入时，液压力和弹簧力方向相同，使阀芯压紧在阀座上，阀口关闭，油液无法通过。图 6-1a 所示为管式单向阀（中压），其公称压力为 6.3MPa。图 6-1b 所示为中高压系统用的直角式单向阀（板式连接），其公称压力有 21MPa 和 35MPa 两种，开启压力分别为 0.04MPa 和 0.4MPa。引进的 S 型单向阀的结构原理与上述阀相同，但通径有 14 种规格，开启压力有 5 档；其连接形式，除管式连接、板式连接、法兰式连接外，还有插装式连接；其最大工作压力为 31.5MPa，流量为 18～15000L/min。

对单向阀的主要性能要求是：油液通过时压力损失要小，反向截止时密封性要好。单向阀的弹簧劲度系数很小，仅用于将阀芯顶压在阀座上，故阀的开启压力仅有 0.035～0.1MPa。若将弹簧换为硬弹簧，使其开启压力达到 0.2～0.6MPa，则可将其作为背压阀使用。

（二）液控单向阀

图 6-2a 所示为液控单向阀，它与普通单向阀相比，在结构上增加了控制油腔 a、控制活塞 1 及控制油口 K。当控制油口不通压力油时，其主油道的油只能从 P_1 进，从 P_2 出，反向截止。当控制油口通以一定压力的控制油时，控制活塞 1 右移，使锥阀芯 2 也右移，阀即呈开启状态，此时单向阀可以反方向通过油流，即油可从 P_2 进，从 P_1 出。为了减小控制活塞移动的阻力，将控制活塞制成台阶状并设一外泄油口 L。控制油的压力不应低于油路压力的 30%。

图 6-2c 所示为带卸荷阀芯的液控单向阀（高压）。当 P_2 处油腔压力较高时，顶开锥阀所需要的控制压力可能很高。为了减小控制油口 K 的开启压力，在锥阀内部可增加一个卸荷阀芯 3。在控制活塞 1 顶起锥阀芯 2 之前，先顶起卸荷阀芯 3，使上下腔油液经卸荷阀芯上的缺口沟通，锥阀上腔 P_2 的压力油泄到下腔，压力降低。此时控制活塞便可以较小的力将锥阀芯顶起，使 P_1 和 P_2 两腔完全连通。这样，液控单向阀用较低的控制油压即可控制有较高油压的主油路。液压压力机的液压系统常采用这种有卸荷阀芯的液控单向阀，可使主缸卸压后再反向快速退回。

引进的 SV 型和 SL 型液控单向阀其工作原理也与国产系列阀完全一致，其工作压力可达 31.5MPa，控制压力 0.5～31.5MPa，开启压力有 5 档（0.3～3MPa），也有带卸荷阀芯和不带卸荷阀芯的两种。

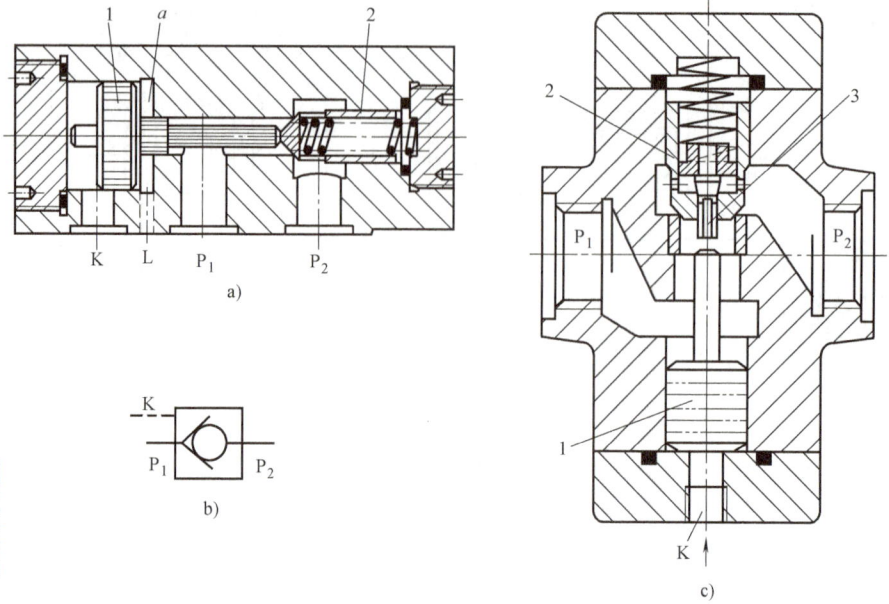

图 6-2 液控单向阀

1—控制活塞 2—锥阀芯 3—卸荷阀芯

　　液控单向阀具有良好的单向密封性，常用于执行元件需要长时间保压、锁紧的情况下，也常用于防止立式液压缸停止运动时因自重而下滑以及速度换接回路中。这种阀也称为液压锁。

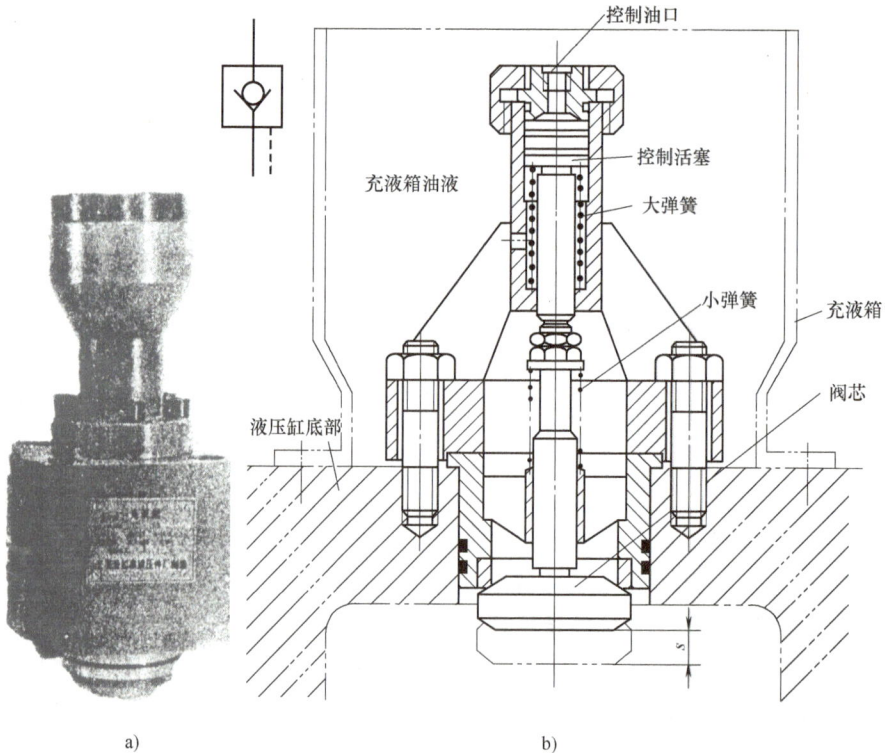

图 6-3 充液阀

a) 充液阀外观　b) 充液阀结构

图 6-3 所示为充液阀，它实质上是流通直径大、压力损失小的液控单向阀，常用于双作用立式大容量液压缸快速行程的液压回路中。例如，在大型液压压力机中，常在其主液压缸顶部设置充液箱和充液阀。当主缸活塞杆压块组件空行程快速下降时，液压缸上腔压力迅速下降，充液箱中的油液在其重力的作用下冲开充液阀的阀芯进入液压缸上腔；当需要使活塞杆压块组件快速向上返回时，向控制油口通入压力油，使控制活塞下移，充液阀阀芯下移，阀口打开，液压缸上腔的油即迅速返回充液箱。这样，减小了液压泵的规格，减少了大量油液在系统内的流动，降低了功率的消耗。

二、换向阀

换向阀的作用是利用阀芯位置的改变，改变阀体上各油口的连通或断开状态，从而控制油路连通、断开或改变方向。

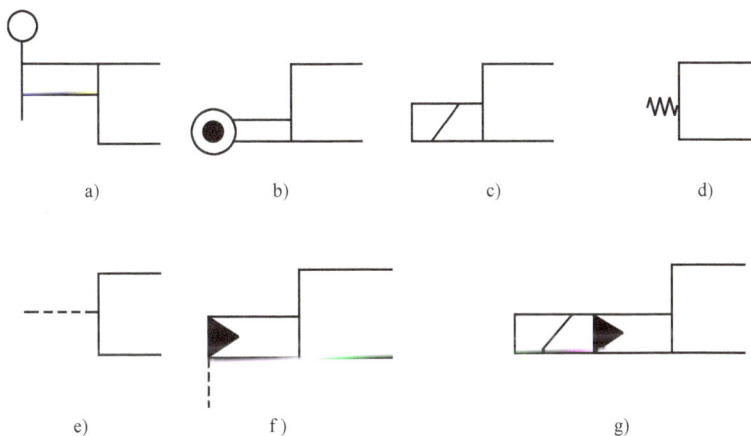

图 6-4　换向阀操纵方式符号

a) 手动　b) 机动　c) 电磁动　d) 弹簧复位　e) 液动　f) 液动外控　g) 电液动

（一）换向阀的分类及图形符号

按阀的操纵方式不同，换向阀可分为手动、机动、电磁动、液动、电液动等，其操纵符号如图 6-4 所示。

按阀芯位置数不同，换向阀可分为二位换向阀、三位换向阀、多位换向阀；按阀体上主油路进、出油口数目不同，又可分为二通换向阀、三通换向阀、四通换向阀、五通换向阀等。换向阀的结构原理及图形符号见表 6-1。

表 6-1　换向阀的结构原理及图形符号

名称	结构原理图	图形符号
二位二通阀		
二位三通阀		

（续）

名称	结构原理图	图形符号
二位四通阀	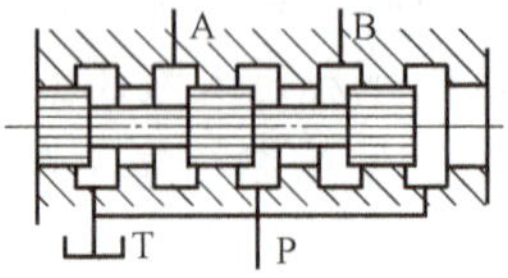	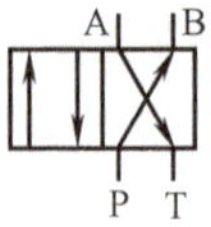
二位五通阀	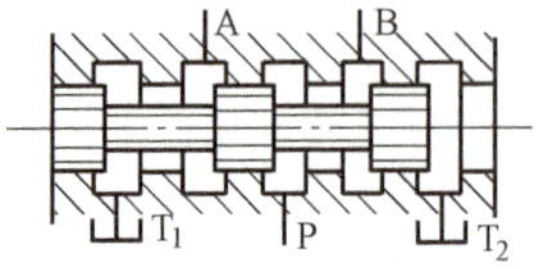	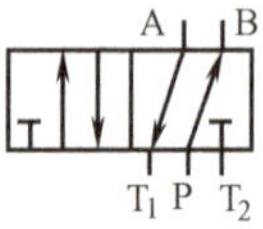
三位四通阀	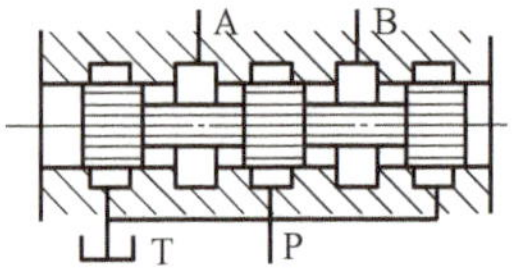	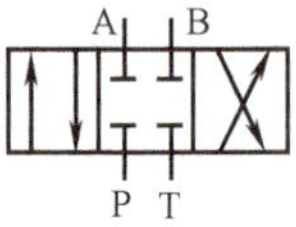
三位五通阀	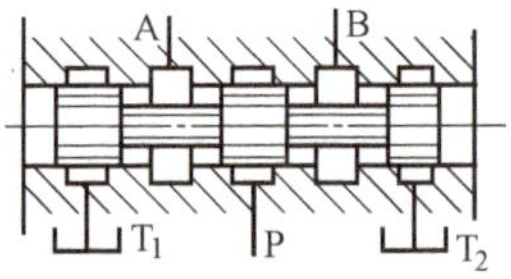	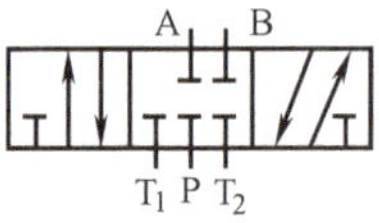

表中图形符号所表达的意义为以下几种。

1）方格数即"位"数，三格即三位。

2）箭头表示两油口连通，但不表示流向。"⊥"表示油口不通流。在一个方格内，箭头或"⊥"符号与方格的交点数为油口的通路数，即"通"数。

3）控制方式和复位弹簧的符号应画在方格的两端。

4）P 表示压力油的进口，T 表示与油箱连通的回油口，A 和 B 表示连接其他工作油路的油口。

5）三位阀的中格及二位阀侧面画有弹簧的方格为常态位。在液压原理图中，换向阀的符号与油路的连接一般应画在常态位上。二位二通阀有常开型（常态位置两油口连通）和常闭型（常态位置两油口不连通），应注意区别。

（二）几种常用的换向阀

1. 机动换向阀

机动换向阀又称行程阀。它利用安装在运动部件上的挡块或凸轮，压阀芯端部的滚轮使阀芯移动，从而使油路换向。这种阀通常为二位阀，并且用弹簧复位。图6-5所示为二位二通机动换向阀。在图示位置，阀芯 2 在弹簧作用下处于左位，P 与 A 不连通；当运动部件上的挡块压住滚轮 1 使阀芯移至右位时，油口 P 与 A 连通。

机动换向阀结构简单，换向时阀口逐渐关闭或打开，故换向平稳、可靠、位置精度高，常用于控制运动部件的行程，或快、慢速度的转换。其缺点是它必须安装在运动部件附近，一般油管较长。

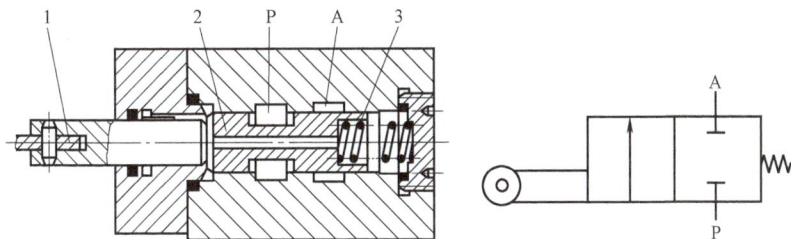

图 6-5　机动换向阀

1—滚轮　2—阀芯　3—弹簧

2. 电磁换向阀

电磁换向阀是利用电磁铁的吸力控制阀芯换位的换向阀。它操作方便，布局灵活，有利于提高设备的自动化程度，因而应用最广泛。

电磁换向阀包括换向滑阀和电磁铁两部分。电磁铁因其所用电源不同而分为交流电磁铁和直流电磁铁。交流电磁铁常用电压为 220V 和 380V，不需要特殊电源，电磁吸力大，换向时间短（0.01～0.03s），但换向冲击大，噪声大，发热量大，换向频率不能太高（约 30 次/min），寿命较低。若阀芯被卡住或电压低，电磁吸力小，衔铁未动作时，其线圈很容易烧坏，因而常用于换向平稳性要求不高、换向频率不高的液压系统。直流电磁铁的工作电压一般为 24V，其换向平稳，工作可靠，噪声小，发热少，寿命高，允许使用的换向频率可达 120 次/min。其缺点是起动力小，换向时间较长（0.05～0.08s），且需要专门的直流电源，成本较高。因而常用于换向性能要求较高的液压系统。近年来出现一种自整流型电磁铁。这种电磁铁上附有整流装置和冲击吸收装置，使衔铁的移动由自整流直流电控制，使用很方便。

电磁铁按衔铁工作腔是否有油液，又可分为"干式"和"湿式"。干式电磁铁不允许油液流入电磁铁内部，因此必须在滑阀和电磁铁之间设置密封装置，而在推杆移动时产生较大的摩擦阻力，也易造成油的泄漏。湿式电磁铁的衔铁和推杆均浸在油液中，运动阻力小，且油还能起到冷却和吸振作用，从而提高了换向可靠性及使用寿命。

图 6-6a 所示为二位三通干式交流电磁换向阀。其左边为一交流电磁铁，右边为滑阀。当电磁铁不通电时（图示位置），其油口 P 与 A 连通；当电磁铁通电时，衔铁 1 右移，通过推杆 2 使阀芯 3 推压弹簧 4 并向右移至端都，其油口 P 与 B 连通，而 P 与 A 断开。

图 6-6c 所示为三位四通直流湿式电磁换向阀。阀的两端各有一个电磁铁和一个对中弹簧。当右端电磁铁通电时，右衔铁 1 通过推杆 2 将阀芯 3 推至左端，阀右位工作，其油口 P 通 A，B 通 T；当左端电磁铁通电时，阀左位工作，其阀芯移至右端，油口 P 通 B，A 通 T。

图 6-7 所示为 WE 型电磁换向阀的结构原理图。该阀有 4 种电磁铁（湿式直流、湿式交流、干式直流、干式交流）供用户选择。此阀设有故障检查按钮，推动该按钮可使滑阀阀芯移动。

图 6-8 所示为 SE 型二位三通球式电磁换向阀。该种阀是以钢球作为阀芯的一种座阀式电磁换向阀。当该阀的电磁铁 8 断电时（常态），P 口的压力油除作用在球阀 5 的右边外，还通过通道 a 进入推杆 3 的空腔，作用在球阀 5 的左边，使球两边所受液压力平衡，仅受弹簧 7 的压力被压向左阀座 4，使油口 P 和 A 连通，A 和 T 断开。当电磁铁通电时，通过杠杆

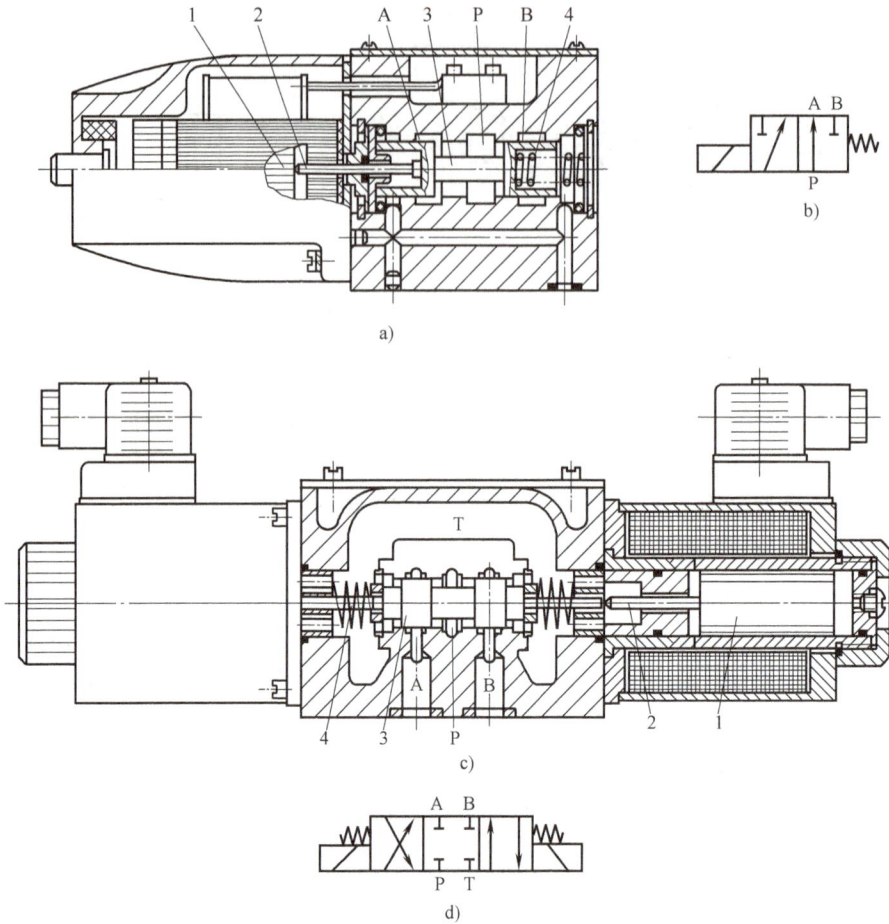

图 6-6 电磁换向阀

a)、b) 二位三通电磁换向阀 c)、d) 三位四通电磁换向阀

1—衔铁 2—推杆 3—阀芯 4—弹簧

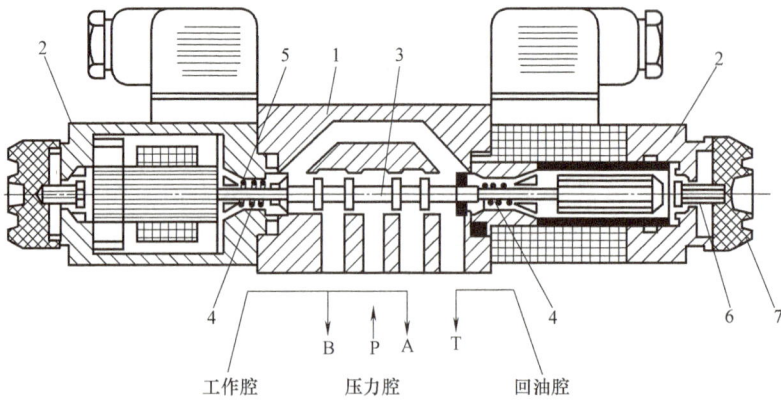

图 6-7 WE 型电磁换向阀结构原理图

1—阀体 2—电磁铁（左为交流电磁铁，右为直流电磁铁） 3—滑阀
4—复位弹簧 5—推杆 6—故障检查按钮 7—橡胶保护罩

1 和推杆 3 给球阀 5 一个向右的力，将球阀 5 推向右阀座 6，使油口 P 和 A 断开，A 和 T 连通，实现了油路换向。

球式电磁换向阀比电磁滑阀密封性能好，反应速度快，使用压力高（工作压力可达 31.5MPa，甚至 63MPa）。该种阀的换向时间仅为 0.03～0.05s，复位时间仅为 0.02～0.03s，允许的换向频率可达 250 次/min 以上。这种阀切断油路，是靠钢球压紧在阀座上实现的，因而可实现无泄漏，可用于要求保压的系统中。电磁球阀在小流量系统中可直接用于控制主油路，在大流量系统中，可作为先导控制元件使用。

3. 液动换向阀

电磁换向阀布置灵活，易实现程序控制，但受电磁铁尺寸限制，难以用于切换大流量油路。当阀的通径大于 10mm 时，常用压力油操纵阀芯换位。这种利用控制油路的压力油推动阀芯改变位置的阀，即为液动换向阀。

图 6-9 所示为三位四通液动换向阀。当其

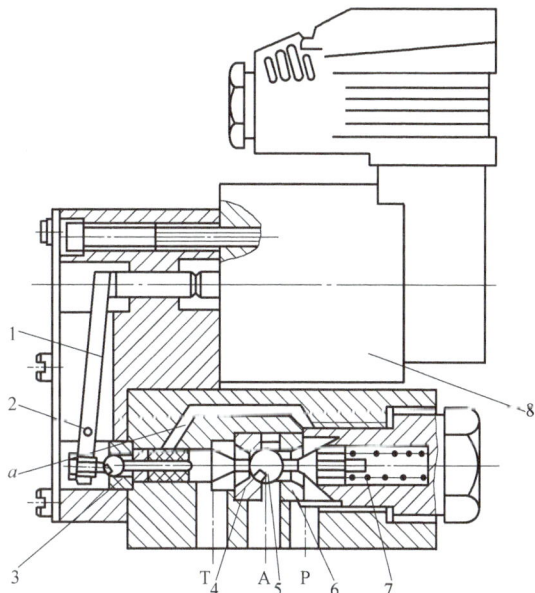

图 6-8　SE 型二位三通球式电磁换向阀（常开型）
1—杠杆　2—支点　3—推杆　4—左阀座
5—球阀　6—右阀座　7—弹簧　8—电磁铁

两端控制油口 K_1 和 K_2 均不通入压力油时，阀芯在两端弹簧的作用下处于中位；当 K_1 进压力油，K_2 接油箱时，阀芯移至右端，其通油状态为 P 通 A，B 通 T；反之，当 K_2 进压力油，K_1 接油箱时，阀芯移至左端，其通油状态为 P 通 B，A 通 T。

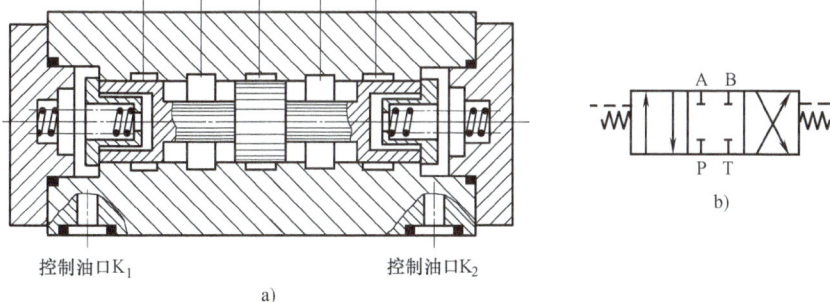

图 6-9　液动换向阀

液动换向阀经常与机动换向阀或电磁换向阀组合成机液换向阀或电液换向阀，实现自动换向或大流量主油路换向。

4. 电液换向阀

电液换向阀是由电磁换向阀和液动换向阀组成的复合阀。电磁换向阀为先导阀，它用以改变控制油路的方向；液动换向阀为主阀，它用以改变主油路的方向。这种阀的优点是可用反应灵敏的小规格电磁阀方便地控制大流量的液动阀换向。

图 6-10a、b、c 所示为三位四通电液换向阀的结构简图、图形符号和简化符号。当电磁换向阀的两电磁铁均不通电时（图示位置），电磁阀芯在两端弹簧力作用下处于中位。这时

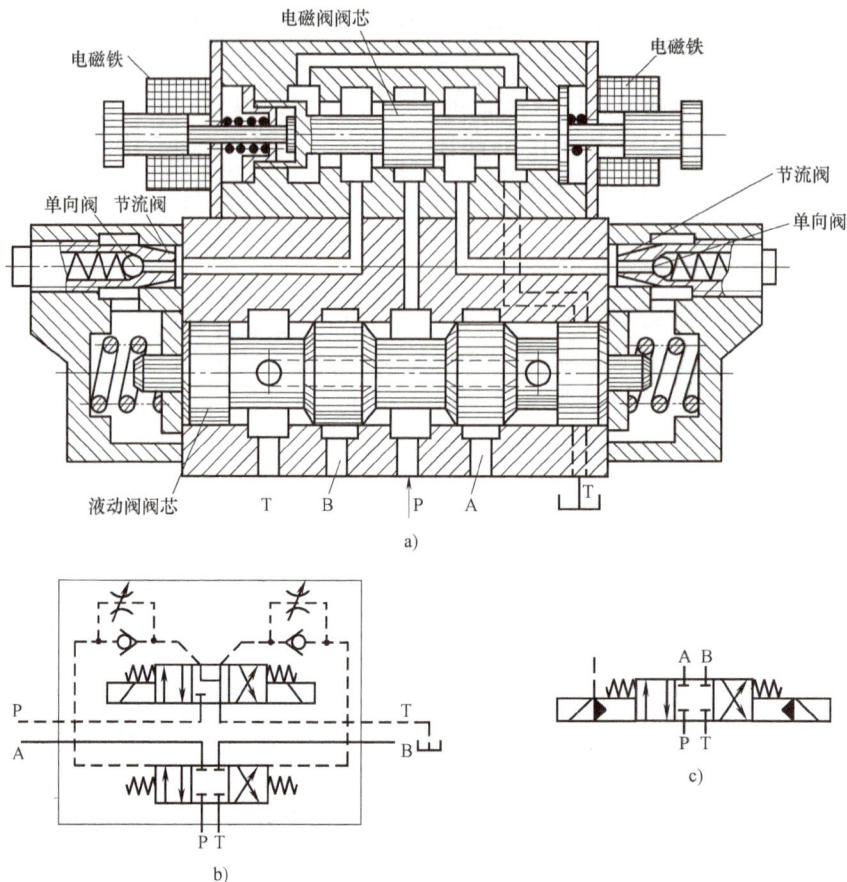

图 6-10 电液换向阀

液动换向阀芯两端的油经两个小节流阀及电磁换向阀的通路与油箱（T）连通，因而它也在两端弹簧的作用下处于中位，主油路中，A、B、P、T油口均不相通。当左端电磁铁通电时，电磁阀芯移至右端，由P口进入压力油经电磁阀油路及左端单向阀进入液动换向阀的左端油腔，而液动换向阀右端的油则可经右节流阀及电磁阀上的通道与油箱连通，液动换向阀芯即在左端液压推力的作用下移至右端，即液动换向阀左位工作。其主油路的通油状态为P通A，B通T；反之，当右端电磁铁通电时，电磁阀芯移至左端，液动换向阀右端进压力油，左端经左节流阀通油箱，阀芯移至左端，即液动换向阀右位工作。其通油状态为P通B，A通T。液动换向阀的换向时间可由两端节流阀调整，因而可使换向平稳，无冲击。

若在液动换向阀的两端盖处加调节螺钉，则可调节液动换向阀芯移动的行程和各主阀口的开度，从而改变通过主阀的流量，对执行元件起粗略的调速作用。

图 6-11 所示为 WEH 型弹簧对中式三位四通电液换向阀的结构原理图。其主要结构及工作原理与图 6-10 所示的三位四通电液换向阀基本相同。其特点是：该阀有许多不同的性能和附加装置可供选择。例如，先导控制的电磁阀有湿式交流或湿式直流之分；有带或不带故障检查按钮之分；其电气连接形式有单独式和集中式之分；其主阀有弹簧对中和弹簧复位或液压对中和液压复位之分；有带或不带主阀行程限制器或主阀芯终端位置指示器之分；有带或不带主阀终端位置开关之分；有在主阀P腔内装与不装预压阀之分；有安装与不安装插入式阻尼器之分；在工作压力超过25MPa 时可安装减压阀等。这种电液换向阀共有 19 种标准型机能。

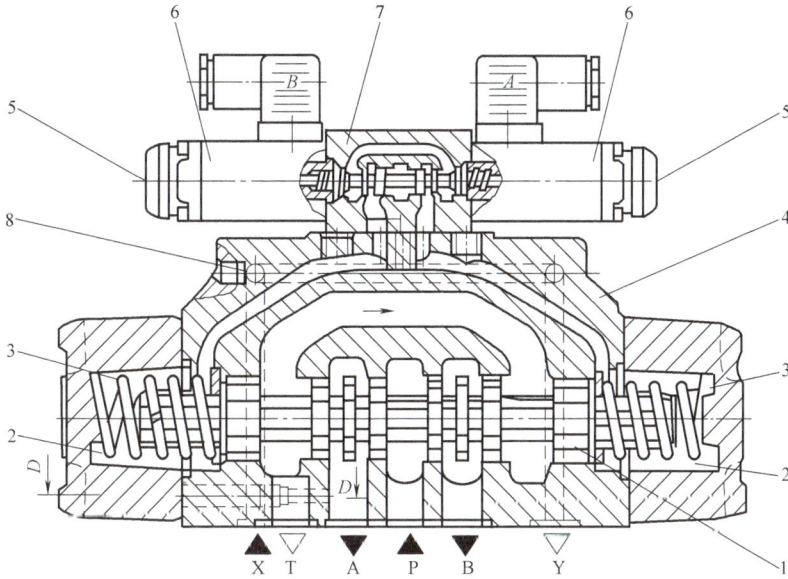

图 6-11　WEH 型电液换向阀结构原理图

1—主阀芯　2—弹簧腔　3—复位弹簧　4—主阀体　5—故障检查按钮　6—电磁铁
7—先导阀　8—控制油进油道　X—控制油供口　Y—控制油卸口

5. 手动换向阀

手动换向阀是用手动杠杆操纵阀芯换位的换向阀。它有自动复位式（见图 6-12a、c）和钢球定位式（见图 6-12b、d）两种。自动复位式可用手操作使其左位或右位工作，但当操纵力取消后，阀芯便在弹簧力作用下自动恢复中位，停止工作。因而适用于动作频繁，工作持续时间短，必须由人操作的场合。例如工程机械的液压系统。钢球定位式手动换向阀，

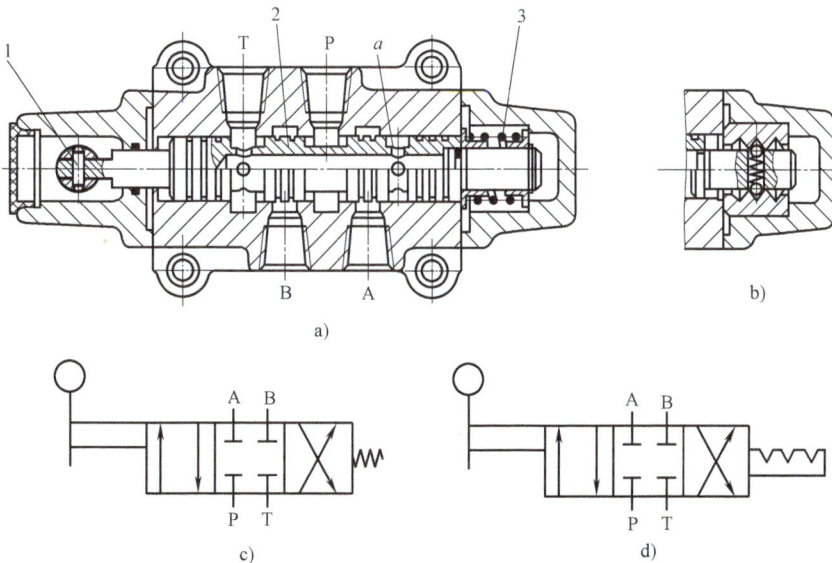

图 6-12　手动换向阀

a）、c）自动复位式　b）、d）钢球定位式
1—手柄　2—阀芯　3—弹簧

手动换向阀

其阀芯端部的钢球定位装置可使阀芯分别停止在左、中、右三个不同的位置上，使执行机构工作或停止工作，因而可用于工作持续时间较长的场合。

图6-13所示为旋钮控制式手动换向阀。旋转手柄，通过螺杆来推动阀芯移动，从而切换油路通流状态，以达到换向的目的。这种结构具有体积小，调节方便等优点。在这种阀的手柄上带有保险锁装置，不用钥匙开锁，阀芯则不可调节，因此，保证了使用时的安全性。

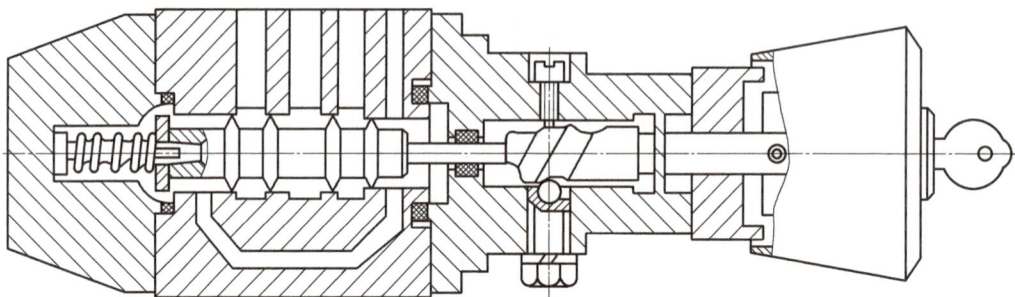

图6-13 旋钮控制式手动换向阀

6. 转阀

转阀是用手动或机动使阀芯转位而改变油流方向的换向阀。图6-14所示为三位四通转阀。进油P与阀芯上左环形槽 c 及向左开口的轴向槽 b 相通，回油口T与阀芯上右环形槽 a 及向右开口的轴向槽 e、d 相通。在图示位置时，P经 c、b 与A相通；B经 e、a 与T相通；当手柄带阀芯逆时针方向转90°时，其油路即变为P经 c、b 与B相通，A经 d、a 与T相通；当手柄位于上两个位置的中间时，P、A、B、T各油口均不相通。手柄座上有叉形拨杆3、4，当挡块拨动拨杆时，可使阀芯转动，实现机动换向。

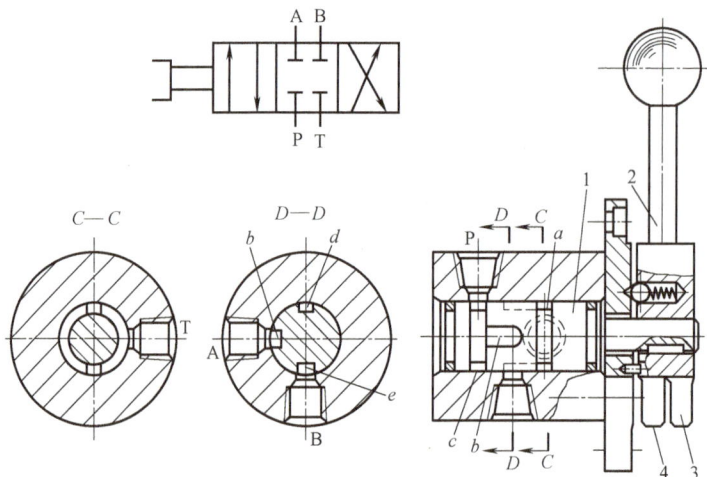

图6-14 三位四通转阀
1—阀芯 2—手柄 3、4—叉形拨杆

转阀阀芯上的径向液压力不平衡，转动比较费力，而且密封性较差，一般只用于低压小流量系统，或用作先导阀。

7. 多路换向阀

多路换向阀是一种集中布置的组合式手动换向阀，常用于工程机械等要求集中操纵多个执行元件的设备中。按组合方式不同，它有并联式、串联式和顺序单动式三种，其图形符号如图6-15a、b、c所示。在并联式多路换向阀的油路中，泵可同时向各执行元件供油（这时负载小的执行元件先动作；若负载相同，则执行元件的流量之和等于泵的流量），也可只对其中一个或两个执行元件供油。串联式多路换向阀的油路中，泵只能依次向各执行元件供油。其第一阀的回油口与第二阀的进油口连通，各执行元件可以单独动作，也可以同时动作。在各执行元件同时动作的情况下，多个负载压力之和不应超过泵的工作压力，但每个执行元件都可以获得较高的运动速度。顺序单动式多路换向阀的油路中，泵只能顺序向各执行元件分别供油。操作前一个阀时就切断了后面阀的油路，从而可避免各执行元件动作间的干扰，并防止其误动作。

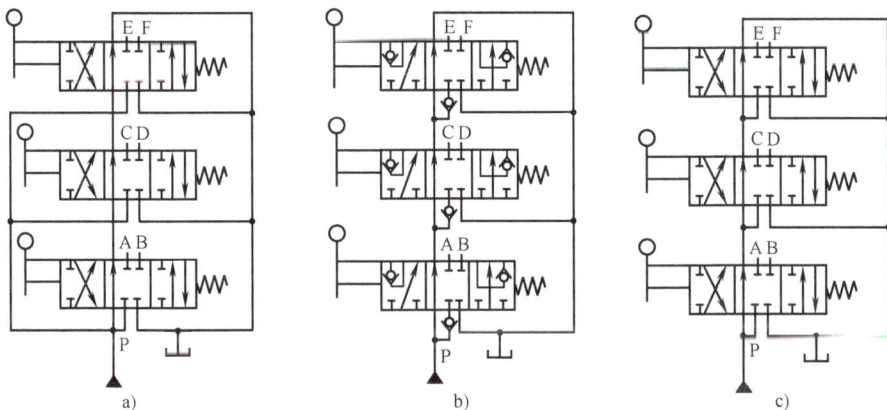

图6-15　多路换向阀

a）并联式　b）串联式　c）顺序单动式

（三）三位换向阀的中位机能

三位换向阀中位时各油口的连通方式称为它的中位机能。中位机能不同的同规格阀，其阀体通用，但阀芯台肩的结构尺寸不同，内部通油情况不同。

表6-2中列出了三位换向阀五种常用中位机能的结构简图及其中位符号。结构简图中为四通阀，若将阀体两端的沉割槽由 T_1 和 T_2 两个回油口分别回油，四通阀即成为五通阀。此外，三位换向阀还有J、C、K等多种形式的中位机能，必要时可由相关液压设计手册中查找。

表6-2　三位换向阀的中位机能

机能形式	结构简图	中间位置的符号		作用、机能特性
		三位四通	三位五通	
O				换向精度高,但有冲击,缸被锁紧,泵不卸荷,并联缸可运动

（续）

机能形式	结构简图	中间位置的符号		作用、机能特性
		三位四通	三位五通	
H		A B P T	A B T₁ P T₂	换向平稳，但冲击量大，缸浮动，泵卸荷，其他缸不能并联使用
Y		A B P T	A B T₁ P T₂	换向较平稳，冲击量较大，缸浮动，泵不卸荷，并联缸可运动
P		A B P T	A B T₁ P T₂	换向最平稳，冲击量较小，缸浮动，泵不卸荷，并联缸可运动
M		A B P T	A B T₁ P T₂	换向精度高，但有冲击，缸被锁紧，泵卸荷，其他缸不能并联使用

三位阀中位机能不同，中位时对系统的控制性能也不相同。在分析和选择时，通常要考虑执行元件的换向精度和平稳性要求；是否需要保压或卸荷；是否需要"浮动"或可在任意位置停止等。

(1) 换向精度及换向平稳性 中位时通液压缸两腔的 A、B 油口均堵塞（如 O 型、M型），换向位置精度高，但换向不平稳，有冲击。中位时 A、B、T 油口连通（如 H 型、Y型），换向平稳，无冲击，但换向时前冲量大，换向位置精度不高。

(2) 系统的保压与卸荷 中位时 P 油口堵塞（如 O 型、Y 型、P 型），系统保压，液压泵能向多缸系统的其他执行元件供油。中位时 P、T 油口连通（如 H 型、M 型），系统卸荷，可节省能量消耗，但不能与其他缸并联用。

(3) "浮动"或在任意位置锁住 中位时 A、B 油口连通（如 H 型、Y 型），则卧式液压缸呈"浮动"状态，这时可利用其他机构（如齿轮—齿条机构）移动工作台，调整位置。若中位时 A、B 油口均堵塞（如 O 型、M 型），液压缸可在任意位置停止并被锁住，而不能"浮动"。

三、换向回路和锁紧回路

各种类型的换向阀可组成换向回路，这些回路遍及后面的液压回路和液压系统中，在此不一一列举。

锁紧回路是使液压缸能在任意位置上停止，且停止后不会在外力作用下移动位置的油路。锁紧回路有以下几种。

采用 O 型或 M 型机能的三位换向阀实现锁紧的回路。在这种回路中的换向阀处于中位时，液压缸的进出油口均被封闭，故可将活塞锁住。但这种回路中滑阀泄漏的影响不可避免，因此停止时间稍长，即可能产生松动而使活塞产生少量偏移，故锁紧效果差。

图 6-16 所示为采用液控单向阀的锁紧回路。换向阀左位时，压力油经左液控单向阀进入缸左腔，同时，将右液控单向阀打开，使缸右腔油能经右液控单向阀及换向阀流回油箱；反之，当换向阀右位时，压力油进入缸右腔并将左液控单向阀打开，使缸左腔回油。而当换向阀处于中位或液压泵停止供油时，两个液控单向阀立即关闭，活塞停止运动。由于液控单向阀的密封性能很好，从而能使活塞

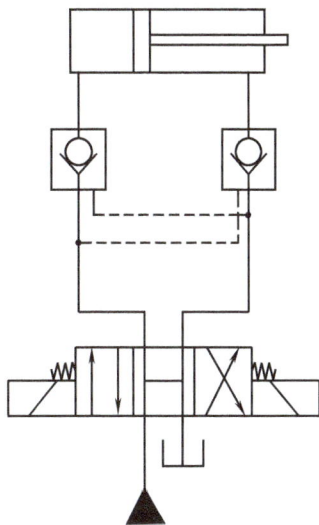

图 6-16　锁紧回路

长时间被锁紧在停止时的位置。该回路采用 H 型或 Y 型机能的三位换向阀时，液控单向阀的进油口和控制油口均与油箱连通，锁紧效果好。这种锁紧回路主要用于汽车起重机的支腿油路和矿山机械中液压支架的油路中。

第三节　压力控制阀及压力控制回路

在液压系统中，控制液体压力的阀（溢流阀、减压阀等）和控制执行元件或电器元件等在某一调定压力下产生动作的阀（顺序阀、压力继电器等），统称为压力控制阀。这类阀的共同特点是，利用作用于阀芯上的液体压力和弹簧力相平衡的原理来进行工作。

压力控制回路是利用压力阀对系统整体或系统中的某一部分油路的压力进行控制的回路，它包括调压、减压、增压、卸荷、平衡等回路。

一、溢流阀及调压回路

（一）溢流阀的结构及工作原理

常用的溢流阀有直动式溢流阀和先导式溢流阀两种。

1. 直动式溢流阀

直动式溢流阀是依靠系统中的压力油直接作用在阀芯上与弹簧力相平衡，以控制阀芯启闭动作的溢流阀。图 6-17a 所示为一低压直动式溢流阀。由进油口 P 进入的压力油经阀芯 3 上的阻尼孔 a 通入阀芯底部，当进油压力较小时，阀芯在弹簧 2 的作用下处于下端位置，将进油口 P 和与油箱连通的出油口 T 隔开，即不溢流。当进油压力升高，阀芯所受的油压推力超过弹簧的压紧力 F_s 时，阀芯抬起，将油口 P 和 T 连通，使多余的油液流回油箱，即溢流。阻尼孔 a 的作用是减小油压的脉动，提高阀工作的平稳性。弹簧的压紧力可通过调整螺母 1 调整。

当通过溢流阀的流量发生变化时，阀口的开度也随之改变，但弹簧压紧力 F_s 调定以后，作用于阀芯上的液压力 $p = F_s/A$（A 为阀芯的有效作用面积）。因而，当不考虑阀芯自重、摩

擦力和液动力的影响时，可以认为溢流阀进口处的压力 p 基本保持为定值。故调整弹簧的压紧力 F_s，也就调整了溢流阀的工作压力 p。

若用直动式溢流阀控制较高压力或较大流量时，需用刚度较大的硬弹簧，结构尺寸也将较大，调节困难，油的压力和流量的波动也较大。因此，直动式溢流阀一般只用于低压小流量系统，或作为先导阀使用。图6-17b 所示的锥阀芯直动式溢流阀即常作为先导式溢流阀的先导阀使用。

图 6-18 所示为 DBD 型直动式溢流阀（由德国力士乐公司引进）。该阀进油口的压力油进入后作用于阻尼活塞底部，形成了一个与弹簧力相抗衡的液压力。当此液压力小于调压弹簧的弹簧力时，锥阀（球阀）关闭，此阀不起调压作用。当液压力大于弹簧力时，锥阀（球阀）开启，多余的油液流回油箱，使进油口的压力稳定在调定值上。

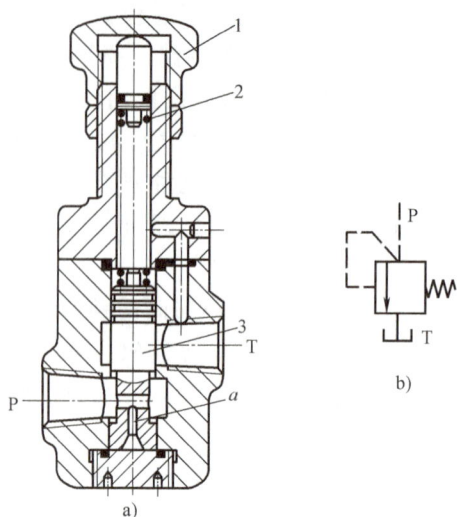

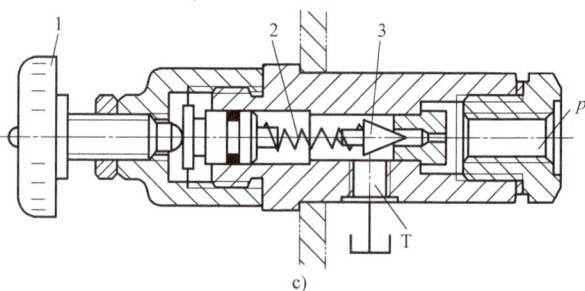

图 6-17 直动式溢流阀
1—调整螺母 2—弹簧 3—阀芯

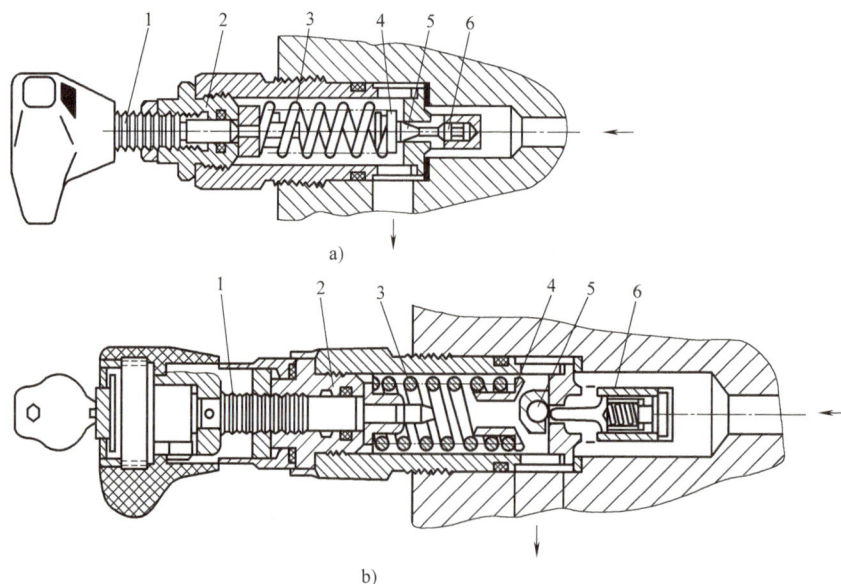

图 6-18 DBD 型直动式溢流阀
a）至 40MPa 阀的结构 b）至 63MPa 阀的结构
1—调节螺杆 2—阀体 3—调压弹簧 4—偏流盘 5—锥（球）阀 6—阻尼活塞

DBD 型直动式溢流阀有板式、管式和插入式三种连接方式；有手柄调节、带锁的手柄调节和带保护罩的调节螺钉调节三种压力调节方式；有 2.5MPa、5MPa、10MPa、20MPa、31.5MPa、40MPa、63MPa 七个压力级别。

图 6-18a 所示为用手柄调压的 DBD 型直动锥阀式溢流阀（插装连接）。其锥阀尾部带有一个阻尼活塞 6，在锥阀启闭时起阻尼作用，以提高阀的稳定性，并作为阀的导向杆，保证阀开启时不会倾斜，以提高阀的静特性。锥阀另一端还制有偏流盘，盘上有一环形槽，用以改变锥阀出口的液流方向，产生一个与弹簧力方向相反的射流力。当溢流量增加时，锥阀开口增大引起弹簧力增加，但由于此射流力也同时增加，抵消了弹簧力的增加，故可使阀的进口压力不受流量变化的影响，使阀的启闭特性更好，有利于提高阀的额定流量。偏流盘的另一个作用是可以支承大直径的弹簧，为设计、安装提供了方便。

图 6-18b 所示为用带锁的手柄调压的 DBD 型直动球阀式溢流阀（插装连接）。它用钢球代替了锥阀阀芯。钢球在阻尼活塞和阻尼弹簧的作用下，运动平稳。这种溢流阀有较高的工作压力和良好的静、动态特性，可用于高压和流量变化很大的场合。带锁的调节手柄，保证了操作的安全性。

2. 先导式溢流阀

先导式溢流阀由先导阀和主阀两部分组成。图 6-19a、b 所示分别为高压、中压先导式

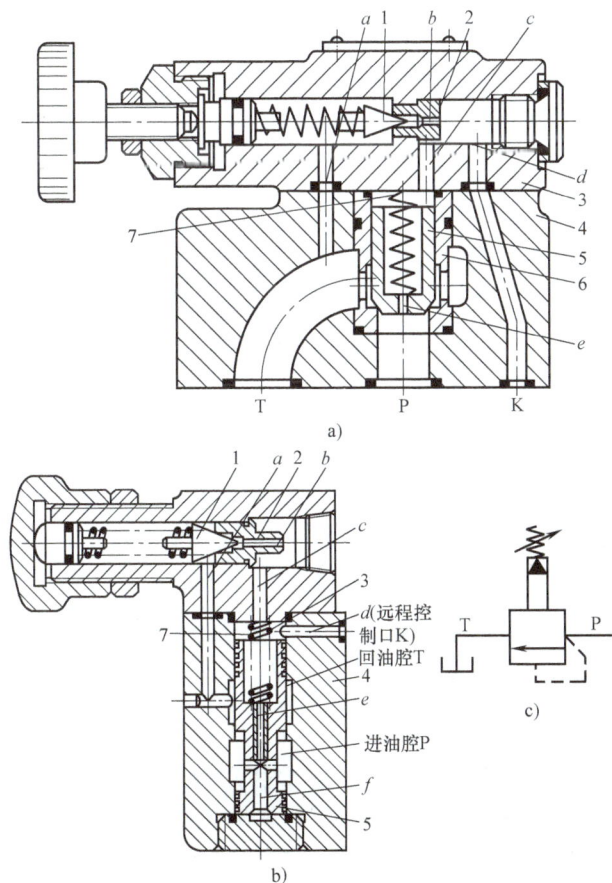

图 6-19 先导式溢流阀

1—先导阀芯 2—先导阀座 3—先导阀体 4—主阀体 5—主阀芯 6—主阀套 7—主阀弹簧

溢流阀的结构简图。其先导阀是一个小规格锥阀芯直动式溢流阀，其主阀的阀芯 5 上开有阻尼小孔 e。在它们的阀体上还加工了孔道 a、b、c、d。

油液从进油口 P 进入，经阻尼孔 e 及孔道 c 到达先导阀的进油腔（在一般情况下，远程控制口 K 是堵塞的）。当进油口压力低于先导阀弹簧调定压力时，先导阀关闭，阀内无油液流动，主阀芯上、下腔油压相等，因而它被主阀弹簧抵在主阀下端，主阀关闭，阀不溢流。当进油口 P 的压力升高时，先导阀进油腔油压也升高，直至达到先导阀弹簧的调定压力时，先导阀被打开，主阀芯上腔油液经先导阀口及阀体上的孔道 a，由回油口 T 流回油箱。主阀芯下腔油液则经阻尼小孔 e 流动，由于小孔阻尼大，使主阀芯两端产生压差，主阀芯便在此压差作用下克服其弹簧力上抬，使主阀进、回油口连通，达到溢流和稳压的目的。调节先导阀的调节螺钉，便可调整溢流阀的工作压力。更换先导阀的弹簧（劲度系数不同的弹簧），便可得到不同的调压范围。

这种结构的阀，其主阀芯是利用压差作用开启的，主阀芯弹簧力很小，因而即使压力较高，流量较大，其结构尺寸仍较紧凑、小巧，且压力和流量的波动也比直动式溢流阀小，但其灵敏度不如直动式溢流阀高。

图 6-20 所示为引自德国力士乐公司的 DB 型先导式溢流阀结构原理图。该阀设有三个阻尼器，控制油路进口压力油通过阻尼器 2 和防振套 14 右端的阻尼孔作用在先导锥阀 6 上，而阀盖内的阻尼器 3 用以缓冲主阀芯 1 的运动，因而该阀工作的平稳性大为提高。该阀阀体上设有控制油外供口和外排口，根据控制油供油和排出方式的不同，可以组合为内供内排（基本型）、外供内排、内供外排和外供外排四种结构，从而适用于各种不同要求的系统。

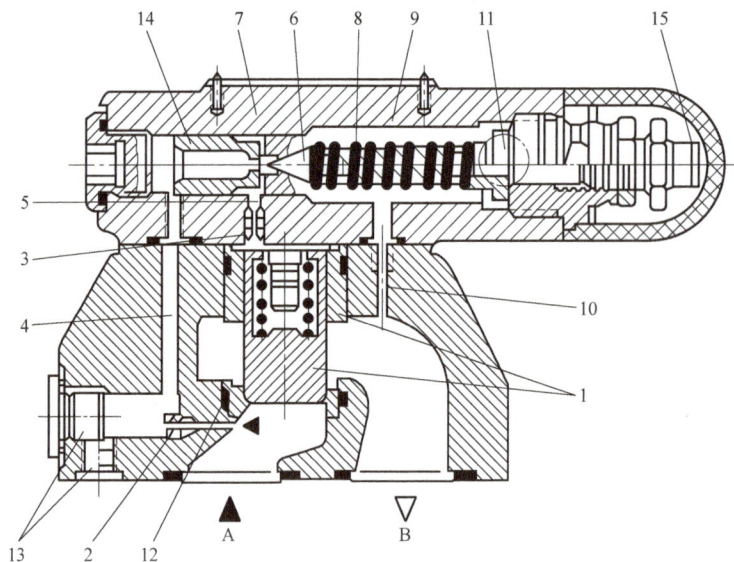

图 6-20　DB 型先导式溢流阀结构原理图

1—主阀芯　2、3—阻尼器　4、5—控制油道　6—锥阀　7—阀盖　8—调压弹簧　9—弹簧腔
10、11—控制油回油道　12—控制通油道　13—外供油口　14—防振套　15—调节螺栓

引自美国丹尼逊公司的先导式溢流阀也属于此类溢流阀。它的特点是在先导锥阀芯前增加了导向柱塞、导向套和消振垫，使先导锥阀芯开启和关闭时既不歪斜，又不偏摆振动，明

显提高了阀工作的平稳性。

（二）溢流阀的静态特性

溢流阀是液压系统中极为重要的控制元件，其工作性能的优劣对液压系统的工作性能影响很大。所谓溢流阀的静态特性，是指溢流阀在稳定工作状态下（即系统压力没有突变时）的压力—流量特性、启闭特性、卸荷压力及压力稳定性等。

1. 压力—流量特性（p—q 特性）

压力—流量特性又称溢流特性，它表示溢流阀在某一调定压力下工作时，其溢流量的变化与阀进口实际压力之间的关系。图 6-21a 所示为直动式溢流阀和先导式溢流阀的压力—流量特性曲线。图中，横坐标为溢流量 q，纵坐标为阀进油口压力 p。溢流量为额定值 q_n 时所对应的压力 p_n 称为溢流阀的调定压力。溢流阀刚开启时（溢流量为额定溢流量的 1% 时），阀进口的压力 p_0 称为开启压力。调定压力 p_n 与开启压力 p_0 的差值称为调压偏差，即溢流量变化时溢流阀工作压力的变化范围。调压偏差越小，其性能越好。由图可见，先导式溢流阀的特性曲线比较平缓，调压偏差也小，故其性能比直动式溢流阀好。因此，先导式溢流阀宜用于系统溢流稳压，直动式溢流阀因其灵敏性高，宜用于系统安全保护。

2. 启闭特性

溢流阀的启闭特性是指溢流阀从刚开启到通过额定流量（也称为全流量），再由额定流量到闭合（溢流量减小为额定值的 1% 以下）整个过程中的压力—流量特性。

溢流阀闭合时的压力 p_K 称为闭合压力。闭合压力 p_K 与调定压力 p_n 之比称为闭合比。开启压力 p_0 与调定压力 p_n 之比称为开启比。由于阀开启时阀芯所受的摩擦力与进油压力方向相反，而闭合时阀芯所受的摩擦力与进油压力方向相同，因此在相同的溢流量下，开启压力大于闭合压力。图 6-21b 所示为溢流阀的启闭特性。图中，横坐标为溢流阀进油口的控制压力，纵坐标为溢流阀的溢流量，实线为开启曲线，虚线为闭合曲线。由图可见这两条曲线不重合。在某溢流量下，两曲线压力坐标的差值称为不灵敏区。因压力在此范围内变化时，阀的开度无变化，它的存在相当于加大了调压偏差，且加剧了压力波动。因此该差值越小，阀的启闭特性越好。由图中的两组曲线可知，先导式溢流阀的不灵敏区比直动式溢流阀不灵敏区小一些。

为保证溢流阀有良好的静态特性，一般规定其开启比不应小于 90%，闭合比不应小于 85%。

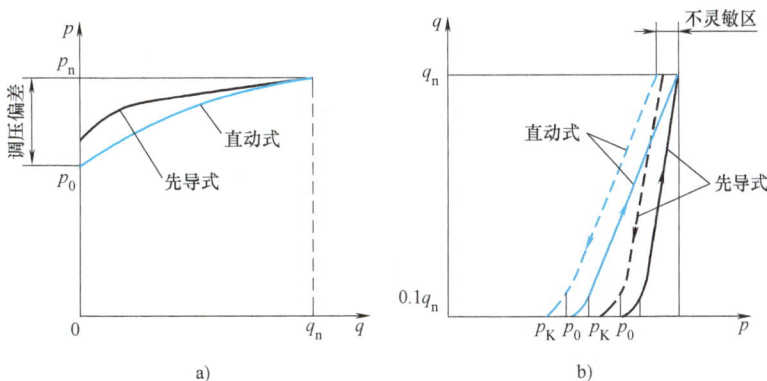

图 6-21　溢流阀的静态特性

a）压力—流量特性　b）启闭特性

3. 压力稳定性

溢流阀工作压力的稳定性由两个指标来衡量：一是在额定流量 q_n 和额定压力 p_n 下，其进口压力在一定时间（一般为 3min）内的偏移值；二是在整个调压范围内，通过额定流量 q_n 时进口压力的振摆值。对中压溢流阀这两项指标均不应超出 ±0.2MPa。如果溢流阀的压力稳定性不好，就会出现剧烈的振动和噪声。

4. 卸荷压力

将溢流阀的外控口 K 与油箱连通时，其主阀阀口开度最大，液压泵卸荷。这时溢流阀进出油口的压差，称为卸荷压力。卸荷压力越小，油液通过阀口时的能量损失就越小，发热也越少，说明阀的性能越好。

（三）溢流阀的应用及调压回路

溢流阀在液压系统中能分别起到调压溢流、安全保护、使泵卸荷、远程调压及使液压缸回油腔形成背压等多种作用。

1. 调压溢流

系统采用定量泵供油时，常在其进油路或回油路上设置节流阀或调速阀，使泵油的一部分进入液压缸工作，而多余的油须经溢流阀流回油箱，溢流阀处于其调定压力下的常开状态。调节弹簧的压紧力，也就调节了系统的工作压力。因此在这种情况下，溢流阀的作用即为调压溢流，如图 6-22a 所示。

2. 安全保护

系统采用变量泵供油时，系统内没有多余的油需溢流，其工作压力由负载决定。这时与泵并联的溢流阀只有在过载时才需打开，以保障系统的安全。因此，这种系统中的溢流阀又称作安全阀，它是常闭的，如图 6-22b 所示。

3. 使泵卸荷

采用先导式溢流阀调压的定量泵系统，当阀的远程控制口 K 与油箱连通时，其主阀芯在进口压力很低时即可迅速抬起，使泵卸荷，以减少能量损耗。如图 6-22c 所示，当电磁铁通电时，溢流阀远程控制口连通油箱，因而能使泵卸荷。

4. 远程调压

当先导式溢流阀的远程控制口与调定压力较低的溢流阀（或远程调压阀）连通时，其主阀芯

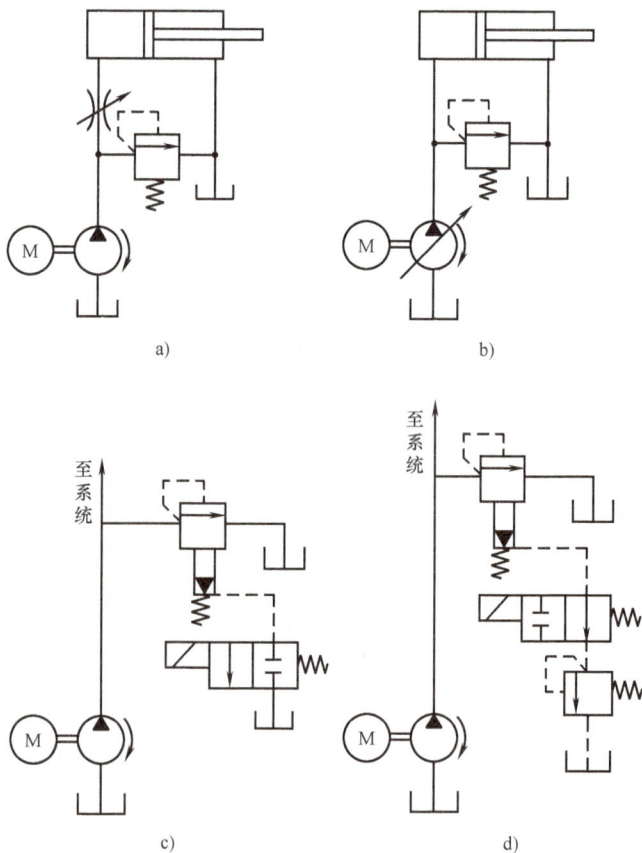

图 6-22 溢流阀的应用

a）调压溢流 b）安全保护 c）使泵卸荷 d）远程调压

上腔的油压只要达到低压阀的调定压力，主阀芯即可抬起溢流（其先导阀不再起调压作用），即实现远程调压。如图6-22d所示，当电磁阀不通电右位工作时，先导式溢流阀的远程控制口与低压调压阀连通，实现远程调压。

图6-23所示为远程调压阀。它的控制油口K与先导式溢流阀的远程控制口相连通，而其调定压力低于先导式溢流阀中先导阀的调整压力。当其控制油口K处的油压达到它的调定压力时，其锥阀芯被顶开，使被控先导式溢流阀的主阀阀口打开，油液经L油口溢流，从而控制了主油路的工作压力。实际上可以把它视为先导式溢流阀的先导阀部分，但它可以安置在设备上最易于操作者操作的位置，因此使用非常方便。

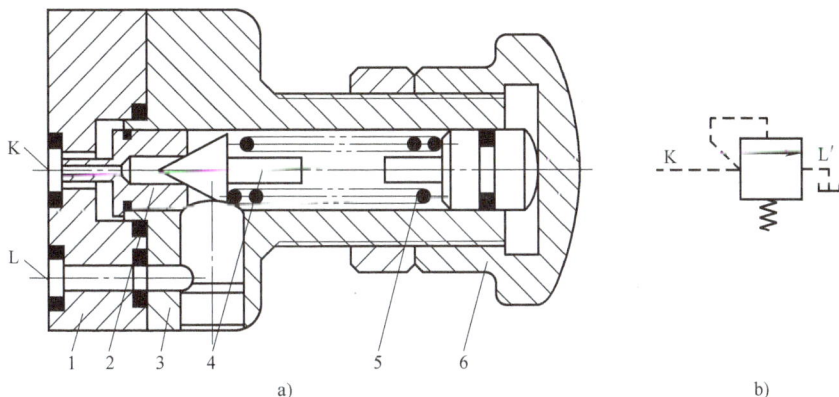

图6-23 远程调压阀
1—左阀体 2—锥阀座 3—右阀体 4—锥阀 5—调压弹簧 6—调压螺母

5. 形成背压

将溢流阀安置在液压缸的回油路上，可使缸的回油腔形成背压，提高运动部件运动的平稳性，因此这种用途的阀也称为背压阀。图6-44中的阀6即为背压阀。

6. 多级调压

如图6-24a所示，多级调压及卸荷回路中，先导式溢流阀1与溢流阀2、3、4的调定压力不同，且阀1调压最高。阀2、3、4进油口均与阀1的远程控制口相连，且分别由电磁换向阀5、7控制出口。二位换向阀6控制进油口与阀1远程控制口相连，出口与油箱相连。当系统工作时，若仅电磁铁1YA通电，则系统获得由阀1调定的最高工作压力；若仅1YA、2YA通电，则系统可得到由溢流阀2调定的工作压力；若仅1YA和3YA通电，则得到由溢流阀3调定的工作压力；若仅1YA和4YA通电，则得到由阀4调定的工作压力。当1YA不通电时，阀1的远程控制口与油箱连通，使液压泵卸荷。这种多级调压及卸荷回路，由于除阀1以外的控制阀通过的流量很小（仅为控制油路流量），因此可用小规格的阀，整体结构尺寸也较小。注射机液压系统常采用这种回路。

如图6-24b所示的多级调压回路中，除先导式溢流阀1调压最高外，其他溢流阀均由相应的电磁换向阀控制其通断状态，只要控制电磁换向阀电磁铁的通电顺序，就可使系统得到相应的工作压力。这种调压回路的特点是，各阀均应与泵有相同的额定流量，其尺寸较大，因而只适用于流量小的系统。

a)

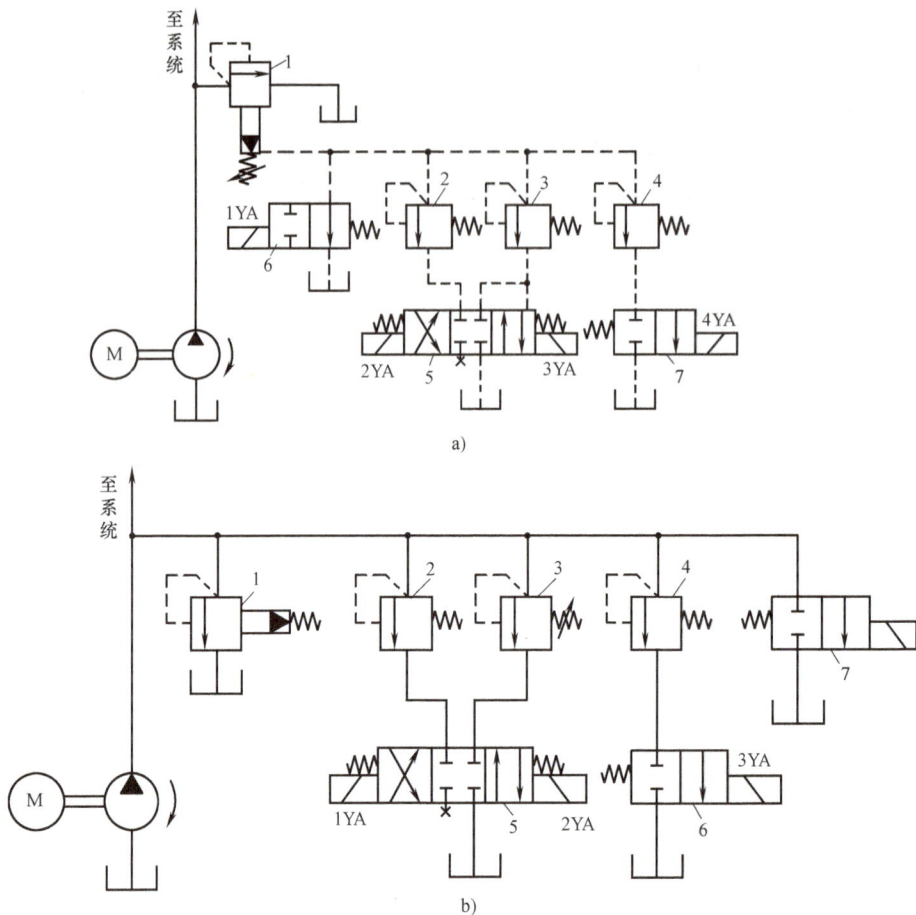

b)

图 6-24　多级调压及卸荷回路

1—先导式溢流阀　2、3、4—溢流阀　5—三位换向阀
6—二位换向阀　7—换向阀

二、顺序阀与顺序动作回路

（一）顺序阀的工作原理与结构特点

顺序阀是利用油路中压力的变化控制阀口启闭，以实现执行元件顺序动作的液压元件。其结构与溢流阀类似，也分为直动式和先导式两种。一般先导式顺序阀用于压力较高的场合。

图 6-25a 所示为直动式顺序阀的结构图。它由螺塞 1、下阀盖 2、控制活塞 3、阀体 4、阀芯 5、弹簧 6 等零件组成。当其进油口的油压低于弹簧 6 的调定压力时，控制活塞 3 下端油液向上的推力小，阀芯 5 处于最下端位置，阀口关闭，油液不能通过顺序阀流出。当进油口油压达到弹簧调定压力时，阀芯 5 抬起，阀口开启，压力油即可从顺序阀的出口流出，使阀后的油路工作。这种顺序阀利用其进油口压力进行控制，称为普通顺序阀（也称为内控式顺序阀），其图形符号如图 6-25b 所示。由于阀出油口接压力油路，因此其上端弹簧处的泄油口必须另接一油管通油箱，这种连接方式称为外泄。

若将下阀盖 2 相对于阀体转过 90°或 180°，将螺塞 1 拆下，在该处接控制油管并通入控制油，则阀的启闭便可由外供控制油控制。这时顺序阀即成为液控顺序阀，其图形符号如图 6-25c 所示。若再将上阀盖 7 转过 180°，使泄油口处的小孔 a 与阀体上的小孔 b 连通，将泄油口用螺塞封住，并使顺序阀的出油口与油箱连通，则顺序阀就成为卸荷阀，其泄漏油可由阀的出油口流回油箱，这种连接方式称为内泄。卸荷阀的图形符号如图 6-25d 所示。

顺序阀常与单向阀组合成单向顺序阀、液控单向顺序阀等组合阀。直动式顺序阀设置控制活塞的目的是缩小阀芯受油压作用的面积，以便采用劲度系数较小的弹簧来提高阀的压力—流量特性。直动式顺序阀的最高工作压力一般在 8MPa 以下。

图 6-26 所示为外控先导式顺序阀，

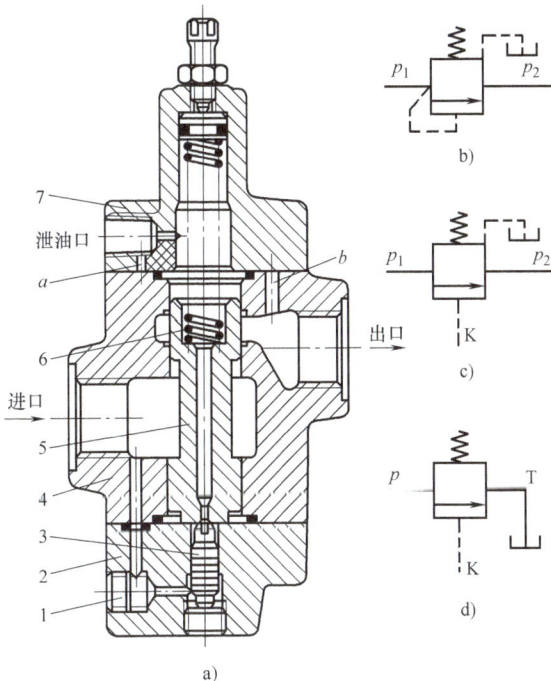

图 6-25 直动式顺序阀
1—螺塞 2—下阀盖 3—控制活塞
4—阀体 5—阀芯 6—弹簧 7—上阀盖

其工作原理与先导式溢流阀基本相同。将直动式顺序阀的上阀盖和调压弹簧（较硬）去除，换上先导阀和主阀芯复位弹簧（较软），即可组成外控先导式顺序阀，其先导阀用以调定主

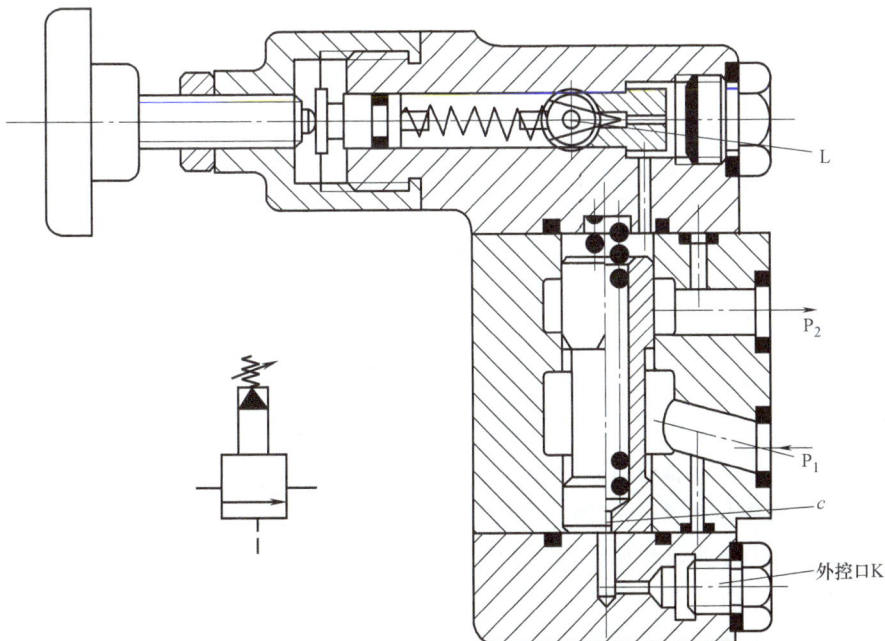

图 6-26 外控先导式顺序阀结构图

阀的顺序压力。当外控口 K 进油压力达到锥阀处弹簧的调定压力时，锥阀口打开，主阀芯上腔的油液经 L 油口流回油箱。在主阀弹簧的作用下，主阀芯抬起，使主阀口打开，从而接通了顺序阀后的油路，即 P_1 与 P_2 连通。如将下端盖转 90° 安装，将外控口堵上，即可变成内控先导式顺序阀。

先导式顺序主阀弹簧的劲度系数可以很小，故可省去主阀芯下面的控制柱塞，不仅启闭特性好，而且工作压力也可大大提高。其调定压力可接近 32MPa。先导式顺序阀的缺点是泄漏量较大，故不宜用于小流量液压系统。

引自力士乐公司的顺序阀均为先导式，并有与单向阀复合的结构。根据工作需要，可方便地加装或拆除单向阀。它有插入式和板式两种连接方式。DZ 型先导式顺序阀的基本原理和主要功能与图 6-26 所示阀基本一样。

（二）用顺序阀控制的顺序动作回路

图 6-27 所示为机床夹具上用顺序阀实现工件先定位后夹紧的顺序动作回路。当电磁阀由通电状态断电时，压力油先进入定位缸的下腔，缸上腔回油，活塞向上抬起，使定位销进入工件定位孔实现定位。这时由于油路压力低于顺序阀的调定压力，因而压力油不能进入夹紧缸下腔，工件不能夹紧。当定位缸活塞停止运动时，油路压力升高至顺序阀的调定压力时，顺序阀开启，压力油进入夹紧缸下腔，缸上腔回油，夹紧缸活塞抬起，将工件夹紧。实现了先定位后夹紧的顺序要求。当电磁阀再通电时，压力油同时进入定位缸、夹紧缸上腔，两缸下腔回油（夹紧缸经单向阀回油），使工件松开并拔出定位销。

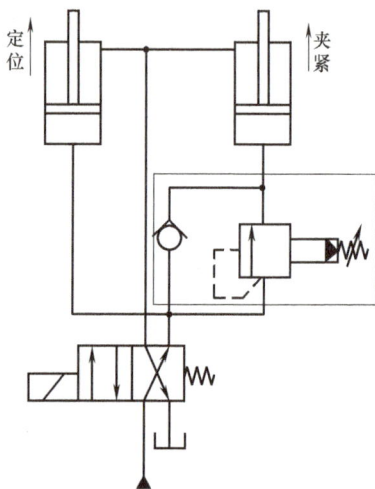

图 6-27 定位、夹紧顺序动作回路

顺序阀的调整压力应高于先动作缸的最高工作压力，以保证动作顺序可靠。中压系统一般要高出 0.5~0.8MPa，中高压系统一般要高出 0.8~1MPa。

（三）用顺序阀控制的平衡回路

为防止立式液压缸的运动部件在上位停止时因自重下滑，或在下行时超速，运动不平稳，常采用平衡回路。即在其下行的回油路上设置一顺序阀，使其产生适当的阻力，以平衡运动部件的重量。

图 6-28a 所示为采用单向顺序阀的平衡回路。顺序阀的调定压力应稍大于工作部件的自重在液压缸下腔形成的压力。这样，当换向阀中位，液压缸不工作时，顺序阀关闭，工作部件不会自行下滑。当换向阀左位工作，液压缸上腔通压力油，下腔的背压大于顺序阀的调定压力时，顺序阀开启，活塞与运动部件下行。由于自重得到平衡，故不会产生超速现象。当换向阀右位工作时，压力油经单向阀进入液压缸下腔，缸上腔回油，活塞及工作部件上行。这种回路采用 M 型中位机能换向阀，当液压缸停止工作时，缸上下腔油被封闭，从而有助于锁住工作部件，还可使泵卸荷，以减少能耗。

这种平衡回路，由于下行时回油腔背压大，必须提高进油腔工作压力，故功率损失较大。它主要用于工作部件重量不变，且重量较小的系统。例如，用于立式组合机床、插床、锻压机床的液压系统中。

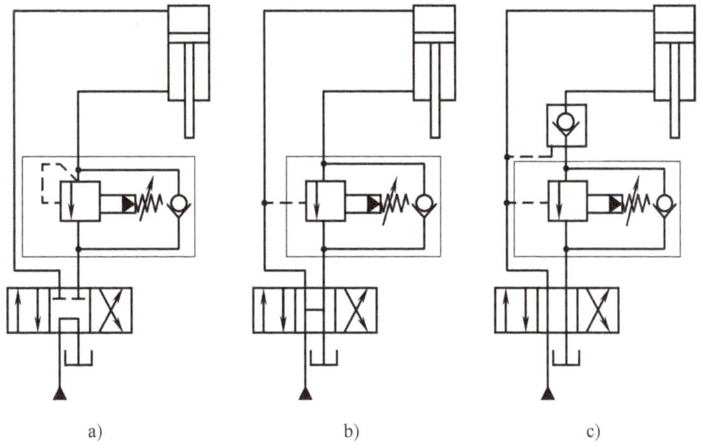

图 6-28　用顺序阀的平衡回路

图 6-28b 所示为采用液控单向顺序阀的平衡回路。它适用于工作部件的重量变化较大的场合，如起重机立式液压缸的油路。

换向阀右位工作时，压力油进入缸下腔，缸上腔回油，使活塞上升吊起重物。当换向阀处于中位时，缸上腔卸压，液控顺序阀关闭，缸下腔油被封闭，因而不论其重量大小，活塞及工作部件均能停止运动并被锁住。当换向阀左位工作时，压力油进入缸上腔，同时进入液控顺序阀的外控口，使顺序阀开启，液压缸下腔可顺利回油，于是活塞下行，放下重物。由于背压较小，因而功率损失较小。下行时，若速度过快，必然使缸上腔油压降低，顺序阀控制油压也降低，因而液控顺序阀在弹簧力的作用下关小阀口，使背压增加，阻止活塞下降，也能保证工作安全可靠。但由于下行时液控顺序阀处于不稳定状态，其开口量有变化，故运动的平稳性较差。

以上两种平衡回路中，由于顺序阀总有泄漏，故在长时间停止时，工作部件仍会有缓慢的下移。为此，可在液压缸与顺序阀之间加一个液控单向阀（见图 6-28c），以减少泄漏影响。

三、减压阀与减压回路

（一）减压阀的工作原理与结构特点

减压阀是利用油液流过缝隙时产生压差的原理，使系统某一支油路获得比系统压力低而平稳的压力油的液压控制阀。减压阀也有直动式和先导式两种，直动式很少单独使用，先导式则应用较多。

图 6-29 所示为先导式减压阀，它由先导阀与主阀组成。油压为 p_1 的压力油，由主阀的进油口流入，经减压阀口 h 后由出油口流出，其压力为 p_2。出口油液经主阀体 7 和下阀盖 8 上的孔道 a、b 及主阀芯 6 上的阻尼孔 c 流入主阀芯上腔 d 及先导阀右腔 e。当出口压力 p_2 低于先导阀弹簧的调定压力时，先导阀处于关闭状态，主阀芯上、下腔油压相等，它在主阀弹簧力作用下处于最下端位置（图示位置）。这时减压阀口 h 开度最大，不起减压作用，其进、出口油压基本相等。

当 p_2 达到先导阀弹簧调定压力时，先导阀开启，主阀芯上腔油经先导阀流回油箱 T，

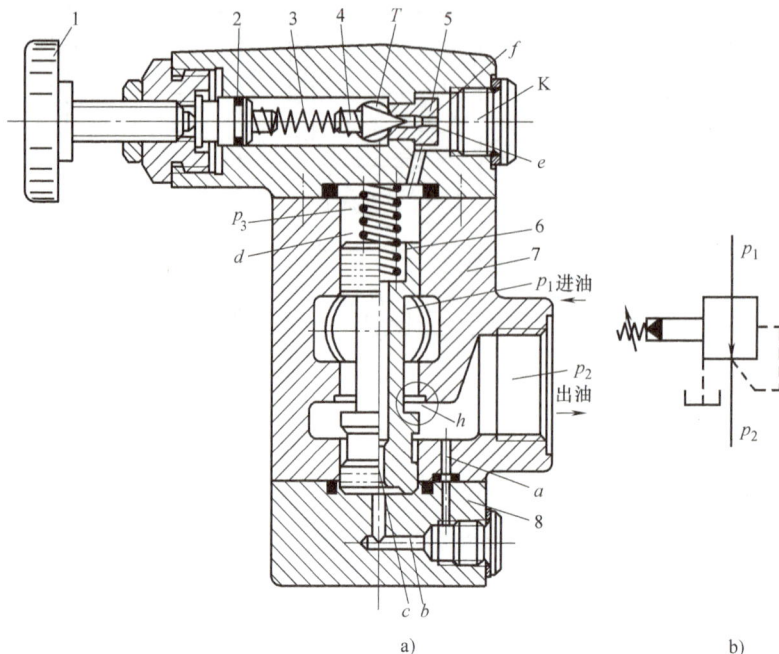

图 6-29　先导式减压阀

1—调压手轮　2—密封圈　3—弹簧　4—先导阀芯　5—阀座
6—主阀芯　7—主阀体　8—下阀盖

主阀下腔油经阻尼孔向上流动，使阀芯两端产生压差。主阀芯在此压差作用下向上抬起，关小减压阀口 h，阀口压降 Δp 增加。由于出口压力为调定压力 p_2，因而其进口压力 p_1 值会升高，即 $p_1 = p_2 + \Delta p$（或 $p_2 = p_1 - \Delta p$），阀在此过程中起到了减压作用。这时若由于负载增大或进口压力向上波动而使 p_2 增大，在 p_2 大于弹簧调定压力的瞬时，主阀芯上移，使开口 h 迅速减小，Δp 进一步增大，出口压力 p_2 便自动减小，也恢复为原来的调定压力。在 p_2 小于弹簧调定压力的瞬时，锥阀芯微量右移，p_2 增大，主阀芯下移，使开口 h 迅速增大，Δp 进一步减小，出口压力 p_2 便自动上升，也恢复为原来的调定压力。由此可见，减压阀能利用出油口压力的反馈作用，自动控制阀口开度，保证出口压力基本上为弹簧调定的压力。因此，它也被称为定值减压阀。图 6-29b 所示为先导式减压阀的图形符号。

减压阀的阀口为常开型，其泄油口必须由单独设置的油管通往油箱，且泄油管不能插入油箱液面以下，以免造成背压，使泄油不畅，影响阀的正常工作。

当阀的外控口 K 接一远程调压阀，且远程调压阀的调定压力低于减压阀的调定压力时，可以实现二级减压。

（二）减压回路

在液压系统中，当某个执行元件或某一支油路所需要的工作压力低于系统的工作压力，或要求有较稳定的工作压力时，可采用减压回路。如控制油路、夹紧油路、润滑油路中的工作压力常需低于主油路的压力，因而常采用减压回路。

图 6-30 所示为夹紧机构中常用的减压回路。回路中串联一个减压阀，使夹紧缸能获得较低而又稳定的夹紧力。减压阀可以在 0.5MPa 至溢流阀的调定压力范围内调节，当系统压力有波动时，减压阀出口压力可稳定不变。图中单向阀的作用是当主系统压力下降到低于减

压阀调定压力（如主油路中液压缸快速运动）时，防止油倒流，起到短时保压作用，使夹紧缸的夹紧力在短时间内保持不变。为了确保安全，夹紧回路中常采用带定位的二位四通电磁换向阀，或采用失电夹紧的二位四通电磁换向阀换向，防止在电路出现故障时松开工件发生事故。

为使减压回路可靠地工作，其减压阀的最高调定压力应比系统调定压力低一定的数值。例如，中压系统约低 0.5MPa，中高压系统约低 1MPa，否则减压阀不能正常工作。当减压支路的执行元件需要调速时，节流元件应安装在减压阀出口的油路上，以免减压阀工作时，其先导阀泄油影响执行元件的运动。

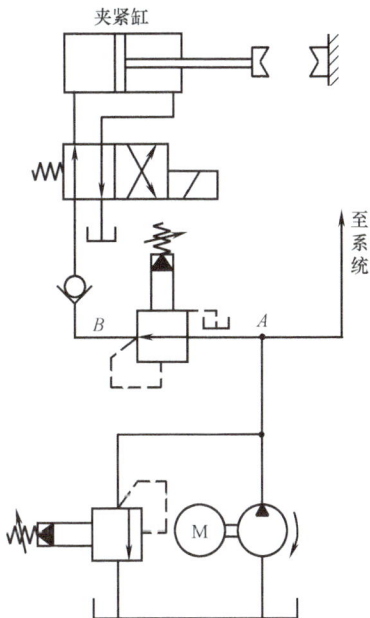

图 6-30　减压回路

四、压力继电器及其应用

（一）压力继电器的结构与工作原理

压力继电器是当油液压力达到预定值时发出电信号的液—电信号转换元件。当其进油口压力达到弹簧的调定压力时，能自动接通或断开电路，使电磁铁、继电器、电动机等电器元件通电运转或断电停止工作，以实现对液压系统工作程序的控制、安全保护或动作的联动等。

图 6-31 所示为膜片式压力继电器。当进口 K 的压力达到弹簧 7 的调定压力时，膜片 1 在液压力的作用下产生中凸变形，使柱塞 2 向上移动。柱塞上的圆锥面使钢球 5 和 6 做径向运动，钢球 6 推动杠杆 10 绕销轴 9 逆时针方向偏转，使其端部压下微动开关 11，发出电信号，接通或断开某一电路。当进口压力因漏油或其他原因下降到一定值时，弹簧 7 使柱塞 2 下移，钢球 5 和 6 又回落入柱塞的锥面槽内，杠杆松开微动开关 11，切断电信号，断开或接通电路。

压力继电器发出电信号的最低压力和最高压力间的范围称为调压范围。如图 6-31 所示，拧动调压螺钉 8 即可调整其工作压力。压力继电器发出电信号时的压力，称为开启压力；切断电信号时的压力称为闭合压力。由于开启时摩擦力的方向与油压力的方向相反，闭合时则相同，故开启压力大于闭合压力。两者之差称为压力继电器通断返回区间，它应有足够大的数值。否则，系统压力脉动时，压力继电器发出的电信号会时断时续。用螺钉 4 调节弹簧 3 对钢球 6 的压力可以调整返回区间。中压系统中使用的压力继电器其返回区间一般为 0.35～0.8MPa。

膜片式压力继电器膜片位移小，反应快，重复精度高；其缺点是易受压力波动的影响，不宜用于高压系统，常用于中、低压液压系统中。

图 6-32 所示为高压系统用单触点柱塞式压力继电器。压力油作用于柱塞 1 的底部，当系统压力达到调压弹簧 2 的调定压力时，作用在柱塞 1 上的液压力便使弹簧压缩，使顶杆 3 上移，压下微动开关 5 的触点，发出电信号。这种压力继电器结构简单，成本低，工作可靠，寿命长，不易受压力波动的影响。但其液压力直接与弹簧力平衡，故弹簧较粗，力量较大，导致重复精度和灵敏度较低，其误差为调定压力的 1.5%～2.5%。另外，其开启压力与闭合压力的差值较大。

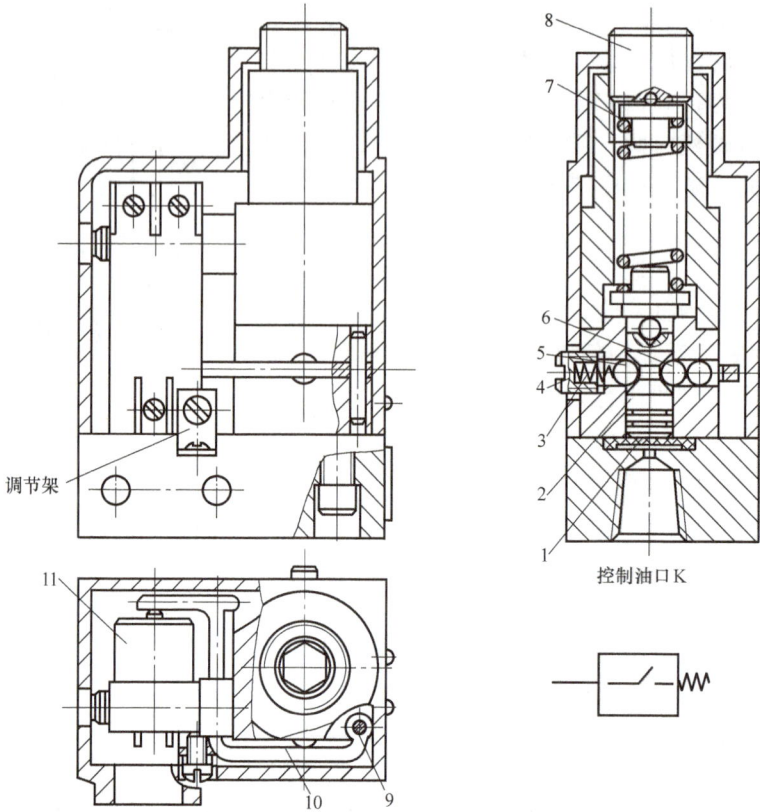

调节架

控制油口K

图 6-31　膜片式压力继电器

1—膜片　2—柱塞　3—弹簧　4—调节螺钉　5、6—钢球　7—弹簧　8—调压螺钉　9—销轴　10—杠杆　11—微动开关

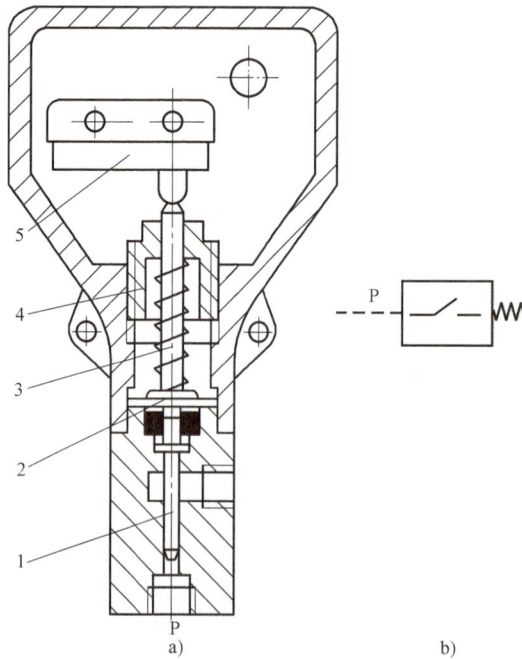

a)　　　　　　　　　　　b)

图 6-32　单触点柱塞式压力继电器

1—柱塞　2—调压弹簧　3—顶杆　4—调压螺杆　5—微动开关

（二）用压力继电器控制的保压—卸荷回路

在图 6-33 所示夹紧机构液压缸的保压—卸荷回路中，采用了压力继电器和蓄能器。当三位四通电磁换向阀左位工作时，液压泵向蓄能器和夹紧缸左腔供油，并推动活塞杆向右移动。在夹紧工件时系统压力升高，当压力达到压力继电器的开启压力时，表示工件已被夹牢，蓄能器已储备了足够的压力油。这时压力继电器发出电信号，使二位电磁换向阀通电，控制溢流阀使泵卸荷。此时单向阀关闭，液压缸若有泄漏，油压下降，则可由蓄能器补油保压。当夹紧缸压力下降到压力继电器的闭合压力时，压力继电器自动复位，又使二位电磁阀断电，液压泵重新向夹紧缸和蓄能器供油。这种回路用于夹紧工件持续时间较长的情况，可明显地减少功率损耗。

（三）用压力继电器控制顺序动作的回路

图 6-34 所示回路为用压力继电器控制电磁换向阀实现由"工进"转为"快退"的回路。当图中电磁阀左位工作时，压力油经调速阀进入缸左腔，缸右腔回油，活塞慢速"工进"。当活塞行至终点停止时，缸左腔油压升高，当油压达到压力继电器的开启压力时，压力继电器发出电信号，使换向阀右端电磁铁通电（左端电磁铁断电），换向阀右位工作。这时压力油进入缸右腔，缸左腔回油（经单向阀），活塞快速向左退回，实现了由"工进"到"快退"的转换。

在这种回路中，压力继电器的调定压力（开启压力）应比液压缸的最高工作压力高（中压系统约高 0.5MPa），应比溢流阀的调定压力低（中压系统约低 0.5MPa）。

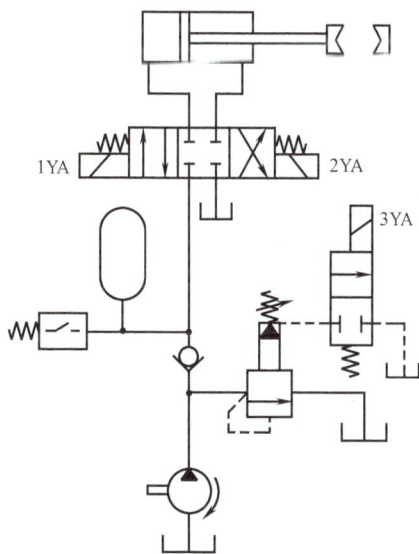

图 6-33　用压力继电器控制的保压—卸荷回路

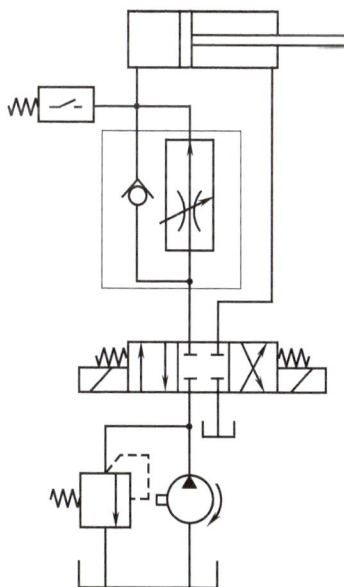

图 6-34　用压力继电器控制的顺序动作回路

第四节　流量控制阀及节流调速回路

流量控制阀是通过改变阀口通流面积来调节通过阀口的流量，从而控制执行元件运动速度的控制阀。流量控制阀主要有节流阀、调速阀和同步阀等。

一、节流阀

(一) 节流口的形式

节流阀是最简单的流量控制阀，它的关键功能部位是节流口。节流口的形状和大小对流量阀的工作性能有着重大的影响。图 6-35 所示为几种常见的节流口形式。

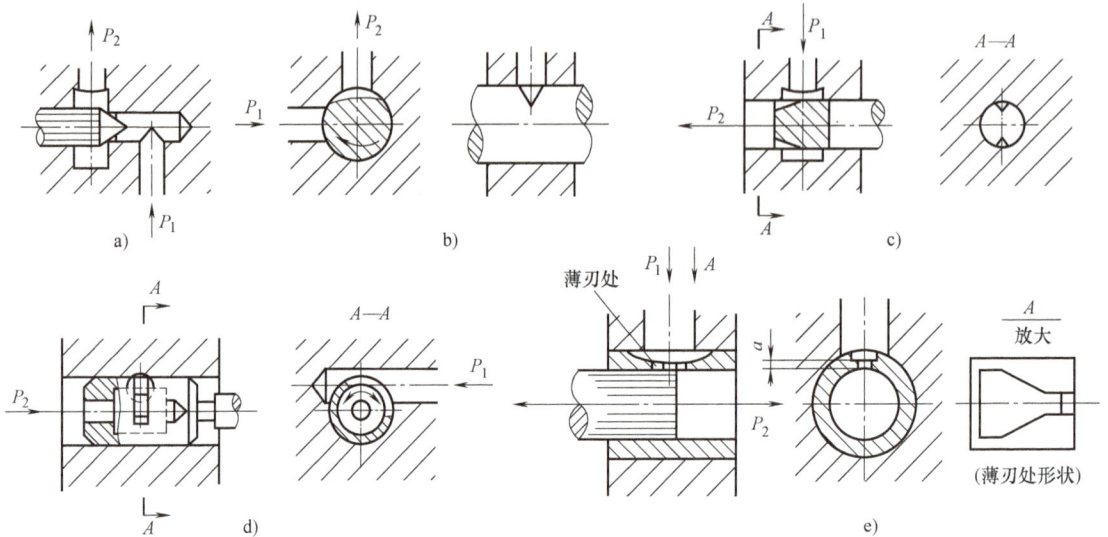

图 6-35 常见节流口的形式

a) 针式 b) 偏心式 c) 轴向三角槽式 d) 周向缝隙式 e) 轴向缝隙式

图 6-35a 所示为针式节流口。它以针形阀芯的轴向移动调节环形通道的大小来调节流量。这种结构，加工简单，但节流长度长，易堵塞，流量受油温的影响较大，一般用于要求较低的场合。

图 6-35b 所示为偏心式节流口。在阀芯上开一个截面为三角形（或矩形）的偏心槽，当转动阀芯时，就可以改变通流面积的大小，从而调节流量。偏心槽式结构因阀芯受径向不平衡力，高压时应尽量不要采用该结构。

图 6-35c 所示为轴向三角槽式节流口。在阀芯的端部开有一个或两个斜的三角形槽，轴向移动阀芯就可以改变三角槽通流面积，从而调节流量。这种节流口，小流量稳定性较好，常用于中、高压系列的节流阀中。

图 6-35d 所示为周向缝隙式节流口。阀芯为薄壁空心套，其上有周向缝隙使内外相通，靠旋转阀芯改变缝隙的通流面积。这种节流口可以做成薄刃结构而获得较小的稳定流量，但是阀芯受径向不平衡力，故只使用于中、低压节流阀中。

图 6-35e 所示为轴向缝隙式节流口。在套筒上开有不同形状的孔以形成轴向缝隙，轴向移动阀芯就可以改变缝隙通流面积的大小从而调节流量。这种节流口可以做成单薄刃式或双薄刃式，流量对温度变化不敏感，小流量稳定性好，但节流口在高压作用下易变形，故只适用于中、低压节流阀中。

(二) 节流阀的结构

图 6-36 所示为普通节流阀（L型）。它的节流口为轴向三角槽式。压力油从进油口 P_1

流入，经阀芯左端的轴向三角槽后由出油口 P_2 流出。阀芯 1 在弹簧力的作用下始终紧贴在推杆 2 的端部。旋转手轮 3，可使推杆沿轴向移动，改变节流口的通流截面面积，从而调节通过阀的流量。

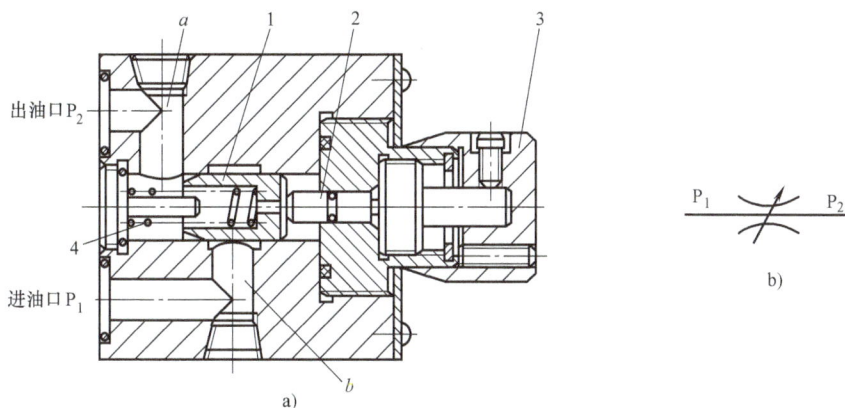

图 6-36 节流阀（中压）

1—阀芯 2—推杆 3—手轮 4—弹簧

该种阀的额定压力为 6.3MPa，额定流量有 10L/min、25L/min、63L/min、100L/min 四种规格。只适用于负载和温度变化不大或速度稳定性要求不高的中低压系统。

图 6-37a 所示为适用于高压系统的节流阀。它的节流口形式也采用轴向三角槽式。压力

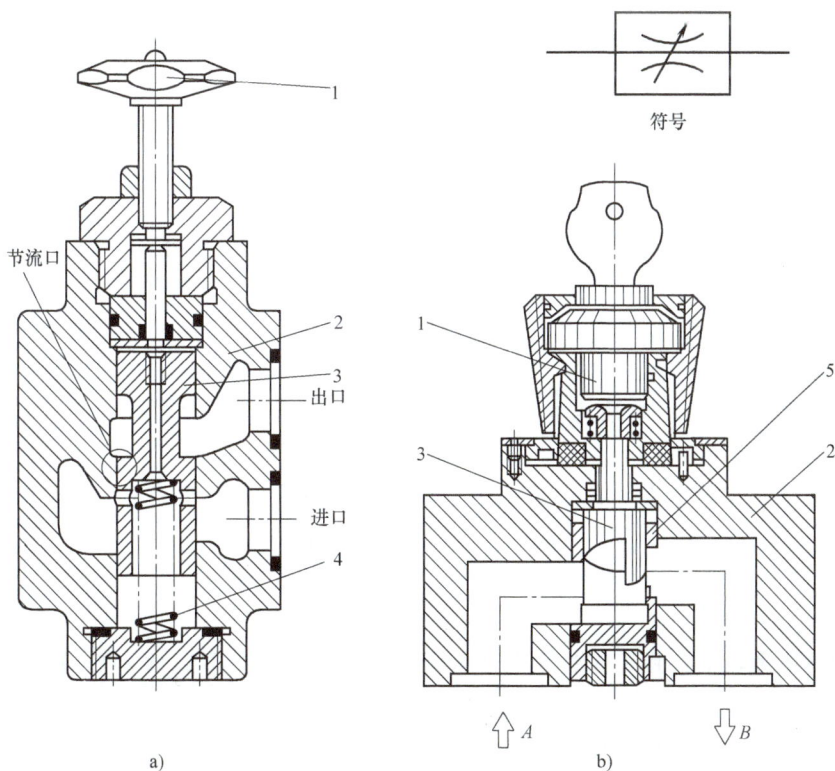

图 6-37 节流阀（高压）

1—调节手轮 2—阀体 3—阀芯 4—复位弹簧 5—阀套

油从进油口流入，经阀芯上的三角形节流口从出油口流出。调节手轮 1 可使阀芯 3 作轴向移动，改变节流口开度的大小，以控制流量。在阀芯 3 上有小中心孔，压力油同时进入阀芯的上下腔，使阀芯两端所受液压力平衡，阀芯仅受复位弹簧 4 的作用紧贴推杆，以保持节流口开度。这种阀即使在系统工作状态时调节也很轻便，因而可用于高压力系统中。其额定压力为 32MPa，额定流量有 25L/min、75L/min、190L/min 三种规格。

图 6-37b 所示节流阀采用了转阀结构。转阀的螺旋曲线开口与阀套上的节流窗口匹配后，构成了具有某种形状的薄刃式节流孔。转动手轮时，螺旋曲线相对于阀套窗口升高或降低，从而调节阀口的开启面积。图中上端画出的钥匙可用于锁定手轮，以保证安全。

节流阀输出流量的平稳性与节流口的结构形式有关。节流阀的流量特性可用小孔流量通用公式 $q = kA_T\Delta p^m$ 来描述，其特性曲线如图 6-38 所示。由于液压缸的负载常发生变化，节流阀前后的压差 Δp 为变值，因而在阀开口面积 A_T 一定时，通过阀口的流量 q 是变化的，执行元件的运动速度也就不平稳。节流阀流量 q 随其压差而变化的关系见图 6-38 中曲线 1。

节流阀结构简单，制造容易，体积小，使用方便，造价低。但负载和温度的变化对流量稳定性的影响较大，因此只适用于负载和温度变化不大或速度稳定性要求不高的液压系统。

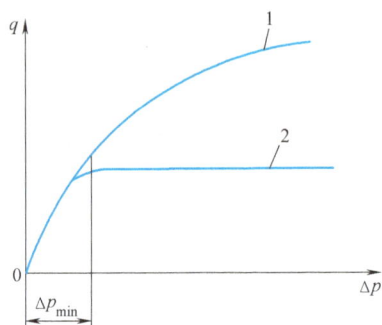

图 6-38 节流阀和调速阀的特性曲线

节流阀能正常工作（不断流，且流量变化率不大于 10%）的最小流量限制值，称为节流阀的最小稳定流量。轴向三角槽式节流口的最小稳定流量为 30 ~ 50mL/min，薄刃式节流口可为 15mL/min。它影响液压缸或液压马达的最低速度值，设计和使用液压系统时应予以考虑。

二、调速阀

调速阀是由定差减压阀与节流阀串联而成的组合阀。节流阀用来调节通过的流量，定差减压阀则自动补偿负载变化的影响，使节流阀前后的压差为定值，消除了负载变化对流量的影响。

图 6-39a、b、c 所示为调速阀的工作原理图、图形符号和简化符号。图中定差减压阀 1 与节流阀 2 串联。若减压阀进口压力为 p_1，出口压力为 p_2，节流阀出口压力为 p_3，则减压阀 a 腔、b 腔油压为 p_2，c 腔油压为 p_3。若减压阀 a、b、c 腔有效工作面积分别为 A_1、A_2、A，则 $A = A_1 + A_2$。节流阀出口的压力 p_3 由液压缸的负载决定。

当减压阀阀芯在其弹簧力 F_s、油液压力 p_2 和 p_3 的作用下处于某一平衡位置时，则有

$$p_2 A_1 + p_2 A_2 = p_3 A + F_s$$

即

$$p_2 - p_3 = \frac{F_s}{A}$$

由于弹簧刚度较低，且工作过程中减压阀阀芯位移很小，可以认为 F_s 基本不变。故节流阀两端的压差 $\Delta p = p_2 - p_3$ 也基本保持不变。因此，当节流阀通流面积 A_T 不变时，通过它的流量 q（$q = KA_T\Delta p^m$）为定值。也就是说，无论负载如何变化，只要节流阀通流面积不变，液压缸的速度亦会保持恒定值。例如，当负载增加，使 p_3 增大的瞬间，减压阀右腔推力增大，其阀芯左移，阀口开大，阀口液阻减小，使 p_2 也增大，p_2 与 p_3 的差值 $\Delta p = F_s/A$ 却不

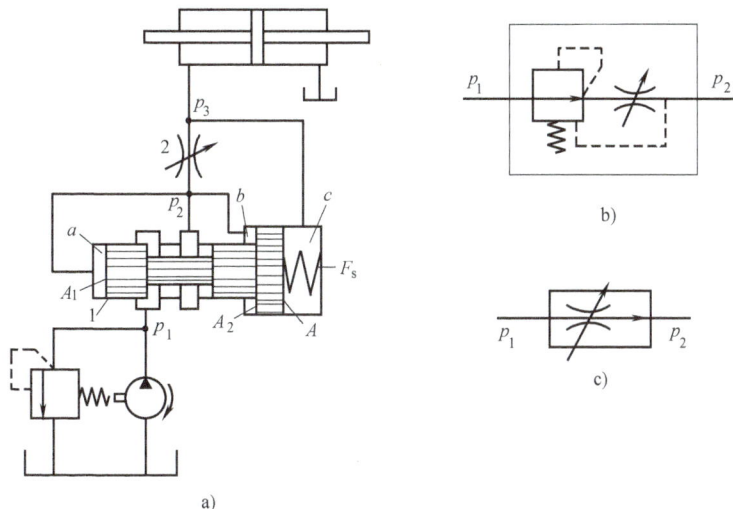

图 6-39　调速阀的工作原理图

1—定差减压阀　2—节流阀

变。当负载减小 p_3 减小时，减压阀芯右移，p_2 也减小，其差值亦不变。因此调速阀适用于负载变化较大，速度平稳性要求较高的液压系统。例如，各类组合机床、车床、铣床等设备的液压系统常用调速阀调速。

当调速阀的出口堵住时，其节流阀两端压力相等，减压阀芯在弹簧力的作用下移至最左端，阀开口最大。因此，当将调速阀出口迅速打开时，因减压阀口来不及关小，不起减压作用，会使瞬时流量增加，使液压缸产生前冲现象。为此有的调速阀在减压阀体上装有能调节减压阀芯行程的限位器，以限制和减小这种启动时的冲击。

调速阀的流量特性如图 6-38 中的曲线 2 所示。由图可见，当其前后压差大于最小值 Δp_{min} 以后，其流量稳定不变（特性曲线为一水平直线）。当其压差小于 Δp_{min} 时，由于减压阀未起作用，故其特性曲线与节流阀特性曲线重合。所以在设计液压系统时，分配给调速阀的压差应略大于 Δp_{min}。调速阀的最小压差约为 1MPa（中低压阀为 0.5MPa）。

对速度稳定性要求高的液压系统，需要用温度补偿调速阀。这种阀中有由热膨胀系数大的聚氯乙烯塑料制成的推杆，当温度升高时其受热伸长使阀口关小，以补偿因油变稀流量变大造成的流量增加，维持其流量基本不变。

三、节流调速回路

在定量泵供油的液压系统中，用流量阀（节流阀或调速阀）对执行元件的运动速度进行调节，这种回路称为节流调速回路。它的优点是结构简单，成本低，使用维护方便。缺点是有节流损失，且流量损失较大，发热多，效率低，故仅适用于小功率液压系统。

节流调速回路按流量阀的位置不同可分为进油路节流调速回路、回油路节流调速回路和旁油路节流调速回路三种。

（一）进、回油路节流调速回路

在执行元件的进油路上串接一个流量阀，即构成进油路节流调速回路，如图 6-40 所示。在执行元件的回油路上串接一个流量阀，即构成回油路节流调速回路，如图 6-41 所示。在这两种回路中，定量泵的供油压力均由溢流阀调定。液压缸的速度都靠调节流量阀开口的大小来控制，泵多余的流量由溢流阀流回油箱。

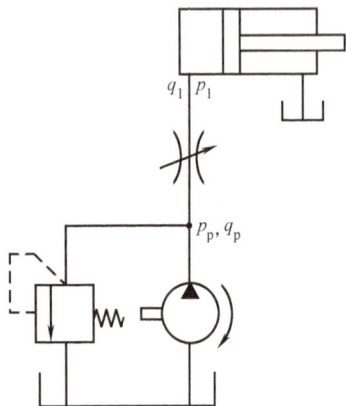

图 6-40　进油路节流调速回路　　　图 6-41　回油路节流调速回路　　　回油节流调速回路

流量阀为节流阀时上述两种节流调速回路的速度—负载特性曲线如图 6-42 所示。它反映了这两种回路执行元件的速度随其负载而变化的关系。图中，横坐标为液压缸的负载，纵坐标为液压缸或活塞的运动速度。第 1、2、3 条曲线分别为节流阀过流面积为 A_{T1}、A_{T2}、A_{T3}（$A_{T1} > A_{T2} > A_{T3}$）时的速度—负载特性曲线。曲线越陡，说明负载变化对速度的影响越大，速度的刚性越差；曲线越平缓，速度刚性越好。

分析上述特性曲线可知以下几点。

1）当节流阀开口 A_T 一定时，缸的运动速度 v 随负载 F 的增加而降低，其特性较软。

2）当节流阀开口一定时，负载较小的区段曲线比较平缓，速度刚性好；负载较大的区段曲线较陡，速度刚性较差。

3）在相同负载下工作时，节流阀开口较小缸的速度 v 较低时，曲线较平缓，速度刚性好；节流阀开口较大，缸的速度 v 较高时，曲线较陡，速度刚性较差。

4）节流阀开口不同的各特性曲线相交于负载轴上的一点。说明液压缸速度不同时，其能承受的最大负载 F_{max} 相同（它等于溢流阀的调定压力与液压缸有效工作面积的乘积）。故其调速属于恒推力调速。F_{max} 的数值由溢流阀调定。

由上分析可知，当流量阀为节流阀时，进、回油路节流调速回路用于低速、轻载、且负载变化较小的液压系统，能使执行元件获得平稳的运动速度。

由图 6-42 中采用调速阀时，进、回油路节流调速回路的速度—负载特性曲线可以看出，其速度刚性明显优于相应的节流阀调速回路。因此采用调速阀的进、回油节流调速回路可用于速度较高，负载较大，且负载变化较大的液压系统。但是这种回路的效率比用节流阀时更低些。有资料表明，当负载恒定或变化很小时，其效率为 0.2～0.6；当负载变化大时，其最

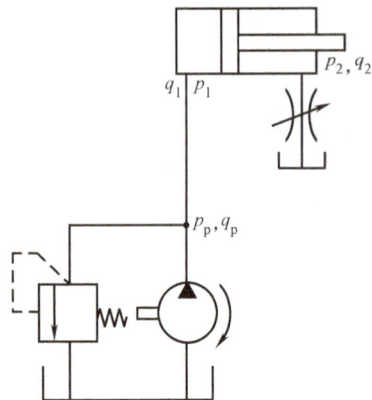

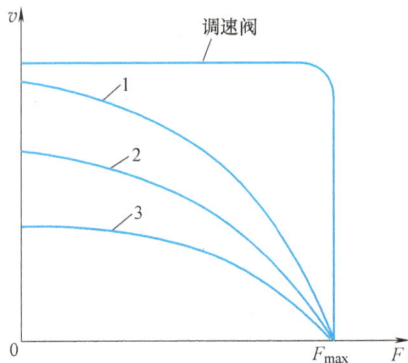

图 6-42　进、回油路节流调速回路的速度—负载特性曲线

高效率为 0.385。

进、回油路节流调速回路的不同点有以下几点。

1）回油路节流调速回路，其流量阀能使液压缸的回油腔形成背压，使液压缸（或活塞）运动平稳且能承受一定的负值负载（负载方向与液压力方向相同的负载为负值负载）。

2）进油路节流调速回路，流量阀前后有一定的压力差，当运动部件行至终点停止（例如碰到死挡铁）时，液压缸进油腔压力会升高，使流量阀前后压差减小。这样即可在流量阀和液压缸之间设置压力继电器，利用该压力变化发出电信号，对系统下一步动作实现控制。而在回油路节流调速回路中，液压缸进油腔的压力等于溢流阀的调定压力，没有上述压差及压力变化，不易实现压力控制。

3）采用单杆液压缸的液压系统，一般为无杆腔进压力油驱动工作负载，且要求有较低的速度。由于流量阀的最小稳定流量为定值，无杆腔的有效工作面积较大，因此将流量阀设置在进油路上能获得更低的工作速度。

实际应用中，常采用进油路节流调速回路，并在其回油路上加背压阀。这种方式兼具了两种回路的优点。

（二）旁油路节流调速回路

将流量阀设置在与执行元件并联的旁油路上，即构成了旁油路节流调速回路，如图 6-43a 所示。该回路采用定量泵供油，流量阀的出口接油箱，因而调节节流阀的开口就调节了执行件的运动速度，同时也调节了液压泵流回油箱流量的多少，从而起到了溢流的作用。这种回路不需要溢流阀"常开"溢流，因此其溢流阀实为安全阀。它在常态时关闭，过载时才打开。其调定压力为液压缸最大工作压力的 1.1～1.2 倍。液压泵出口的压力与液压缸的工作压力相等，直接随负载的变化而改变，不为定值。流量阀进、出油口的压差也等于液压缸进油腔的压力（流量阀出口压力可视为零）。

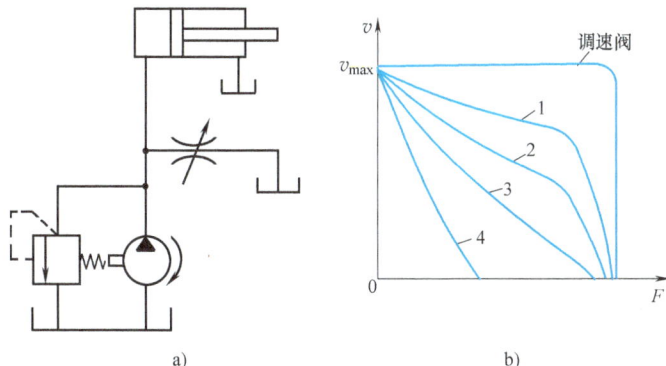

图 6-43　旁油路节流调速回路及其速度—负载特性

旁油路节流调速回路

图 6-43b 为旁油路节流调速回路的速度—负载特性，分析特性曲线可知，该回路有以下特点。

1）节流阀开口越大，进入液压缸中的流量越少，活塞运动速度则越低；反之，开口关小，其速度升高。

2）当节流阀开口一定时，活塞运动的速度也随负载的增大而减小，而且其速度刚性比

进、回油路节流调速回路更差。

3）当节流阀开口一定时，负载较小的区段曲线较陡，速度刚性差；负载较大的区段曲线较平缓，速度刚性较好。

4）在相同负载下工作时，节流阀开口较小，活塞运动速度较高时曲线较平缓，速度刚性好；开口较大，速度较低时，曲线较陡，速度刚性较差。

5）节流阀开口不同的各特性曲线，在负载坐标轴上不相交。这说明它们的最大承载能力不同。速度高时承载能力较大，速度越低其承载能力越小。

根据以上分析可知，采用节流阀的旁油路节流调速回路宜用于负载大一些，速度高一些，且速度的平稳性要求不高的中等功率的液压系统，例如，牛头刨床的主传动系统等。

若采用调速阀代替节流阀，旁油路节流调速回路的速度刚性会有明显的提高，见图6-43b中的特性曲线。

旁油路节流调速回路有节流损失，但无溢流损失，发热较少，其效率比进、回油路节流调速回路高一些。

第五节　其他速度控制回路

一、容积调速回路

利用改变变量泵或变量液压马达的排量来调节执行元件运动速度的回路称为容积调速回路。这种调速回路无溢流损失和节流损失，故效率高、发热少，适用于高压大流量的大型机床、液压压力机、工程机械、矿山机械等大功率设备的液压系统。

容积调速回路按油液循环方式的不同，有开式和闭式两种。在开式回路中，液压泵从油箱中吸油，执行元件的回油仍返回油箱。油液在油箱中能得到较好地冷却，且便于油中杂质的沉淀和气体的逸出。但油箱尺寸较大，污物容易侵入。闭式回路中，液压泵的吸油口与执行元件的回油口直接连接，油液在封闭的油路系统内循环。其结构紧凑，运动平稳，空气和污物不易侵入，噪声小，但其散热条件较差。为了补偿泄漏，以及补偿由于执行元件进、回油腔面积不等所引起的流量之差，闭式回路中需设置补油装置（例如顶置充液箱、辅助泵及与其配套的溢流阀、油箱等）。

根据液压泵与执行元件组合方式的不同，容积调速回路有四种形式，它们的组成及调速特性分析如下。

（一）变量泵—液压缸容积调速回路

图6-44a所示开式回路为由变量泵及液压缸组成的容积调速回路。改变变量泵1的排量，即可调节液压缸中活塞的运动速度。单向阀2的作用是当泵停止工作时，防止液压缸的油向泵倒流和进入空气，溢流阀3起过载保护作用，背压阀6可使运动平稳。

若液压泵的排量为V_p，转速为n_p，输出功率为P_p，液压缸的有效工作面积为A，活塞的速度为v，则

$$v = \frac{V_p n_p}{A} \tag{6-1}$$

$$P_p = p_p V_p n_p \tag{6-2}$$

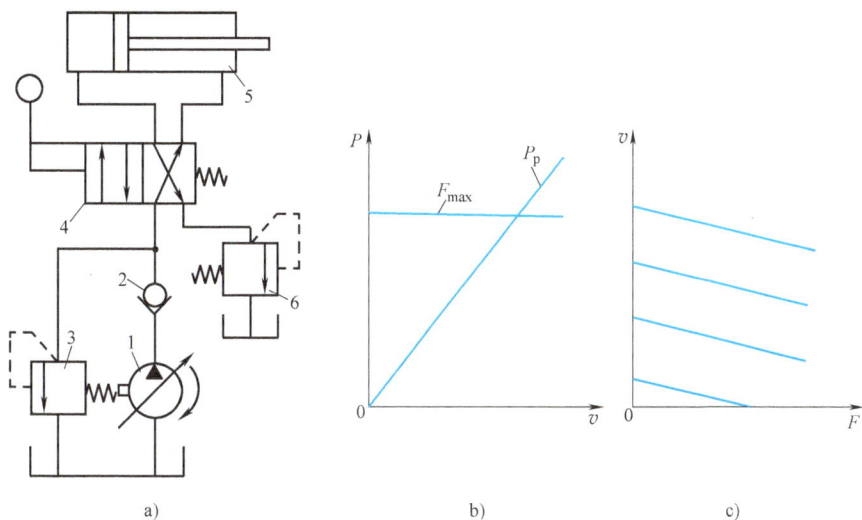

图 6-44　变量泵—液压缸容积调速回路

1—变量泵　2—单向阀　3—溢流阀　4—换向阀　5—液压缸　6—背压阀

由式（6-1）可见，活塞的运动速度 v 与泵的排量 V_p 成正比，即改变变量泵的排量时，活塞的速度即正比例地增加或减低。由于液压泵的最高工作压力 p_p 由溢流阀限定，泵的转速也为定值，因而当不计回路损失时，液压缸的输出功率与泵的输出功率 P_p 相等。由式（6-2）可知，液压缸的输出功率也与泵的排量 V_p 成正比。由于 p_p 为定值，因而在调速过程中液压缸的最大推力 F_{max} 为定值。该回路的调速特性如图 6-44b 所示。

由于变量泵径向力不平衡，当负载增加压力升高时，其泄漏量增加，使活塞速度明显降低，因此活塞低速运动时其承载能力受到限制，如图 6-44c 所示。

这种容积调速回路常用于插床、拉床、压力机、推土机、升降机等大功率的液压系统中。

（二）变量泵—定量液压马达容积调速回路

图 6-45a 所示的闭式回路为由变量泵 2 及定量液压马达 4 等组成的容积调速回路。图中 3 为溢流阀，起过载保护作用。辅助泵 1 与溢流阀 5 组成补油油路。它使变量泵 2 进油口的油压为定值低压，以避免产生空穴并防止空气进入。辅助泵的流量约为主泵流量的 10%～15%。系统中有少量温度较高的回油可经溢流阀 5 返流回油箱冷却。

若液压马达的排量为 V_M，转速为 n_M，工作压力为 p_M，输出转矩为 T_M，输出功率为 P_M，若不考虑回路损失，则有

$$n_M = \frac{V_p n_p}{V_M} \tag{6-3}$$

$$P_M = P_p = p_p V_p n_p \tag{6-4}$$

由式（6-3）可知，液压马达的输出转速 n_M 与变量泵的排量 V_p 成正比，调节 V_p 即可调节液压马达的转速。由式（6-4）可知，液压马达的输出功率 P_M 等于泵的输出功率 P_p，它也与变量泵的排量 V_p 成正比。

若不计损失，液压马达的液压功率（$p_M V_M n_M$）与其输出的机械功率（$T_M 2\pi n_M$）相

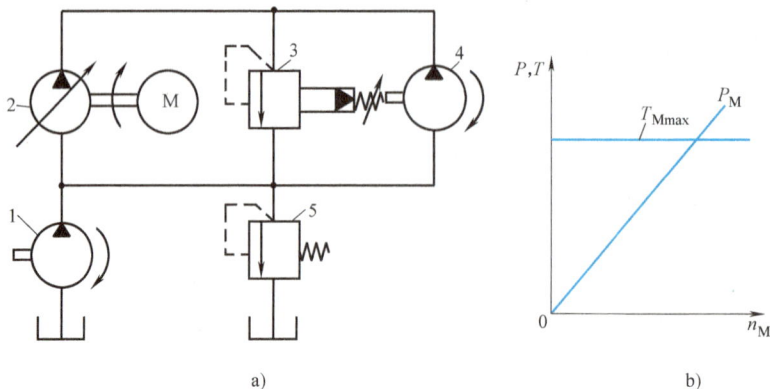

a)　　　　　　　　　　　　　　　　b)

图 6-45　变量泵—定量液压马达容积调速回路及其特性

1—辅助泵　2—变量泵　3、5—溢流阀　4—定量液压马达

等，即

$$p_M V_M n_M = T_M 2\pi n_M$$

故　　　　　　　　　　　　　　$$T_M = \frac{p_M V_M}{2\pi}$$　　　　　　　　　　　　　　(6-5)

由于采用定量液压马达，V_M 为定值，而回路的工作压力 p_M 由安全阀限定不变，因此液压马达能输出的最大转矩 T_{Mmax} 为定值，故该回路为恒转矩调速。回路的调速特性如图 6-45b 所示。

（三）定量泵—变量液压马达容积调速回路

图 6-46a 所示闭式回路，为由定量泵 2 和变量液压马达 4 等组成的容积调速回路。图中，阀 3 为溢流阀，起过载保护作用，辅助泵 6 和溢流阀 5 组成补油油路。单向阀 1 用以防止油液倒流及空气进入。

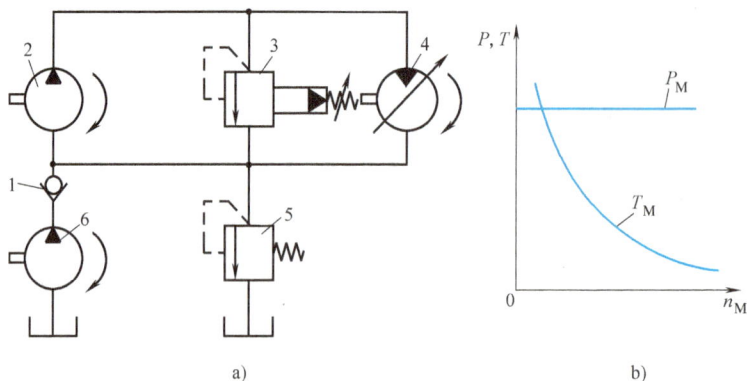

a)　　　　　　　　　　　　　　　　b)

图 6-46　定量泵—变量液压马达容积调速回路及其特性

1—单向阀　2—定量泵　3、5—溢流阀　4—变量液压马达　6—辅助泵

若不计损失，且各参数意义同前，则有

$$n_M = \frac{V_p n_p}{V_M}$$　　　　　　　　　　　　　　(6-6)

$$T_{\mathrm{M}} = \frac{p_{\mathrm{M}} V_{\mathrm{M}}}{2\pi} \tag{6-7}$$

由式（6-6）可知，液压马达输出转速 n_{M} 与马达的排量 V_{M} 成反比。即 V_{M} 越小时，n_{M} 越高。但 V_{M} 不能太小，更不能为零，否则将会因 n_{M} 太高而出事故。由式（6-7）可知，液压马达的输出转矩与马达的排量成正比，即马达的排量 V_{M} 越大，其输出的转矩 T_{M} 也越大。

若不计损失，液压马达的输出功率 P_{M}（$P_{\mathrm{M}} = T_{\mathrm{M}} 2\pi n_{\mathrm{M}}$）等于定量泵的输出功率 P_{p}（$P_{\mathrm{p}} = V_{\mathrm{p}} n_{\mathrm{p}} p_{\mathrm{p}}$ = 定值）。即

$$P_{\mathrm{M}} = T_{\mathrm{M}} 2\pi n_{\mathrm{M}} = P_{\mathrm{p}} = \text{定值} \tag{6-8}$$

故液压马达的输出功率 P_{M} 在调速过程中保持恒定，所以也称为恒功率调速。由此可知：液压马达的输出转矩 T_{M} 与液压马达的转速 n_{M} 成反比，即随着液压马达转速的提高，其输出转矩减小。回路的调速特性如图 6-46b 所示。

这种调速回路调速范围较小，因为若 V_{M} 调得过小，T_{M} 的值会很小，以致不能带动负载，造成液压马达"自锁"，故这种回路很少单独使用。

（四）变量泵—变量液压马达容积调速回路

图 6-47a 所示为由双向变量泵 2 和双向变量液压马达 7 等件组成的闭式容积调速回路。辅助泵 9 和溢流阀 1 组成补油油路。由于泵双向供油，故在补油路中增设了单向阀 3 和 4，在溢流阀 8 的限压油路中增设了单向阀 5 和 6。

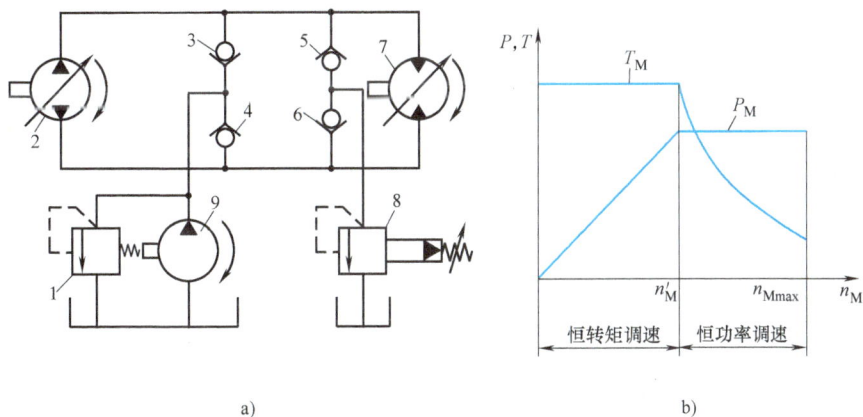

图 6-47　变量泵—变量液压马达容积调速回路及其特性

1、8—溢流阀　2—双向变量泵　3、4、5、6—单向阀　7—双向变量液压马达　9—辅助泵

若泵 2 逆时针方向转动时，液压马达的回油及辅助泵 9 的供油经单向阀 4 进入主泵 2 的下油口，则其上油口输出的压力油进入液压马达的上油口并使液压马达逆时针方向转动，液压马达下油口的回油又进入泵 2 的下油口，构成闭式循环回路。这时单向阀 3 和 6 关闭；单向阀 4 和 5 打开，如果液压马达过载可由溢流阀 8 起保护作用。若泵 2 顺时针方向转动，则单向阀 3 和 6 打开；单向阀 4 和 5 关闭，泵 2 上油口为进油口，下油口为出油口，液压马达也顺时针方向转动，实现了液压马达的换向。这时若液压马达过载，溢流阀 8 仍可起保护作用。

这种调速回路，在低速段用改变变量泵的排量 V_{p} 调速；在高速段用改变变量马达的排量 V_{M} 调速，因而调速范围大，其调速比可达 100。

图 6-47b 为该回路的调速特性。它是恒转矩调速和恒功率调速的组合。在低速段，先将液压马达的排量 V_M 调至最大值 V_{Mmax}，并固定不变（相当于定量液压马达），然后由小到大（由 0 到 V_{pmax}）调节变量泵的排量 V_p，液压马达的转速即由 0 升至 n'_M，该段调速属于恒转矩调速。在高速段应使泵的排量固定为 V_{pmax}（最大值），然后由大到小（由 V_{Mmax} 到 V_{Mmin}）调节液压马达的排量 V_M，液压马达的转速就由 n'_M 升至 n_{Mmax}。该段调速属于恒功率调速。

这种容积调速回路适用于调速范围大，低速时要求输出大转矩，高速时要求恒功率，且工作效率要求高的设备，使用比较广泛。例如，在各种行走机械，牵引机等大功率机械上都采用了这种调速回路。

二、容积—节流调速回路（联合调速）

容积—节流调速回路是用变量泵供油，用调速阀或节流阀改变进入液压缸的流量，以实现执行件速度调节的回路。这种回路无溢流损失，其效率比节流调速回路高。采用流量阀调节进入液压缸的流量，克服了变量泵在负载大、压力高时漏油量大，运动速度不平稳的缺点，因此这种调速回路常用于空载时需快速，承载时需稳定的低速的各种中等功率机械设备的液压系统。例如，组合机床、车床、铣床等的液压系统。

（一）定压式容积节流调速回路

图 6-48a 为由限压式变量叶片泵 1 和调速阀 3 等元件组成的定压式容积节流调速回路。电磁换向阀 2 右位工作时，压力油经行程阀 5 进入液压缸左腔，缸右腔回油，活塞空载右移。这时因负载小，压力低于变量泵的限定压力，泵的流量最大，故活塞快速右移。当移动部件上的挡块压下行程阀 5 时，压力油只能经调速阀 3 进入缸左腔，缸右腔回油，活塞以调速阀调节的慢速右移，实现工作进给。当换向阀左位工作时，压力油进入缸右腔，缸左腔经单向阀 4 回油，因退时时为空载，泵的供油量最大，故快速向左退回。

慢速工作进给时，限压式变量泵的输出流量 q_p 与进入液压缸的流量 q_1 总是相适应的。

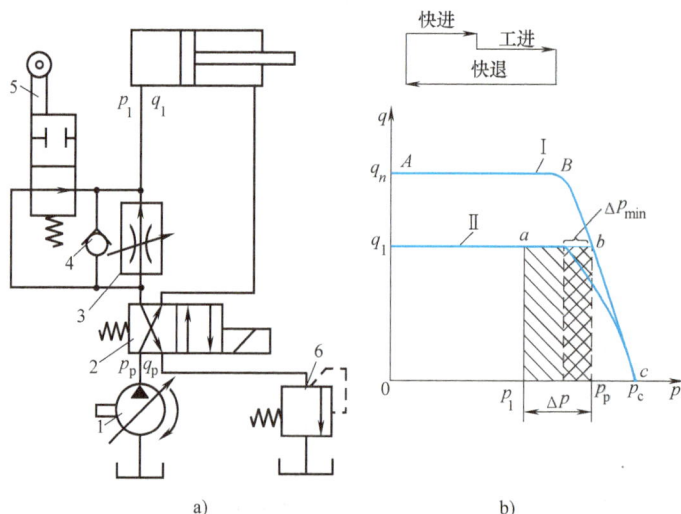

图 6-48　定压式容积节流调速回路

1—变量叶片泵　2—换向阀　3—调速阀　4—单向阀　5—行程阀　6—背压阀

即当调速阀的开口一定时，能通过调速阀的流量 q_1 为定值，若 $q_p > q_1$，则泵出口的油压便上升，使泵的偏心自动减小，q_p 减小，直至 $q_p = q_1$ 为止；若 $q_p < q_1$，则泵出口的油压会降低，使泵的偏心自动增大，q_p 增大，直至 $q_p = q_1$。调速阀能保证 q_1 为定值，q_p 也就为定值，故泵的出口压力 p_p 也为定值。所以这种回路称为定压式容积节流调速回路。

图 6-48b 所示为这种回路的调速特性。图中曲线 I 为限压式变量叶片泵的流量—压力特性曲线。曲线 II 为调速阀出口（液压缸进油腔）的流量—压力特性曲线，其左段为水平线，说明当调速阀的开口一定时，液压缸的负载变化引起液压缸的工作压力 p_1 变化，但通过调速阀进入液压缸的流量 q_1 为定值。该水平线的延长线与曲线 I 的交点 b 即为液压泵出口的工作点，也是调速阀前的工作点，该点的工作压力为 p_p。曲线 I 上的 a 点对应的压力为液压缸的压力 p_1。

若液压缸长时间在轻载下工作，缸的工作压力 p_1 小，调速阀两端的压力差 Δp 大（$\Delta p = p_p - p_1$），调速阀的功率损失（$ab p_p p_1$ 围成的阴影面积）大，效率低。因此，在实际使用时，除应调节变量泵的最大偏心满足液压缸快速运动所需要的流量（即调好特性曲线 I AB 段的上下位置）外，还应调节泵的限压螺钉，改变泵的限定压力（即调节特性曲线 I BC 段的左右位置），使 Δp 稍大于调速阀两端的最小压差 $\Delta p_{\min}$。显然，当液压缸的负载最大时，使 $\Delta p = \Delta p_{\min}$ 是泵特性曲线调整得最佳状态。

（二）变压式容积节流调速回路

图 6-49 所示为由稳流量变量叶片泵 1 和节流阀 3 等元件组成的变压式容积节流调速回路。液压泵定子左右各有一控制缸，左缸杆塞的直径与右缸活塞杆的直径相等。泵的出口连一节流阀 3，且泵体内的孔道将左缸、节流阀的进油口及右缸的有杆腔连通。当图中电磁换向阀 2 通电左位工作时，压力油经电磁阀进入液压缸左腔，这时节流阀两端压差为零（不计电磁阀损失），A、B、C 各点等压，液压泵定子两端所受液压推力相等，故它在右缸弹簧的作用下移至最左端，使其与转子的偏心达到最大值，输出最大流量，使缸实现快速运动。

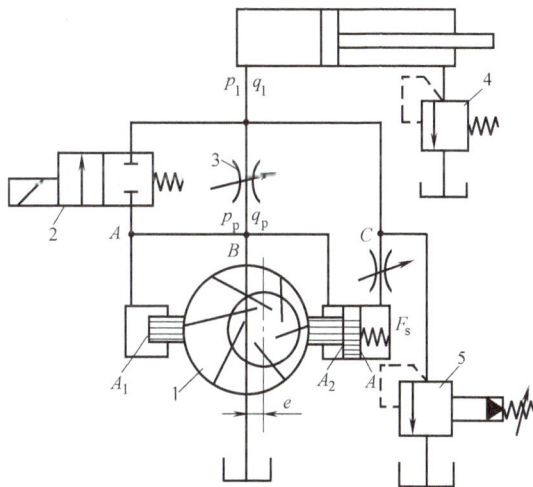

图 6-49　变压式容积节流调速回路
1—变量叶片泵　2—电磁换向阀　3—节流阀
4—背压阀　5—溢流阀

当电磁阀右位工作时（图示位置），压力油经节流阀进入液压缸，即构成了容积节流调速回路。这时，节流阀控制进入液压缸的流量 q_1，并使液压泵的流量 q_p 自动与之匹配。例如，当 $q_p > q_1$ 时，p_p 升高，使控制缸向右的液压推力增大，定子右移，偏心减小，q_p 减小，直至 $q_p = q_1$；当 $q_p < q_1$ 时，p_p 减小，使控制缸向右的推力减小，定子左移，偏心增大，q_p 增大，直至 $q_p = q_1$。

若弹簧力为 F_s，柱塞面积为 A_1，活塞缸左腔有效面积为 A_2，右腔面积为 A（$A_1 + A_2 = A$），则回路工作时定子水平方向的受力平衡方程为

$$p_p A_1 + p_p A_2 = p_1 A + F_s$$

故

$$p_p - p_1 = \frac{F_s}{A}$$

由于弹簧刚性小，且工作中其伸缩量很小，F_s 可视为定值，故节流阀前后的压差 $\Delta p = p_p - p_1$ 也为定值。由此可知，这种回路能保证节流阀开口一定时，进入液压缸的流量（$q = kA\Delta p^m$）为定值，有良好的速度—负载特性。液压泵的流量为定值，故也称为稳流量泵。由于负载变化时，泵出口的压力 p_p 也随之改变，故称为变压式容积节流调速回路。

这种回路克服了定压式容积节流调速回路负载变化大时效率低的缺点，其效率较高，能适用于负载变化大、速度比较低的中小功率系统。

三、快速运动回路

为了提高生产率，设备的空行程运动一般需做快速运动。常见的快速运动回路有以下几种。

（一）液压缸差动连接的快速运动回路

图 6-50 为采用单杆活塞缸差动连接实现快速运动的回路。当图中只有电磁铁 1YA 通电时，电磁换向阀 3 左位工作，压力油可进入液压缸的左腔，也经阀 4 的左位与液压缸右腔连通，因活塞左端受力面积大，故活塞差动快速右移。这时如果电磁铁 3YA 也通电，阀 4 换为右位，则压力油只能进入缸左腔，缸右腔则经调速阀 5 回油实现活塞慢速运动。当 2YA、3YA 同时通电时，压力油经阀 3、阀 6、阀 4 进入缸右腔，缸左腔回油，活塞快速退回。

这种快速回路简单、经济，但快、慢速的转换不够平稳。

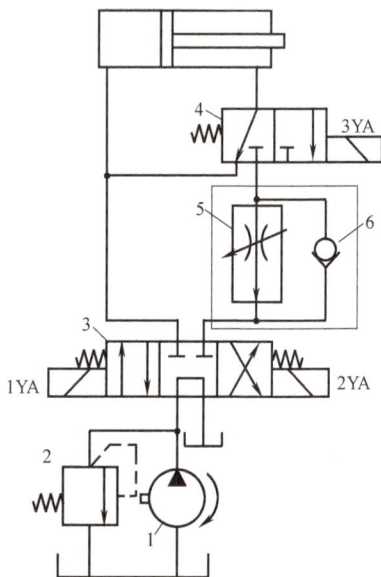

图 6-50　液压缸差动连接的快速回路
1—泵　2—溢流阀　3、4—电磁换向阀
5—调速阀　6—单向阀

（二）双泵供油的快速运动回路

图 6-51 为双泵供油的快速运动回路。泵 1 为高压小流量泵，其流量应略大于最大工进速度所需要的流量，其流量与泵 2 流量之和应等于液压系统快速运动所需要的流量，其工作压力由溢流阀 5 调定。泵 2 为低压大流量泵（两泵的流量也可相等），其工作压力应低于液控顺序阀 3 的调定压力。

空载时，液压系统的压力低于液控顺序阀 3 的调定压力，阀 3 关闭，泵 2 输出的油液经单向阀 4 与泵 1 输出的油液汇集在一起进入液压缸，从而实现快速运动。当系统工作进给承受负载时，系统压力升高至大于阀 3 的调定压力，阀 3 打开，单向阀 4 关闭，泵 2 的油经阀 3 流回油箱，泵 2 处于卸荷状态。此时系统仅由泵 1 供油，实现慢速工作进给，其工作压力由溢流阀 5 调节。

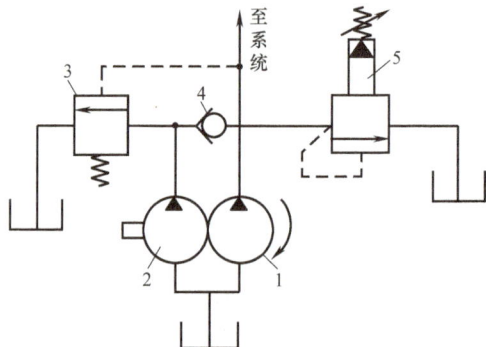

图 6-51　双泵供油的快速运动回路
1、2—双联泵　3—卸荷阀（液控顺序阀）
4—单向阀　5—溢流阀

这种快速回路功率利用合理，效率较高，缺点是回路较复杂，成本较高。常用在快慢速差值较大的组合机床、注射机等设备的液压系统中。

（三）采用蓄能器的快速运动回路

图 6-52 为采用蓄能器 4 与液压泵 1 协同工作实现快速运动的回路。它适用于在短时间内需要大流量的液压系统中。当换向阀 5 中位，液压缸不工作时，液压泵 1 经单向阀 2 向蓄能器 4 充油。当蓄能器内的油压达到液控顺序阀 3 的调定压力时，阀 3 被打开，使液压泵卸荷。当换向阀 5 左位或右位，液压缸工作时，液压泵 1 和蓄能器 4 同时向液压缸供油，使其实现快速运动。

这种快速回路可用较小流量的泵获得较高的运动速度。其缺点是蓄能器充油时，液压缸须停止工作，在时间上有些浪费。

四、速度转换回路

设备工作部件在实现自动工作循环过程中，需要进行速度的转换。例如，由快速转变为慢速工作，或两种慢速的转换等。这种实现速度转换的回路，应能保证速度的转换平稳、可靠，不出现前冲现象。

（一）快慢速转换回路

1. 用电磁换向阀的快慢速转换回路

图 6-53 是利用二位二通电磁阀与调速阀并联实现快速转慢速的回路。当图中电磁铁 1YA、3YA 同时通电时，压力油经换向阀 4 进入液压缸左腔，缸右腔回油，工作部件实现快进；当运动部件上的挡块碰到行程开关使电磁铁 3YA 断电时，换向阀 4 油路断开，调速阀 5 接入油路。压力油经调速阀 5 进入缸左腔，缸右腔回油，工作部件以调速阀 5 调节的速度实现工作进给。

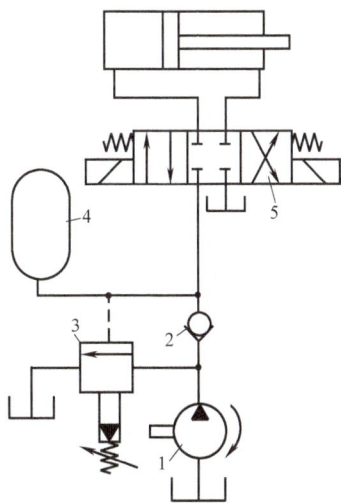

图 6-52 采用蓄能器的快速运动回路
1—液压泵 2—单向阀 3—液控顺序阀
4—蓄能器 5—换向阀

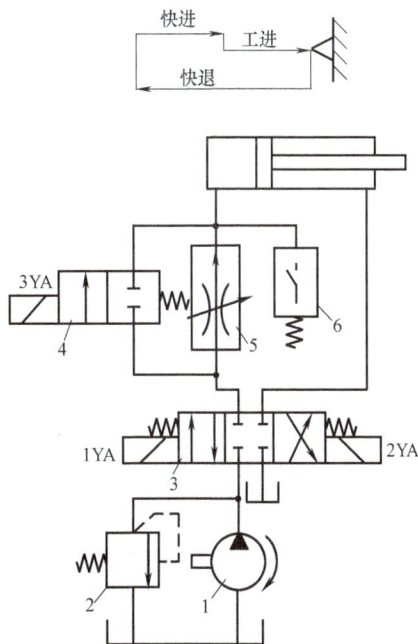

图 6-53 用电磁换向阀的快慢速转换回路
1—泵 2—溢流阀 3、4—换向阀
5—调速阀 6—压力继电器

这种速度转换回路，速度换接快，行程调节比较灵活，电磁阀可安装在液压站的阀板上，也便于实现自动控制，应用很广泛。其缺点是平稳性较差。

2. 用行程阀的快慢速转换回路

图6-54是用单向行程调速阀进行快慢速转换的回路。当电磁铁1YA通电时，压力油进入液压缸左腔，缸右腔油经行程阀5回油，工作部件实现快速运动。当工作部件上的挡块压下行程阀时，其回油路被切断，缸右腔油只能经调速阀6流回油箱，从而转变为慢速运动。

这种回路中，行程阀的阀口是逐渐关闭（或开启）的，速度的换接比较平稳，比采用电气元件动作更可靠。其缺点是，行程阀必须安装在运动部件附近，有时管路接得很长，压力损失较大。因此多用于大批量生产用的专机液压系统中。

（二）两种慢速的转换回路

1. 调速阀串联的慢速转换回路

图6-55是由调速阀3和4串联组成的慢速转换回路。当电磁铁1YA通电时，压力油经调速阀3和二位电磁阀左位进入液压缸左腔，缸右腔回油，运动部件得到由调速阀3调节的第一种慢速运动。当电磁铁1YA、3YA同时通电时，压力油须经调速阀3和调速阀4进入缸的左腔，缸右腔回油。由于调速阀4的开口比调速阀3的开口小，因而运动部件得到由阀4调节的第二种更慢的运动速度，实现了两种慢速的转换。

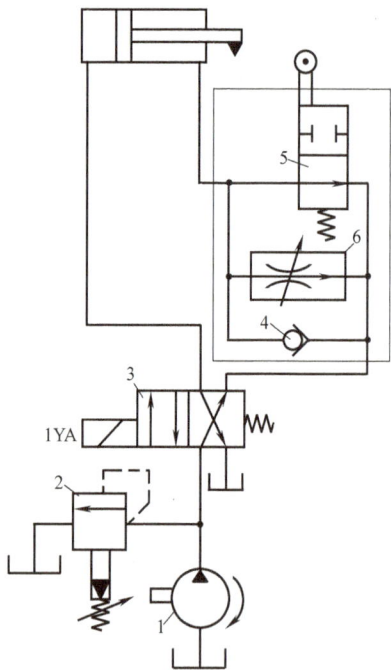

图 6-54　用行程阀的快慢速转换回路
1—泵　2—溢流阀　3—换向阀
4、5、6—单向行程调速阀

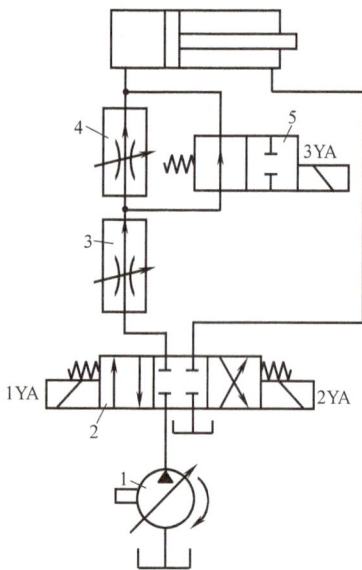

图 6-55　调速阀串联的慢速转换回路
1—泵　2、5—换向阀
3、4—调速阀

在这种回路中，调速阀4的开口必须比调速阀3的开口小，否则调速阀4将不起作用。该种回路常用于组合机床中实现二次进给的油路中。

2. 调速阀并联的慢速转换回路

图 6-56a 为由调速阀 4 和 5 并联的慢速转换回路。当电磁铁 1YA 通电时，压力油经调速阀 4 进入液压缸左腔，缸右腔回油，工作部件得到由阀 4 调节的第一种慢速，这时阀 5 不起作用；当电磁铁 1YA、3YA 同时通电时，压力油经调速阀 5 进入液压缸左腔，缸右腔回油，工作部件得到由阀 5 调节的第二种慢速运动，这时阀 4 不起作用。

这种回路是当一个调速阀工作时，另一个调速阀油路被封死，其减压阀口全开。当电磁换向阀换位其出油口与油路接通的瞬时，压力突然减小，减压阀口来不及关小，瞬时流量增加，会使工作部件出现前冲现象。

如果将二位三通换向阀换用二位五通换向阀，并按图 6-56b 所示接法连接，当

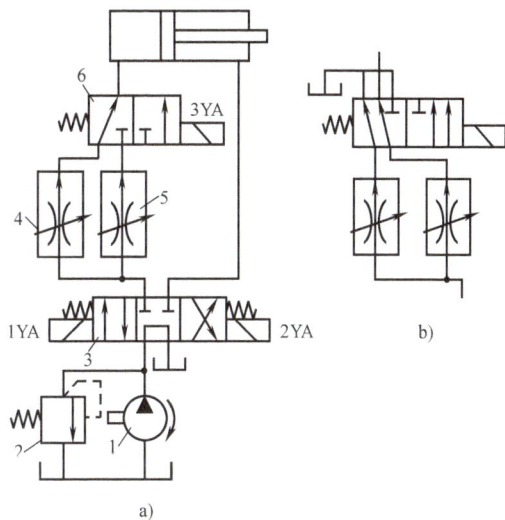

图 6-56　调速阀并联的慢速转换回路
1—泵　2—溢流阀　3、6—换向阀　4、5—调速阀

一个调速阀工作时，另一个调速阀仍有油液流过，且它的阀口前后保持一定的压差，其内部减压阀开口较小，换向阀换位使其接入油路工作时，出口压力不会突然减小，因而可克服工作部件的前冲现象，使速度换接平稳。但这种回路有一定的能量损失。

第六节　多缸工作控制回路

液压系统中，一个油源往往要驱动多个液压缸或液压马达工作。系统工作时，要求这些执行元件或顺序动作，或同步动作，或互锁，或防止互相干扰，因而需要实现这些要求的各种多缸工作控制回路。

一、顺序动作回路

顺序动作回路的功用是使多缸液压系统中的各液压缸按规定的顺序动作。它可分为行程控制和压力控制两大类。

（一）行程控制的顺序动作回路

图 6-57a 所示为用行程阀 2 及电磁阀 1 控制 A、B 两液压缸实现①②③④工作顺序的回路。在图示状态下 A、B 两液压缸活塞均处在右端位置。当电磁阀 1 通电时，压力油进入 B 缸右腔，B 缸左腔回油，其活塞左移实现动作①；当 B 缸工作部件上的挡块压下行程阀 2 后，压力油进入 A 缸右腔，A 缸左腔回油，其活塞左移，实现动作②。当电磁阀 1 断电时，压力油先进入 B 缸左腔，B 缸右腔回油，其活塞左移，实现动作③；当 B 缸运动部件上的挡块离开行程阀使其恢复下位工作时，压力油经行程阀进入缸 A 的左腔，A 缸右腔回油，其活塞右移实现动作④。

这种回路工作可靠，动作顺序的换接平稳，但改变工作顺序困难，且管路长，压力损失大，不易安装。主要用于专用机械的液压系统。

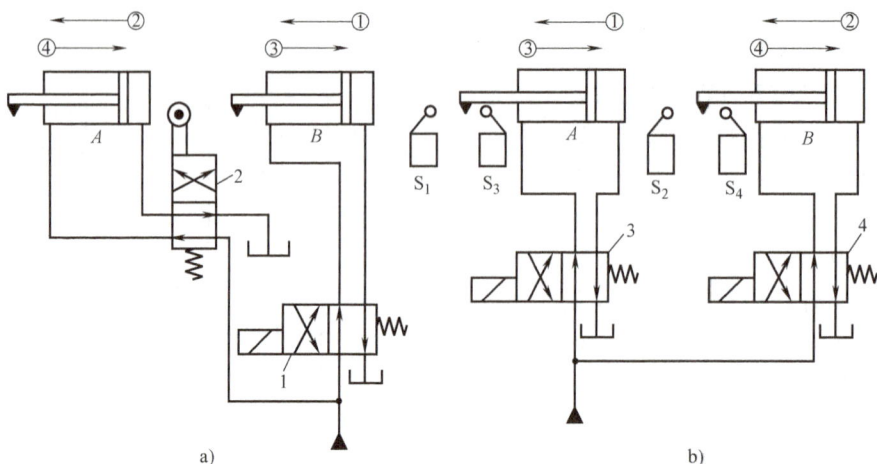

图 6-57　行程控制顺序动作回路

a) 用行程阀控制　b) 用行程开关控制

1、3、4—电磁阀　2—行程阀

图 6-57b 所示为用行程开关控制电磁换向阀 3、4 的通电顺序来实现 A、B 两液压缸按①②③④顺序动作的回路。在图示状态下，电磁阀 3、4 均不通电，两液压缸的活塞均处于右端位置。当电磁阀 3 通电时，压力油进入 A 缸的右腔，其左腔回油，活塞左移实现动作①；当 A 缸工作部件上的挡块碰到行程开关 S_1 时，S_1 发信号使电磁换向阀 4 通电换为左位工作。这时压力油进入 B 缸右腔，缸左腔回油，活塞左移实现动作②；当 B 缸工作部件上的挡块碰到行程开关 S_2 时，S_2 发信号使电磁阀 3 断电换为右位工作。这时压力油进入 A 缸左腔，其右腔回油，活塞右移实现动作③；当 A 缸工作部件上的挡块碰到行程开关 S_3 时，S_3 发信号使电磁阀 4 断电换为右位工作。这时压力油又进入 B 缸左腔，其右腔回油，活塞右移实现动作④。当 B 缸工作部件上的挡块碰到行程开关 S_4 时，S_4 又可发信号使电磁阀 3 通电，开始下一个工作循环。

这种回路的优点是控制灵活方便，其动作顺序更换容易，液压系统简单，易实现自动控制。但顺序转换时有冲击声，位置精度与工作部件的速度和质量有关，而可靠性则由电气元件的质量决定。

(二) 压力控制的顺序动作回路

图 6-58 为用普通单向顺序阀 2 和 3 与电磁换向阀 1 配合动作，使 A、B 两液压缸实现①②③④顺序动作的回路。图示位置，换向阀 1 处于中位停止状态，A、B 两液压缸的活塞均处于左端位置。当电磁铁 1YA 通电阀 1 左位工作时，压力油先进入 A 缸左腔，其右腔经阀 2 中

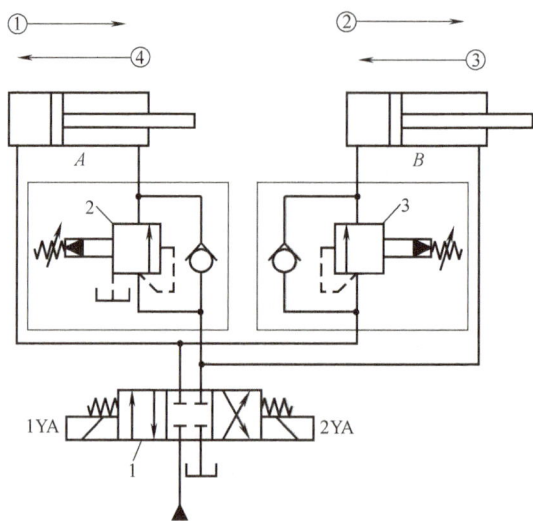

图 6-58　压力控制的顺序动作回路

1—电磁换向阀　2、3—单向顺序阀

单向阀回油，其活塞右移实现动作①；当活塞行至终点停止时，系统压力升高。当压力升高到阀 3 中顺序阀的调定压力时，顺序阀开启，压力油进入 B 缸左腔，B 缸右腔回油，活塞右移实现动作②。当电磁铁 2YA 通电，换向阀 1 右位工作时，压力油先进入 B 缸右腔，B 缸左腔经阀 3 中的单向阀回油，其活塞左移实现动作③；当 B 缸活塞左移至终点停止时，系统压力升高。当压力升高到阀 2 中顺序阀的调定压力时，顺序阀开启，压力油进入 A 缸右腔，A 缸左腔回油，活塞左移实现动作④。当 A 缸活塞左移至终点时，可用行程开关控制电磁换向阀 1 断电换为中位停止，也可再使电磁铁 1YA 通电开始下一个工作循环。

这种回路工作可靠，可以按照要求调整液压缸的动作顺序。顺序阀的调整压力应比先动作液压缸的最高工作压力高（中压系统须高 0.8MPa 左右），以免在系统压力波动较大时产生误动作。

二、同步回路

使两个或多个液压缸在运动中保持相同速度或相同位移的回路，称为同步回路。例如龙门刨床的横梁、轧钢机的液压系统均需同步运动回路。

（一）用调速阀控制的同步回路

图 6-59 为用两个单向调速阀控制并联液压缸的同步回路。图中两个调速阀可分别调节进入两个并联液压缸下腔的流量，使两缸活塞向上伸出的速度相等，这种回路可用于两缸有效工作面积相等时，也可以用于两缸有效工作面积不相等时。其结构简单，使用方便，且可以调速。其缺点是受油温变化和调速阀性能差异等影响，不易保证位置同步，速度的同步精度也较低，误差一般为 5% ~ 7%，用于同步精度要求不太高的系统中。

（二）同步阀及用同步阀控制的同步回路

同步阀是用以保证两个或多个液压缸（或液压马达）达到速度同步的流量控制阀。根据用途不同它可分为分流阀、集流阀和分流集流阀，其图形符号分别如图 6-60a、b、c 所示。这种元件具有结构简单，安装、使用、维护方便等优点。

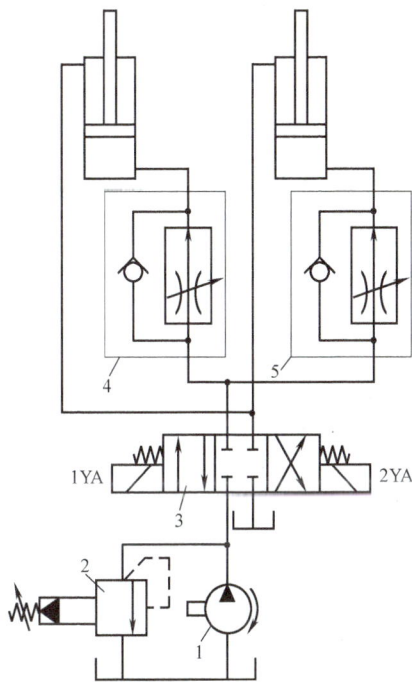

图 6-59　调速阀控制的同步回路

1—泵　2—溢流阀　3—换向阀
4、5—单向调速阀

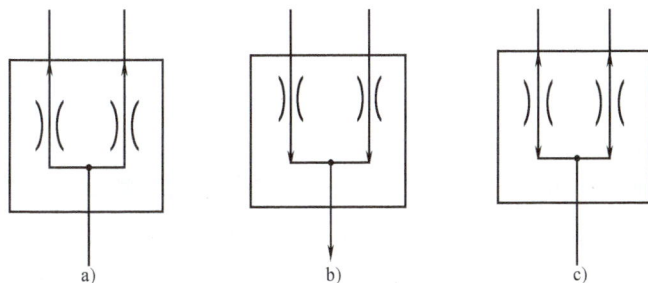

图 6-60　几种同步阀的符号

a）分流阀　b）集流阀　c）分流集流阀

分流阀能使压力油平均分配给各液压缸（或液压马达），或按一定比例分配给液压缸（或液压马达），而不受负载变化的影响。前者称为等量分流阀，后者称为比例分流阀。集流阀是将压力不同的两支分油路的流量按一定比例汇集起来的阀。分流集流阀可兼有分流阀和集流阀的作用。

图 6-61 所示为采用等量分流阀的同步回路。图中电磁换向阀 3 右位工作时，压力油经等量分流阀 5 后以相等的流量进入两液压缸的左腔，两缸右腔回油，两活塞同步向右伸出。当换向阀 3 左位工作时，压力油进入两缸的右腔，两缸左腔分别经单向阀 6 和 4 回油，两活塞快速退回。分流阀的同步误差为 2%~5%。这种回路的优点是简单方便，能承受变动负载与偏载。

（三）带补偿装置的串联液压缸同步回路

图 6-62 中的两液压缸 A、B 串联，B 缸下腔的有效工作面积等于 A 缸上腔的有效工作面积。若无泄漏，两缸可同步下行。但因有泄漏及制造误差，故同步误差较大。采用由液控单向阀 3、电磁换向阀 2 和 4 组成的补偿装置可使两缸每一次下行终点的位置同步误差得到补偿。

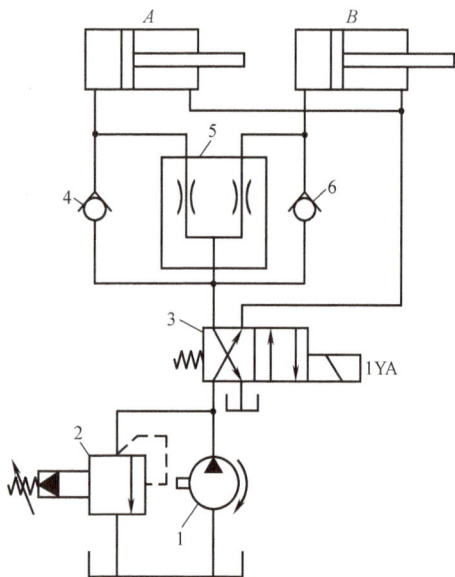

图 6-61 用等量分流阀的同步回路
1—泵 2—溢流阀 3—换向阀 4、6—单向阀
5—等量分流阀

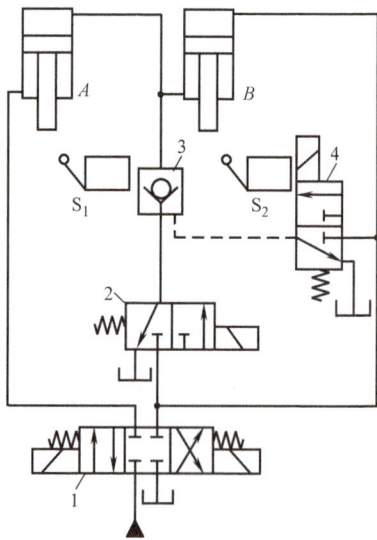

图 6-62 带补偿装置的串联液压缸同步回路
1、2、4—电磁换向阀 3—液控单向阀

其补偿原理是：当换向阀 1 右位工作时，压力油进入 B 缸的上腔，B 缸下腔油流入 A 缸的上腔，A 缸下腔回油，这时两活塞同步下行。若 A 缸活塞先到达终点，它就触动行程开关 S_1 使电磁换向阀 4 通电换为上位工作。这时压力油经阀 4 将液控单向阀 3 打开，同时继续进入 B 缸上腔，B 缸下腔的油可经单向阀 3 及电磁换向阀 2 流回油箱，使 B 缸活塞能继续下行到终点位置。若 B 缸活塞先到达终点，它触动行程开关 S_2，使电磁换向阀 2 通电换为右位工作。这时压力油可经阀 2、阀 3 继续进入 A 缸上腔，使 A 缸活塞继续下行到终点位置。

这种回路适用于终点位置同步精度要求较高的小负载液压系统。

三、互锁回路

在多缸工作的液压系统中，有时要求在一个液压缸运动时不允许另一个液压缸有任何运动，因而常采用液压缸互锁回路。

图 6-63 为双缸并联互锁回路。当三位六通电磁换向阀 5 处于中位，液压缸 B 停止工作时，二位二通液动换向阀 1 右端的控制油路（虚线）经阀 5 中位与油箱连通，因此其左位接入系统。这时压力油可经阀 1、阀 2 进入 A 缸使其工作。当阀 5 左位或右位工作时，压力油可进入 B 缸使其工作。这时压力油还进入了阀 1 的右端使其右位接入系统，因而切断了 A 缸的进油路，使 A 缸不能工作，从而实现了两缸运动的互锁。

四、多缸快慢速互不干扰回路

在一泵多缸的液压系统中，往往会出现由于一个液压缸转为快速运动的瞬时，吸入相当大的流量而造成系统压力的下降，影响其他液压缸工作的平稳性。因此，在速度平稳性要求较高的多缸系统中，常采用快慢速互不干扰回路。

图 6-64 为采用双泵分别供油的快慢速互不干扰回路。液压缸 A、B 均需完成"快进—工进—快退"自动工作循环，且要求工进速度平稳。该油路的特点是：两缸的"快进"和"快退"均由低压大流量泵 2 供油，两缸的"工进"均由高压小流量泵 1 供油。快速和慢速供油渠道不同，因而避免了相互的干扰。

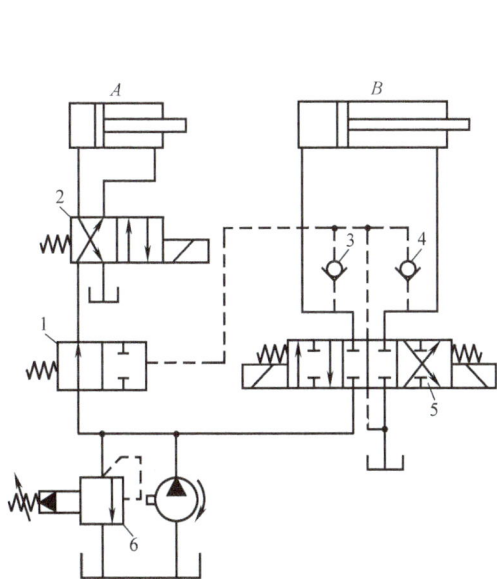

图 6-63　双缸并联互锁回路
1—液动换向阀　2、5—电磁换向阀
3、4—单向阀　6—溢流阀

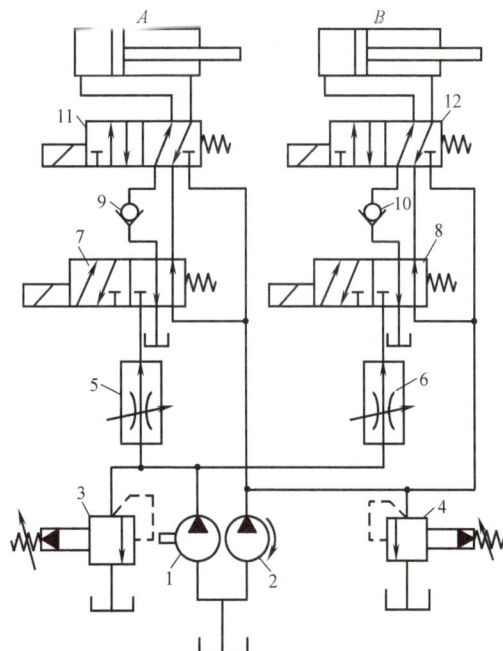

图 6-64　双泵分别供油的快慢速互不干扰回路
1、2—双联泵　3、4—溢流阀　5、6—调速阀
7、8、11、12—电磁换向阀　9、10—单向阀

图示位置电磁换向阀 7、8、11、12 均不通电，液压缸 A、B 活塞均处于左端位置。当

阀11、阀12通电左位工作时，泵2供油，压力油经阀7、阀11与A缸两腔连通，使A缸活塞差动快进；同时泵2压力油经阀8、阀12与B缸两腔连通，使B缸活塞差动快进。当阀7、阀8通电左位工作，阀11、阀12断电换为右位时，液压泵2的油路被封闭不能进入液压缸A、B。泵1供油，压力油经调速阀5、换向阀7左位、单向阀9、换向阀11右位进入A缸左腔，A缸右腔经阀11右位、阀7左位回油，A缸活塞实现工进，同时泵1压力油经调速阀6、换向阀8左位、单向阀10、换向阀12右位进入B缸左腔，B缸右腔经阀12右位、阀8左位回油，B缸活塞实现工进。这时若A缸工进完毕，使阀7、阀11均通电换为左位，则A缸换为泵2供油快退。其油路为：泵2油经阀11左位进入A缸右腔，A缸左腔经阀11左位、阀7左位回油。这时由于A缸不由泵1供油，因而不会影响B缸工进速度的平稳性。当B缸工进结束，阀8、阀12均通电换为左位，也由泵2供油实现快退。由于快退时为空载，对速度的平稳性要求不高，故B缸转为快退时对A缸快退无太大影响。

两缸工进时的工作压力由泵1出口处的溢流阀3调定，压力较高；两缸快速时的工作压力由泵2出口处的溢流阀4限定，压力较低。

第七节　比例阀、插装阀和叠加阀

比例阀、插装阀和叠加阀分别是20世纪60年代末、70年代初和80年代才出现并得到发展的液压控制阀。与普通液压控制阀相比，它们具有许多显著的优点。因此，随着技术的进步，这些液压元件必将会以更快的速度发展，并广泛用于各类设备的液压系统中。

一、比例阀

普通液压阀只能对液流的压力、流量进行定值控制，对液流的方向进行开关控制。而当工作机构的动作要求对其液压系统的压力、流量参数进行连续控制，或控制精度要求较高时，则不能满足要求。这时就需要用电液比例控制阀（简称比例阀）进行控制。

大多数比例阀具有类似普通液压阀的结构特征。它与普通液压阀的主要区别在于，其阀芯的运动采用比例电磁铁控制，使输出的压力或流量与输入的电流成正比。所以可用改变输入电信号的方法对压力、流量进行连续控制。有的阀还兼有控制流量大小和方向的功能。这种阀在加工制造方面的要求接近于普通阀，但其性能却大为提高。比例阀的采用能使液压系统简化，所用液压元件数大为减少，且可采用计算机控制，从而明显提高自动化程度。

比例阀常用直流比例电磁铁控制，电磁铁的前端都附有位移传感器（或称差动变压器）。它的作用是检测比例电磁铁的行程，并向放大器发出反馈信号。放大器将输入信号与反馈信号比较后再向电磁铁发出纠正信号，以补偿误差，保证阀有准确的输出参数，因此它的输出压力和流量可以不受负载变化的影响。

比例阀也分为压力阀、流量阀和方向阀三大类。

（一）比例压力阀及其应用

用比例电磁铁取代直动式溢流阀的手动调压装置，便成为直动式比例溢流阀，如图6-65所示。

将直动式比例溢流阀作为先导阀与普通压力阀的主阀相结合，便可组成先导式比例溢流

5544

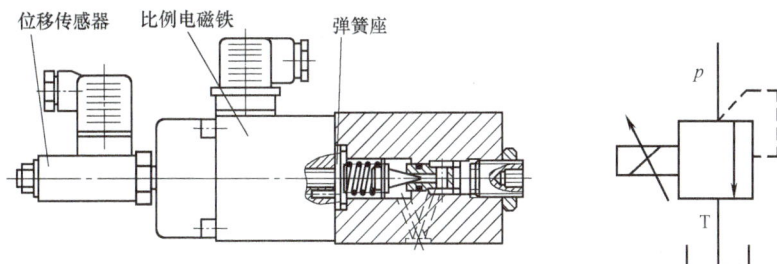

图 6-65 直动式比例溢流阀

阀、先导式比例减压阀等，使这些阀能随电流的变化而连续地或按比例地控制输出油的压力。它们的图形符号如图 6-67a 中元件 1 和图 6-68 中元件 3 所示。

图 6-66 所示为先导式比例溢流阀的结构图。由图可见，该阀可分为两大部分。右边为主阀部分，左边为比例先导阀部分，左边的上部为比例电磁铁部分，左边的下部为先导阀部分。

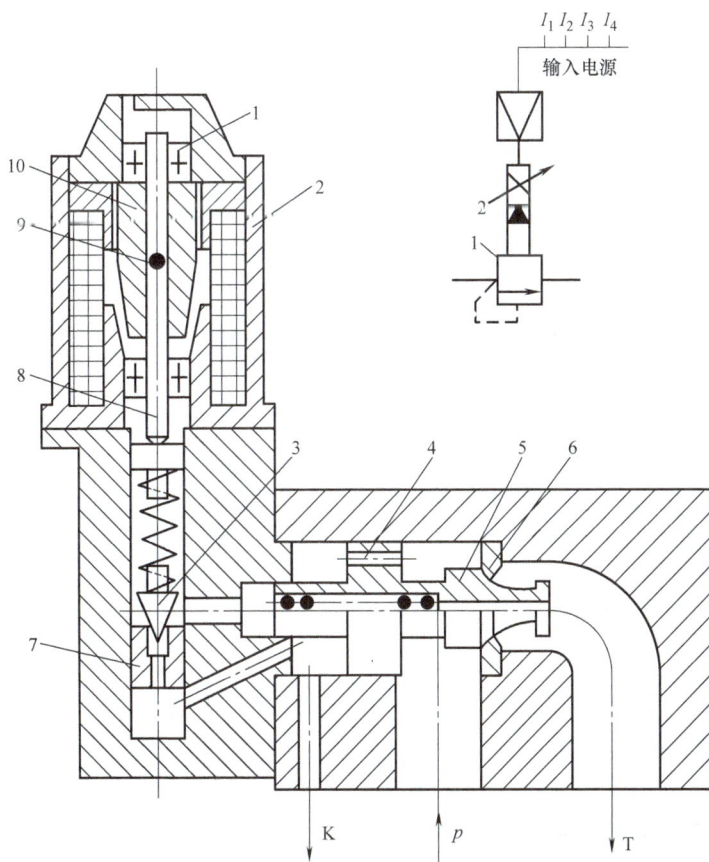

图 6-66 先导式比例溢流阀结构示意图

1—轴承 2—比例电磁铁 3—先导阀 4—阻尼孔 5—主阀芯
6、7—阀座 8—推杆 9—销 10—衔铁

图 6-67a 所示为利用比例溢流阀调压的多级调压回路。改变输入电流 I，即可控制系统的工作压力。它比利用普通溢流阀的多级调压回路（见图 6-67b）所用液压元件数量少，回路简单，且能对系统压力进行连续控制。电液比例溢流阀目前多用于液压压力机、注射机、轧板机等设备的液压系统。

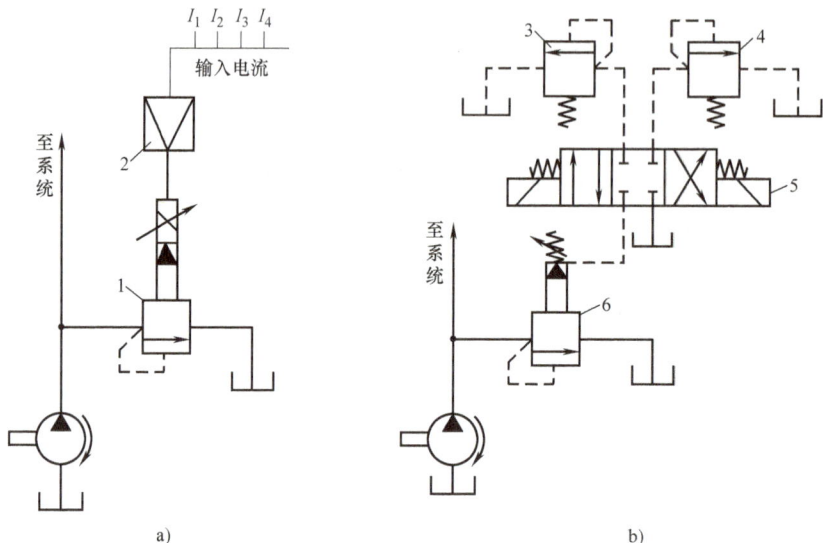

图 6-67　利用比例溢流阀的调压回路

a）用比例溢流阀调压　b）用普通溢流阀调压

1—比例溢流阀　2—电子放大器　3、4—溢流阀　5—换向阀　6—先导式溢流阀

图 6-68 所示为利用比例减压阀的减压回路。它可通过改变输入电流的大小来改变减压阀出口的压力，即改变夹紧缸的工作压力，从而得到最佳夹紧效果。

（二）比例流量阀及其应用

用比例电磁铁取代节流阀或调速阀的手动调速装置，使成为比例节流阀或比例调速阀。它能用电信号控制油液流量，使其与压力和温度的变化无关。它也分为直动式和先导式两种。受比例电磁铁推力的限制，直动式比例流量阀适用作通径不大于 10mm 的小规格阀。当通径大于 10mm 时，常采用先导式比例流量阀。它用小规格比例电磁铁带动小规格先导阀，再利用先导阀的输出放大作用来控制流量大的主节流阀或调速阀，因此能用于压力较高的大流量油路的控制。比例调速阀主要用于多工位加工机床、注射机、抛砂机等液压系统的多速控制。

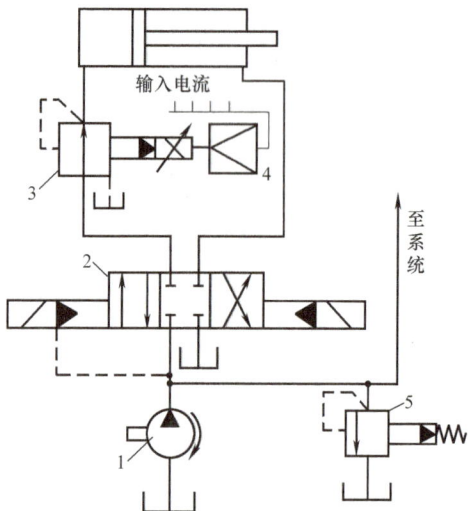

图 6-68　利用比例减压阀的减压回路

1—泵　2—电液换向阀　3—比例减压阀

4—电子放大器　5—溢流阀

图 6-69a 所示为比例调速阀结构示意图（其图形符号见图 6-69b），它是由调速阀与比例电磁铁组合而成的。当有电信号输入时，比例电磁铁产生的电磁力通过推杆 4 推动节流阀阀芯 2 左移，使节流阀芯处于弹簧力与电磁力相平衡的位置上，并由此决定了节流口的开口大小。由于定差减压阀已保证了节流阀前后压差为定值，所以一定的输入电流量对应一定的输出流量。

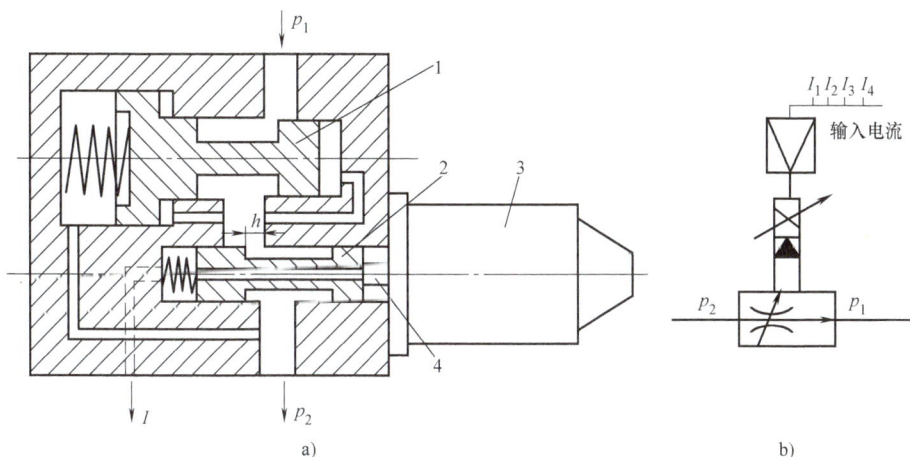

图 6-69　电液比例调速阀结构示意图

1—减压阀阀芯　2—节流阀阀芯　3—比例电磁铁　4—推杆

图 6-70b 所示为采用比例调速阀的调速回路。改变比例调速阀输入电流即可使液压缸获得所需要的运动速度。用该回路代替转塔车床回转刀架纵向进给液压缸的调速回路（见图 6-70a），不仅减少了元件的数量，还可大大改善其性能，使装在转塔刀架上的每一把刀都可以得到理想的进给速度。

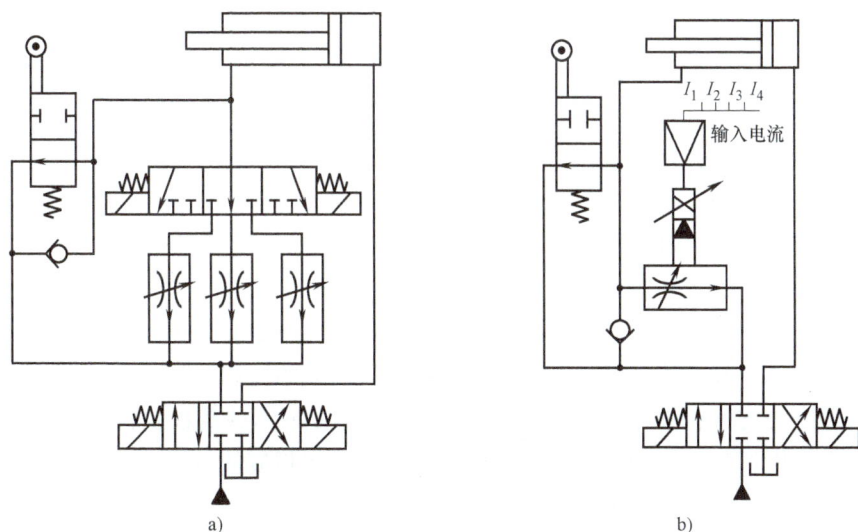

图 6-70　采用比例调速阀的调速回路

a）用普通调速阀调速　b）用比例调速阀调速

（三）比例方向阀及其应用

用比例电磁铁取代电磁换向阀中的普通电磁铁，便构成直动式比例方向阀，如图 6-71 所示。其阀芯的行程可以连续地或按比例地改变，且其阀芯上的凸肩制作出三角形阀口（不是全周长阀口），因而利用比例换向阀不仅能改变执行元件的运动方向，还能通过控制换向阀的阀芯位置来调节阀口的开度。故实质上，它是兼有方向控制和流量控制两种功能的复合控制阀。

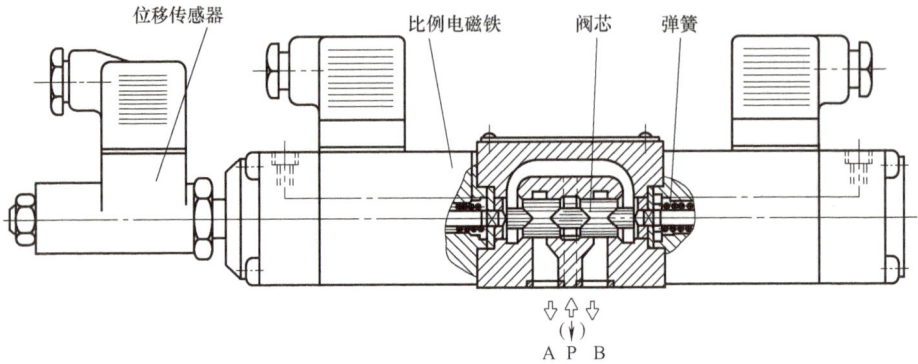

图 6-71 电反馈直动式比例方向阀

当流量较大时（阀的通径大于 10mm），需采用先导式比例方向阀。例如，压力控制型先导式比例方向阀、电反馈型先导式比例方向阀等。此外，多个比例方向阀也能组成比例多路阀。

用比例溢流阀、比例节流阀等元件与变量叶片泵组合可构成比例复合叶片泵，使泵的输出压力和流量用电信号比例控制得到最佳值。用先导式比例方向阀与内装位移传感器的液压缸组合可构成比例复合缸，这种复合缸很容易实现活塞位移或速度的电气比例控制。

总之，采用比例阀既能提高液压系统性能参数及控制的适应性、大大简化液压系统，又能明显地提高其控制的自动化程度。

二、插装阀

插装阀也称为插装式锥阀或逻辑阀。它是一种结构简单，标准化、通用化程度高，通油能力大，液阻小，密封性能和动态特性好的新型液压控制阀。目前在液压压力机、塑料成型机械、压铸机等高压大流量系统中应用很广泛。

（一）基本结构和工作原理

插装阀主要由锥阀组件、阀体、控制盖板及先导元件组成。如图 6-72 所示，阀套 2、弹簧 3 和锥阀 4 组成锥阀组件，插装在阀体 5 的孔内。上面的控制盖板 1 上设有控制油路与其先导元件连通（先导元件图中未画出）。锥阀组件上配置不同的盖板，就能实现各种不同的功能。同一阀体内可装入若干个不同机能的锥阀组件，加相应的盖板和控制元件组成所需要的液压回路或系统，可使结构很紧凑。

从工作原理讲，插装阀是一个液控单向阀。如图 6-72 所示，A、B 为主油路通口，K 为控制油口。设 A、B、K 油口所通油腔的油液压力及有效工作面积分别为 p_A、p_B、p_K 和 A_1、

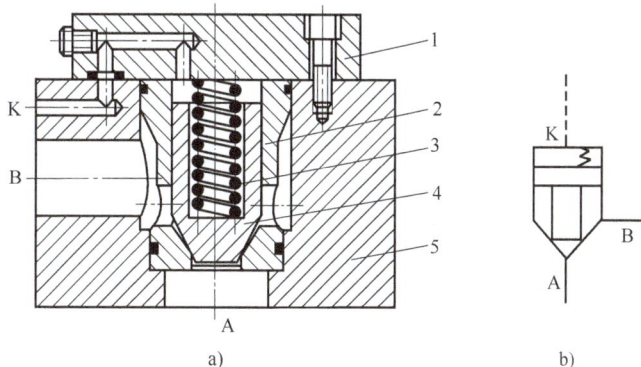

图 6-72 插装式锥阀
1—控制盖板 2—阀套 3—弹簧 4—锥阀 5—阀体

A_2、A_K（$A_1 + A_2 = A_K$），弹簧的作用力为 F_s，且不考虑锥阀的质量、液动力和摩擦力等的影响，则当 $p_A A_1 + p_B A_2 < F_s + p_K A_K$ 时，锥阀闭合，A、B 油口不通；当 $p_A A_1 + p_B A_2 > F_s + p_K A_K$ 时，锥阀打开，油口 A、B 连通。因此可知，当 p_A、p_B 一定时，改变控制油腔 K 的油压 p_K，可以控制 A、B 油口的通断。当控制油口 K 接通油箱时，$p_K = 0$，锥阀下部的液压力超过弹簧力时，锥阀即打开，使油口 A、B 连通。这时若 $p_A > p_B$，则油由 A 流向 B；若 $p_A < p_B$，则油由 B 流向 A。当 $p_K \geqslant p_A$，$p_K \geqslant p_B$ 时，锥阀关闭，A、B 不通。

插装式阀锥阀芯的端部可开阻尼孔或节流三角槽，也可以制成圆柱形。插装式锥阀可用作方向控制阀、压力控制阀和流量控制阀。

（二）插装式锥阀用作方向控制阀

1. 用作单向阀和液控单向阀

将插装锥阀的 A 或 B 油口与控制油口 K 连通时，即成为单向阀。如图 6-73a 所示，A 与 K 连通，故当 $p_A > p_B$ 时，锥阀关闭，A 与 B 不通；当 $p_A < p_B$ 时，锥阀开启，油液由 B 流向 A。在图 6-73b 中，B 与 K 连通，当 $p_A < p_B$ 时，锥阀关闭，A 与 B 不通；当 $p_A > p_B$ 时，锥阀开启，油液由 A 流向 B。锥阀下面的符号为可以替代的普通液压阀符号。

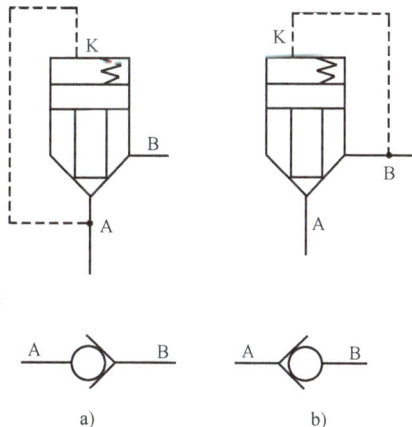

图 6-73 插装式锥阀用作单向阀

在控制盖板上接一个二位三通液动换向阀，用以控制插装锥阀控制腔的通油状态，即成为液控单向阀，如图 6-74 所示。当换向阀的控制油口不通压力油，换向阀为左位（图示位置）时，油液只能由 A 流向 B；当换向阀的控制油口通入压力油，换向阀为右位时，锥阀上腔与油箱连通，因而油液也可由 B 流向 A。锥阀下面的符号为可以替代的普通液压阀符号。

2. 用作换向阀

用小规格二位三通电磁换向阀来转换控制腔 K 的通油状态，即成为能通过高压大流量的二位二通换向阀，如图 6-75 所示。当电磁换向阀左位（图示状态）时，油液只能由 B 流向 A；当电磁阀通电换为右位时，K 与油箱连通，油液也可由 A 流向 B。

图 6-74　插装式锥阀用作液控单向阀

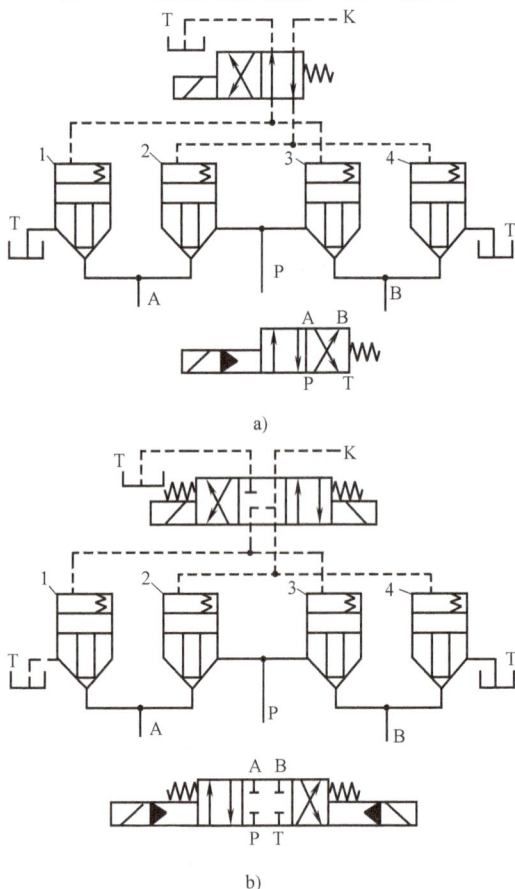

图 6-75　插装式锥阀用作二位二通换向阀

　　用小规格二位四通电磁换向阀控制四个插装式锥阀的启闭，来实现高压大流量主油路的换向，即可构成二位四通换向阀，如图 6-76a 所示。当电磁阀不通电（图示位置）时，插装式锥阀 1 和 3 因控制油腔通油箱而开启，插装式锥阀 2 和 4 因控制油腔通入压力油而关闭。因此主油路中压力油由 P 经阀 3 进入 B，回油由 A 经阀 1 流回油箱 T；当电磁阀通电换为左位时，插装式锥阀 1 和 3 因控制油腔通入压力油而关闭，插装式锥阀 2 和 4 因控制油腔通油箱而开启。因此主油路中压力油由 P 经阀 2 进入 A，回油由 B 经阀 4 流回油箱 T。

　　用一个小规格三位四通电磁换向阀和四个插装式锥阀可组成一个能控制高压大流量主油路换向的三位四通换向阀，如图 6-76b 所示。该组阀中，三位四通电磁阀左位和右位时，控制插装式锥阀的工作原理与二位四通阀相同。其中位时的通油状态由三位四通电磁阀的中位机能决定。图例中，电磁阀中位时，四个插装式锥阀的控制油腔均通压力油，因此均为关闭状态，故主换向阀的中位机能为 O 型。

　　改变电磁换向阀的中位机能，可改变插

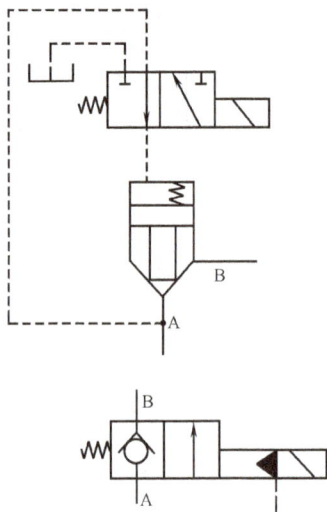

a)

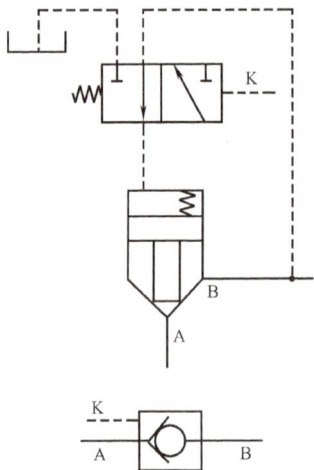

b)

图 6-76　插装式锥阀用作四通换向阀
a）用作二位四通换向阀　b）用作三位四通换向阀
1、2、3、4—插装式锥阀

装换向阀的中位机能。改变先导电磁阀的个数，也可使插装换向阀的工作位置数得到改变。

（三）插装式锥阀用作压力控制阀

对插装式锥阀的控制油腔 K 的油液进行压力控制，即可构成各种压力控制阀，以控制高压大流量液压系统的工作压力。其结构原理如图 6-77a、b、c 所示。用直动式溢流阀作为先导阀来控制插装式主阀，在不同的油路连接下便构成不同的插装式压力阀。在图 6-77a 中，插装式锥阀 1 的 B 腔与油箱连通，其控制油腔 K 与溢流阀 2 相连，溢流阀 2 的出油口与油箱相连，这样就构成了插装式溢流阀。即当插装式锥阀 A 腔压力升高到溢流阀 2 的调定压力时，先导阀打开油液流过主阀芯阻尼孔 a 时造成两端压力差，使主阀芯抬起，A 腔压力油便经主阀开口由 B 溢回油箱，实现稳压溢流。在图 6-77b 中，插装式锥阀 1 的 B 腔通油箱，控制油腔 K 接二位二通电磁换向阀 3，即构成了插装式卸荷阀。当电磁阀 3 通电，使锥阀控制腔 K 接通油箱时，锥阀芯抬起，A 腔油便在很低的油压下流回油箱，实现卸荷。在图 6-77c 中，插装式锥阀 1 的 B 腔接压力油路，控制油腔 K 接溢流阀 2，便构成插装式顺序阀。即当 A 腔压力达到先导阀的调定压力时，先导阀打开，控制 A 腔油液经先导阀流回油箱，油液流过主阀芯阻尼孔 a，造成主阀两端压差，使主阀芯抬起，A 腔压力油便经主阀开口由 B 流入阀后的压力油路。

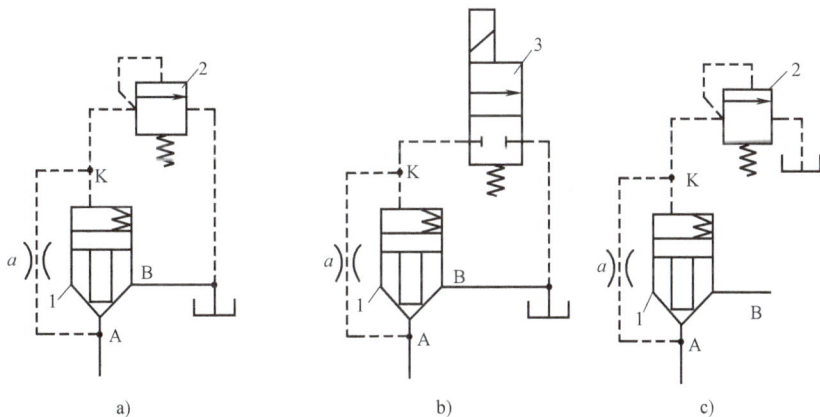

图 6-77 插装式锥阀用作压力阀

a）用作溢流阀 b）用作卸荷阀 c）用作顺序阀
1—锥阀 2—溢流阀 3—电磁换向阀

此外，若以比例溢流阀作先导阀代替图 6-77a 中直动式溢流阀，则可构成插装式比例溢流阀。若主阀采用油口常开的圆锥阀芯可构成插装式减压阀。

（四）插装式锥阀用作流量控制阀

在插装锥阀的盖板上，增加阀芯行程调节装置，调节阀芯开口的大小，就构成了一个插装式可调节流阀，如图 6-78 所示。这种插装阀的锥阀芯上开有三角槽，用以调节流量。若在插装式节流阀前串联一差压式减压阀，就可组成插装式调速阀。若用比例电磁铁取代插装式节流阀的手调装置，即可组成插装式比例节流阀。不过在高压大流量系统中，为减少能量损失，提高效率，仍应采用容积调速。

（五）插装阀应用简例

图 6-79 所示为采用插装阀控制立式柱塞缸实现"慢速上升→保压停留→回程下降→停止"工作循环的液压系统图。

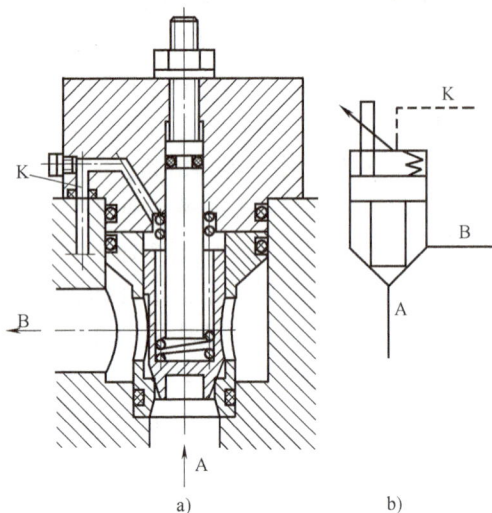

图 6-78　插装式可调节流阀

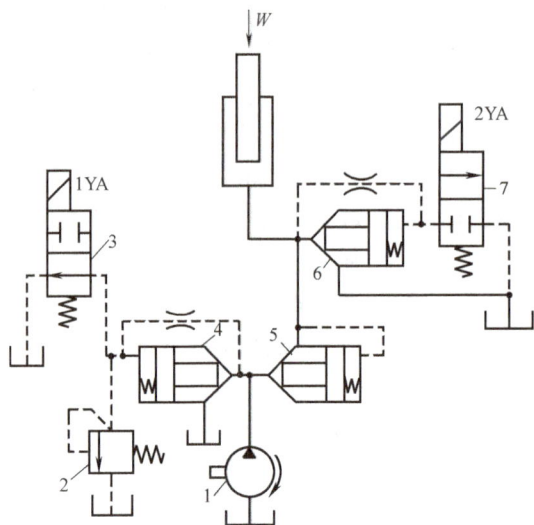

图 6-79　用插装阀的液压系统图

1—变量泵　2—溢流阀
3、7—电磁换向阀　4、5、6—锥阀

该液压系统的工作原理分析如下：

1. 承压上升

当 1YA 通电，锥阀 4 由先导式溢流阀 2 控制，成为系统的安全阀。这时压力油经单向锥阀 5 进入柱塞缸，推重物上升。

2. 保压停留

重物上升到位后，使 1YA 断电，锥阀 4 开启，使泵卸荷，此时锥阀 5 和锥阀 6 均为关闭状态，系统保压，柱塞在上位停留。

3. 回程下降

当仅 2YA 通电时，锥阀 4 仍使泵卸荷，锥阀 5 仍关闭，而锥阀 6 则开启，缸内油液经锥阀 6（锥阀 6 起背压阀作用）回油箱，柱塞因自重下落回程。

4. 原位停止

柱塞降至原位，2YA 断电，锥阀 6 关闭，柱塞原位停止。

三、叠加阀

（一）概述

叠加式液压阀简称叠加阀，它是近年来在板式阀集成化基础上发展起来的新型液压元件。这种阀既具有板式液压阀的工作功能，其阀体本身又同时具有通道体的作用，从而能用其上、下安装面呈叠加式无管连接，组成集成化液压系统。

叠加阀自成体系，每一种通径系列的叠加阀，其主油路通道和螺钉孔的大小、位置、数量都与相应通径的板式换向阀相同。因此，同一通径系列的叠加阀可按需要组合叠加起来组成不同的系统。通常用于控制同一个执行件的各个叠加阀与板式换向阀及底板纵向叠加成一叠，组成一个子系统。其换向阀（不属于叠加阀）安装在最上面，与执行件连接的底板块放在最下面。控制液流压力、流量，或单向流动的叠加阀安装在换向阀与底板块之间，其顺序应按子系统动作要求安装。由不同执行件构成的各子系统之间可以通过底板块横向叠加成为一个完整的液压系统，其外观图如图6-80所示。

叠加阀的主要优点如下。

1）标准化、通用化、集成化程度高，设计、加工、装配周期短。

2）用叠加阀组成的液压系统结构紧凑，体积小，重量轻，外形整齐美观。

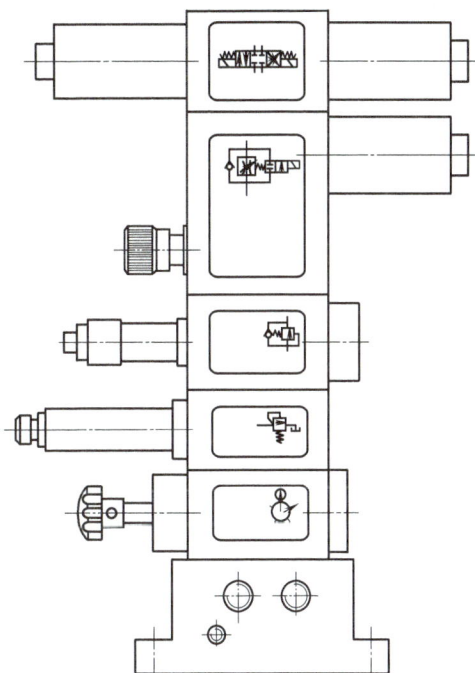

图6-80　叠加阀叠积总成外观图

3）叠加阀可集中配置在液压站上，也可分散安装在设备上，配置形式灵活。系统变化时，元件重新组合叠装方便、迅速。

4）因不用油管连接，压力损失小，漏油少，振动小，噪声小，动作平稳，使用安全可靠，维修容易。

其缺点是回路形式较少，通径较小，品种规格尚不能满足较复杂和大功率液压系统的需要。

目前，我国已生产 $\phi6mm$、$\phi10mm$、$\phi16mm$、$\phi20mm$、$\phi32mm$ 五个通径系列的叠加阀，其连接尺寸符合 ISO4401 国际标准，最高工作压力为 20MPa。

根据叠加阀的工作功能，它可以分为单功能叠加阀和复合功能叠加阀两类。

（二）单功能叠加阀

单功能叠加阀与普通板式液压阀类同，也具有压力控制阀（如溢流阀、减压阀、顺序阀等）、流量控制阀（如节流阀、单向节流阀、调速阀、单向调速阀等）和方向控制阀（仅包括单向阀、液控单向阀）。在一块阀体内部，可以组装一个单阀，也可能组装为双阀。一个阀体中有 P、T、A、B 四条以上通路，所以阀体内组装各阀根据其通道连接状况，可产生多种不同的控制组合方式。

1. 叠加式溢流阀

图6-81 所示为 Y_1-F-10D-P/T 先导式叠加式溢流阀。它由主阀和先导阀两部分组成。Y 表示溢流阀；F 表示压力为 20MPa；10 表示通径为 $\phi10mm$；D 表示叠加阀；P/T 表示进油口为 P，回油口为 T。其符号如图6-81b 所示。图6-81c 所示为 P_1/T 型的符号，它主要用于双泵供油系统高压泵的调压和溢流。

叠加式溢流阀的工作原理与一般的先导式溢流阀相同。压力油由进油口 P 进入主阀芯 6 右端的 e 腔，并经阀芯上阻尼孔 d 流至主阀芯 6 左端 b 腔，还经小孔 a 作用于锥阀 3 上。当

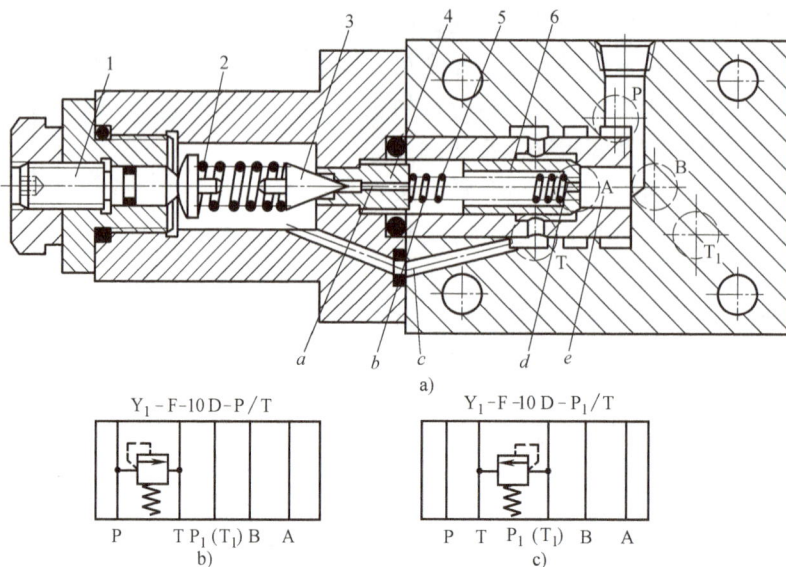

图 6-81 叠加式溢流阀

1—推杆 2—弹簧 3—锥阀 4—阀座 5—弹簧 6—主阀芯

系统压力低于溢流阀调定压力时，锥阀 3 关闭，主阀芯 6 在弹簧力作用下处于关闭位置，阀不溢流；当系统压力达到溢流阀的调定压力时，锥阀 3 开启，b 腔油液经锥阀口及孔道 c 由油口 T 流回油箱，主阀芯 6 右腔的油经阻尼孔 d 向左流动，因而在主阀芯两端产生了压力差，使主阀芯 6 向左移动将主阀阀口打开，使油由出油口 T 溢回油箱。调节弹簧 2 的预压缩量便可改变溢流阀的调整压力。

2. 叠加式流量阀

图 6-82 所示为 QA-F6/10D-BU 型单向调速阀。QA 表示单向调速阀；F 表示压力为

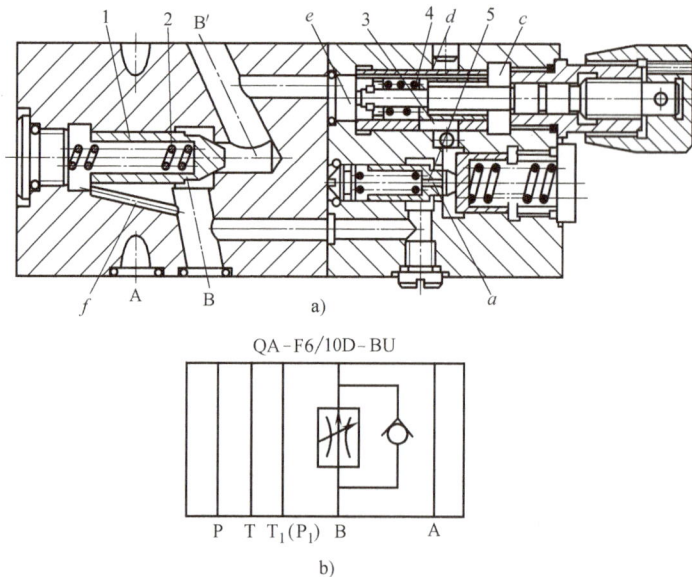

图 6-82 叠加式调速阀

1—单向阀 2、4—弹簧 3—节流阀 5—减压阀

20MPa；6/10 表示该阀通径为 $\phi6mm$，而其接口尺寸属于 $\phi10mm$ 系列；D 表示叠加阀；B 表示该阀适用于液压缸 B 腔油路上；U 表示调速节流阀其出口节流。其工作原理与一般单向调速阀基本相同。

当压力油由油口 B 进入时，油可进入单向阀 1 的左腔，使单向阀口关闭；同时又可经过调速阀中的减压阀和节流阀，由油口 B′ 流出。当压力油由油口 B′ 进入时，压力油可将单向阀芯顶开，经单向阀由油口 B 流出，而不流经调速阀。

以上两种叠加阀在结构上均属于组合式，即将叠加阀体做成通油孔道体，仅将部分控制阀组件置于其阀体内，而将另一部分控制阀或其组件做成板式连接的部件，将其安装在叠加阀体的两端，并和相关的油路连通。通常小通径的叠加阀采用组合式结构。通径较大的叠加阀则多采用整体式结构，即将控制阀和油道组合在同一阀体内。

（三）复合功能叠加阀

复合功能叠加阀，又称作多机能叠加阀。它是在一个控制阀芯单元中实现两种以上控制机能的叠加阀，多采用复合结构形式。

图 6-83 为我国研制开发的电动单向调速阀。它由先导板式阀 1、主体阀 2 和调速阀 3 组合而成。调速阀部分作为一个独立的组件以板式阀的连接方式，复合到叠加阀主体的侧面，使调速阀性能易于保证，并可提高组合件的标准化、通用化程度。其先导阀采用直流湿式电磁铁控制其阀芯的运动。

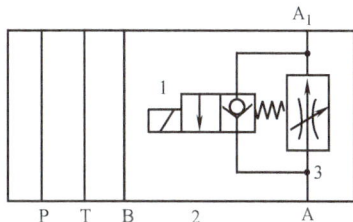

图 6-83　电动单向调速阀

该阀用于控制机床液压系统，使运动部件实现"快进→工进→快退"工作循环。当电磁铁通电使先导阀芯移位时，压力油可由 A_1 经主阀体中的锥阀到 A，使运动部件"快进"；当电磁铁断电，先导阀芯复位时，压力油只能经调速阀由 A_1 流至 A，使运动部件慢速"工进"；当压力油由 A 进入该阀时，则可经过自动打开的锥阀（单向阀），由 A_1 流出，使运动部件"快退"。

（四）叠加阀的应用举例

图 6-84 为能使上料机构立式液压缸实现"快上→慢上→快下"工作循环的液压系统原理图。图 6-85 为采用叠加阀组成的液压系统原理图，其工作原理可参照图中电磁铁动作表分析。

1. 快上

当 2YA 通电阀 6 右位工作时，两泵油经阀 6、阀 7、阀 8 进入缸下腔，缸上腔经阀 9 中电磁阀及阀 6 回油，活塞快速上行。

2. 慢上

当 3YA 也通电时，缸上腔须经阀 9 中调速阀回油，且系统承载压力升高，液控顺序阀 5 开启，使泵 1 卸荷，系统仅由泵 2 供油，压力由阀 3 调定，活塞以调速阀调节速度慢速上行。

若需在上行到位时停留，则可使 2YA 断电，阀 6 回中位，阀 7 可将缸下腔油路封住，活塞则不会因自重而下滑。

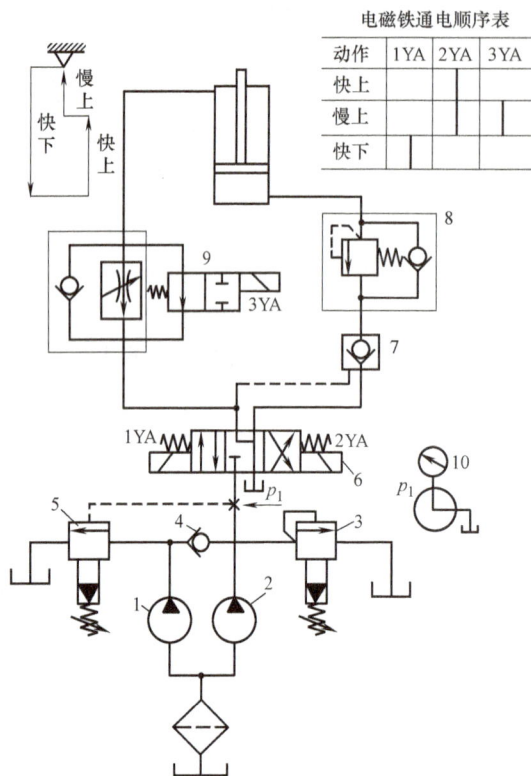

图 6-84　液压系统原理图

1、2—双联泵　3—溢流阀　4—单向阀　5—卸荷阀
6—电磁换向阀　7—液控单向阀　8—单向顺序阀
9—电磁调速阀　10—压力表

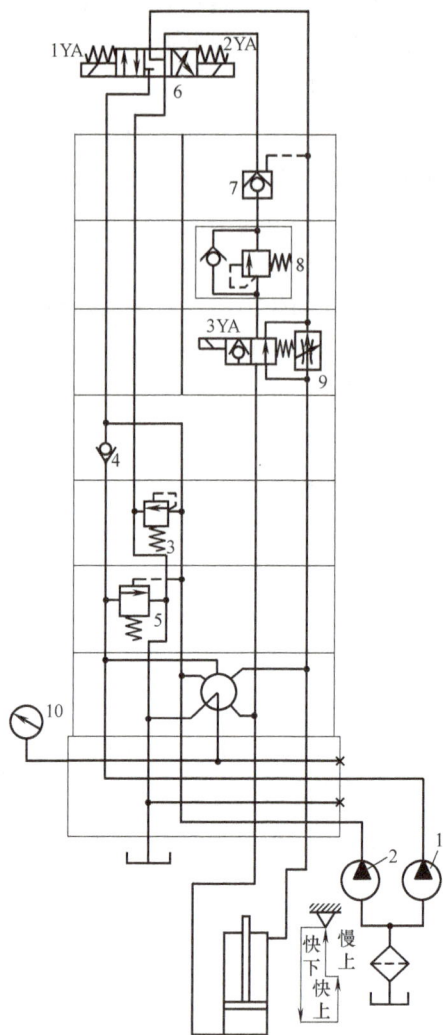

图 6-85　叠加阀组成的液压系统原理图

1、2—双联泵　3—溢流阀　4—单向阀
5—液控顺序阀　6—电磁换向阀　7—液控单向阀
8—单向顺序阀　9—电磁调速阀　10—压力表

3. 快下

当仅 1YA 通电时，阀 6 左位工作，两泵油经阀 9 中单向阀进入缸上腔，并使阀 7 开启，缸下腔油经阀 8 中顺序阀及阀 7、阀 6 回油，活塞下行。这时顺序阀实为背压阀。活塞行至原位，1YA 断电，使其原位停止。

思考题和习题

6-1　试说明图 6-2c 所示带卸荷阀芯内泄式液控单向阀的工作原理。

6-2　试说明电液动换向阀的组成特点及各组成部分的功用。

6-3　三位换向阀的哪些中位机能能满足下表所列特性，请在相应位置打"√"。

特性	O 型	H 型	Y 型	P 型	M 型
换向位置精度高					
系统卸荷					
系统保压					
使液压缸能浮动					
启动平稳					

6-4 图 6-16 所示锁紧回路为什么采用中位机能为 H 型的三位四通电磁换向阀？如果采用 O 型或 M 型的三位四通换向阀，其锁紧效果是否更好些？为什么？

6-5 图 6-17a、c 所示直动式溢流阀，其阀芯结构不同（前者为圆柱形，后者为圆锥形），哪一种调压能更高些？锥阀芯有什么优缺点？能否进一步改进？

6-6 溢流阀有哪几种用法？

6-7 若先导式溢流阀主阀芯上的阻尼孔堵塞，会出现什么故障？若其先导阀锥阀座上的进油孔堵塞，又会出现什么故障？

6-8 某溢流阀的额定流量为 10L/min，其压力—流量特性曲线如图 6-86 所示，开启压力为 4MPa，调整压力为 5MPa，试分析其溢流量为 1L/min 时，溢流阀的稳压性能。

6-9 溢流阀、顺序阀、减压阀各有什么作用？它们在原理上和图形符号上有何异同？顺序阀能否当溢流阀用？

6-10 图 6-87 所示两个液压系统的泵组中，各溢流阀的调整压力分别为 $p_A = 4MPa$，$p_B = 3MPa$，$p_C = 2MPa$，若系统的外负载趋于无限大时，泵出口的压力各为多少？

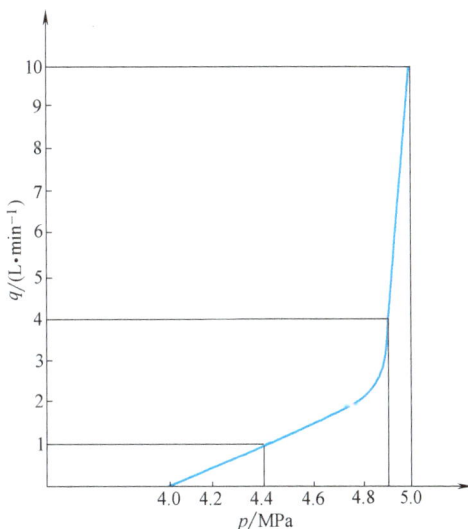

图 6-86 题 6-8 图

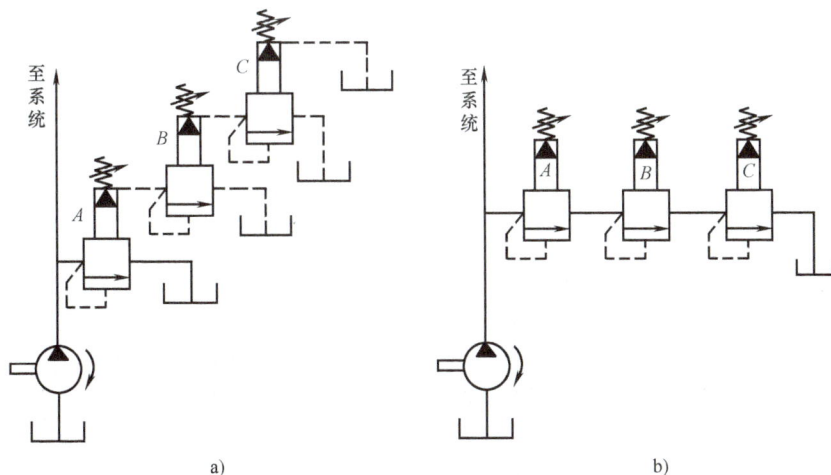

图 6-87 题 6-10 图

6-11 图 6-28a 所示平衡回路中，已知液压缸直径 $D=100\text{mm}$，活塞杆直径 $d=70\text{mm}$，活塞及负载总重 $W=16\times10^3\text{N}$，提升时要求在 0.1s 内达到稳定上升速度 $v=6\text{m/min}$。试确定溢流阀和顺序阀的调定压力。

6-12 图 6-30 所示减压回路中，若溢流阀的调整压力为 5MPa，减压的调定压力为 1.5MPa，试分析活塞在运动时和夹紧工件其运动停止时 A、B 处的压力值（至系统的主油路截止，活塞运动时夹紧缸的压力为 0.5MPa）。

6-13 什么是压力继电器的开启压力和闭合压力？压力继电器的返回区间如何调整？

6-14 节流阀的最小稳定流量有什么意义？节流阀的位置对液压缸的最低速度有什么影响？

6-15 调速阀与节流阀在结构和性能上有何异同？各适用于什么场合下？

6-16 调速回路有哪几类？各适用于什么场合？

6-17 某液压系统采用限压式变量叶片泵供油，调定后泵的特性曲线如图 6-88 所示。泵的最大流量 $q_{max}=40\text{L/min}$，$p_B=3\text{MPa}$，$p_C=5\text{MPa}$，活塞面积 $A_1=5\times10^{-3}\text{m}^2$，活塞杆面积 $A_2=2.5\times10^{-3}\text{m}^2$。试确定：

1）负载为 $2\times10^4\text{N}$ 时，活塞运动速度 $v_1=?$

2）此时液压缸的输出功率 $P=?$

3）活塞快退时的速度 $v=?$

6-18 图 6-89 所示油路中，液压缸无杆腔有效面积 $A_1=100\text{cm}^2$，有杆腔的有效面积 $A_2=50\text{cm}^2$，液压泵的额定流量为 10L/min。试确定：

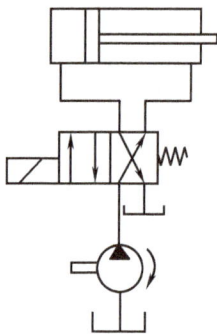

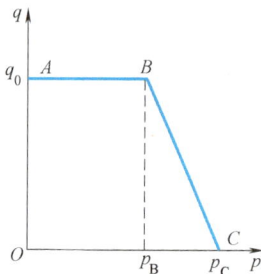

图 6-88 题 6-17 图

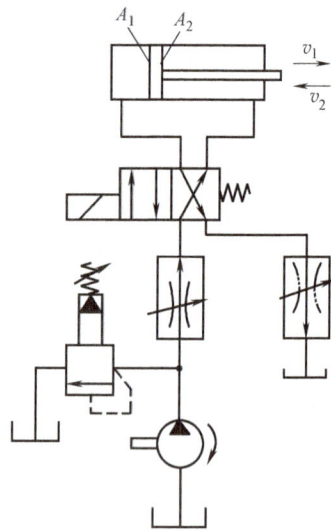

图 6-89 题 6-18 图

1）若节流阀开口允许通过的流量为 6L/min，活塞向左移动的速度 $v_1=?$ 其返回速度 $v_2=?$

2）若将此节流阀串接在回油路上（其开口不变）时，$v_1=?$ $v_2=?$

3）若节流阀的最小稳定流量为 0.05L/min，该液压缸能得到的最低速度是多少？

6-19 常用的快速运动回路有哪几种？各适用于什么场合？

6-20 液压缸工作进给时压力 $p=4.5\text{MPa}$，流量 $q=2\text{L/min}$，由于快进需要，现采用 YB-25 或 YB-4/25 两种泵对系统供油，泵的总效率 $\eta=0.8$，溢流阀的调定压力为 5MPa，双联泵中低压泵卸荷压力为 0.12MPa，不计其他损失，试分别计算采用不同泵时系统的效率（见图 6-90）。

6-21 快、慢速转换回路有哪几种形式？各有什么优缺点？

6-22 如图 6-56a 所示，当电磁换向阀 6 由图示位置换为右位工作时（使 3YA 通电），液压缸中的活塞常出现前冲现象，试分析其产生的原因。

6-23 图 6-91 所示油路要实现"快进—工进—快退"工作循环，如设置压力继电器的目的是为了控制活塞换向。试问，图中有哪些错误？应如何改正？

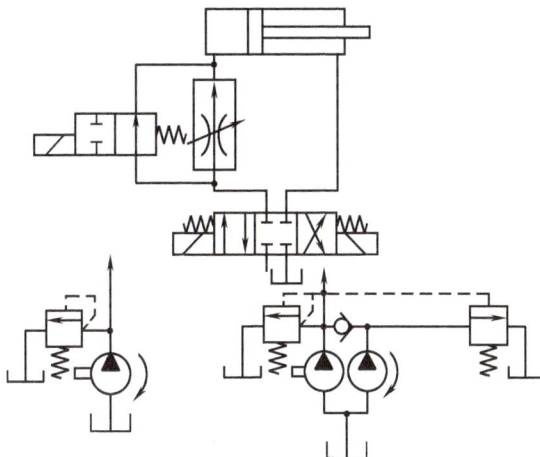

图 6-90 题 6-20 图

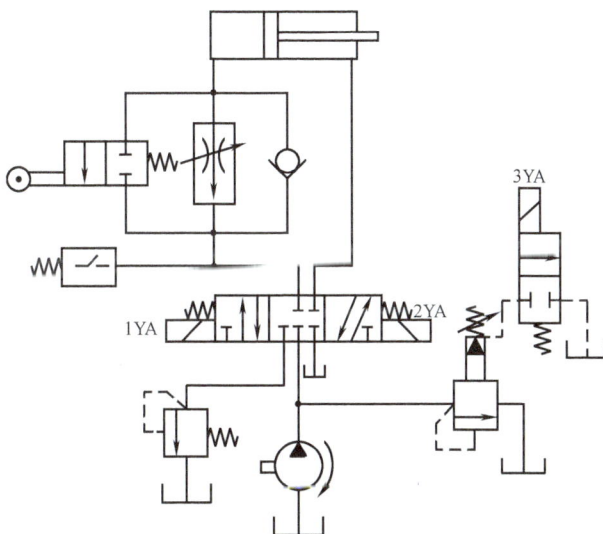

图 6-91 题 6-23 图

6-24 试说明电液比例压力阀和电液比例调速阀的工作原理，与一般压力阀和调速阀相比，它们有何优点？

6-25 试说明插装式锥阀的工作原理及特点。试画出用插装式锥阀实现如图 6-92 所示机能的三位四通换向阀。

图 6-92 题 6-25 图

第七章　典型液压传动系统

为了使液压设备实现特定的运动循环或工作，将实现各种不同运动的执行元件及其液压回路拼集、汇合起来，用液压泵组集中供油，形成一个网络，就构成了设备的液压传动系统，简称液压系统。

设备的液压系统图是用规定的图形符号画出的液压系统原理图。这种图表明了组成液压系统的所有液压元件及它们之间相互连接的情况，还表明了各执行元件所实现的运动循环及循环的控制方式等，从而表明了整个液压系统的工作原理。

本章分析了几种不同类型液压系统的组成、工作原理及其特点，使学生熟悉常见设备液压系统的工作原理，加深对各种液压回路在液压系统中功用的理解，加深对各类液压元件所能实现功能的理解，初步掌握分析较复杂液压系统的方法，为正确使用、调整、维护液压设备及独立设计较简单的液压系统奠定必要的基础。

分析和阅读较复杂的液压系统图，大致可按以下步骤进行。

1）了解设备的功用及对液压系统动作和性能的要求。

2）初步分析液压系统图，并按执行元件数将其分解为若干个子系统。

3）对每个子系统进行分析：分析组成子系统的基本回路及各液压元件的作用；按执行元件的工作循环分析实现每步动作的进油和回油路线。

4）根据设备对液压系统中各子系统之间的顺序、同步、互锁、防干扰或联动等要求分析它们之间的联系，弄懂整个液压系统的工作原理。

5）归纳出设备液压系统的特点和使设备正常工作的要领，加深对整个液压系统的理解。

第一节　组合机床动力滑台的液压系统

一、概述

液压动力滑台是组合机床上用以实现进给运动的一种通用部件，其运动是靠液压缸驱动的。滑台台面上可安装动力箱、多轴箱及各种专用切削头等工作部件。滑台与床身、中间底座等通用部件可组成各种组合机床，完成钻、扩、铰、镗、铣、车、刮端面、攻螺纹等工序的机械加工，并能按多种进给方式实现半自动工作循环。

组合机床一般为多刀加工，切削负荷变化大，快慢速差异大。要求切削时速度低而平稳；空行程进退速度快；快慢速度转换平稳；系统效率高，发热少，功率利用合理。故其液压系统应满足其上述要求。

液压动力滑台是系列化产品，不同规格的滑台，其液压系统的组成和工作原理基本相同。

现以图 7-1 所示液压动力滑台的液压系统实现"快进—第一次工作进给—第二次工作进给—止位钉停留—快退—原位停止"半自动工作循环为例分析其工作原理及特点。该滑台工作台面尺寸为 450mm×800mm，进给速度范围为 6.6~600mm/min，最大速度约为 7.3m/min，最大进给力为 45kN。

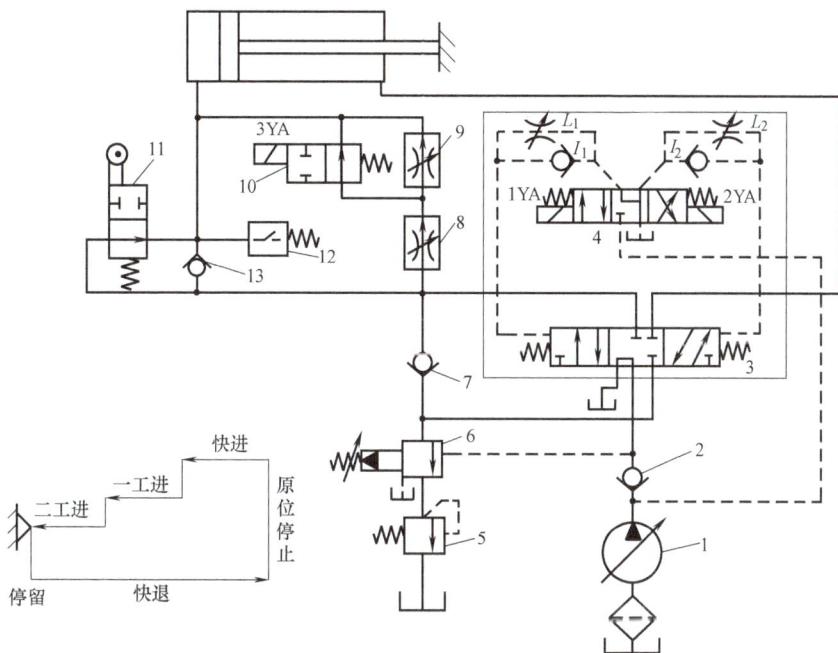

图 7-1　动力滑台液压系统图

1—泵　2—单向阀　3—液动换向阀　4、10—电磁换向阀　5—背压阀　6—液控顺序阀
7、13—单向阀　8、9—调速阀　11—行程阀　12—压力继电器

该液压系统采用限压式变量叶片泵供油，用电液换向阀换向，用行程阀实现快慢速度转换，用串联调速阀实现两次工进速度的转换，是只有一个单杆活塞缸的中压系统，其最高工作压力不大于 6.3MPa。

液压滑台的工作循环，是由固定在滑动工作台侧面上的挡块直接压行程阀换位，或碰行程开关控制电磁换向阀的通电顺序实现的。在阅读和分析液压系统图时，可参阅电磁铁和行程阀动作顺序表 7-1。

表 7-1　电磁铁和行程阀动作顺序表

液压缸工作循环	信号来源	电磁铁						行程阀 11	
		1YA		2YA		3YA			
		+	−	+	−	+	−	+	−
快进	起动按钮								
一工进	挡块压行程阀								
二工进	挡块压行程开关								
止位钉停留	止位钉、压力继电器								
快退	时间继电器								
原位停止	挡块压终点开关								

注："+"表示电磁铁通电或行程阀压下；"−"表示电磁断电或行程阀复位。

二、动力滑台液压系统的工作原理

（一）快进

快进时压力低，液控顺序阀 6 关闭，变量泵 1 输出最大流量。

按下起动按钮，电磁铁 1YA 通电，电磁换向阀 4 左位接入系统，液动换向阀 3 在控制压力油作用下也将左位接入系统工作，其油路为

控制油路

$$\begin{cases} \text{进油路：泵 1→阀 4（左）→}I_1\text{→阀 3 左端} \\ \text{回油路：阀 3 右端→}L_2\text{→阀 4（左）→油箱} \end{cases} \begin{array}{l} \text{使阀 3 换为左位} \\ \text{（换向时间由 }L_2\text{ 调节）} \end{array}$$

主油路

$$\begin{cases} \text{进油路：泵 1→单向阀 2→阀 3（左）→行程阀 11→缸左腔} \\ \text{回油路：缸右腔→阀 3（左）→单向阀 7-↑} \end{cases} \text{差动快进}$$

这时液压缸两腔连通，滑台差动快进。节流阀 L_2 可用以调节液动换向阀芯移动的速度，也即调节主换向阀的换向时间，以减小换向冲击。

（二）第一次工作进给

当滑台快进终了时，滑台上的挡块压下行程阀 11，切断了快速运动的进油路。其控制油路未变，而主油路中，压力油只能通过调速阀 8 和二位二通电磁换向阀 10（右位）进入液压缸左腔。由于油液流经调速阀而使系统压力升高，液控顺序阀 6 开启，单向阀 7 关闭，液压缸右腔的油液经阀 6 和背压阀 5 流回油箱。同时，泵的流量也自动减小。滑台实现由调速阀 8 调速的第一次工作进给，其主油路为

$$\begin{cases} \text{进油路：泵 1→阀 2→阀 3（左）→调速阀 8→阀 10（右）→缸左腔} \\ \text{回油路：缸右腔→阀 3（左）→阀 6→背压阀 5→油箱} \end{cases}$$

（三）第二次工作进给

第二次工作进给与第一次工作进给时的控制油路和主油路的回油路相同，所不同之处是当第一次工作进给终了，挡块压下行程开关，使电磁铁 3YA 通电，阀 10 左位接入系统使其油路关闭时，压力油须通过调速阀 8 和 9 进入液压缸左腔。这时由于调速阀 9 的通流面积比调速阀 8 的通流面积小，因而滑台实现由阀 9 调速的第二次工作进给，其主油路的进油路为

$$\text{进油路：泵 1→阀 2→阀 3（左）→阀 8→调速阀 9→缸左腔}$$

（四）止位钉停留

滑台完成第二次工作进给后，液压缸碰到滑台座前端的止位钉（可调节滑台行程的螺钉）后停止运动。这时液压缸左腔压力升高，当压力升高到压力继电器 12 的开启压力时，压力继电器动作，向时间继电器发出电信号，由时间继电器延时控制滑台停留时间。这时的油路同第二次工作进给的油路，但实际上，系统内油液已停止流动，液压泵的流量已减至很小，仅用于补充泄漏油。

设置止位钉可提高滑台工作进给终点的位置精度及实现压力控制。

（五）快退

滑台停留时间结束时，时间继电器发出信号，使电磁铁 2YA 通电，1YA、3YA 断电。这时电磁换向阀 4 右位接入系统，液动换向阀 3 也换为右位工作，主油路换向。因滑台返回

时为空载，系统压力低，变量泵的流量又自动恢复到最大值，故滑台快速退回，其油路为

控制油路

$$\begin{cases} 进油路：泵1→阀4（右）→I_2→阀3右端 \\ 回油路：阀3左端→L_1→阀4（右）→油箱 \end{cases} \begin{array}{l} 使阀3换为右位 \\ （换向时间由L_1调节） \end{array}$$

主油路

$$\begin{cases} 进油路：泵1→阀2→阀3（右）→缸右腔 \\ 回油路：缸左腔→阀13→阀3（右）→油箱 \end{cases} 快退$$

当滑台退至第一次工进起点位置时，行程阀11复位。由于液压缸无杆腔有效面积为有杆腔有效面积的二倍，故快退速度与快进速度基本相等。

（六）原位停止

当滑台快速退回到其原始位置时，挡块压下原位行程开关，使电磁铁2YA断电，电磁换向阀4恢复中位，液动换向阀3也恢复中位，液压缸两腔油路被封闭，滑台被锁紧在起始位置上。这时液压泵则经单向阀2及阀3的中位卸荷，其油路为

控制油路

$$回油路：\left.\begin{array}{l} 阀3（左）→L_1 \\ 阀3（右）→L_2 \end{array}\right]→阀4（中）→油箱$$

主油路

$$\begin{cases} 进油路：泵1→阀2→阀3（中）→油箱 \\ 回油路：\left.\begin{array}{l} 液压缸左腔→阀13 \\ 液压缸右腔 \end{array}\right\}→阀3中堵塞（液压缸停止并被锁住） \end{cases}$$

单向阀2的作用是使滑台在原位停止时，控制油路仍保持一定的控制压力（低压），以便能迅速起动。

三、动力滑台液压系统的特点

动力滑台的液压系统是能完成较复杂工作循环的典型的单缸中压系统，其有如下特点。

（1）采用容积节流调速回路　该系统采用了"限压式变量叶片泵+调速阀+背压阀"式容积节流调速回路。用变量泵供油可使空载时获得快速（泵的流量最大），工进时，负载增加，泵的流量会自动减小，且无溢流损失，因而功率的利用合理。用调速阀调速可保证工作进给时获得稳定的低速，有较好的速度刚性。调速阀设在进油路上，便于利用压力继电器发信号实现动作顺序的自动控制。回油路上加背压阀能防止负载突然减小时产生前冲现象，并能使工进速度平稳。

（2）采用电液动换向阀的换向回路　采用反应灵敏的小规格电磁换向阀作为先导阀控制能通过大流量的液动换向阀实现主油路的换向，发挥了电液联合控制的优点。而且由于液动换向阀芯移动的速度可由节流阀L_1、L_2调节，因此能使流量较大、速度较快的主油路换向平稳，无冲击。

（3）采用液压缸差动连接的快速回路　主换向阀采用了三位五通阀，因此换向阀左位工作时能使缸右腔的回油又返回缸的左腔，从而使液压缸两腔同时通压力油，实现差动快进。这种回路简便可靠。

（4）采用行程控制的速度转换回路　系统采用行程阀和液控顺序阀配合动作实现快进

与工作进给速度的转换，使速度转换平稳、可靠且位置准确。采用两个串联的调速阀及用行程开关控制的电磁换向阀实现两种工进速度的转换。由于进给速度较低，故也能保证换接精度和平稳性的要求。

（5）采用压力继电器控制动作顺序　滑台工进结束时液压缸碰到止位钉时，缸内工作压力升高，因而采用压力继电器发信号，使滑台反向退回方便可靠。止位钉的采用还能提高滑台工进结束时的位置精度及进行刮端面、锪孔、镗台阶孔等工序的加工。

第二节　万能外圆磨床的液压系统

一、概述

万能外圆磨床是用砂轮磨削零件上的内、外圆柱面、圆锥面或台阶面的精加工设备。它是利用"机—电—液"联合控制实现多种运动间"联动""互锁"或顺序动作的自动化程度较高的较为典型的设备。其液压系统是利用专用液压操纵箱进行控制的多缸低压系统（液压操纵箱是将多个阀芯安装在一个阀体上组成的复合阀，其结构十分紧凑，安装使用很方便，且可由专业生产厂生产）。磨床工作台的往复运动和高速往复抖动、砂轮架的快速进、退运动和周期自动进给运动、尾座顶尖的退回运动、滚珠丝杠副间隙的消除、工作台液动与手动的互锁及床身导轨等的润滑均是由液压系统实现的。

现以 M1432B 型万能外圆磨床的液压系统为例来分析其工作原理和特点。M1432B 型万能外圆磨床最大磨削直径为 320mm；最大磨削长度有 1000、1500、2000mm 三种规格；最大磨削孔径为 100mm；工作台往复运动速度能在 0.05～4m/min 范围内无级调节；修正砂轮时工作台的最低速为 10mm/min，且要平稳，无爬行现象；工作台同速换向精度（同速换向点变动量）小于 0.02mm，异速换向精度（异速换向点变动量）小于 0.2mm，换向过程要平稳无冲击，起动和制动迅速。工作台换向时可在两端做短暂停留，并实现自动进给，停留时间和进给量均可以调整，进给方式可根据需要选择。在进行切入磨削时，工作台可以作短距离抖动，其频率可为 100～150 次/min。

该机床能实现工作台往复运动液动与手动的互锁；砂轮架快进与工件头架的转动、切削液的供给联动；砂轮架快进与尾架顶尖退回运动的互锁；内圆磨头的工作与砂轮架快退运动的互锁。

图 7-2 所示为 M1432B 型万能外圆磨床的液压系统图。它主要由工作台往复运动液压缸及快跳操纵箱、砂轮架进给缸及其周期自动进给操纵箱、砂轮架快动缸及快动阀、尾座缸和尾座阀、工作台液动和手动互锁缸、闸缸、润滑油稳定器及液压泵组等组成。液压泵组由低压齿轮泵和直动式低压溢流阀组成。系统的工作压力一般为 0.8～2MPa，泵的额定流量为 16L/min，额定压力为 2.5MPa。

二、M1432B 型万能外圆磨床液压系统工作原理

（一）工作台往复运动

工作台往复运动的液压缸为活塞杆固定在床身上，液压缸体与工作台相连并沿床身导轨移动的空心双杆活塞缸。液压缸的往复运动由 HYY21/3P-25T 快跳操纵箱集中控制。操纵箱由开停阀、节流阀、液动换向阀、机动先导阀及左、右二抖动缸等组成。开停阀的作用是使

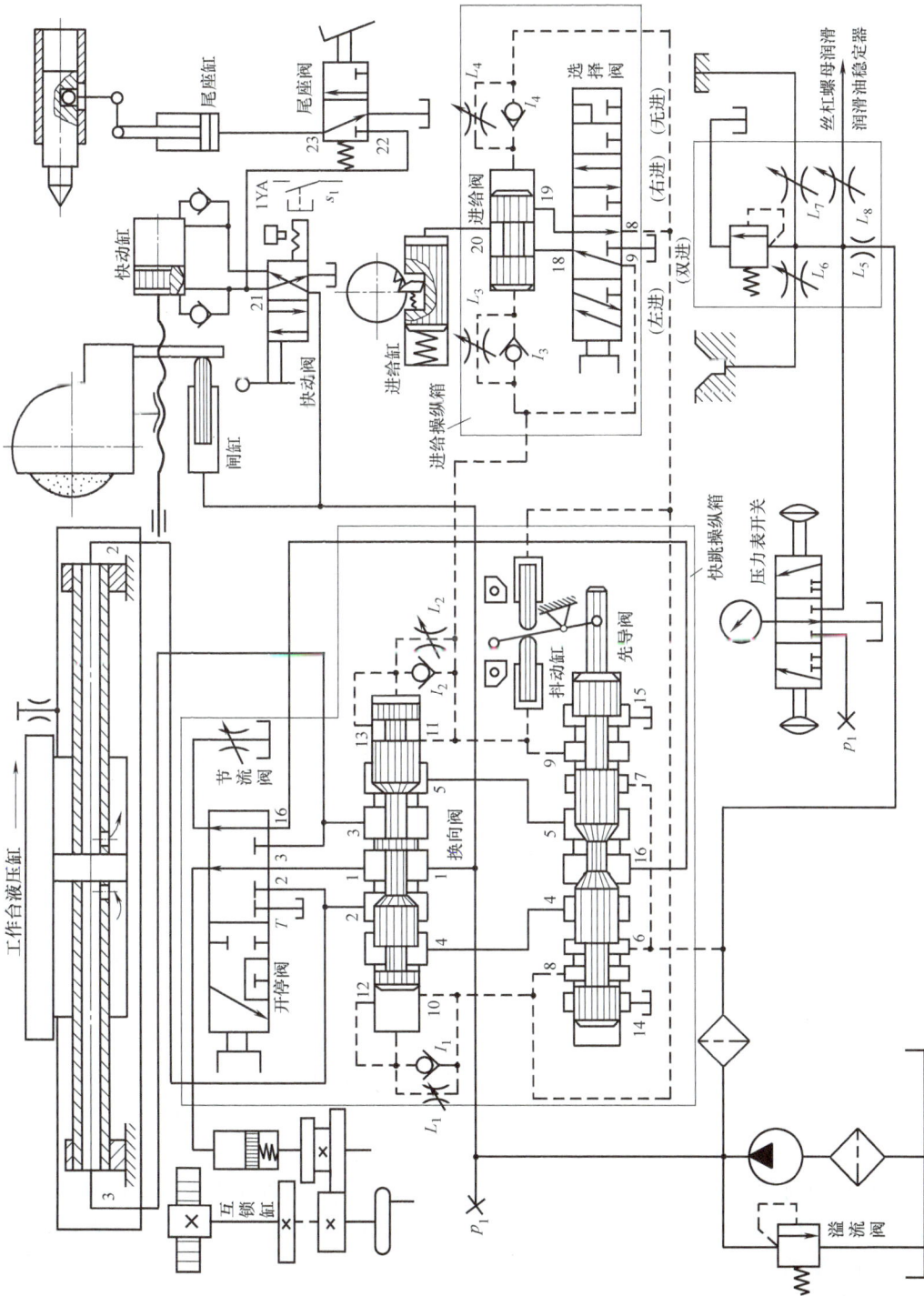

图 7-2　M1432B 型万能外圆磨床液压系统图

工作台运动或停止运动；节流阀的作用是调节工作台往复运动的速度；液动换向阀的作用是控制主油路换向；机动先导阀的主要作用是使控制油路换向和主回油路（换向时）实现预制动。抖动缸的作用是使先导阀芯快跳，以提高换向精度，避免工作台低速运动时换向时间过长，及在切入磨削时实现工作台抖动。工作台抖动可提高表面加工质量和生产效率。

1. 工作台向右运动

即图 7-2 所示位置。图中，开停阀处于"开"的位置（右位），节流阀也被打开，由于先导阀芯和换向阀芯均处于右端位置，压力油进入缸右腔，缸左腔回油，因而工作台向右运动。其油路为

控制油路

$\left\{\begin{array}{l}\text{进油路:泵→过滤器→先导阀(6、8)→}I_1\text{→换向阀左端}\\\text{回油路:换向阀右端→先导阀(9、15)→油箱}\end{array}\right\}$（使换向阀芯移至右端）

主油路

进油路：泵 $\left\{\begin{array}{l}\text{→换向阀（1、1）→ 开停阀（右）→ 互锁缸（使手摇机构不起作用）}\\\text{→换向阀（1、2）→ 液压缸右腔}\end{array}\right.$

回油路：缸右腔→换向阀（2、4）→先导阀（4、16）→开停阀（右）→节流阀→油箱

（由节流阀调速，工作台向右运行）

2. 工作台向左运动

当工作台上的左挡块碰到先导阀杠杆并带动杠杆右移时，杠杆拨动先导阀芯移动至左端，使控制油路换向，推换向阀芯也移动至左端，压力油进入缸的左腔，缸右腔回油，因而工作台向左运动。其油路为

控制油路

$\left\{\begin{array}{l}\text{进油路:泵→过滤器→先导阀(7、9)→}I_2\text{→换向阀右端}\\\text{回油路:换向阀左端→先导阀(8、14)→油箱}\end{array}\right\}$（使换向阀芯移至左端）

主油路

进油路：泵 $\left\{\begin{array}{l}\text{→换向阀（1、1）→ 开停阀（右）→ 互锁缸（手摇机构不起作用）}\\\text{→换向阀（1、3）→ 液压缸左腔}\end{array}\right.$

回油路：缸右腔→换向阀（2、4）→先导阀（4、16）→开停阀（右）→节流阀→油箱

3. 工作台停止运动

当将开停阀换为"停"位（左位）时，液压缸两腔连通（2、3 连通），工作台停止运动。这时，互锁缸的油经开停阀流回油箱，其活塞复位，手摇台面机构恢复其功能，可用手轮移动工作台，调整工件的加工位置。同时与节流阀相连的主回油路也被断开。

4. 工作台的换向过程

工作台的换向过程分为制动、停留和反向起动三个阶段。制动阶段又分为预制动和终制动。而换向阀芯的运动也分为第一次快跳、慢速移动和第二次快跳三个阶段，以满足换向精度高及换向平稳的要求。

(1) **工作台制动及换向阀芯第一次快跳** 当图 7-2 所示工作台右移接近换向位置时，其左挡块碰到先导阀杠杆并带动杠杆上端右移，杠杆的下端开始拨动先导阀芯向左移动。这时先导阀中部的右制动锥将主回油路（5、16）油口逐渐关小，使工作台减速预制动。当先导

阀芯移至其右环形槽将油口 7 与 9 连通（9 与 15 断开），左环形槽将油口 8 与 14 连通（6 与 8 断开）时，控制油路被切换，预制动结束。

这时，压力油进入换向阀右端，同时进入左抖动缸；换向阀左端和右抖动缸回油，换向阀芯产生第一次快跳。由于抖动缸尺寸小，动作灵敏，故拨动先导阀芯几乎与换向阀芯同时向左快跳。两阀芯的快跳完成了工作台的终制动。其油路为

控制油路

进油路：泵 →过滤器 → 先导阀（7、9）→ I_2 → 换向阀右端 } 换向阀芯 第一次快跳（终制动）
　　　　→左抖动缸

回油路：换向阀左端（10）→先导阀（8、14）→油箱（预制动）} 先导阀芯快跳
　　　　右抖动缸→

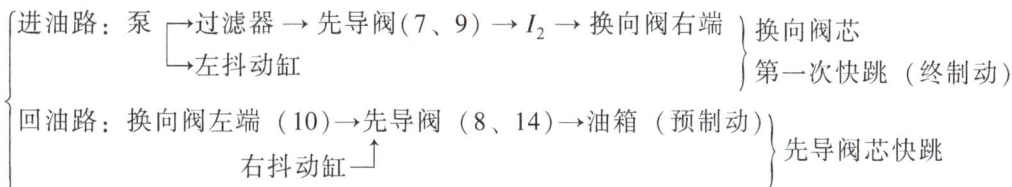

换向阀芯第一次快跳至油口 10 被堵住，其中部的窄台肩位于阀体上较宽的沉割槽处，使缸两腔的油口连通（2 与 3 连通），工作台停止运动（见图 7-3a）。先导阀芯快跳后，其中部台肩切断了主回油路（5、16），其两边的控制槽将刚刚打开的控制油口迅速开大。这时其主油路为

主油路

进油路：泵 →换向阀(1、1) → 开停阀(右) → 互锁缸(手摇机构不起作用)
　　　　→换向阀(1、2) → 缸右腔
　　　　→换向阀(1、3) → 缸左腔 } （工作台停止运动）

回油路：（封闭）

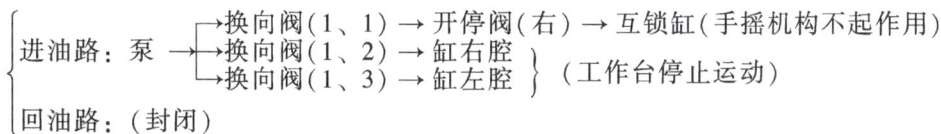

（2）工作台停留 工作台停止运动后，换向阀右端仍继续进油，但其左端油则必须经节流阀 L_1 回油，因而换向阀芯由 L_1 调速缓慢左移。这时因阀芯中部台肩比阀体沉割槽窄，故主油路仍保持缸两腔连通状态（即工作台停留状态）。其停留时间由 L_1 的开口大小而定，可为 0~5s。因此节流阀 L_1（L_2）也称为停留阀。

（3）换向阀芯第二次快跳与工作台反向起动 换向阀在停留阶段结束时的油路如图 7-3b 所示。当换向阀芯左移至其左环形槽将油口 12 和 10 连通时，换向阀左端的油改由"12→换向阀左环形槽→10"回油，不再经过停留阀 L_1，因此阀芯产生第二次快跳，使主油路迅速切换。这时换向阀芯中部的窄台肩迅速切断 1、2 油路并开大 1、3 油路，压力油

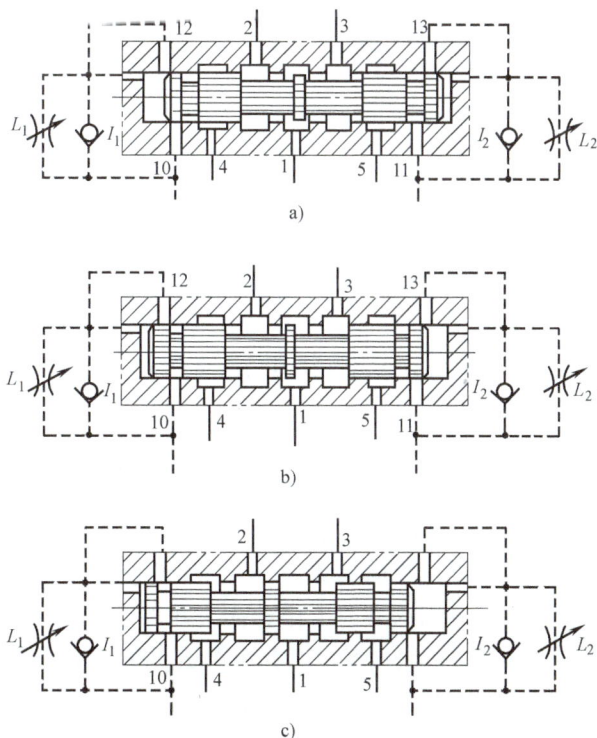

图 7-3 换向过程中换向阀油路变换
a）阀芯第一次快跳后，工作台停止运动 b）工作台停留阶段结束
c）阀芯第二次快跳后，工作台反向起动

进入缸左腔，缸右腔油流回油箱，工作台反向起动。其主油路同工作台左行油路，其控制油路为

进油路：泵→过滤器→先导阀（7、9）→I_2→换向阀右端

回油路：换向阀左端→12→换向阀芯左环槽→10→先导阀（8、14）→油箱

换向阀芯第二次快跳后的油路如图7-3c所示。

该系统采用机动换向阀作为先导阀控制液动换向阀实现主油路换向。这种机—液换向回路的优点是：不论工作台原来运动速度的快慢如何，当工作台上的挡块碰到先导阀的杠杆后，总是先使先导阀芯移动关小主回油路，并且在工作台移动了大致一定的行程后完成预制动，使换向阀芯和先导阀芯几乎同时快跳，连通液压缸两腔的油路，实现工作台终制动。所以这种制动方式称为行程控制式。这种行程控制式机—液换向回路具有较小的冲出量和较高的换向精度，适用于内、外圆磨床加工阶梯轴及台肩面的需要。但是由于运动部件的制动行程基本上是一定的，故原来的运动速度高时，制动时间就短，换向冲击会大一些。此外，先导阀的结构较复杂，制造精度要求较高，因此这种换向回路适用于运动速度不高，但换向精度要求高的液压系统。

5. 工作台抖动

HYY21/3P-25T型快跳操纵箱的特点是，其先导阀阀芯的台肩与阀体相应的控制边做成了零开口，并增加了两个抖动缸。所谓零开口，即先导阀芯两端的环形槽宽度l与阀体上相应沉割槽控制边的距离l'相等，如图7-4a所示。只要先导阀芯稍向右偏移（见图7-4b），即将油路6、8连通（8、14关闭），使换向阀端进压力油；只要先导阀芯稍向左偏移（见图7-4c），即将油路8、14连通（6、8关闭），使换向阀端油接通油箱回油。从而使先导阀能控制主油路高速频繁换向。

在进行切入磨削时，将停留阀L_1、L_2开至最大，并把工作台上的两挡块间距调得很小，甚至夹住杠杆。由于先导阀为"零开口"，故杠杆稍有移动（与水平方向不垂直），阀芯稍有偏移，控制油路即换向。而抖动缸柱塞直径小，动作灵敏，反应快。故只要开停阀为"开"位，工作台稍动，先导阀即偏移（l与l'不重合），抖动缸柱塞快速伸出顶杠杆拨动先导阀芯快跳开大控制油口，使换向阀芯快跳，切换主油路，工作台换向，挡块又反向拨杠杆使先导阀芯反向偏移，……。如此形成先导阀芯、抖动缸柱塞、换向阀芯、工作台依次并周而复始地同频率高速往复运动，即抖动。其频率可达100～150次/min，能改善表面加工质量和提高生产率。

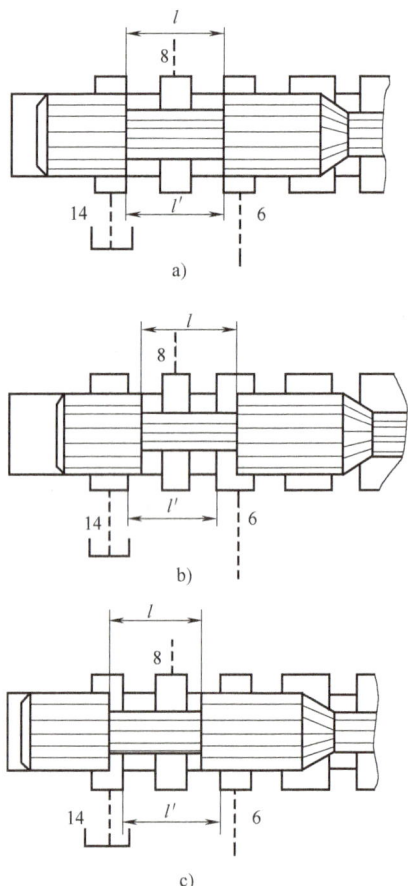

图7-4 先导阀的"零开口"

（二）砂轮架快速进退及与其他动作的关系

1. 砂轮架快速进退

砂轮架的快速运动由快动阀控制快动缸实现。如图7-2所示，快动阀为右位，压力油进

入快动缸后腔，其前腔回油，砂轮架在快进位置，可进行磨削加工。当手动快动阀换为左位时，压力油进入快动缸前腔，缸后腔油回油箱，砂轮架可快退 50mm。这样即可在高速旋转的砂轮不停转的情况下测量工件尺寸，或装卸工件。既能保证安全，又能节省辅助时间。快动缸两端设有缓冲装置，可减小换向冲击。快动缸前进位置有定位装置，能保证其重复定位精度，其重复位置误差不大于 0.005mm。

2. 工件的转动与切削液的供给

当快动阀处于右位（"快进"位）时，其阀芯端部压下行程开关 S_1，使工件头架电动机及冷却泵电动机同时起动，因而工件转动，切削液供给；当快动阀处于左位（"快退"位）时，S_1 松开，工件停止转动，切削液不再供给。该动作的联动使工人操作十分简便。

3. 尾座顶尖的退回运动

当快动阀右位，砂轮架在"快进"位置时，由于通尾座阀的油路经快动阀与油箱连通（22，21），因此操作者即使误踏尾座阀踏板，使尾座阀换为右位，尾座缸也不会进入压力油而使尾座顶尖后退，即不会使工件被松开。只有砂轮架处在"快退"位置时，快动阀换为左位，脚踏踏板使尾座阀换为右位时，压力油才能进入尾座缸，并通过杠杆使尾座顶尖后退，卸下工件，从而能保证操作安全。

4. 内圆磨头工作

当内圆磨头座翻转下来时，其侧面抵在砂轮主轴箱的前面上，压住了磨头上的微动开关，使安装在快动阀芯上方的电磁铁 1YA 通电吸合，将快动阀芯锁紧在砂轮架"快进"位置上。从而避免内圆磨头伸入孔中加工时因操作失误，砂轮架快退而造成事故。

5. 闸缸

在砂轮架的下面设有闸缸，只要液压泵开启，其柱塞即在压力油的作用下伸出，并抵在砂轮架下的挡板上，以消除砂轮架进给时精密滚珠丝杠副的间隙。

（三）砂轮的周期自动进给

砂轮周期自动进给运动由进给操纵箱控制进给缸实现。进给操纵箱由选择阀和进给阀等组成。当砂轮在工件左端停留或右端停留时，可使其进行径向进给。也可在工件两端停留时均进给，还可以无进给（这时可用手动进给）。因而选择阀有"左进""右进""双进""无进"四个位置，可由手动旋钮进行预选。进给阀是三通液动阀，当其左端经节流阀 L_3 进压力油，右端经单向阀 I_4 回油时，阀芯由 L_3 调速右移。先将进给缸油路与进油路接通（18、20 接通），再将进给缸油路与回油路接通（20、19 接通）。当其右端进油，左端回油时，先将油路 19、20 连通，再将油路 20、18 连通。因此，只要选择阀能接通油路 18、19，就能实现砂轮的进给。

例如，若选择阀为"双进"（图示位置），则当工作台向右移近换向点（砂轮位于工件左端），其左挡块拨动杠杆使先导阀芯左移，当先导阀右端的油口 7、9 连通，左端油口 8、14 连通时，压力油即经选择阀和进给阀进入进给缸，推动柱塞左移，柱塞上的棘爪拨动棘轮并通过齿轮传动副使进给丝杠转动，使砂轮架下面的螺母带动砂轮架前进，完成一次左进给。进给后，缸内的油立即流回油箱，使柱塞进给缸复位。其油路为

进给阀控制油路

$$\begin{cases} 进油路：泵→过滤器→先导阀（7、9）→L_3→进给阀左端 \\ 回油路：进给阀右端→I_4→先导阀（8、14）→油箱 \end{cases} \begin{cases} 进给阀先接通 18、20 油路 \\ 后接通 20、19 油路 \end{cases}$$

进给缸油路

进油路：泵→先导阀（7、9）→选择阀（双9、18）
　　　　→进给阀（18、20）→进给缸（左进给一次）

回油路：进给缸→进给阀（20、19）→选择阀（19、8）
　　　　→先导阀（8、14）→油箱（进给缸复位）

当工作台左移至换向点（砂轮位于工件右端），右挡块拨动杠杆使先导阀芯右移，当左端油口6、8连通、右端油口9、15连通时，压力油也经选择阀和进给阀进入进给缸，使砂轮完成一次右进给，进给后进给缸立即回油复位。其油路为

进给阀控制油路

进油路：泵→先导阀（6、8）→L_4→进给阀右端　　进给阀先接通19、20油路

回油路：进给阀左端→I_3→先导阀（9、15）→油箱　　后接通20、18油路

进给缸油路

进油路：泵→先导阀（6、8）→选择阀（双8、19）
　　　　→进给阀（19、20）→进给缸（右进给一次）

回油路：进给缸→进给阀（20、18）→选择阀（18、9）
　　　　→先导阀（9、15）→油箱（进给缸复位）

进给量的大小可由棘轮机构及滑移齿轮变速机构分8级调整。进给运动所需时间的长短可通过节流阀L_3、L_4调整。

选择阀在"无进"位时，其8、9两油口均堵塞，压力油不能经进给阀到进给缸，故左、右换向时均不能自动进给。选择阀在"左进"位时，每当砂轮在工件的左端位置，油路7、9通压力油，油路8、14通油箱时，压力油能进入进给缸，实现一次左进给；而当砂轮在工件右端位置时，选择阀的油口8堵塞，故不能右进给。同理，选择阀在"右进"位时，只能右进给，不能左进给。

（四）润滑油路及测压油路

该系统设有润滑油稳定器。它由调节润滑油压力的小溢流阀和三个小节流阀L_6、L_7、L_8等组成。L_6、L_7、L_8分别调节V形导轨、平面导轨、滚珠丝杠副等处润滑油的流量。L_5为固定节流阀（其开口大小不可调），其阀芯上有三角形节流口，且每当工作台换向，压力有波动时，其阀芯即跳动一下，将槽口的污物抖掉，故能防止小孔堵塞，所以也称其为跳动阻尼。润滑油的压力一般调至0.1MPa左右。

系统中压力表开关有三个位置，可手动调节换位。左位时，可观测主油路的压力，并通过溢流阀调整系统的工作压力。右位时，可观测润滑油路的压力，并可通过调整润滑油稳定器中的溢流阀调整润滑油的压力。中位时，压力表油路与油箱相通。机床正常运转时，应使其置于中位，以保护压力表。

三、M1432B型万能外圆磨床液压系统的特点

1）该机床往复运动负载相等，要求速度相等，且行程较长，因而采用了活塞杆固定的双杆活塞缸，其占地面积相对减小。采用空心活塞杆，并经活塞杆进出油，避免了采用软管带来的不便。

2）工作台往复运动（含抖动）及砂轮的周期自动进给运动均采用了专用液压操纵箱控

制，结构紧凑，安装使用方便。操纵箱由专业厂生产，质量能保证，因而能降低故障率。磨床类机床的液压系统大多采用液压操纵箱控制。抖动缸的采用不仅提高了换向精度，能实现切入磨削时工作台的抖动，还能使慢速运动换向时避免换向时间过长或阀芯移动不到位工作台就停止的现象。在磨削台阶轴或不通孔时，可借助先导阀开始快跳时的位置（即手柄处于竖直位置）调整挡块，得到准确的对刀。

3）采用了由机动先导阀和液动换向阀组成的行程制动式机—液换向回路，使工作台换向平稳，换向精度高。这也是精密设备的液压系统常采用的换向方式。

4）采用节流阀回油路节流调速回路。节流阀结构简单，造价低，压力损失小，这对于负载较小，且基本恒定（余量均匀）的磨床来说是适宜的。节流阀置于回油路上，可使液压缸有背压，运动速度平稳，也有助于实现工作台的制动。

5）该系统由机—电—液联合控制，实现了多种运动间的联动、互锁等联系，使操作方便安全，也提高了该机床的自动化程度。

第三节　液压压力机的液压系统

一、概述

液压压力机是对金属材料、塑料、橡胶、粉末冶金制品进行压力加工的设备。它在许多工业部门得到了广泛的应用。

四柱式液压压力机用得最多，也最典型。它可以进行冲剪、弯曲、翻边、拉深、冷挤、成形等多种加工。为完成上述工作，液压压力机应能产生较大的压制力，因此其液压系统工作压力高，液压缸的尺寸大，流量也大，是较为典型的高压大流量系统。液压压力机在压制工件时系统压力高，但速度低，而空行程时速度快、流量大、压力低，因此各工作阶段的换接要平稳，功率的利用应合理。为满足不同工艺需要，系统的压力要能方便地变换和调节。由于压力机是立式设备，因此对工作时的安全也要有可靠地保证。

现以 YB32-200 型四柱万能液压压力机为例，分析其液压系统的工作原理及特点。该压力机有上、下两个液压缸，安装在四个立柱之间。上液压缸为主缸，驱动上滑块实现"快速下行→慢速加压→保压延时→泄压换向→快速退回→原位停止"的工作循环。下液压缸为顶出缸，驱动下滑块实现"向上顶出→停留→向下退回→原位停止"的工作循环。在进行薄板件拉伸压边时，要求下滑块实现"上位停留→浮动压边（即下滑块随上滑块短距离下降）→上位停留"工作循环。图 7-5 所示为 YB32-200 型液压压力机工作循环图。

YB32-200 型四柱万能液压压力机主缸最大压制力为 2000kN，其液压系统的最高工作压力

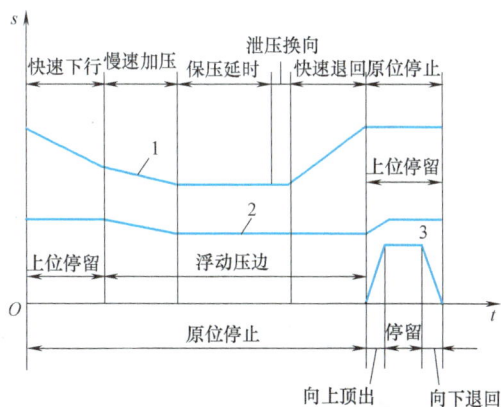

图 7-5　YB32-200 型液压压力机工作循环图

1—主缸工作循环　2—浮动压边工作循环
3—顶出缸工作循环

为 32MPa。图 7-6 所示为它的液压系统图。在分析其液压系统时，可参阅表 7-2 列出的 YB32-200 型液压压力机电磁铁动作顺序表。

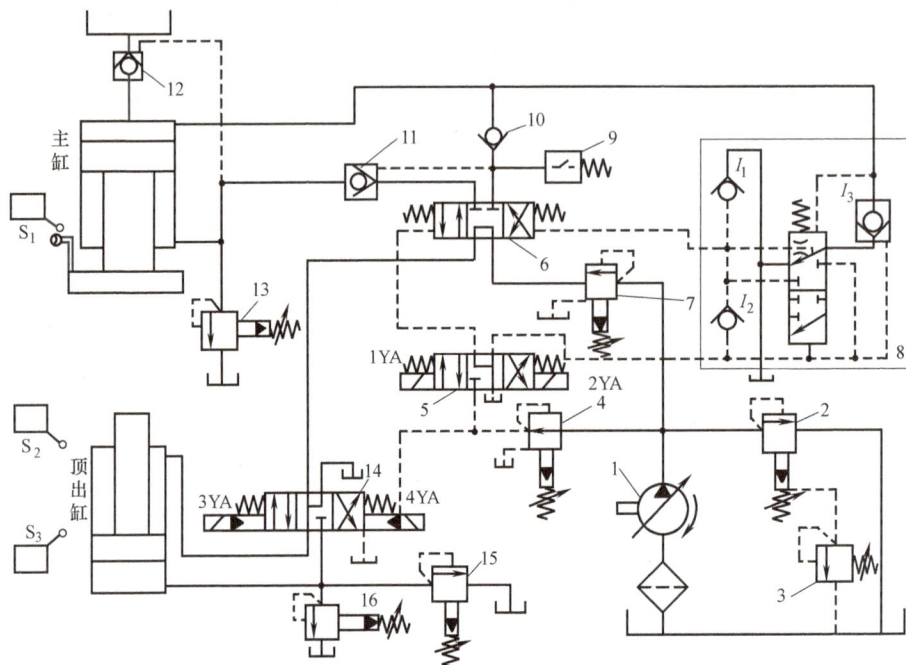

图 7-6　YB32-200 型液压压力机液压系统图

1—轴向柱塞式变量泵　2、16—溢流阀　3—远程调压阀　4—减压阀　5—电磁换向阀　6—液动换向阀
7—顺序阀　8—预泄换向阀　9—压力继电器　10—单向阀　11、12—液控单向阀
13—主缸溢流阀　14—顶出缸电液换向阀　15—背压阀

表 7-2　电磁铁动作顺序表

工作循环液压缸		信号来源	电 磁 铁							
			1YA		2YA		3YA		4YA	
			+	−	+	−	+	−	+	−
主　缸	快速下行	按起动按钮								
	慢速加压	上滑块压住工件								
	保压延时	压力继电器发信号								
	泄压换向	时间继电器发信号								
	快速退回	预泄阀换为下位								
	原位停止	行程开关 S_1								
顶出缸	向上顶出	行程开关 S_1 或按钮								
	向下退回	时间继电器发信号								
	原位停止	终点开关 S_3								

注："+"表示电磁铁通电，"−"表示电磁铁断电。

二、YB32-200 型液压压力机液压系统工作原理

该压力机的液压系统由主缸、顶出缸、轴向柱塞式变量泵 1、溢流阀 2、远程调压阀 3、减压阀 4、电磁换向阀 5、液动换向阀 6、顺序阀 7、预泄换向阀 8、主缸溢流阀 13、顶出缸电液换向阀 14 等元件组成。该系统采用变量泵—液压缸式容积调速回路，工作压力范围为

10~32MPa，其主油路的最高工作压力由溢流阀 2 限定，实际工作压力可由远程调压阀 3 调整。控制油路的压力由减压阀 4 调整。液压泵的卸荷压力可由顺序阀 7 调整。

YB32-200 型液压压力机在压制工件时，其液压系统中主缸和顶出缸分别完成如图 7-5 所示工作循环时的油路分析如下。

（一）主缸运动

1. 快速下行

按下起动按钮，电磁铁 1YA 通电，电磁换向阀 5 左位接入系统，控制油进入液动换向阀 6 的左端，阀右端回油，故阀 6 左位接入系统。主油路中压力油经顺序阀 7、液动换向阀 6 及单向阀 10 进入主缸上腔，并将液控单向阀 11 打开，使主缸下腔回油，上滑块快速下行，缸上腔压力降低，主缸顶部充液箱的油经液控单向阀 12 向主缸上腔补油。其油路为

控制油路

$$\left. \begin{array}{l} 进油路：泵 1 \to 减压阀 4 \to 阀 5（左）\to 阀 6 左端 \\ 回油路：阀 6 右端 \to 单向阀 I_2 \to 阀 5（左）\to 油箱 \end{array} \right\}（使阀 6 左位接入系统）$$

主油路

进油路：泵 1 → 顺序阀 7 → 阀 6(左)→ 阀 11(使液控单向阀开启)
　　　　　　　　　　　　　　　　　→ 单向阀 10 → 缸上腔
　　　　　　　　　　　　　充液箱 → 阀 12

回油路：缸下腔 → 阀 11 → 阀 6(左)→ 阀 14(中)→ 油箱 （上滑块快速下行）

2. 慢速加压

当主缸上滑块接触到被压制的工件时，主缸上腔压力升高，液控单向阀 12 关闭，且液压泵流量自动减小，滑块下移速度降低，慢速压制工件。这时除充液箱不再向液压缸上腔供油外，其余油路与快速下行油路完全相同。

3. 保压延时

当主缸上腔油压升高至压力继电器 9 的开启压力时，压力继电器发信号，使电磁铁 1YA 断电，阀 5 换为中位。这时阀 6 两端油路均通油箱，因而阀 6 在两端弹簧力作用下换为中位，主缸上、下腔油路均被封闭保压；液压泵则经阀 6 中位、阀 14 中位卸荷。同时，压力继电器还向时间继电器发信号，使时间继电器开始延时。保压时间由时间继电器在 0~24min 范围内调节。保压延时的油路为

控制油路

$$回油 \left\{ \begin{array}{l} 阀 6 左端 \to 阀 5（中）\to 油箱 \\ 阀 6 右端 \to 单向阀 I_2 \to 阀 5（中）\to 油箱 \end{array} \right\}（使阀 6 换为中位）$$

主油路

进油路：泵 1 → 顺序阀 7 → 阀 6（中）→ 阀 14（中）→ 油箱（泵卸荷）

$$回油路： \left\{ \begin{array}{l} 主缸上腔 \to 单向阀 10(闭) \\ \quad\quad\quad\quad\to 液控单向阀 I_3(闭) \\ 主缸下腔 \to 液控单向阀 11（闭） \end{array} \right\}（油路封闭，系统延时保压）$$

该系统也可利用行程控制使系统由慢速加压阶段转为保压延时阶段，即当慢速加压，上

滑块下移至预定的位置时，由与上滑块相连的运动件上的挡块压下行程开关（图中未画出）发出信号，使阀5、阀6换为中位停止状态，同时向时间继电器发出信号，使系统进入保压延时阶段。

4. 泄压换向

保压延时结束后，时间继电器发出信号，使电磁铁2YA通电，阀5换为右位。控制油经阀5进入液控单向阀 I_3 的控制油腔，顶开其卸荷阀芯（液控单向阀 I_3 带有卸荷阀芯，其结构见图6-2c），使主缸上腔油路的高压油经 I_3 卸压阀芯上的槽口及预泄换向阀8上位（图示位置）的孔道与油箱连通，从而使主缸上腔油泄压。其油路为

控制油路

　　进油：泵1→阀4→阀5（右）→I_3（使 I_3 卸荷阀芯开启）

主油路

　　回油：主缸上腔→I_3（卸荷阀芯槽口）→阀8（上）→油箱（主缸上腔泄压）

5. 快速退回

主缸上腔泄压后，在控制油压作用下，阀8换为下位，控制油经阀8进入阀6右端，阀6左端回油，因此阀6右位接入系统。主油路中，压力油经阀6、阀11进入主缸下腔，同时将液控单向阀12打开，使主缸上腔油返回充液箱，上滑块则快速上升，退回至原位。其油路为

控制油路

$\begin{cases} 进油路：泵1→阀4→阀5（右）→阀8（下）→阀6右端 \\ 回油路：阀6左端→阀5（右）→油箱 \end{cases}$ （使阀6换为右位）

主油路

$\begin{cases} 进油路：泵1→阀7→阀6（右）→阀11 \begin{cases} →主缸下腔 \\ →阀12控制口 \end{cases} \\ 回油路：主缸上腔→阀12→充液箱 \end{cases}$ （上滑块快速退回）

6. 原位停止

当上滑块返回至原始位置，压下行程开关 S_1 时，使电磁铁2YA断电，阀5和阀6均换为中位（阀8复位），主缸上、下腔封闭，上滑块停止运动。阀13为主缸溢流阀，起平衡上滑块重量作用，可防止与上滑块相连的运动部件在上位时因自重而下滑。

（二）顶出缸运动

1. 向上顶出

当主缸返回原位，压下行程开关 S_1 时，除使电磁铁2YA断电，主缸原位停止外，还使电磁铁4YA通电，阀14换为右位。压力油经阀14进入顶出缸下腔，其上腔回油，下滑块上移，将压制好的工件从模具中顶出。这时系统的最高工作压力可由溢流阀16调整。其油路为

主油路

$\begin{cases} 进油路：泵1→阀7→阀6（中）→阀14（右）→缸下腔 \\ 回油路：缸上腔→阀14（右）→油箱 \end{cases}$ （使下滑块上移顶出工件）

2. 停留

当下滑块上移到其活塞碰到缸盖时，便可停留在这个位置上。同时碰到上位开关 S_2，

使时间继电器动作，延时停留。停留时间可由时间继电器调整，这时的油路未变。

3. 向下退回

当停留结束时，时间继电器发出信号，使电磁铁 3YA 通电（4YA 断电），阀 14 换为左位。压力油进入顶出缸上腔，其下腔回油，下滑块下移。其油路为

$$\left\{\begin{array}{l}进油路：泵 1→阀 7→阀 6（中）→阀 14（左）→缸上腔\\回油路：缸下腔→阀 14（左）→油箱\end{array}\right\}（使下滑块下移）$$

4. 原位停止

当下滑块退至原位时，挡块压下下位开关 S_3，使电磁铁 3YA 断电，阀 14 换为中位，运动停止。缸上腔和泵的油均由阀 14 中位通油箱。

（三）浮动压边过程

1. 上位停留

先使电磁铁 4YA 通电，阀 14 换为右位，顶出缸下滑块上升至顶出位置，由行程开关或按钮发信号使 4YA 再断电，阀 14 换为中位，使下滑块停在顶出位置上。这时顶出缸下腔封闭，上腔通油箱。

2. 浮动压边

浮动压边时主缸上腔进压力油（主缸油路同慢速加压油路），主缸下腔油进入顶出缸上腔，顶出缸下腔油可经阀 15 流回油箱。

主缸上滑块下压薄板时，下滑块也在此压力下随之下行。这时阀 15 为背压阀，它能保证顶出缸下腔有足够的压力。阀 16 为溢流阀，它能在阀 15 堵塞时起过载保护作用。浮动压边时的油路为

$$\left\{\begin{array}{l}进油路：主缸下腔→阀 11→阀 6（左）→阀 14（中）\to顶出缸上腔\\\qquad\qquad 油箱\quad\longrightarrow\\回油路：顶出缸下腔→阀 15→油箱\end{array}\right\}\begin{array}{l}（上下滑块同时\\下移，浮动压力）\end{array}$$

3. 上位停留油路同 1

三、YB32-200 型液压压力机液压系统的特点

1）采用了变量泵—液压缸式容积调速回路。所用液压泵为恒功率斜盘式轴向柱塞泵，它的特点是空载快速时，油压低而供油量大，压制工件时，压力高，泵的流量能自动减小，可实现低速。系统中无溢流损失和节流损失，效率高，功率利用合理。

系统中设置了远程调压阀，这样可在压制不同材质、不同规格的工件时，对系统的最高工作压力进行调节，以获得最理想的压制力，使用很方便。

2）两液压缸均采用电液换向阀换向，便于用小规格的、反应灵敏的电磁阀控制高压大流量的液动换向阀，使主油路换向。其控制油路采用了串有减压阀的减压回路，其工作压力比主油路低而平稳，既能减少功率消耗，降低泄漏损失，还能使主油路换向平稳。

3）采用两主换向阀中位串联的互锁回路。即当主缸工作时，顶出缸油路被断开，停止运动；当顶出缸工作时，主缸油路断开，停止运动。这样能避免操作不当出现事故，保证了安全生产。当两缸主换向阀均为中位时，液压泵卸荷，其油路上串接一顺序阀，其调整压力约为 2.5MPa，可使泵的出口保持低压，以便于快速起动。

4）液压压力机是大功率立式设备，压制工件时需要很大的力。因而主缸直径大，上滑

块快速下行时需要很大的流量，但顶出缸工作时却不需要很大的流量。因此，该系统采用顶置充液箱，在上滑块快速下行时直接从缸的上方向主缸上腔补油。这样既可使系统采用流量较小的泵供油，又可避免在长管道中有高速大流量油流而造成能量的损耗和故障，还减小了下置油箱的尺寸（充液箱与下置油箱有管路连通，上箱油量超过一定量时可溢回下油箱）。此外，两立式液压缸各有一个安全阀，构成平衡回路，能防止上、下滑块在上位停止时因自重而下滑，起支承作用。

5）在保压延时阶段时，由多个单向阀、液控单向阀组成主缸保压回路，利用管道和油液本身的弹性变形实现保压，方法简单。由于单向阀密封好，结构尺寸小，工作可靠，因而使用和维护也比较方便。

6）系统中采用了预泄换向阀，使主缸上腔卸压后才能换向。这样可使换向平稳，无噪声和液压冲击。

第四节　注射机液压系统

一、概述

注射机是将颗粒状塑料加热至流动状态后，以高压、快速注入模具内腔，保压一定时间后冷却凝固，成型为塑料制品的塑料注射成型设备。塑料制品注射成型的工作循环如图7-7所示。

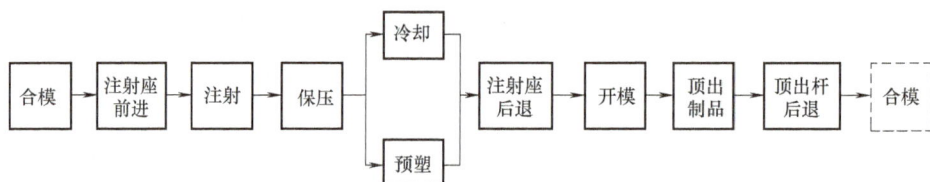

图7-7　注射成型工作循环图

根据注射成型工艺的需要，注射机液压系统应满足如下要求。

1）有足够的合模力。合模装置由定模板、动模板、起模合模机构和制品顶出机构等组成。在注射过程中，常以40~150MPa的注射压力将塑料熔体射入模腔。为防止塑料制品产生溢边或脱模困难，要求具有足够的合模力。为了减小合模缸的尺寸和工作压力，常采用连杆增力机构来实现合模与锁模。为了缩短空行程时间，保证制品质量和避免冲击，在起、合模过程中，要求合模缸有慢、快、慢的速度变化。

2）注射座可整体前进与后退。注射部件由加料装置、料筒、螺杆、喷嘴、加料预塑装置、注射缸及注射座移动缸等组成。注射座缸固定，其活塞与注射座整体由液压缸驱动，应保证在注射时注射座有足够的推力，使喷嘴与模具浇口紧密接触，以防流涎。

3）根据原料、制品几何形状和模具浇口布局的不同，注射压力应有相应的变化。例如，黏度较高的熔液注射压力比黏度较低的聚苯乙烯或尼龙等注射压力要高些；薄壁制品、面积大而形状复杂的制品及流道细长时，注射压力应适当增大些。因此要求注射压力可调节。注射速度直接影响制品的质量。注射速度过低，熔体不易充满复杂的型腔，或制品中易形成冷接缝；速度过高，流过通道时会因摩擦而产生高温，使某些材料颜色发生变化或化学分解，所以，随制品的不同，注射速度应能调节。

4）可保压冷却。当熔体注入型腔后，要保压和冷却。在冷却凝固时材料体积有收缩，故型腔内应能补充熔体，否则会因充料不足而出现残品。因此，保压压力和保压时间应能调节。

5）预塑过程可调节。在型腔熔体冷却凝固阶段，使料斗内的塑料颗粒通过料筒内螺杆的回转卷入料筒，连续向喷嘴方向推移，同时加热塑化、搅拌和挤压成为熔体。在注射成型加工中，料筒每小时能塑化材料的重量（称为塑化能力）在料筒结构尺寸决定后，应随塑料的熔点、流动性和制品的不同而有所改变，即应使预塑过程的塑化能力可以调节。

6）可顶出制品。制品在冷却成型后要从模具中顶出。为了在制品脱模被顶出时防止其受损，顶出缸的运动要平稳，其运动速度应能根据制品的形状、尺寸的不同而调节。

SZ-100/80 型注射机属中、小型注射机。它有三种规格，每次最大注射容量为 $106\sim175cm^3$，其塑化能力为 $32\sim55kg/h$，合模的最大锁紧力为 800kN。图 7-8 所示为 SZ-100/80 型注射机的液压系统图。该系统是由合模液压缸、注射座移动缸、注射缸、预塑液压马达、顶出缸等执行元件及其控制回路组成的较为复杂的中高压系统。

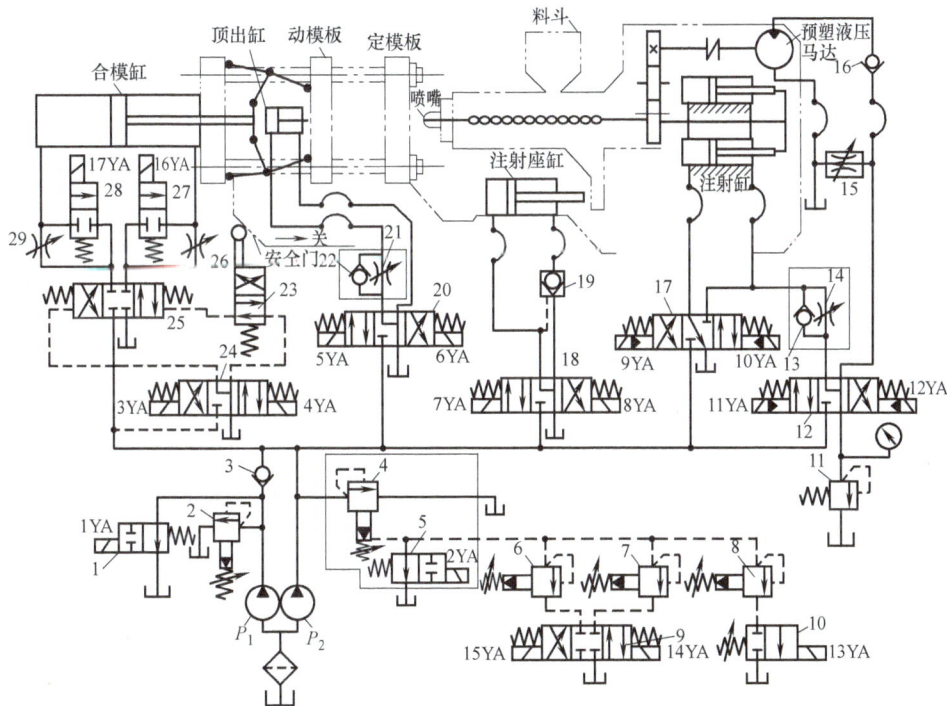

图 7-8 SZ-100/80 型注射机液压系统图

1、5、9、10、12、17、18、20、24、27、28—电磁换向阀　2、4、6、7、8—溢流阀
3、16—单向阀　11—背压阀　13、14—单向节流阀　15—调速阀　19—液控单向阀
21、22—单向节流阀　23—行程阀　25—液动换向阀　26、29—节流阀

分析这种较复杂的液压系统，应采取"化整为零，各个击破"的方法，先将整个液压系统按执行元件分为若干个子系统，分析每个子系统能实现的运动及子系统每个元件的作用，然后根据整个系统需要实现的运动循环逐一分析实现每一步工作的进油路线、回油路线及各步之间的相互关联，从而"全面掌握"整个液压系统的工作原理。

二、SZ-100/80 型注射机液压系统的工作原理

该系统由额定压力为 16MPa 的中高压双联叶片泵（YB-E50/25）供油。P_1 为大流量泵，其工作压力由溢流阀 2 调定为较低压力，当电磁铁 1YA 不通电时，P_1 泵的油可经电磁换向阀 1 卸荷。P_2 为小流量泵，其最高工作压力由先导式溢流阀 4 调为高压。当电磁铁 2YA 不通电时，P_2 泵的油可由电磁换向阀 5 控制，经过阀 4 卸荷。当电磁铁 2YA 通电时，分别改变电磁换向阀 9 和 10 的通油状态，可使 P_2 泵输出油液的压力分别由先导式溢流阀 6、7、8 调节为比较低（比阀 4 调压低）的数值。系统中需获得快速时，可由双泵同时供油；需慢速工作时，可使大泵 P_1 卸荷，而由小泵 P_2 向系统供油。

该系统有"调整""手动""半自动""全自动"四种操作方式，现参照表 7-3 中所示的工作循环和电磁铁通电顺序表，以"全自动"方式工作，分析该液压系统的工作原理。

表 7-3　SZ-100/80 型注射机工作循环及电磁铁通电顺序表

工作循环		信号来源	电磁电(YA)通电																
			1	2	3	4	5	6	7	8	9	10	11	12	13	14	15	16	17
一　合模	慢速	关门、按钮		┃	┃													┃	
	快速	行程开关 S_1	┃	┃	┃												┃	┃	┃
	慢速	行程开关 S_2		┃	┃													┃	
	低压慢速	行程开关 S_3		┃	┃											┃		┃	
	高压慢速	行程开关 S_4		┃	┃													┃	
二	注射座前进	行程开关 S_5		┃															
三　注射	慢速	行程开关 S_6		┃						┃									
	快速	行程开关 S_7		┃						┃	┃								
四	保压	行程开关 S_8		┃						┃									
五	预塑	时间继电器		┃					┃										
六	防流涎	行程开关 S_9		┃							┃								
七	注射座后退	行程开关 S_{10}					┃												
八　开模	慢速	行程开关 S_{11}		┃		┃													
	快速	行程开关 S_{12}		┃		┃									┃				
	慢速	行程开关 S_{13}		┃		┃													
九　顶出	顶出制品	行程开关 S_{14}		┃				┃											
	顶出缸复位	行程开关 S_{15}		┃									┃						
十	停止	终点开关 S_{16}																	

（一）合模

1. 慢速合模

先关闭安全门，使行程阀 23 下位接入系统。再按动起动按钮，电磁铁 2YA、3YA、16YA 通电。这时阀 1 右位，大泵 P_1 卸荷；阀 5 右位，小泵 P_2 供油，系统压力由阀 4 调为高压。在合模缸子系统中，先导电磁换向阀 24 左位接入系统，二位二通电磁阀 27 上位接入系统，压力油进入合模缸左腔，缸右腔油流回油箱，其活塞右移，使动模板右移合模。其油

路为

控制油路

$$\begin{cases} 进油路:泵\,P_2\to阀\,24(左)\to阀\,23(下)\to液动换向阀\,25\,右端 \\ 回油路:阀\,25\,左端\to阀\,24(左)\to油箱 \end{cases}(使阀\,25\,换为右位)$$

主油路

$$\begin{cases} 进油路:泵\,P_2\to阀\,25(右)\to节流阀\,29\to合模缸左腔 \\ 回油路:合模缸右腔\to阀\,27(上)\to阀\,25(右)\to油箱 \end{cases}(慢速高压合模由阀\,29\,调速)$$

2. 快速合模

当动模板上的挡块压下行程开关 S_1 时，电磁铁 1YA、17YA 通电（2YA、3YA、16YA 保持原通电状态）。这时阀 1 换为左位，大泵 P_1 与 P_2 同时向合模缸供油；二位二通电磁阀 28 换为上位，主进油路不再经过节流阀 29，故合模缸快速合模。由于双泵并联，故系统的工作压力由溢流阀 2 限定。它的控制油路及主回油路同 1，主进油路为

进油路：

$$泵\,\left\langle\begin{matrix}P_1 \\ P_2\end{matrix}\right\rangle\to阀\,25（右）\to阀\,28（上）\to合模缸左腔（快速合模）$$

3. 慢速合模

当挡块压下行程开关 S_2 时，电磁铁 1YA、17YA 断电（2YA、3YA、16YA 仍保持通电状态），子系统完全恢复到 1 状态，P_1 泵卸荷，节流阀 29 接入系统，实现慢速合模。

4. 低压慢速合模

当挡块压下行程开关 S_3 时，电磁铁 15YA 通电（2YA、3YA、16YA 保持通电），P_2 泵供油。阀 9 换为左位，远程调压阀 6 接入系统，使系统压力为低压，合模缸低压慢速合模。这样可以防止在两模板接近时，中间有硬质异物使模具损坏。

5. 慢速高压锁模

当挡块压下行程开关 S_4 时，15YA 又断电，系统又恢复为慢速高压合模状态，其油路与 1 全相同。这时，合模缸活塞慢速前进并带动双连杆增力机构将模具锁紧。

（二）注射座前进

合模缸锁紧后其终点开关 S_5 被压下，使 2YA、8YA 通电（3YA、16YA 断电、阀 24 换为中位，阀 27 换为下位）。这时，P_2 供油，阀 4 调压；电磁换向阀 18 右位接入系统，压力油经液控单向阀 19 进入注射座缸右腔，缸左腔回油，注射座整体左移，直至注射喷嘴与浇口顶接为止。液控单向阀 19 的作用是在注射座缸前进到位时将注射座锁紧，防止喷嘴与浇口接触处松开。

这时阀 24、阀 25 均换为中位，合模缸两腔油路被封闭在锁紧位置上。

（三）注射

1. 慢速注射

当注射座缸使注射座整体移动到位时，挡块压下开关 S_6 时，使 11YA、13YA 通电（2YA、8YA 保持通电状态），阀 12 左位接入系统，阀 10 换为右位，系统由小泵 P_2 供油，由远程调压阀 8 调压。这时，压力油经阀 12、阀 14 进入注射缸右腔，注射缸左腔油由阀 17 回油，其活塞带动螺杆前进慢速注射。其油路为

$$\begin{cases} 进油路：泵\ P_2 \to 阀\ 12（左）\to 节流阀\ 14 \to 注射缸右腔 \\ 回油路：注射缸左腔 \to 阀\ 17（中）\to 油箱 \end{cases} （慢速注射，阀14调速）$$

2. 快速注射

当挡块压下行程开关 S_7 时，使 1YA、9YA 通电（2YA、8YA、11YA、13YA 保持通电），双泵供油，阀 8 调压。阀 17 换为左位，压力油经阀 17 进入注射缸右腔，注射缸左腔回油，活塞带动螺杆快速左移注射。其油路为

$$\begin{cases} 进油路：泵\left\langle\begin{matrix}P_1\\P_2\end{matrix}\right. \begin{matrix}\to 阀\ 17（左）\to 注射缸右腔\\ \to 阀\ 12（左）\to 阀\ 14\end{matrix} \\ 回油路：注射缸左腔 \to 阀\ 17（左）\to 油箱 \end{cases} （螺杆快进，快速注射）$$

（四）保压

当挡块压下行程开关 S_8 时，使 1YA、9YA、13YA 断电、14YA 通电（2YA、8YA、11YA 保持通电）并使时间继电器延时计时。系统由 P_2 泵供油，阀 9 换为右位，远程调压阀 7 调压。阀 17 恢复中位、阀 12 左位，压力油可经节流阀 14 进入注射缸右腔，补充泄漏油实现注射缸保压。其油路为

$$\begin{cases} 进油路：泵\ P_2 \to 阀\ 12（左）\to 阀\ 14 \to 注射缸右腔 \\ 回油路：注射缸左腔 \to 阀\ 17（中）\to 油箱 \end{cases} （活塞及螺杆不再前进）$$

（五）预塑

当保压至预定时间，时间继电器发出信号使 1YA、12YA 通电，11YA、14YA 断电（2YA、8YA 保持通电）。这时双泵供油，阀 12 右位接入系统，阀 2 调压。压力油进入预塑液压马达，使预塑马达旋转，并带动螺杆转动，将料斗中的颗粒塑料卷入料筒，并被不断推至前端加热预塑。螺杆转动速度由旁油路调速阀 15 调节。预塑马达的油路为

$$\begin{cases} 进油路：泵\left\langle\begin{matrix}P_1\\P_2\end{matrix}\right\rangle 阀\ 12（右）\begin{matrix}\to 单向阀\ 16 \to 液压马达进油口\\ \to 调速阀\ 15\\ \to 油箱\end{matrix} \\ 回油路：液压马达回油口 \end{cases} \begin{matrix}（使螺杆旋转送料\\ 预塑由阀15调速）\end{matrix}$$

这时注射缸活塞在螺杆反推力作用下右移，注射缸右腔回油，左腔由油箱中吸油。注射缸油路为

$$\begin{cases} 进油路：油箱 \to 阀\ 17（中）\to 缸左腔 \\ 回油路：缸右腔 \to 单向阀\ 13 \to 阀\ 12（右）\to 背压阀\ 11 \to 油箱 \end{cases} \begin{matrix}（以螺杆反力\\ 推活塞后退）\end{matrix}$$

（六）防流涎

螺杆退至预定位置，挡块压下行程开关 S_9 时，使 10YA 通电（2YA、8YA 保持通电），1YA、12YA 断电，这时 P_2 供油，阀 4 调压，阀 17 换为右位，注射缸左腔进压力油，右腔回油，使螺杆强制后退。其油路为

$$\begin{cases} 进油路：泵\ P_2 \to 阀\ 17（右）\to 注射缸左腔 \\ 回油路：注射缸右腔 \to 阀\ 17（右）\to 油箱 \end{cases} （螺杆强制后退、复位）$$

这时注射座缸仍处于左端位置，且由液控单向阀 19 锁紧，以防喷嘴流涎。

（七）注射座缸后退

当挡块压下行程开关 S_{10} 时，7YA 通电、8YA、10YA 断电（2YA 保持通电），压力油经

阀 18 左位进入注射座缸左腔并打开液控单向阀 19，使缸右腔油经阀 19 及阀 18 左位回油，注射座整体后退。这时 P_2 泵供油，阀 4 调压。

（八）开模

1. 慢速开模

当挡块压下行程开关 S_{11} 时，使 2YA、4YA、17YA 通电，P_2 供油，阀 4 调压。阀 24 右位，使阀 25 换为左位，阀 28 上位。这时压力油经节流阀 26 进入合模缸右腔，缸左腔回油，实现慢速开模，其速度由阀 26 调节。

2. 快速开模

当挡块压下行程开关 S_{12} 时，使 1YA、2YA、4YA、16YA、17YA 通电，双泵供油，阀 2 调压；阀 27 上位，压力油经阀 27 进入合模缸，不再经过节流阀 26，因而实现快速开模。

3. 慢速开模

由挡块压下行程开关 S_{13} 控制、油路同 1。

（九）顶出制品

1. 顶出制品

挡块压下行程开关 S_{14}，使 2YA、5YA 通电，P_2 供油，阀 4 调压。顶出缸左腔经阀 20（左）及节流阀 21 进压力油，右腔回油。顶出杆右移顶出制品，其移动速度由阀 21 调节。

2. 顶出缸退回

当顶出杆到位将工件顶出后，挡块压下行程开关 S_{15}，使 2YA、6YA 通电（5YA 断电），阀 20 换为右位，P_2 供油，阀 4 调压。顶出缸右腔进压力油，左腔经单向阀 22 回油，其活塞退回原位。挡块压下终点开关 S_{16} 时，可使 2YA、6YA 断电停止工作；也可使 2YA、3YA、16YA 同时通电，开始下一次工作循环。

三、SZ-100/80 型注射机液压系统的特点

1）该液压系统为多缸复杂系统，但其各子系统并不复杂。各子系统之间的工作顺序有严格的要求，它采用了多个行程开关控制电磁换向阀电磁铁的通断电顺序实现，比较方便、可靠。在注射保压阶段采用了时间继电器控制，使设备能实现全自动工作。

2）该系统工作循环各工作阶段要求的压力和速度各不相同。它采用了由双联泵、先导式溢流阀、远程调压阀及多个电磁换向阀组成的快速回路、多级调压回路和卸荷回路满足系统各工作阶段对速度和工作压力的要求。其元件数量多，发热量大，控制系统也较复杂。

该系统若采用变量泵供油，采用电液比例阀控制系统的流量、压力等参数，则元件数量可大为减少，效率也会提高。若用计算机对其工作循环及循环中每一动作的参数按预先编好的程序进行控制，并对设备进行相应的改进，则可进一步优化注射工艺。

※ 第五节 单斗挖掘机液压系统

一、概述

各种类型的挖掘机械广泛应用于建筑、交通运输、水利工程、矿山采掘及现代军事工程的机械化施工。据统计，施工中约有 60% 的土方量是由挖掘机来完成的。

挖掘机按作业循环的不同，可分为单斗和多斗两种；按行走机构的不同，又可分为履带式、轮胎式、汽车式和步行式等多种；按传动形式不同，又可分为机械式和液压式两种。随着液压技术的发展，液压挖掘机的使用日趋广泛。目前，履带式单斗挖掘机几乎都是整机全液压传动。现以 $1m^3$ 履带式全液压单斗挖掘机为例，分析其液压系统的工作原理及特点。

二、$1m^3$ 履带式全液压单斗挖掘机液压系统的工作原理

图 7-9 所示为液压单斗挖掘机的外形。它是一种周期作业的机械设备。由柴油机驱动液压油源，由工作机构（包括铲斗、斗杆、动臂）、回转机构、行走机构、铲斗缸、斗杆缸、动臂缸等组成。其铲斗又有正铲斗、反铲斗、抓斗、装载斗等。挖掘机在工作过程中，要求频繁地进行复合动作（挖掘、提升、回转等），以缩短每一个工作循环的工作时间。因此，单斗挖掘机液压系统在多路复合系统中具有很好的代表性。

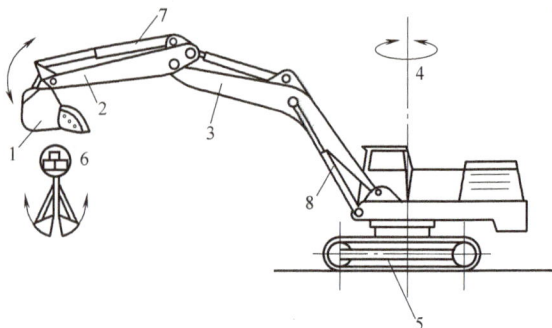

图 7-9　液压单斗挖掘机的外形示意图

1—铲斗　2—斗杆　3—动臂　4—回转机构　5—行走机构
6—铲斗缸　7—斗杆缸　8—动臂缸

1. 主要动作及要求

（1）挖掘　在坚硬的土壤中挖掘时，一般以斗杆缸动作为主，用铲斗缸调整切削角度，配合挖掘；在松软土壤中挖掘时，则以铲斗缸动作为主，必要时铲斗、斗杆、动臂三个缸根据工作要求复合动作，以保证铲斗按特定轨迹运动。

（2）满斗提升及回转　挖掘结束，铲斗缸推出，动臂缸顶起，铲斗提升。同时回转马达起动，使转台向卸土方向回转。

（3）卸载　转台回转到铲斗接近卸料点时，转台制动，用斗杆缸调整卸载半径，然后铲斗缸收回，铲斗卸载。装车时，对卸载位置及卸载高度的要求较严，所以还需要几个缸与动臂缸配合动作。

（4）返回　卸载结束，转台向反方向回转。同时，动臂与斗杆配合使空斗下放到工作面上新的挖掘点。

2. 对液压系统的要求

单斗液压挖掘机经常在野外工作，环境温度变化大，每一工作循环时间短（12~25s），各主要机构起动、制动频繁，工作负载变化大，振动冲击多，维护条件差。它对液压系统的要求是：

1）系统及元件要有足够的可靠性，应能实现工作机构的复合动作，并充分利用发动机功率和提高传动效率。

2）应有完善的安全装置。如各执行元件的油路要设过载保护及缓冲装置，应设防止动臂因自重而快速下降和防止整机超速溜坡的安全装置等。

3）液压元件对油污染的敏感性应较低，系统必须设置良好的过滤装置和防尘装置。

4）为减轻操作强度，改善劳动条件，应采用手动—液控操纵装置。

3. 液压系统的分析

图 7-10 所示为国产 1m³ 履带式单斗液压挖掘机的定量型双泵双回路液压系统。其主要性能参数为：反铲斗容量 1m³；发动机功率 110kW；双联液压泵 2-65×ZB64×641，其额定流量 2×100L/min，其额定工作压力 32MPa；行走液压马达 2×ZMS 4000，其排量 2×4L/r；回转液压马达 ZM2000，其排量 2L/r。

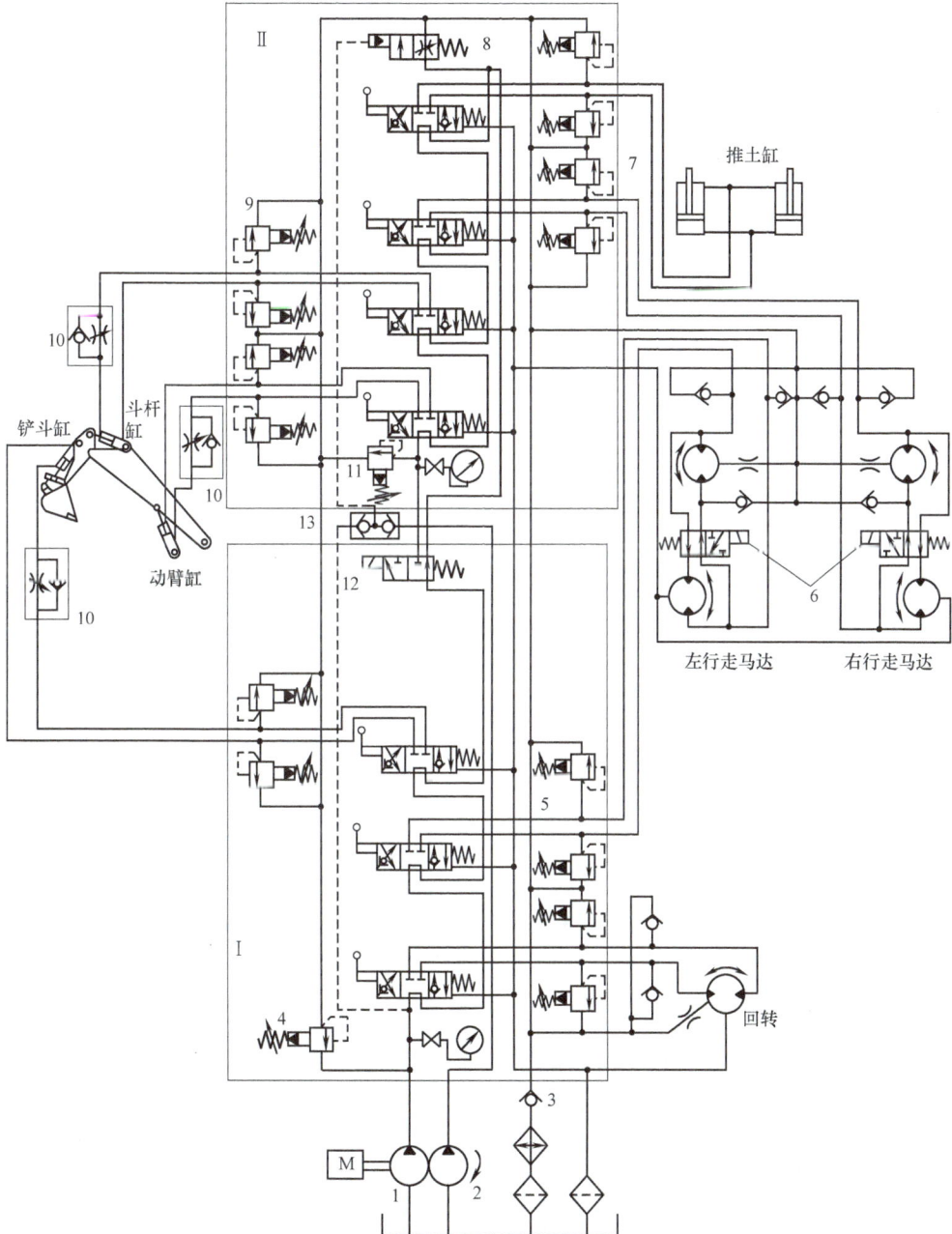

图 7-10　单斗液压挖掘机液压系统图

1、2—液压泵　3—背压阀　4、11—溢流阀　5、7、9—限压阀
6—串并阀（调速阀）　8—限速阀　10—单向节流阀　12—合流阀　13—梭阀

该系统为开式系统。它的液压装置，电控装置，工作机构的液压缸、回转马达和发动机等均置于回转台的上部，液压油经中心回转接头进入车下驱动行走马达工作。泵1向回转马达、左行走马达、铲斗缸供油；泵2向动臂缸、斗杆缸、右行走马达及推土缸供油。从而使分属这两回路中的任意两执行机构在轻载及重载下都能同时动作。由于多路阀Ⅰ和多路阀Ⅱ中各个手动三位四通换向阀均为串联，故轻载时可实现多个执行元件（液压缸或液压马达）同时动作。由于泵1与泵2流量相等，故可保证左、右行走马达行走的直线性。

系统中溢流阀4、11调整压力为31.5MPa，以防系统过载。各液压缸及液压马达的回路中均设限压阀9，除回转马达的调整压力为25MPa左右以外，其他均为30～31.5MPa，这些阀离执行元件近，能起到过载保护、缓冲制动、防止动臂因自重而快速下降等作用。

限速阀8用以防止挖掘机行走下坡时发生重力超速现象。它的液控口交替作用着梭阀13提供的泵1和泵2油的最大压力。在进行一般作业时，系统经阀8左位直接回油。当下坡行走超速时，油泵出口压力降低，限速阀8能自动换位对回油进行节流，防止溜坡。动臂、斗杆和铲斗缸都有可能发生重力超速现象，但这些机构对下降速度的稳定性和锁紧的要求不很严格，故均采用单向节流阀10来限速。

合流阀12在正常情况下起分流作用，即两泵分别为由多路阀Ⅰ或Ⅱ组成的两回路供油。当按动按钮使合流阀的电磁铁通电，阀左位工作时，泵1与泵2的油合流，这时可以对动臂缸或斗杆缸实现双泵供油，以提高动臂和斗杆的工作速度。

每条履带均有一个相应的双排液压马达供整机行走用。两个串并阀6分别置于左、右行走马达的配流轴处。一般情况下，行走马达并联供油（见图7-10），挖掘机低速行走，可输出大转矩。如果使两阀的电磁铁通电，两个阀6均换位工作，则两行走马达均改为串联供油，从而改为高速档，挖掘机即可高速行走，但输出小转矩。左、右行走马达处的各个单向阀为各马达的补油阀。它们通过与总回油管相连的管路向各马达强制补油。回转马达处的单向阀，也起同样的作用。为保证液压马达补油和实现系统的液控，背压阀3的调节压力为0.8～1.4MPa。

单动作供油时，操纵某一手柄使相应阀杆移动使压力油进入相应的液压缸或液压马达，回油经阀8左位流入回油管，再经背压阀3流回油箱。当须同时操纵几个手柄，使各相应阀杆移动时，压力油先进入第一个执行器（液压缸或液压马达），经循环后其回油又进入第二个执行器，余此类推，回油也经阀8左位进入油箱。

各阀组的阀单独引出泄漏油管连通另一条回油管，泄漏油经另一过滤器流回油箱（见图7-10）。为避免回转马达和液压油之间的温差引起"热冲击"，从背压阀3前的回油路上引出热油经阻尼孔减压和节流到回转马达壳体，对马达进行预热。另外，从马达壳体内引出一条油管与各阀的泄漏油油管连通（通油箱），于是在马达内经常有循环油流过，能防止发生热冲击，还能冲洗壳体内的杂质。

三、1m³履带式全液压单斗挖掘机液压系统的特点

1）该挖掘机的液压系统为双联泵供油的液压系统。泵1与多路阀Ⅰ、铲斗缸、转台回转马达、左行走马达等组成一个回路；泵2与多路阀Ⅱ、斗杆缸、右行走马达、推土缸等组

成另一个回路。因此它是由两大组回路组成的，能控制多个执行件实现多种复合运动的高压、大流量液压系统。

2）该系统用双泵供油，在其进行一般作业时，原出口压力较高，梭阀 13 处于左位，使双泵回油不经节流阀，能节省能耗。在其下坡行走超速，泵出口压力降低时，梭阀 13 换位右位，双泵回油需经节流阀，因而能防止整机溜坡，行驶安全。

3）该系统中的各执行元件（液压缸和液压马达）的回路中，均设置各自的限压阀（5、7、9）。这些阀离执行机构近，能起到缓冲制动、限压、过载保护作用，能保证各执行机构及整机工作有良好的平稳性。

4）该系统中的斗杆缸和动臂缸通过合流阀 12 使双泵供油，实现快速运动。左、右行走马达通过两个串并阀 6 实现快慢速度转换。即在一般情况下两阀 6 不通电，两组液压马达均并联，使整机以慢档速度行走，并可输出大转矩；当两阀均通电换位时，两组液压马达均串联，可使整机快速行走，输出小转矩。

5）该系统采用了两组手动三位四通多路换向阀实现各个执行元件的换向，结构紧凑，操作方便，安全合理。Ⅰ、Ⅱ多路换向阀中的各阀之间互相串联，既可实现各执行件的单动作，也可实现串联执行元件同时动作，阀间的连接也很紧凑。这也是多种类型行走机械液压系统组成的特点。

此外，该系统在设计时，考虑的问题也是比较细致全面的。例如，为防止工作机构向下运行时超速，在斗杆缸、铲斗缸和动臂缸向下运行的回油路上设置了单向节流阀 10；为使泄漏油无背压，单独设置一条回油管道；为使各液压马达长时间正常工作，设置各补油用的单向阀；为使液压马达能借系统回油路上的"热油"补油和限速阀能正常工作，在回油路上设置背压阀，且调定压力为 0.8~1.4MPa；采用多种措施防止液压马达产生"热冲击"等。

思考题和习题

7-1　图 7-1 所示液压动力滑台的液压系统由哪些基本回路所组成？是如何实现差动连接的？采用行程阀进行快、慢速度的转换，有何特点？液控顺序阀 6 起什么作用？

7-2　外圆磨床的液压系统中，为什么要采用行程控制操纵箱？外圆磨床工作台换向时有哪几个阶段？

7-3　外圆磨床主油路和润滑油路的油压应调至多高？如何调整？调整时应注意什么？

7-4　说明 M1432B 型万能外圆磨床砂轮架的快速进退动作与机床上的哪些运动有联动关系？与哪些运动有互锁关系？为什么？

7-5　M1432B 型万能外圆磨床工作台往复运动液压缸中的空气如何排除？其工作台导轨面上的润滑油流量应如何调整？

7-6　M1432B 型万能外圆磨床在切入磨削时进行高速抖动，应如何调整机床？

7-7　图 7-6 所示 YB32-200 型四柱万能液压压力机的液压系统由哪些基本回路组成？说明单向阀 10、液控单向阀 11、12 和 I_3 的作用。

7-8　图 7-8 所示 SZ-100/80 型注射机的液压系统是如何实现多级压力控制的？系统中行程阀 23、液控单向阀 19、压力阀 11 各起什么作用？

7-9　将图 7-11 所示车床液压系统完成图示工作循环时各工作阶段电磁铁通断电情况填入下表。通电用"+"表示，不通电用"−"表示。

动作	1YA	2YA	3YA	4YA	5YA	6YA
装件夹紧						
横 快 进						
横 工 进						
纵 工 进						
横 快 退						
纵 快 退						
卸下工件						

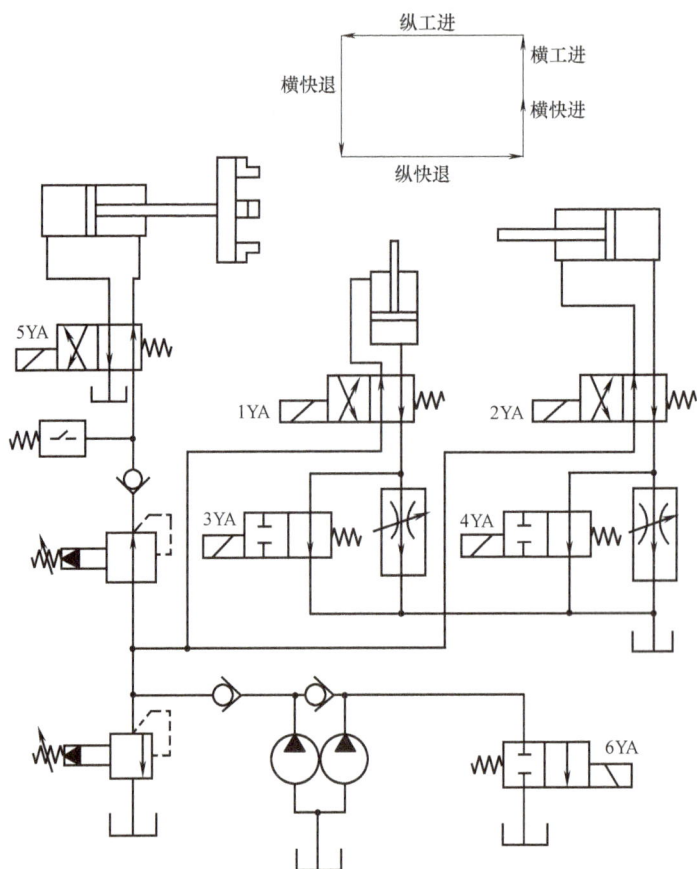

图 7-11　题 7-9 图

7-10　试分析和阅读现代化仓库中用以装卸、堆码货物的装卸堆码机液压系统图（见图 7-12）。

该机由液压马达驱动的行走底盘部分和一个六自由度的圆柱坐标式机械手组成。机械手可完成升降、臂俯仰、臂伸缩、臂回转、手腕偏转、手腕回转、手指夹紧等动作。它比常用的叉车使用方便、灵活，堆码的高度和深度也大大高于叉车。

该机液压系统的工作原理有如下提示。

（1）底盘行走　系统用蓄电池供电，由直流电动机带动液压泵工作。脚踏换向阀 5 踏板使其左位工作

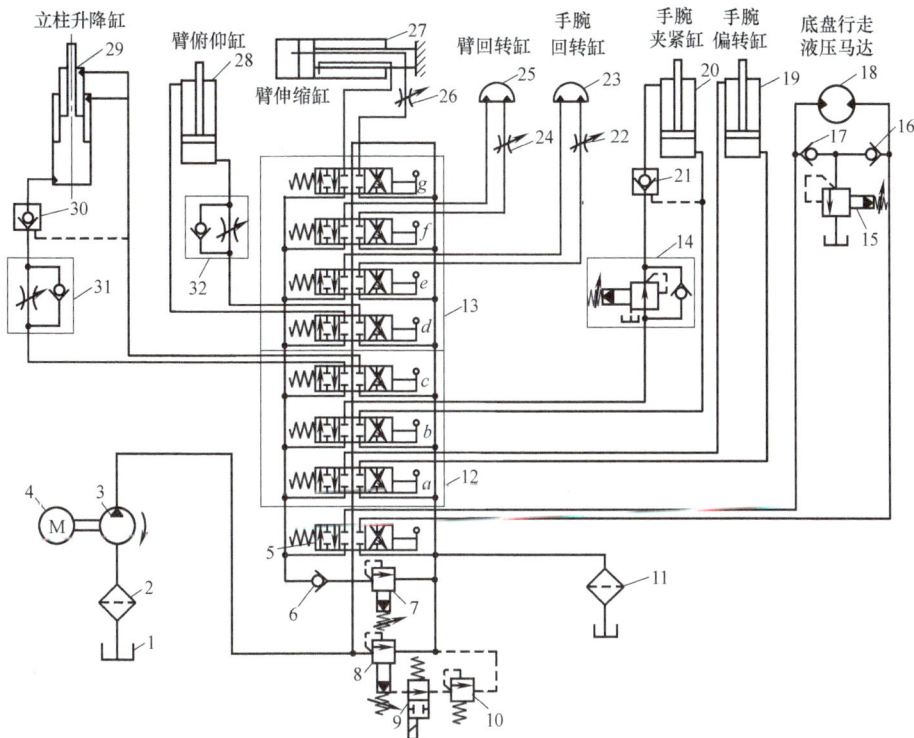

图 7-12　装卸堆码机液压系统图

时，液压马达驱动底盘行走，其油路为

$$\begin{cases} \text{进油路：泵 3} \rightarrow \text{阀 6} \rightarrow \text{阀 5（左）} \rightarrow \text{液压马达 18 左腔（阀 10 远程调压）} \\ \text{回油路：液压马达 18 右腔} \rightarrow \text{阀 5（左）} \rightarrow \text{过滤器 11} \rightarrow \text{油箱} \end{cases}$$

若阀 5 右位，则底盘反向行走。单向阀 17、16、压力阀 15 用以防止液压马达超载。当行走阻力大时，可按增力按钮，使阀 9 通电，由阀 8 调整，使系统工作压力升高，底盘行走顺利。

（2）立柱升降　操作多路换向阀 12 中阀 c 的手柄，使其左位工作，压力油进入伸缩缸下腔，使立柱升起其油路为

$$\begin{cases} \text{进油路：泵 3} \rightarrow \text{阀 6} \rightarrow \text{阀 } c \text{（左）} \rightarrow \text{阀 31（单）} \rightarrow \text{阀 30} \rightarrow \text{缸下腔} \\ \text{回油路：缸上腔} \rightarrow \text{阀 5（左）} \rightarrow \text{过滤器 11} \rightarrow \text{油箱} \end{cases}$$

当升至所需高度时，阀 c 恢复中位，液压缸被阀 30 锁紧。当阀 c 换为右位时，立柱下降其油路为

$$\begin{cases} \text{进油路：泵 3} \rightarrow \text{阀 6} \rightarrow \text{阀 } c\text{(右)} \begin{matrix} \rightarrow \text{阀 30 控制口} \\ \rightarrow \text{缸上腔} \end{matrix} \\ \text{回油路：缸下腔} \rightarrow \text{阀 30} \rightarrow \text{阀 31（节流阀）} \rightarrow \text{阀 } c\text{（右）} \rightarrow \text{过滤器 11} \rightarrow \text{油箱} \end{cases}$$

（3）臂回转　操纵多路换向阀 13 中阀 f，使其左位工作，回转缸 25 带动机械手手臂转动，转动速度可由节流阀 24 调节；阀 f 右位工作时，臂反向回转。

（4）手指夹紧　操纵多路换向阀 12 中的阀 b，使其左位工作，压力油经减压阀 14 及阀 21 进入缸有杆腔使活塞移动，夹紧货物。其夹紧力可由单向减压阀调节。为使货物被夹紧后能保持一定时间，既使阀 b 恢复中位，也能由阀 21 实现保压。当阀 b 右位工作时，压力油进入缸下腔，并打开阀 21，使缸上腔回油，活塞伸出松开手指。

其余动作不一一细述。

读懂液压系统图后，请归纳出该液压系统的特点。

第八章 液压传动系统的设计

液压传动系统（以下简称液压系统）的设计是整机设计的一部分。目前，液压系统的设计主要采用传统的设计方法——经验法。随着计算机技术的不断发展和应用领域的日益扩大，导致了传统设计方法发生重大变革。在经验法设计的基础上，借助液压系统计算机辅助设计（液压CAD）技术进行液压系统的设计，将成为今后一段时期内的一种主要的现代化设计方法。

第一节 液压系统的设计步骤和设计要求

一、设计步骤

液压系统的设计与整机设计是紧密联系的，必须同时进行。液压系统设计步骤的一般流程如图 8-1 所示。

上述步骤的各阶段工作内容，有时需要穿插进行，交叉展开。对某些比较复杂的液压系统，需经过多次反复比较，才能最后确定。设计较简单的液压系统时，有些步骤可以合并或简化。

二、液压系统的设计要求

液压系统设计任务书中规定的各项要求是设计液压系统的依据，必须予以明确，具体有以下几个方面。

1) 液压系统的动作和性能要求。例如：运动方式、行程和速度范围、负载条件、运动平稳性和精度、工作循环和动作周期、同步或互锁要求以及工作可靠性等。

2) 液压系统的工作环境要求。例如：环境温度、湿度、外界情况以及安装空间等。

3) 其他方面的要求。例如：液压装置的重量、外观造型、外观尺寸及经济性等。

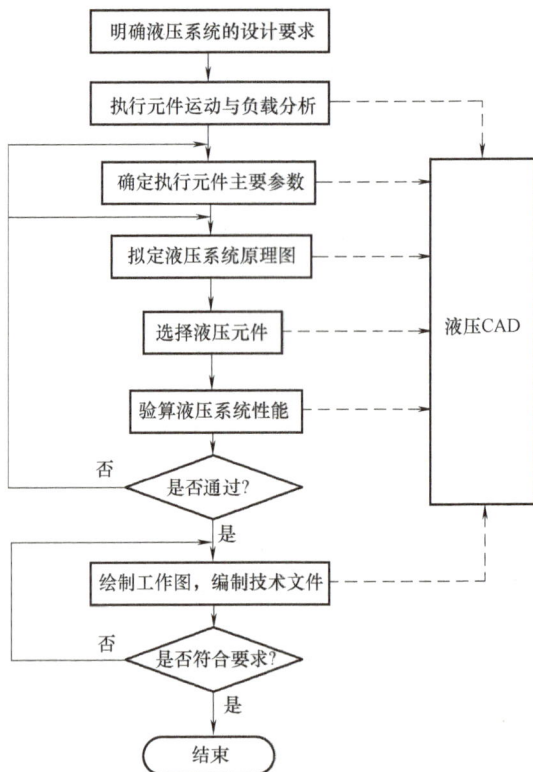

图 8-1 液压系统设计的一般流程

第二节　工况分析和确定执行元件主要参数

液压系统的工况分析是指对液压执行元件的工作情况进行分析，即进行运动分析和负载分析。分析的目的是查明每个执行元件在各自工作过程中的流量、压力和功率的变化规律，并将此规律用曲线表示出来，作为拟定液压系统方案、确定系统主要参数（压力和流量）的依据。

一、运动分析

运动分析即对液压执行件一个工作循环中各阶段的运动速度变化情况进行分析，并画出速度循环图。图 8-2 所示为某机床动力滑台的运动分析图。其中，图 8-2a 所示为滑台工作循环图，它是一个示意图，用来对液压系统的运动进行定性分析；图 8-2b 所示为滑台的速度—位移曲线图，通常称为速度循环图。它表示了滑台在一个工作循环内各阶段运动速度的大小及变化情况。

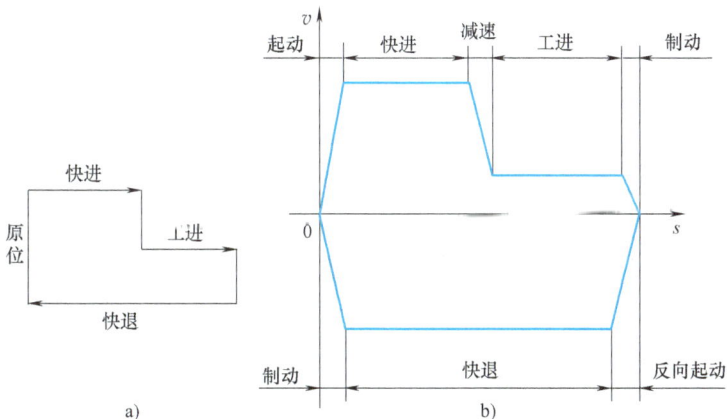

图 8-2　动力滑台工作循环和速度循环图

a）滑台工作循环图　b）滑台的速度—位移曲线图

二、负载分析

把执行元件工作的各个阶段所需克服的负载，用负载—位移曲线表示，称为负载循环图。绘制负载循环图时，应先分析计算执行元件的受力情况。

图 8-3 所示为液压负载分析简图。液压缸的实际总负载 F 可用下式计算：

$$F = F_W + F_f + F_b + F_s + F_i \tag{8-1}$$

式中　F——液压缸总负载；

F_W——液压缸工作负载；

F_f——外摩擦阻力；

F_b——液压缸回油阻力；

F_s——密封摩擦阻力；

F_i——惯性负载。

现分别讨论如下。

（1）液压缸工作负载 F_W　液压缸工作负载与设备的工作性质有关。对于卧式机床，与运动部件方向平行的切削力分量是工作负载，如图 8-3a 所示；而对于立式机床或提升机、千斤顶来说，工作负载中还要包括运动部件的重量，如图 8-3b 所示。另外，外负载可以是定量，也可以是变量；可以是正值，也可以是负值，有时还可能是交变的。因此，在计算前需要根据工作条件对负载特性进行深入的分析。其数值可参阅有关手册中的公式计算，或由样机实测确定。

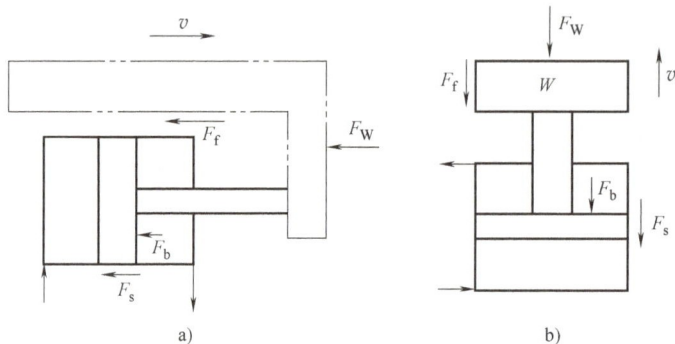

图 8-3　液压缸负载分析简图

（2）外摩擦阻力 F_f　外摩擦阻力是指液压缸驱动运动部件时所受的导轨摩擦阻力，它与运动部件的导轨形式、放置情况和运动状态有关。各种形式的导轨摩擦阻力计算公式可查阅有关手册。

（3）液压缸回油阻力 F_b　如果回油时存在背压，就有回油阻力。但在液压系统方案以及液压缸结构尚未确定之前，回油阻力是无法确定的，所以在液压缸工况分析时，先假定回油阻力 F_b 为零。在验算液压系统的主要技术性能时，再按液压缸的实际尺寸和背压计算。

（4）密封摩擦阻力 F_s　液压缸密封装置产生的摩擦阻力的计算比较繁琐，通常可取 $F_s = (0.05 \sim 0.1) F$。

（5）惯性负载 F_i　惯性负载是运动部件的速度变化时，由其惯性而产生的负载，可按牛顿第二定律计算。在加速时取 $+F_i$；减速时取 $-F_i$；恒速时取 $F_i = 0$。

用式（8-1）计算出工作循环中各阶段的工作负载后，便可以绘出液压缸工作负载循环图，如图 8-4 所示。为使图示直观简单，可将各阶段的负载线按其段内的最大负载等值绘出，以便于分析。

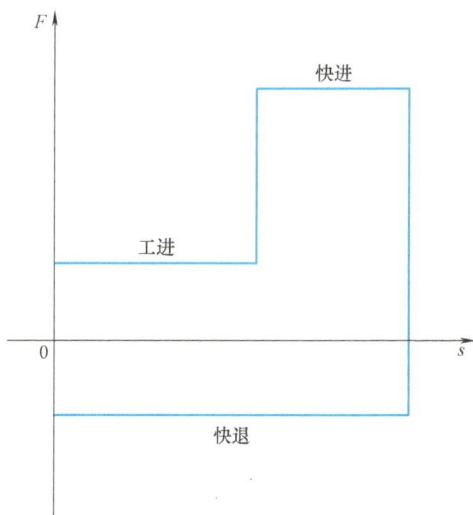

图 8-4　液压缸工作负载循环图

三、液压缸主要参数的确定

在工况分析过程中，初步确定的液压缸主要参数是指液压缸活塞直径 D 和活塞杆直

径 d。关于这一部分内容，在第四章已经介绍过了。但由于计算出来的液压缸工作面积与液压缸推力和运动速度都有关，因此主机若有最低速度要求时，还需进行速度方面的验算，即

$$A \geqslant \frac{q_{\min}}{v_{\min}} \tag{8-2}$$

式中　A——液压缸的有效工作面积（m^2）；

　　　$q_{\min}$——节流阀、调速阀或变量泵的最小稳定流量，可由产品样本查得（m^3/s）；

　　　$v_{\min}$——液压缸最低速度（m/s）。

若不符合上述条件，A 的数值就必须修改。液压缸的结构参数（如 D、d）最后还必须圆整成标准值（见 GB/T 2348—2018）。根据选定的标准值，再计算液压缸的实际有效面积。

四、绘制执行元件工况图

液压缸尺寸确定之后，就可根据液压缸的速度循环图和负载循环图，算出液压缸在工作循环中不同阶段的工作压力、流量和功率，绘制液压缸的工况图。工况图包括压力循环图（$p\text{-}s$ 图）、流量循环图（$q\text{-}s$ 图）和功率循环图（$P\text{-}s$ 图），也可将三个图合在一起绘制，如图 8-5 所示。

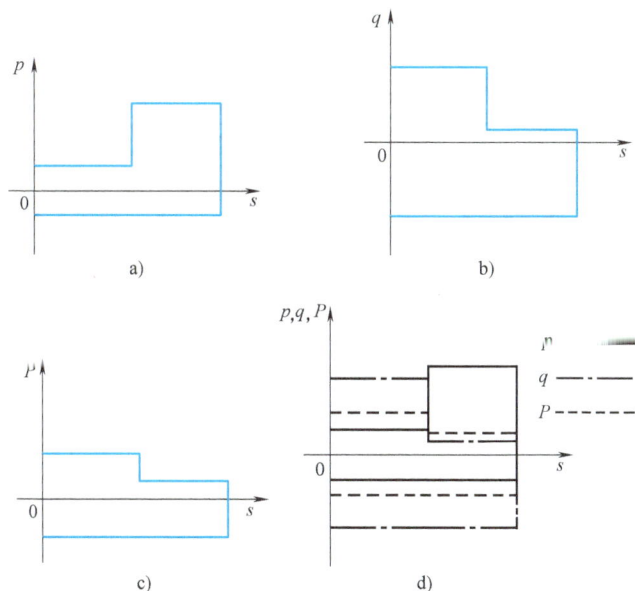

图 8-5　液压缸工况图

a）$p\text{-}s$ 图　b）$q\text{-}s$ 图　c）$P\text{-}s$ 图　d）工况图

第三节　拟定液压系统原理图

液压系统原理图是用图形符号表示的液压系统油路结构图，它应体现设计任务书中提出的性能要求，因此拟定液压系统原理图是整个液压系统设计中的重要一步，其具体内容为以下几点。

1. 确定油路类型

结构简单的液压系统或采用节流调速的液压系统，一般采用开式油路；容积调速系统或要求效率较高的系统，多采用闭式油路。

2. 选择液压回路

油路类型确定后，可根据工况图和系统的设计要求来选择液压回路。

选择工作应从对主机主要性能起决定性作用的回路开始（例如，组合机床液压系统的首选回路是调速回路；磨床液压系统的首选回路是选择换向回路；压力机液压系统的首选回路是选择调压回路；注射机液压系统的首选回路是选择多缸顺序回路等），然后再考虑其他液压回路。

选择液压回路时，若出现多种可能方案时，宜平行展开，反复进行对比，不要轻易做出取舍决定。

3. 确定控制方式

控制方式主要根据主机的要求确定，如果要求系统按一定顺序自动循环，可使用行程控制或压力控制。采用行程阀控制可使动作可靠；若采用电液比例控制、可编程控制器控制和微机控制，可简化油路，改善系统的工作性能，而且使系统具有较大的柔性和通用性。

4. 组成液压系统

把选择出来的各种液压回路进行综合、归并整理，增添必要的元件或辅助回路，使之组成完整的系统。整理后，务必使系统结构简单紧凑，工作安全可靠，动作平稳，效率高，调整和维护保养方便，而且尽可能采用标准元件，以降低成本，缩短设计和制造周期。

液压系统原理图应按国家标准（GB/T 786.1—2009）规定的图形符号绘制。

第四节　选择液压元件并确定安装连接形式

拟定了液压系统原理图后，就可以根据工况图反映的最大压力和流量来计算或选择液压系统中的各种元件和辅件，并确定系统中元件的安装连接形式。

一、选择液压泵

首先确定液压泵的类型，然后根据液压缸工况图中的最高工作压力和系统压力损失，确定液压泵最高工作压力，计算公式如下：

$$p_p \geq p + \sum \Delta p \qquad (8\text{-}3)$$

式中　p_p——液压泵最高工作压力；

p——液压缸工况图中所示的最高工作压力；

$\sum \Delta p$——系统压力损失。

系统压力损失为进油路总压力损失与回油路总压力损失、合流路总压力损失折算值之和（$\sum \Delta p$ 的计算方法见第五节）。在液压元件没有确定之前，系统压力损失可凭经验进行估计：一般用节流阀调速和管路简单的液压系统，取 $\sum \Delta p = 0.2 \sim 0.5$ MPa；油路中有调速阀或复杂的液压系统，可取 $\sum \Delta p = 0.5 \sim 1.5$ MPa；如果系统在执行元件停止运动时才出现最高工作压力，则确定液压泵最高工作压力时，取 $\sum \Delta p = 0$。

液压泵的最大供油量 q_p 由液压缸工况图中的最大流量 q 确定，计算公式如下：

1）一般情况下

$$q_p = K \sum q_{max} \tag{8-4}$$

2）采用节流调速时

$$q_p = K \sum q_{max} + \Delta q \tag{8-5}$$

3）采用蓄能器时

$$q_p = K\bar{q} \tag{8-6}$$

式中　q_p——液压泵最大供油量；

　　$\sum q_{max}$——同时动作的各液压缸所需流量之和的最大值；

　　Δq——溢流阀最小溢流量，$\Delta q = (3.3 \sim 5) \times 10^{-5} \mathrm{m^3/s}$；

　　K——考虑系统泄漏的修正系数，一般取 $K = 1.1 \sim 1.3$；

　　$\bar{q}$——采用蓄能器时的液压缸平均流量。

液压泵的规格型号按上面求得的 p_p 和 q_p 值，在产品样本中选取。为保证液压泵正常工作，所选液压泵的公称压力可比系统的最高工作压力高出 25% ~ 40%。液压泵的流量则与系统所需流量相当，不宜超过太多。

液压泵电动机的功率可以按下式计算：

$$P = \frac{p_p q_p}{\eta_p} \times 10^{-3} \tag{8-7}$$

式中　P——电动机功率（kW）；

　　η_p——液压泵的总效率，见液压泵产品样本。

二、选择阀类元件

各种阀类元件的规格型号按液压系统原理图和工况图中提供的情况从产品样本中选取。各种阀的公称压力和额定流量一般应与其工作压力和最大通过流量相接近。必要时，通过阀的流量可略大于该阀的额定流量，但一般不超过 20%。流量阀按系统中流量调节范围选取，其最小稳定流量应满足工作部件最低运动速度的要求。

三、选择液压辅助元件

（一）油管

油管的规格尺寸大多由它所连接的液压元件接口处的尺寸决定，对一些重要的管道应验算其内径和壁厚。油管内径按下式计算：

$$d = 2\sqrt{\frac{q_V}{\pi v}} \tag{8-8}$$

式中　d——油管内径（m）；

　　q_V——通过油管的流量（$\mathrm{m^3/s}$）；

　　v——油管允许流速（m/s），其值见表 8-1。

表 8-1 管道允许流速推荐值

管 道 名 称	$v/(m/s)$	说　　明
吸油管	0.6~1.5	流量大时可取大的值
压油管	2.5~5	压力较高、流量较大和管道较短时可取大的值
回油管	1.5~2	

油管壁厚可按下式计算：

$$\delta = \frac{pd}{2[R_m]} \tag{8-9}$$

式中　δ——油管壁厚（m）；

　　　p——管内压力（MPa）；

　　　d——油管内径（m）；

　　　$[R_m]$——油管材料的许用拉应力（MPa），对于钢管 $[R_m]=R_m/n$，R_m 是材料抗拉强度，n 是安全系数（$n=4\sim8$）。铜管可取 $[R_m]\leqslant25MPa$。

计算出的油管尺寸须按有关资料选取相应规格的标准油管。

（二）油箱

为了储油和散热，油箱必须有足够的容积和散热面积。油箱的有效容量（指液面高度为油箱高度的80%时，油箱所储液压油的体积）确定如下：

当 $p_p\leqslant2.5MPa$ 时：

$$V=(120\sim240)q_p \tag{8-10}$$

当 $2.5MPa<p_p\leqslant6.3MPa$ 时：

$$V=(300\sim420)q_p \tag{8-11}$$

当 $p_p>6.3MPa$ 时：

$$V=(360\sim720)q_p \tag{8-12}$$

式中　V——油箱有效容量；

　　　q_p——液压泵最大供油量。

（三）其他辅件

其他辅件（如过滤器、压力表和管接头等）由有关资料或手册选取。

四、液压元件安装连接形式的确定

液压元件的安装连接形式与液压系统的结构形式和元件的配置形式有关，现分别加以讨论。

（一）按系统的结构形式确定

液压系统的结构形式分为集中式和分散式两种。集中式结构是将液压系统的动力装置、控制调节装置和油箱等放在主机之外，单独设置一个液压站。这种形式的优点是安装连接方便，液压源的振动、发热都不会影响主机的工作性能。缺点是设置液压站，增加了占地面积和管路长度。分散式结构是将液压元件分散放置在主机的某些部位，与主机合为一体，其优点是结构紧凑、占地少、管路短。缺点是安装连接（包括维护）复杂，液压源的振动和发热都会影响主机的工作性能和精度。

为此，对于一般的液压系统，为使结构紧凑，可采用分散式安装连接的方式，而对于组合机床、自动线和精密设备的液压系统为减少油箱发热、液压源振动的影响，保持主机的工作精度，多采用集中式安装连接的方式。

（二）按阀类元件的配置形式确定

液压元件的配置形式分为管式、板式和集成式配置三种形式。配置形式不同，液压系统的压力损失和元件的连接安装结构也有所不同。目前，阀类元件的配置形式广泛采用集成式配置的形式，故仅对这种配置形式加以介绍。

1. 箱体式配置

按照液压系统的油路要求，设计出专用的箱体。板式阀类元件可紧固在箱体的侧面和顶面上；插入阀、插装阀和管接头等元件也可插入或旋接于箱体内，各元件之间的油路全部由在箱体内所加工出的孔道形成，如图8-6所示。这种配置形式的优点是可以使元件紧密安装，使制造安装费用减至最低限度；缺点是加工较困难。

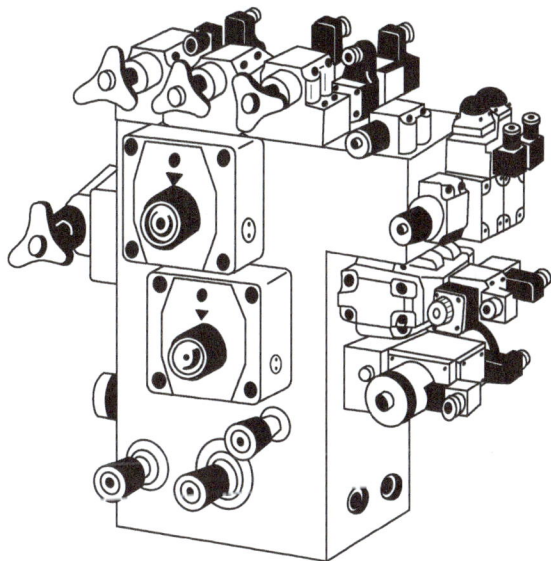

图 8-6 箱体式配置

2. 集成块式配置

根据液压系统各种典型回路做成通用的集成块。每个集成块上下两面是块体间叠加的接触面；四个侧面中，一个面上安装管接头，另外三个面用来安装板式阀、插入阀和插装阀元件；块内孔道由钻孔形成。各集成块与顶盖、底板一起用长螺栓叠装起来，即组成液压系统，如图8-7所示。这种配置形式的优点是元件按回路模块化，便于设计与制造，更改设计方便，通用性好。

3. 叠加式配置

同一通径的叠加阀按一定次序叠加起来，即可组成所需的液压系统，如图8-8所示。这种配置形式的特点是标准化、通用化、集成化程度高，结构紧凑，不需设计专用的连接块。

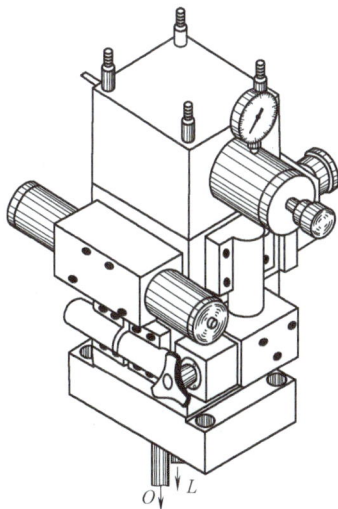

图 8-7 集成块式配置

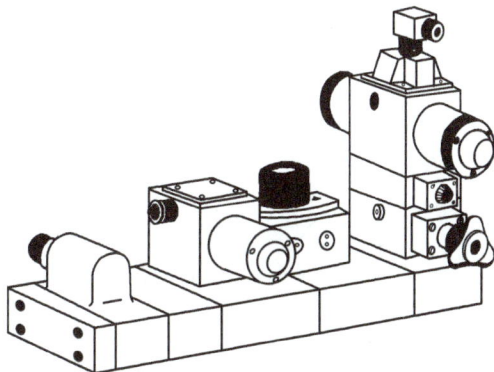

图 8-8 叠加式配置

第五节　液压系统主要性能的验算

液压系统的设计质量经常需要通过对其技术性能的验算来进行评判，例如液压系统的系统压力损失、液压泵的工作压力、系统效率以及系统发热温升计算等。

一、液压系统的压力损失及泵的工作压力

通过系统压力损失的计算，我们可以把整个系统的各段压力损失折合到液压泵出口处，以便于更确切地算出液压泵出口、液压缸进、出口的实际工作压力，从而确定各压力阀（溢流阀、顺序阀、卸荷阀、压力继电器等）的调整压力。现将单杆液压缸在不同连接时的系统压力损失计算公式讨论如下。

（一）单杆液压缸一般连接时 $\sum \Delta p$ 的计算

如图 8-9a 所示，根据液压缸活塞上的受力平衡关系得

$$p_1 A_1 = F_1 + p_2 A_2$$
$$p_P = p_1 + \sum \Delta p_1$$

由于系统回油管路通油箱，故 $p_2 = \sum \Delta p_2$，代入上式并解得泵的工作压力 p_P 及系统总压力损失 $\sum \Delta p$ 为

$$p_P = \frac{F_1}{A_1} + \sum \Delta p_1 + \frac{A_2}{A_1} \sum \Delta p_2 \tag{8-13}$$

$$\sum \Delta p = \sum \Delta p_1 + \frac{A_2}{A_1} \sum \Delta p_2 \tag{8-14}$$

式中　p_1——液压缸工作压力，$p_1 = F_1 / A_1$；

　　$\sum \Delta p_1$——进油路上的总压力损失；

　　$\sum \Delta p_2$——回油路上的总压力损失。

同理，对于双杆液压缸，因为 $A_1 = A_2$，其系统压力损失为 $\sum \Delta p = \sum \Delta p_1 + \sum \Delta p_2$。

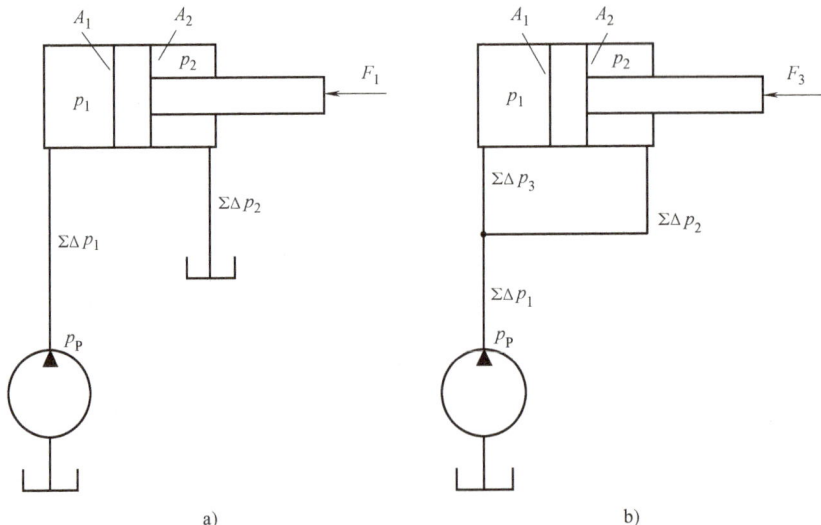

图 8-9　系统压力损失计算简图

(二) 液压缸差动时 $\sum \Delta p$ 的计算

如图 8-9b 所示，根据液压缸活塞受力平衡关系得

$$p_1 A_1 = F_3 + p_2 A_2$$
$$p_P = p_1 + \sum \Delta p_1 + \sum \Delta p_3$$

由于液压缸两腔相连通，其两腔的液压关系为 $p_2 - \sum \Delta p_2 - \sum \Delta p_3 = p_1$。代入上两式可解得

$$p_P = \frac{F_3}{A_1 - A_2} + \sum \Delta p_1 + \frac{A_2}{A_1 - A_2}\sum \Delta p_2 + \frac{A_1}{A_1 - A_2}\sum \Delta p_3 \qquad (8\text{-}15)$$

$$p_3 = F_3 / (A_1 - A_2)$$

$$\sum \Delta p = \sum \Delta p_1 + \frac{A_2}{A_1 - A_2}\sum \Delta p_2 + \frac{A_1}{A_1 - A_2}\sum \Delta p_2$$

式中　p_3——液压缸差动时工作压力；

$\sum \Delta p_1$——进油路上的总压力损失；

$\sum \Delta p_2$——回油路上的总压力损失；

$\sum \Delta p_3$——合流路上的总压力损失。

综上所述，液压泵要驱动液压缸活塞克服负载运动，它除了要产生一个与负载相平衡的压力外，同时还要产生一个附加的压力，这个附加压力用于克服系统的压力损失。

二、液压系统的总效率 η

在液压系统中，执行机构（如液压缸）输出的有效功率 $P_{co}(P_{co} = Fv)$ 与输入动力装置（如液压泵）功率 $P_{Pi}\left(P_{Pi} = \dfrac{p_P q_P}{\eta_P}\right)$ 的比值，称为系统总效率，即

$$\eta = \frac{P_{co}}{P_{Pi}} = \eta_P \frac{Fv}{p_P q_P} \qquad (8\text{-}16)$$

三、液压系统发热及温升校核

液压系统在单位时间内的发热量，可以由液压泵的总输入功率和执行元件的有效功率或系统效率计算，即

$$\Delta Q_1 = P_{Pi} - P_{co} \qquad (8\text{-}17)$$

或
$$\Delta Q_1 = P_{Pi}(1 - \eta) \qquad (8\text{-}18)$$

式中　ΔQ_1——液压系统单位时间发热量；

P_{Pi}——液压泵的输入功率；

P_{co}——执行元件的有效功率。

当油箱温度比外界温度高时，油箱向四周空间散热，单位时间散热量按下式计算，即

$$\Delta Q_2 = KA\Delta T \qquad (8\text{-}19)$$

式中　ΔQ_2——油箱单位时间散热量；

ΔT——油箱中油液温度与周围空气温度的温差；

K——油箱的散热系数，见表 8-2；

A——油箱散热面积，若油面的高度为油箱高度的 80% 时，已知油箱的有效容积是 V，则散热面积近似为 $A \approx 6.66V^{2/3}$。

表 8-2 油箱散热系数

散 热 条 件	散热系数 $K/[\text{kW}/(\text{m}^2 \cdot ℃)]$
周围通风较差	$(8 \sim 9) \times 10^{-3}$
周围通风良好	15×10^{-3}
用风扇冷却	23×10^{-3}
用循环水强制冷却	$(110 \sim 175) \times 10^{-3}$

当液压系统产生的热量和油箱散出的热量相等时（即 $\Delta Q_1 = \Delta Q_2$），油温不再上升，在热平衡状态下油液所达到的温度为

$$t_1 = t_2 + \frac{P_{\text{Pi}}(1-\eta)}{KA} \tag{8-20}$$

式中 t_1——热平衡状态时油液温度；

t_2——环境温度。

由式（8-14）计算出的油液温度 t_1 若超过表 8-3 中规定的允许最高温度时，系统中就必须考虑添设冷却装置或采取适当措施，提高液压系统的效率。

表 8-3 某些液压系统中规定的油温允许值 （单位：℃）

主机类型	正常工作温度	允许温升	允许最高温度
普通机床	$30 \sim 55$	$25 \sim 30$	$55 \sim 65$
数控机床	$30 \sim 50$	$\leqslant 25$	$55 \sim 65$
粗加工机械	$40 \sim 70$	$35 \sim 40$	$60 \sim 90$
工程机械	$50 \sim 80$	$35 \sim 40$	$70 \sim 90$

第六节　绘制工作图和编制技术文件

一、绘制工作图

（一）绘制液压系统图

在图上应注明各元件的规格、型号以及压力、流量调整值，并附有执行元件的工作循环图，控制元件的动作顺序表和简要说明。

（二）绘制液压系统装配图

液压系统的装配图是正式安装、施工的图样，包括油箱装配图、液压泵装置图、油路装配图和管路装配图等。在管路装配图中要标明液压元、部件的位置和固定方式、油管的规格尺寸和布管情况以及各种管接头的形式和规格等。液压专用件或阀块须画出装配图和专用零件图。

二、编制技术文件

技术文件一般包括设计计算说明书，零、部件目录表，标准件、通用件和外购件明细栏，技术说明书，操作使用说明书等。

思考题和习题

给定一台专用铣床液压系统原理图（见图 8-10）。铣头驱动电动机的功率为 7.5kW，铣刀直径为 100mm，转速为 300r/min。工作台重量为 400kg，工件和夹具最大重量为 150kg。工作台总行程为 400mm，其中，工进为 100mm。工作台起动加速和制动减速时间为 0.05s。工作台用平导轨，静摩擦系数为 0.2，动摩擦系数为 0.1。（1）计算确定液压缸内径、活塞杆直径和液压缸两腔有效工作面积；（2）计算液压泵工作压力、流量和功率；（3）选择液压元件的型号；（4）计算工进时系统的效率。

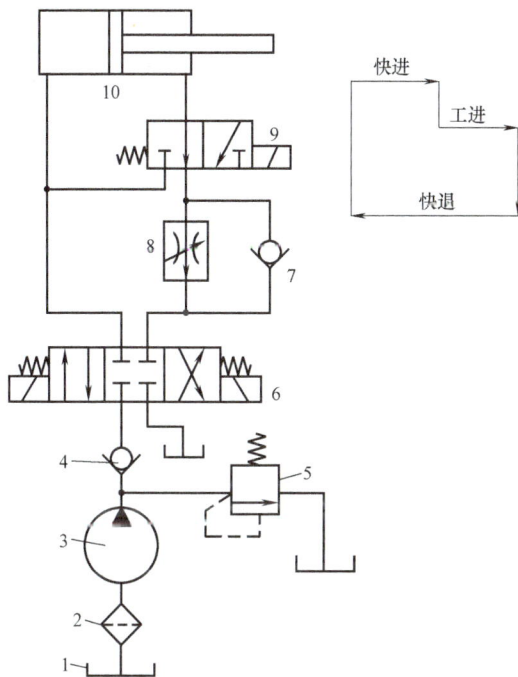

图 8-10　题图

1—油箱　2—过滤器　3—泵　4—单向阀　5—溢流阀
6—换向阀　7—单向阀　8—调速阀　9—换向阀　10—液压缸

第九章　液压伺服系统

液压伺服系统是一种采用液压伺服机构、根据液压传动原理建立起来的自动控制系统。在这种系统中，执行元件的运动随着控制机构的信号改变而改变，因而伺服系统又称为随动系统。由于它具有结构紧凑、尺寸小、重量轻、出力大、刚性好、响应快、精度高等特点，因而在工业上获得了广泛的应用。

本章仅对节流型液压伺服系统的基本原理、性能及其应用做简略介绍。

第一节　液压伺服系统的工作原理及特性

一、液压伺服系统的工作原理

图 9-1 所示为某机液位置伺服系统的原理图。它是一具有机械反馈的节流型阀控缸伺服系统。它的输入量（输入位移）为伺服滑阀阀芯 3 的位移 x_i，输出量（输出位移）为液压缸的位移 x_o，阀口 a、b 的开口量为 x_v。图中液压泵 2 和溢流阀 1 构成恒压油源。滑阀的阀体 4 与液压缸固连成一体，组成液压伺服拖动装置。

当伺服滑阀处于中间位置（$x_v = 0$）时，各阀口均关闭，阀没有流量输出，液压缸不动，系统处于静止状态。给伺服滑阀阀芯一个输入位移 x_i，阀口 a、b 便有一个相应的开口量 x_v，使压力油经阀口 b 进入液压缸的右腔，其左腔油液经阀口 a 回油池，液压缸在液压力的作用下右移 x_o，由于滑阀阀体与液压缸体固连在一起，因而阀体也右移 x_o，则阀口 a、b 的开口量减少（$x_v = x_i - x_o$），直到 $x_v = x_i$ 时，$x_v = 0$，阀口关闭，液压缸停止运动，从而完成液压缸输出位移对伺服滑阀输入位移的跟随运动。若伺服滑阀反向运动，液压缸也作反向跟随运动。由此可见，只要给伺服滑阀以某一规律的输入信号，则执行元件就自动地、准确地跟随滑阀按照这个规律运动。这

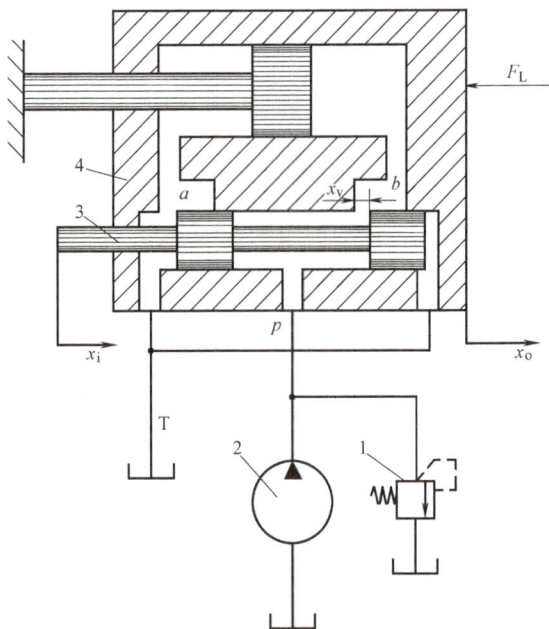

图 9-1　机液位置伺服系统原理图

1—溢流阀　2—液压泵　3—阀芯　4—阀体（缸体）

就是液压伺服系统的工作原理，该原理可以用图9-2所示的方块图表示。

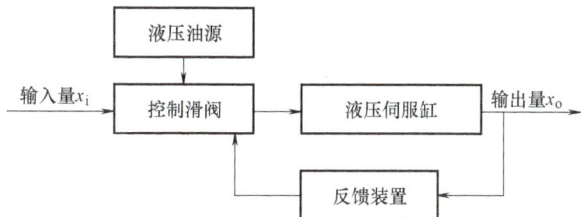

图9-2 液压伺服系统工作原理方块图

二、液压伺服系统的特点

通过上述分析，可以看出液压伺服系统具有以下特点。

1）液压伺服系统是一个位置跟随系统。输出位移自动地跟随输入位移的变化规律而变化，体现为位置跟随运动。

2）液压伺服系统是一个功率放大系统。推动滑阀阀芯所需的功率很小，而系统的输出功率却可以很大，可带动较大的负载运动。

3）液压伺服系统是一个负反馈系统。输出位移之所以能够精确地复现输入位移的变化，是因为控制滑阀的阀体和液压缸体固连在一起，构成了一个负反馈控制通路。液压缸输出位移，通过这个反馈通路回输给滑阀阀体，并与输入位移相比较，从而逐渐减小和消除输出位移和输入位移之间的偏差，直到两者相同为止。因此负反馈环节是液压伺服系统中必不可少的重要环节。

4）液压伺服系统是一个有误差系统。液压缸位移和阀芯位移之间不存在偏差时，系统就处于静止状态。由此可见，若使液压缸克服工作阻力并以一定的速度运动，首先必须保证滑阀有一定的阀口开度，即 $x_v = x_i - x_o \neq 0$。这就是液压伺服系统工作的必要条件。液压缸运动的结果总是力图减少这个误差，但在其工作的任何时刻也不可能完全消除这个误差。没有误差，伺服系统就不能工作。

三、液压伺服系统的工作特性

液压伺服系统的工作特性包括静态特性和动态特性两个方面。静态特性是指系统进入稳态后的工作特性，这一特性主要表现为系统的工作精度（或用静态误差表示）。动态特性是指系统的输入量（如伺服阀芯输入位移 x_i）变化时，输出量（如液压缸的输出位移 x_o）的变化过程所具有的特性，这一特性通常是指系统的稳定性和过渡过程的品质。

（一）静态特性

液压伺服系统的静态特性主要是指速度特性、负载特性和静不灵敏区三项。相应的静态误差分别为跟随误差、负载误差和起始误差，可分别用速度放大系数、刚性系数和静不灵敏区三项指标来表示。

1. 速度特性

系统的速度特性是指工作部件输出的速度与误差信号之间的关系。

当液压伺服系统负载为零（或负载不变）时，若液压缸要以一定的速度运动，必须有一定流量的油液通过伺服滑阀的开口流入液压缸才能实现。这就要求阀芯相对于阀体移动一个距离，而产生了一个位置误差。液压缸的速度越大，需要的流量也越大，阀芯移动的距离也越大，即引起的位置误差也就越大。液压缸如有一个速度增量 Δv，则系统位置误差相应的也有一个增量 Δe_v。这个由液压缸速度增量引起的位置误差增量称为跟随误差。反映液压伺服系统这一速度特性的参数为速度放大系数，用 K_v 表示。它的定义是：当负载为零时，速度增量与跟随误差的比值，即

$$K_v = \frac{\Delta v}{\Delta e_v}\bigg|_{F=0}$$

它的物理意义是：系统外载为零时，单位误差变化量所引起的液压缸速度变化的大小。若 K_v 大，滑阀只需微量移动就可使液压缸立即产生很大的跟随速度，所以速度放大系数是衡量系统灵敏度的一个重要指标。

2. 负载特性

系统的负载特性是指工作部件的承载力与误差信号之间的关系。当液压缸速度为零（或速度一定）时，如果系统受外负载的作用，液压缸两腔必须产生一定的压力差与外负载平衡，为此阀芯要相对于阀体移动一个距离。负载越大，液压缸两腔的压差也越大。负载如有一个增量 ΔF，系统中的位置误差也相应地有一个增量 Δe_F。这个由外负载增量引起的位置误差增量称为负载误差。反映液压伺服系统这一负载特性的参数称为刚性系数，用 K_F 表示。它的定义是：当速度为零时，负载增量和负载误差的比值，即

$$K_F = \frac{\Delta F}{\Delta e_F}\bigg|_{v=0}$$

它的物理意义是：系统速度为零时，单位误差变化量所能承受外载能力的大小。刚性系数越大，抵抗外载变化的能力越强，负载误差越小。

3. 静不灵敏区

系统的静不灵敏区是指输入信号（输入位移）在某一范围内无论怎样改变它的大小和方向，工作部件都没有任何输出，即不产生任何输出动作。输入信号的这个变化范围就是静不灵敏区，用 Δh 表示。

影响静不灵敏区的因素很多，主要有以下几点。

1）伺服滑阀的开口形式。如图 9-3 所示，零开口的滑阀，工作精度最高；正开口的滑阀，也有较高的工作精度，但稳定性稍差。前两种开口形式的滑阀都不存在静不灵敏区。负开口的滑阀由于存在阀口遮盖量，故而存在静不灵敏区。

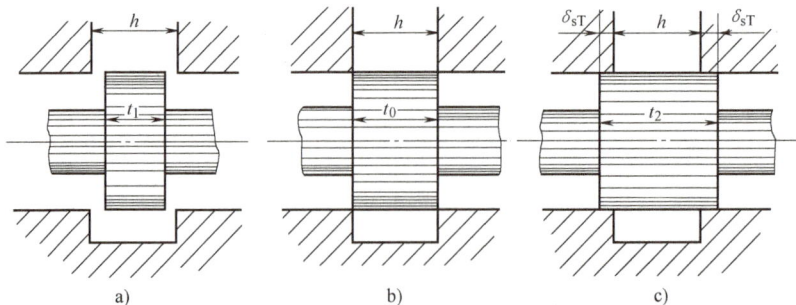

图 9-3　滑阀的三种开口形式

a）正开口　b）零开口　c）负开口

2）系统中的摩擦力。据有关资料介绍，造成静不灵敏区的主要原因是各运动副之间的摩擦阻力。

3）系统中机械部分的间隙和弹性变形等。

液压伺服系统的静不灵敏区 Δh 也可以用起始误差 δ_{sT} 来表示。所谓起始误差，是指当阀芯在单方向位移而液压缸不动作的区域。因此，静不灵敏区在量值上是起始误差的两倍（即 $\Delta h = 2\delta_{sT}$）。

（二）动态特性

液压伺服系统的动态特性指标主要有以下两个方面。

1. 工作的稳定性

所谓稳定性是指伺服系统在一个输入（位置、速度、负载）或干扰输入条件下偏离原有稳态，经历一段过渡过程后，能自动地恢复到新的稳定状态的能力。这是系统能否正常工作的首要条件。如果系统不稳定，它就无法工作。系统稳定性的好坏出过渡过程的性能指标来衡量。

2. 过渡过程的品质

过渡过程是指系统在输入信号或干扰信号作用下，由一个稳定状态过渡到另一个稳定状态的响应过程。由于实验和测量的方便，工程上常用单位阶跃响应的性能指标来评价系统过渡过程的品质（见图9-4）。

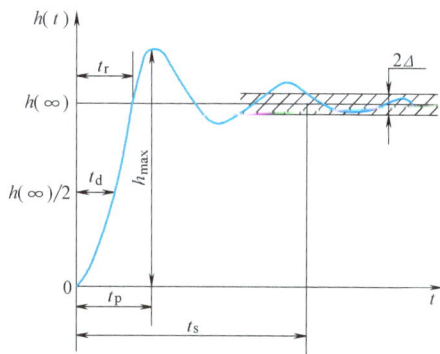

图9-4 过渡过程品质

（1）延迟时间 t_d 单位阶跃响应曲线从零到达稳态值的50%所需的时间。

（2）上升时间 t_r 单位阶跃响应曲线从零上升到第一次到达稳态值时所需的时间。

（3）峰值时间 t_p 单位阶跃响应曲线从零到第一个峰值所需的时间。

（4）调节时间 t_s 在单位阶跃响应曲线的终值线上，取终值的5%（有时也取为2%）作为一个允许的误差带，响应曲线达到并永远保持在误差带内所需的最短时间。

（5）超调量 σ_p 响应曲线的最大峰值 h_{max} 与稳态值 $h(\infty)$ 之差对稳态值之比，常用百分数表示，即

$$\sigma_p = \frac{h_{max} - h(\infty)}{h(\infty)} \times 100\%$$

一个性能良好的液压伺服系统应能达到调节时间短、超调量小的性能指标要求。

总之，要提高液压伺服系统的工作精度和响应速度，就必须提高速度放大系数。但速度放大系数的提高受到稳定性的制约，因此，在分析伺服系统工作特性时需作综合考虑。

第二节　液压伺服阀及伺服机构

液压伺服阀是液压伺服系统中最重要、最基本的组成部分，它起着信号转换、功率放大及反馈等控制作用。

典型的液压伺服阀有机液伺服阀和电液伺服阀。此外，随着计算机的推广使用，液压数字阀和数字控制伺服机构也越来越受到重视。

一、机液伺服阀

机液伺服阀是以机械运动来控制液体压力和流量的伺服元件。从结构形式上，机液伺服阀可分为滑阀、射流管阀和喷嘴挡板阀三类。其中滑阀的结构形式较多，应用也较普遍。喷嘴挡板阀和射流管阀主要用作液压前置放大器。

（一）滑阀

滑阀式伺服阀的构造与液压换向阀相似，只是加工精度比换向阀要高得多。其结构形式主要有如下几种。

图 9-5a 所示为单边控制滑阀，滑阀控制边的开口量 x_v，控制着液压缸右腔的压力和流量，从而控制液压缸运动的速度和方向。来自液压泵的压力油进入单杆液压缸的有杆腔，通过活塞上的阻尼小孔 e 进入无杆腔，压力也由 p_s 降为 p_1，再通过滑阀唯一的节流边流回油箱。在液压缸不受外载作用的条件下，$p_1A_1 = p_sA_2$。当滑阀阀芯根据输入信号向左移动时，阀开口量 x_v 增大，无杆腔压力 p_1 下降，于是，$p_1A_1 < p_sA_2$，缸体向左移。因为缸体和阀体刚性连接成一个整体，故阀体左移，又使 x 减小，直至平衡。

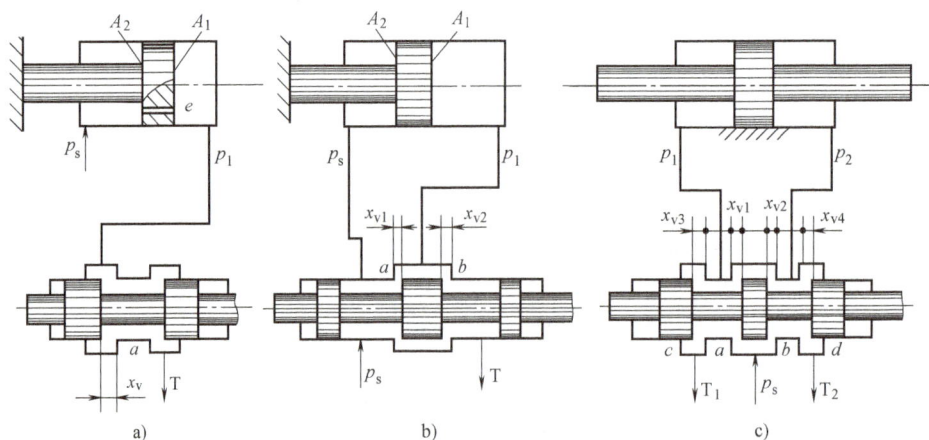

图 9-5　滑阀的结构形式
a）单边控制滑阀　b）双边控制滑阀　c）四边控制滑阀

图 9-5b 所示为双边控制滑阀。它的阀芯有两个控制边 a 和 b。压力油一路直接进入液压缸有杆腔；另一路经阀口 a 进入液压缸的无杆腔或再经阀口 b 流回油箱。

当滑阀阀芯向左移动时，x_{v1} 减小，x_{v2} 增大，液压缸无杆腔中的压力 p_1 下降，于是，$p_1A_1 < p_sA_2$，缸体也向左移动。双边控制滑阀比单边控制滑阀的调节灵敏度高，工作精度高，但必须保证一个轴向配合尺寸。

图 9-5c 所示为四边控制滑阀，它的阀芯有四个控制边 a、b、c、d，其 a 和 b 分别控制进入液压缸两腔的压力油；而 c 和 d 分别控制液压缸两腔的回油。当滑阀向左移动时，阀口 x_{v1} 减小、x_{v3} 增大，使 p_1 迅速减小；同时，阀口 x_{v4} 减小、x_{v2} 增大，使 p_2 迅速增大，使活塞迅速左移。与双边控制滑阀相比，四边控制滑阀因同时控制液压缸两腔的油液压力和流量，故调节灵敏度更高，工作精度更高，但必须保证三个轴向配合尺寸。

由上述分析可知，各种伺服滑阀的控制作用是相同的，只是控制边数越多，控制精度也越高，但其结构工艺性也越差。故在性能要求较高的伺服系统中，多采用四边控制滑阀，单边、双边控制滑阀则用于一般精度系统。此外，伺服滑阀的开口形式（正开口、零开口和负开口）对阀的性能也有影响，这在前面已作了介绍，在此不再赘述。

(二) 射流管阀

如图9-6所示，射流管阀由射流管3、接收器2等组成。射流管由轴 c 支承，可以绕轴摆动。接收器上的两个接收孔 a、b 分别和液压缸1的两腔相通。

压力油由射流管射出，被两个接收孔接收，并加在液压缸左右两腔。在没有输入信号时射流管处于中间位置，喷嘴对准两接收孔中间，两接收孔内油液的压力相等，液压缸不动。有输入信号时射流管偏转，两接收孔接受的油液不相等，加在液压缸两腔压力不相等，液压缸运动。

射流管的优点是结构简单、加工精度低、抗污染能力强，缺点是惯性大、响应速度低、功耗大，因此这种阀只适用于低压、小功率场合。

(三) 喷嘴挡板阀

喷嘴挡板阀有单喷嘴式和双喷嘴式两种形式，两者的工作原理基本相同，如图9-7所示。双喷嘴挡板阀由挡板1、喷嘴3和6、固定节流小孔2和7等组成。挡板和两个喷嘴之间形成两个可变截面的节流缝隙4和5。当挡板处于中间位置时，两缝隙所形成的节流阻力相等，两喷嘴腔内的油液压力相等，即 $p_1 = p_2$，液压缸不动。当输入信号使挡板向左摆动时，则节流缝隙5关小，4开大，p_1 上升，p_2 下降，液压缸体向左移动。因负反馈作用，当喷嘴跟随缸体移动到挡板两边对称位置时，液压缸停止运动。

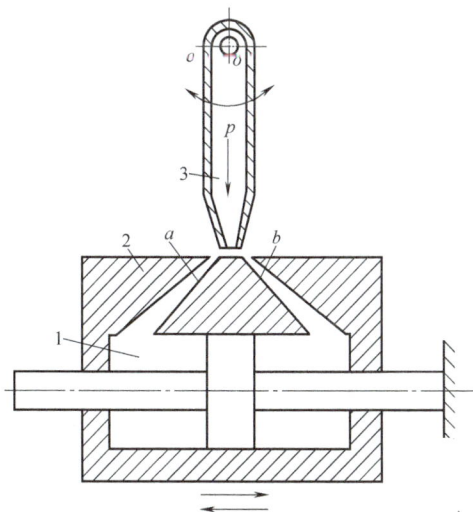

图9-6 射流管阀
1—液压缸 2—接收器 3—射流管

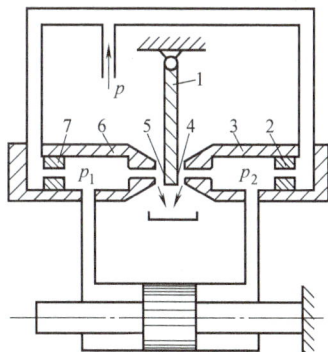

图9-7 喷嘴挡板阀
1—挡板 2、7—节流小孔 3、6—喷嘴
4、5—节流缝隙

喷嘴挡板阀的优点是结构简单，加工方便，运动部件惯性小、反应快，精度和灵敏度较高。缺点是无功损耗大，抗污染能力较差，多用于多级放大伺服元件中的前置级。

二、电液伺服阀

电液伺服阀是一种能把微弱的电气模拟信号转变为大功率液压能（流量、压力）的伺服阀。它集中了电气和液压的优点，具有快速的动态响应和良好的静态特性，已广泛应用于电液位置、速度、加速度、力伺服系统中。

电液伺服阀工作原理如图 9-8 所示，它由力矩马达、喷嘴挡板式液压前置放大级和四边滑阀功率放大级等三部分组成，现分述如下。

（一）力矩马达

力矩马达由一对永久磁铁 1、导磁体 2、4、衔铁 3、线圈 12 和弹簧管 11 等组成。其工作原理为：永久磁铁将两块导磁体磁化为 N、S 极。当控制电流通过线圈 12 时，衔铁 3 被磁化。若通入的电流使衔铁左端为 N 极，右端为 S 极，根据磁极间同性相斥、异性相吸的原理，衔铁向逆时针方向偏转 θ 角。衔铁由固定在阀体 10 上的弹簧管 11 支承，这时弹簧管弯曲变形，产生一反力矩作用在衔铁上。由于电磁力与输入电流值成正比，弹簧管的弹性力矩又与其转角成正比，因此衔铁的转角与输入电流的大小成正比。电流越大，衔铁偏转的角度也越大。电流反向输入时，衔铁也反向偏转。

（二）前置放大级

力矩马达产生的力矩很小，不能直接用来驱动四边控制滑阀，必须先进行放大。前置放大级由挡板 5（与衔铁固连在一起）、喷嘴 6、固定节流口 7 和过滤器 8 组成。工作原理为：力矩马达使衔铁偏转，挡板 5 也一起偏转。挡板偏离中间对

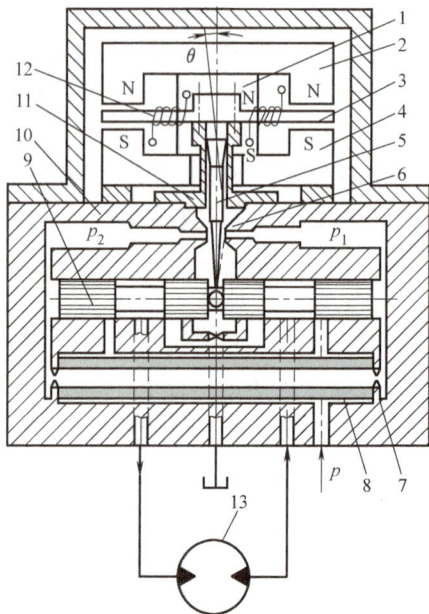

图 9-8 力反馈电液伺服工作原理图
1—永久磁铁 2、4—导磁体 3—衔铁
5—挡板 6—喷嘴 7—固定节流口
8—过滤器 9—滑阀 10—阀体
11—弹簧管 12—线圈 13—液压马达

称位置后，喷嘴腔内的油液压力 p_1、p_2 发生变化。若衔铁带动挡板逆时针方向偏转时，挡板的节流间隙右侧减小，左侧增大，于是，压力 p_1 增大，p_2 减小，滑阀 9 在压力差的作用下向左移动。

（三）功率放大级

功率放大级由滑阀 9 和阀体 10 组成。其作用是将前置放大级输入的滑阀位移信号进一步放大，实现控制功率的转换和放大。工作原理为：当电流使衔铁和挡板作逆时针方向偏转时，滑阀受压差作用而向左移动，这时油源的压力油从滑阀左侧通道进入液压马达 13，回油经滑阀右侧通道，经中间空腔流回油箱，使液压马达 13 旋转。与此同时，随着滑阀向左移动，使挡板在两喷嘴的偏移量减小，实现了反馈作用，当这种反馈作用使挡板又恢复到中位时，滑阀受力平衡而停止在一个新的位置不动，并有相应的流量输出。

由上述分析可知，滑阀位置是通过反馈杆变形力反馈到衔铁上，使诸力平衡而决定的，所以也称此阀为力反馈式电液伺服阀，其工作原理可用如图 9-9 所示的方框图表示。

三、电液数字阀（简介）与数字控制伺服机构

用数字信息直接控制的阀称为电液数字控制阀，简称数字阀。由于数字阀可直接与计算

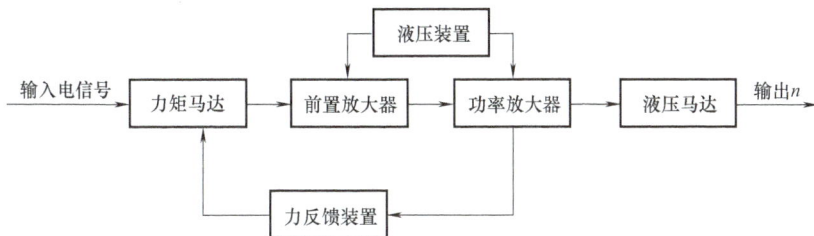

图 9-9 力反馈式电液伺服阀工作原理方框图

机接口，不需要 D/A 转换器，因此在微机实现控制的电液伺服系统中，已部分取代了电液伺服阀。可见，数字阀的出现，为计算机在液压伺服系统中的应用开拓了一个新领域。

图 9-10 所示为增量式数字阀控制系统方框图。由计算机发出需要的脉冲序列，经驱动电源放大后使步进电动机按信号动作。每当步进电动机得到一个脉冲时，它便沿着控制脉冲信号给定的方向转 步（每个脉冲可使步进电动机转过一个固定的步距角）。步进电动机转动时，经机械转换器使旋转角度 $\Delta\theta$ 转换成位移量 Δx，从而带动液压阀的阀芯（或挡板等）移动一定的位移。因此给步进电动机一定的步数，相应于阀芯有一个确定的开度，从而控制液压马达或液压缸的运动。

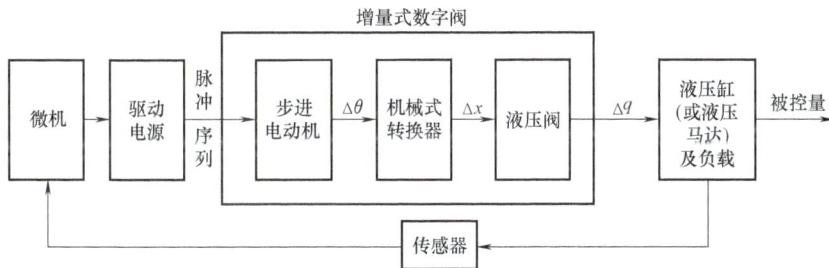

图 9-10 数字阀控制系统方框图

图 9-11 所示为增量式数字流量阀。计算机发出信号后，步进电动机 1 转动，通过滚珠丝杠 2 转化为轴向位移，带动节流阀阀芯 3 移动。该阀有两个节流口，阀芯移动时首先打开右边的非全周节流口，流量较小；继续移动则打开左边的第二个全周节流口，流量较大，可达 3600L/min。该阀的流量由节流阀阀芯 3、阀套 4 及连杆 5 的相对热膨胀取得温度补偿，维持流量恒定。该阀无反馈功能，但装有零位移传感器 6，在每个控制周期终了时，阀芯都可在它控制下回到零位。这样就保证每个工作周期都在相同的位置开始，使阀有较高的重复精度。

可见，增量式数字阀就是采用步进电动机驱动的液压阀，现已有数字流量阀、数字压力阀和数字方向流量阀等多种系列产品。目前此类阀尚在开发中。然而作为由增量式数字控制组成的电液伺服机构——电液步进马达和电液步进缸，已获得广泛的应用。

图 9-12 所示为电液步进马达原理图，它由步进电动机和液压转矩放大器两部分组成。步进电动机 1 可将数控电路输入的电脉冲信号转换成角位移量输出。步进电动机的输出轴在输入一个脉冲时所转过的角度称为脉冲当量。由于步进电动机输出的功率很小，因此，必须通过转矩放大器进行功率放大后来驱动负载。液压转矩放大器由四边滑阀、反馈机构和液压马达组成，它是一个直接位置反馈式液压伺服机构。以滑阀阀芯的端头作为螺杆，反馈螺母与液压马达相连并套在螺杆上，从而构成直接位置反馈关系。

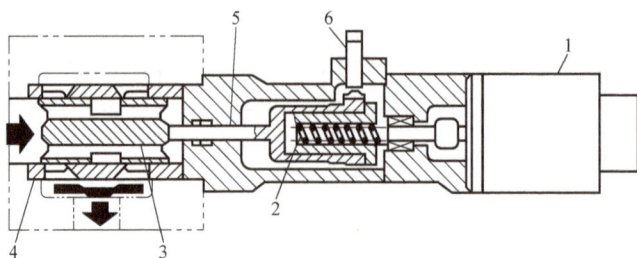

图 9-11　增量式数字流量阀

1—步进电动机　2—滚珠丝杠　3—节流阀阀芯

4—阀套　5—连杆　6—零位移传感器

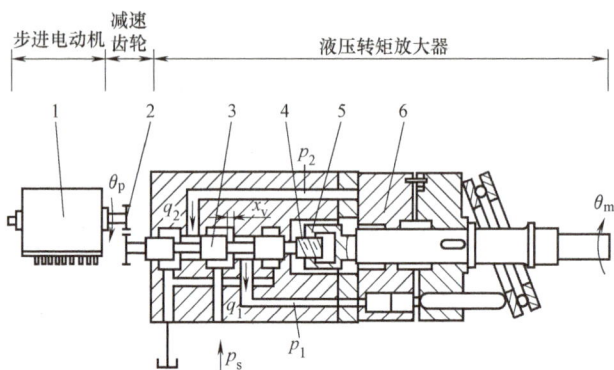

图 9-12　电液步进马达原理图

1—步进电动机　2—齿轮　3—阀芯　4—螺杆　5—反馈螺母　6—液压马达

当步进电动机在输入脉冲作用下转过一定角度时，经过减速齿轮 2 带动滑阀阀芯 3 旋转。由于液压马达尚未旋转，即反馈螺母 5 未动，阀芯便产生一定的轴向位移，使阀口开启，压力油经滑阀的一个阀口进入液压马达 6，液压马达的回油则经另一个阀口流回油箱，从而使液压马达旋转。液压马达旋转后通过反馈螺母又使阀芯返回零位，将阀口关闭，使液压马达停止转动。这样步进电动机旋转一个角度，液压马达也转过一个相应的角度。由于螺杆—反馈螺母的直接反馈作用，液压马达的转角必等于阀芯的转角。连续工作时，液压马达的转角滞后于阀芯的转角，即存在跟随误差。正是存在这个偏差信号，才使阀口存在一定的开口量 x_v，以便通过一定的流量输往液压马达，维持其在一定转速下转动。也就是说，电液步进马达不存在位置误差，但存在跟随误差。

图 9-13 所示为电液步进缸原理图，它由步进电动机和液压力放大器两部分组成。它也是一个直接位置反馈式液压伺服机构。电液步进缸与电液步进马达的区别主要是执行元件不同。由于电液步进缸中多采用差动缸，因此可采用双边控制滑阀。当使用双边控制滑阀时，压力油直接进入差动缸的有杆腔；而无杆腔的油液要受到双边控制滑阀的控制。对于面积比 $A_r : A_v = 1 : 2$ 的典型差动缸来说，当 $p_s A_r = p_c A_c$ 时，活塞处于平衡状态。在指令输入脉冲作用下，步进电动机带动滑阀的阀芯旋转，活塞 2 和反馈螺母 3 未动时，螺杆 4 与螺母做相对运动，假若使阀芯后移，阀口开大，则 $p_c > p_s$，于是活塞杆 1 外伸。与此同时，活塞向左移，同活塞连成一体的反馈螺母 3 带动阀芯 5 左移，实现了直接位置负反馈，使阀口关小，直至关闭，活塞在新的位置平衡。若输入连续的脉冲，则步进电动机连续旋转，活塞便随着外

伸。反之，输入反向脉冲时，步进电动机反转，活塞杆便反向内缩。

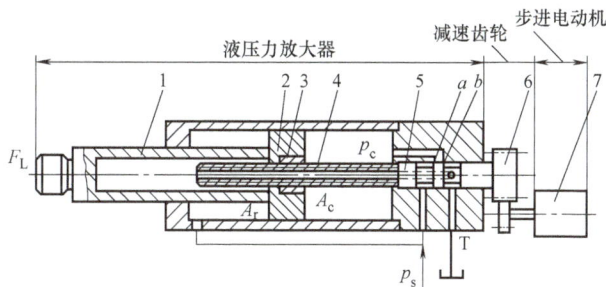

图 9-13　电液步进缸原理图

1—活塞杆　2—活塞　3—反馈螺母　4—螺杆　5—阀芯　6—减速齿轮　7—步进电动机

通过螺杆螺母之间间隙泄漏到空心活塞杆腔的油液，可经空心螺杆引至回油腔。

第三节　液压伺服系统实例

一、车床液压仿形刀架

车床液压仿形刀架是由位置控制机—液伺服系统驱动，按照样件（靠模）的轮廓形状，对工件进行仿形车削加工的装置。用这种仿形刀架对工件进行加工时，只要先用普通方法加工一个样件，然后用这个样件就可以复制出一批零件来。它不但可以保证加工的质量，生产率高，而且调整简单，操作方便，因此在批量车削加工中（尤其是对特形面的加工）被广泛地采用。

图 9-14 为某车床上液压仿形刀架的示意图。

液压仿形刀架倾斜安装在车床溜板 5 的上面，工作时，随溜板做纵向运动。靠模 12 安装在床身支架上固定不动。仿形刀架液压缸的活塞杆固定在刀架的底座上，缸体 6、阀体 7 和刀架 3 连成一体，可在刀架底座的导轨上沿液压缸轴向移动。伺服阀芯 10 在弹簧的作用下通过杆 9 使杠杆 8 的触销 11 紧压在靠模上。

车削圆柱面时，溜板沿床身导轨 4 纵向移动。杠杆触销在靠模上方 ab 段内水平滑动，伺服阀阀口不打开，没有油液进入液压缸，整个仿形刀架只是跟随拖板一起纵向移动，车刀在工件 1 上车削出 AB 段圆柱面。

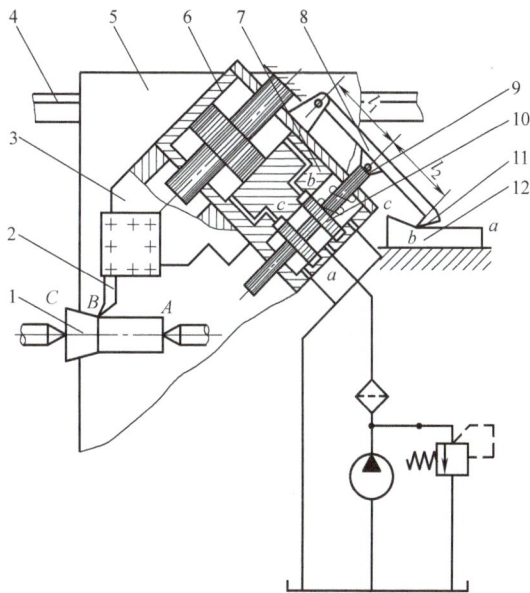

图 9-14　车床液压仿形刀架

1—工件　2—车刀　3—刀架　4—床身导轨　5—溜板
6—缸体　7—阀体　8—杠杆　9—杆　10—伺服阀芯
11—触销　12—靠模

车削圆锥面时，溜板仍沿床身导轨 4 纵向移动，触销沿靠模 bc 段滑动，杠杆向上方偏摆，从而带动阀芯上移，打开阀口，压力油进入液压缸上腔，缸下腔油流回油箱，液压力推动缸体连同阀体和刀架一起沿液压缸轴线方向向上运动。此两运动的合成就使刀具在工件上车出 BC 段圆锥面。

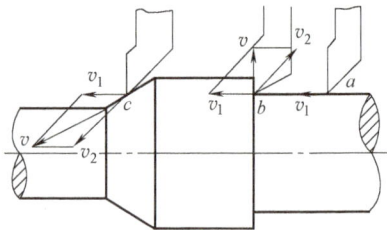

图 9-15　进给运动合成示意图

其他曲面形状或凸肩也都是在这样的合成运动下，由刀具在工件上仿形加工出来的，如图 9-15 所示。图中 v_1、v_2 和 v 分别表示溜板带动刀架的纵向运动速度、刀具沿液压缸轴向的运动速度和刀具的实际合成速度。

仿形加工结束时，通过电磁阀（图中未画出）使杠杆抬至最上方位置，这时伺服阀阀芯上移，压力油进入液压缸上腔，其下腔的油液通过伺服阀流回油箱，仿形刀架快速退回原位。

二、汽车转向液压助力器

大型载重卡车广泛采用液压助力器，以减轻司机的体力劳动。这种液压助力器也是一种位置控制的液压伺服机构。图 9-16 所示为转向液压助力器的原理图，它主要由液压缸和控制滑阀两部分组成。液压缸活塞 1 的右端通过铰销固定在汽车底盘上，液压缸缸体 2 和控制滑阀阀体连在一起形成负反馈，由转向盘 5 通过摆杆 4 控制滑阀阀芯 3 的移动。当缸体 2 前后移动时，通过转向连杆机构 6 等控制车轮偏转，从而操纵汽车转向。当阀芯 3 处于图示位置时，各阀口均关闭，缸体 2 固定不动，汽车保持直线运动。由于控制滑阀采用负开口的形式，故可以防止引起不必要的扰动。当旋转转向盘，假设使阀芯 3 向右移动时，液压缸中压力 p_1 减小，p_2 增大，缸体也向右移动，带动转向连杆 6 向逆时针方向摆动，使车轮向左偏转，实现左转弯；反之，缸体若向左移就可实现右转弯。

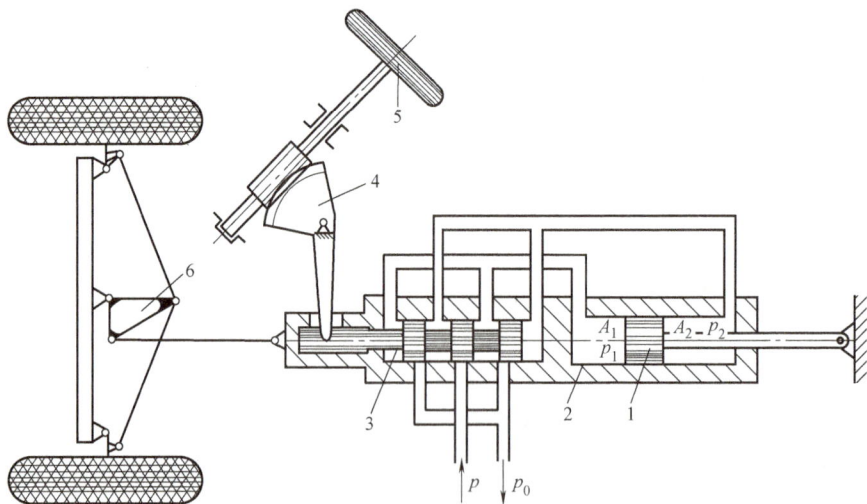

图 9-16　转向液压助力器

1—活塞　2—缸体　3—阀芯　4—摆杆　5—转向盘　6—转向连杆机构

实际操作时，驾驶转向盘旋转的方向和汽车转弯的方向上是一致的。为使驾驶员在操纵转向盘时能感觉到转向的阻力，所以在控制滑阀端部增加两个油腔，分别与液压缸前后腔相通（见图9-16），这时移动控制阀阀芯时所需的力就和液压缸的两腔压力差（$\Delta p = p_1 - p_2$）成正比，因而具有真实感。

三、机械手液压伺服系统

一般机械手应包括四个伺服系统，分别控制机械手的伸缩、回转、升降和手腕的动作。由于每一个液压伺服系统的工作原理均相同，因此仅以伸缩伺服系统为例，介绍其工作原理。

图9-17是机械手手臂伸缩电液伺服系统原理图。它主要由电液伺服阀1、液压缸2、活塞杆带动的机械手臂3、电位器4、步进电动机5、齿轮齿条机构6和放大器7等元件组成。当电位器4的动触点处在中位时，触点上没有电压输出。当它偏离这个位置时就会输出相应的电压。电位器动触点产生的微弱电压，经放大器7放大后对电液伺服阀进行控制。电位器的动触点由步进电动机带动旋转，步进电动机的转角位移和

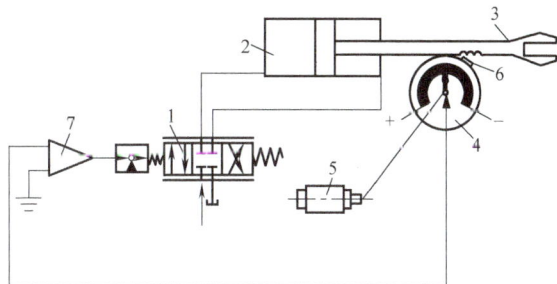

图9-17 机械手手臂伸缩电液伺服系统原理图
1—电液伺服阀 2—液压缸 3—手臂 4—电位器
5—步进电动机 6—齿轮齿条机构 7—放大器

转角速度由数字控制装置发出的脉冲数和脉冲频率控制；齿条固定在机械手臂上，电位器固定在齿轮上，所以当手臂带动齿轮转动时，电位器同齿轮一起转动，实现负反馈。

机械手伺服系统的工作原理如下：由数字控制装置发出的一定数量的脉冲，使步进电机带动电位器4的动触点转过一定角度 θ_0（假定为顺时针方向转动），动触点偏离电位器的中位，产生微弱的电压 u_1，经放大器7放大成 u_2 后输入电液伺服阀1的控制线圈，使伺服阀产生一定的开口量。这时压力油经滑阀开口进入液压缸的左腔，推动活塞连同机械手手臂一起向右移动，液压缸右腔的油经伺服阀流回油箱。由于电位器齿轮和机械手臂上的齿条相啮合，手臂向右移动时，电位器跟着顺时针方向转动。当电位器转过 θ_0 角时，电位器的中位和动触点重合，动触点输出电压为零，电液伺服阀失去信号，阀口关闭，手臂停止移动。手臂移动的行程决定于脉冲的数量，手臂移动的速度决定于脉冲的频率。当数字控制装置反向发出脉冲时，步进电动机逆时针方向转动，手臂便向左移动。图9-18是机械手手臂伺服系统方框图。

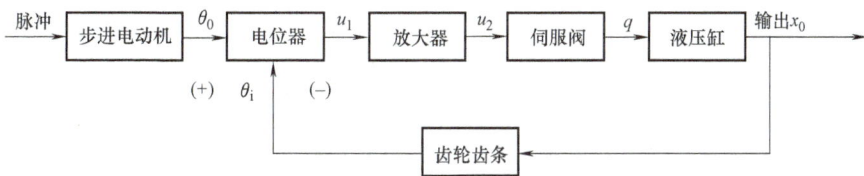

图9-18 机械手手臂伺服系统方框图

四、数控机床液压伺服系统

图 9-19 所示为常见的开环数控机床液压伺服系统原理图。图中元件 3 和 6 是电液步进马达，它是由步进电动机和液压转矩放大器组合而成。步进电动机也称脉冲电动机，它能把数控装置发出的脉冲信号转变成机械角位移。它每接收一个脉冲信号，输出轴就转一个角度（称为步距角）。其输出轴直接或通过齿轮与伺服阀芯连接，带动阀芯旋转。

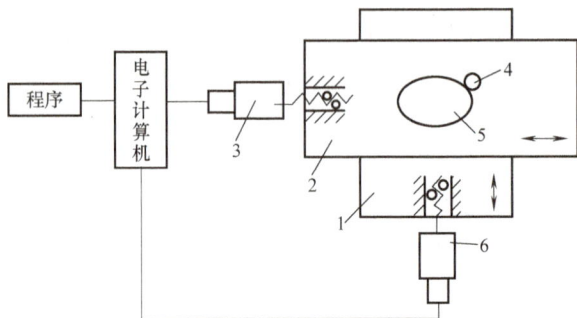

图 9-19　数控机床液压伺服系统原理图

1—床鞍　2—工作台　3、6—电液步进马达　4—铣刀　5—工件

电子计算机根据程序指令发出一定频率的脉冲信号给电液步进马达 3、6，这两个电液步进马达就配合转动，通过各自的滚珠丝杠副带动工作台 2 和床鞍 1 同时运动，这两个运动合成的结果，使铣刀 4 在工件 5 的表面上铣出所要求的外廓形状来。

原则上讲，对于中、小行程的数字位置或数字速度控制采用电液步进缸比用电液步进马达更为简便。对于大推力、大行程的场合也可采用电液步进缸。如国内研制的电液步进缸已成功地用于三坐标数铣床的一个纵坐标控制中，与原系统的横坐标联动，完成了封闭曲线、斜线、定位打眼、铣削等多种加工功能，达到了原系统同样的加工精度。

思考题和习题

9-1　在液压仿形刀架上，若将控制阀和液压缸分成两部分，仿形刀架能工作吗？为什么？

9-2　为什么仿形刀架液压缸与主轴轴线安装成一定的斜角？

9-3　试拟出液压仿形刀架、转向液压助力器和数控机床液压伺服系统的工作原理方框图。

10

第十章　液压系统的安装与调试

液压系统安装得是否正确、合理、可靠和美观，液压系统的调试是否符合要求，对液压系统的顺利使用和工作性能的正常发挥有很大的影响，必须认真做好。

第一节　液压系统的安装与清洗

一、安装前的准备工作

（一）技术资料的准备

设备的液压系统图、电气原理图、液压元件、辅件及管件清单和有关样本等要备齐，并在安装前对其内容和要求都应熟悉和了解。

（二）物资的准备

按液压系统图和元件清单由仓库领出液压元件等物资。要注意，凡有破损和缺件的液压元件、压扁的管子，均不应领出。压力表领出后应进行校验，避免产生调试误差。

（三）元件和管件质量检查

1. 外观检查

（1）液压元件　其型号和规格应与清单一致；其保管期限不应过长，以免密封件老化失效；其附带的密封件质量应符合要求；元件上的调节螺钉、手轮、锁紧螺母等应完整无损；元件的附件应齐全；阀、板的连接平面应平整无损，其沟槽不应有飞边、毛刺、棱角和磕碰凹痕；元件各油口内须清洁；油箱附件应齐全，箱内不准有锈蚀；电磁阀的电磁铁应活动灵活。

（2）油管和接头　油管的钢号、通径、壁厚，接头的型号、规格等都要符合设计规定。油管有伤口裂痕、表面凹入、腐蚀或有离层的均不准使用。所用接头（包括软管接头），其接头体与螺母配合松动或卡涩的，螺纹和 O 形密封圈沟槽棱角有毛刺或断螺牙的均不准使用。

（3）仪器、仪表　应进行严格的调试，确保其灵敏、准确、可靠。

2. 元件的清洗与测试

对需要安装的液压元件，应用煤油将其整体清洗干净并进行认真的校验，必要时进行密封和压力实验，确保其达到性能要求。

1）对液压泵、液压马达，应测试其在额定压力和额定流量时的容积效率。

2）对液压缸，应测试其内、外泄漏，缓冲效果和最低起动压力。

3）对方向控制阀，应测试其换向情况、压力损失和内外泄漏。

4）对压力阀，应测试其调压状况、开启压力、闭合压力和外泄漏。

5）对流量阀应测试其调节流量的状况和外泄漏。

6）对冷却器要进行通水和通油检查。

每个被测试的元件均应达到规定的技术指标。已测试合格的元件要用金属或塑料堵头封住油口，整个元件外包塑料布。

二、液压系统的安装

（一）液压元件的安装与要求

安装液压系统时，一般先将各液压元件按照设计要求的安装位置固定好，并装好元件各油口的接头或法兰。

安装时应注意以下事项：

1）安装各种泵和阀时，必须注意各油口的位置，不能接反或接错。

2）液压泵输入轴与电动机驱动轴的同轴度误差不应大于 0.1mm；两轴轴线的倾斜角不应大于 1°。

3）板式液压元件接合面处的密封圈应有一定的压缩量，各连接螺钉应按交叉顺序均匀拧紧，并使元件的安装平面与底板平面全部接触。

4）方向控制阀一般应保持轴线水平安装；蓄能器应保持其轴线竖直安装。

5）应保证液压缸的安装面与活塞杆（或柱塞）滑动面的平行度要求。

6）各指示表的安装应便于观察和维修。

7）各油口的接头及各元件的连接处应保证密封良好。

（二）液压管路的安装与管路的清洗

液压系统的全部管路在正式安装前要进行配管试装、酸洗、循环冲洗等工序，才转入正式安装。

1. 管路的安装应满足的要求

1）管路的布置要整齐，油管长度应尽量短，管路的直角转弯应尽量少，各平行与交叉的油管之间应有 10mm 以上的空隙。刚性差的油管应予以可靠地固定。系统的管路复杂时，可将其高压油管、低压油管、回油管和吸油管等分别涂上不同的颜色或编号加以区别，以便于安装和维修。

2）切割后的管子端面与其轴向中心线应尽量保持垂直。扩口管接头用油管端面要先锪平，油管扩口必须使用专门工具。为避免产生氧化皮，管子的弯曲一般是在弯管机上进行冷弯。如无冷弯设备，也可采用气焊或高频感应加热法对管子需弯曲的部位给予加热而进行热弯（弯前需在管内注满干河砂，用木塞封闭管口）。采用法兰连接时，法兰连接面要与油管中心线垂直。各油管接头要紧固可靠，密封良好，不得漏气。

3）液压泵吸油管的高度一般不大于 500mm。吸油管路的接合处应涂以密封胶，保证密封良好。溢流阀的回油管口不应靠近泵的吸油管口，以免吸入温度较高的油液。

4）回油管应伸到油箱液面以下，以防油液飞溅而混入气泡。回油管端应加工成 45°斜面，并且斜面朝向油箱内壁，以使回油平稳。凡外部有泄油管的阀（如减压阀、顺序阀等），其泄油口与回油管路连通时不允许有背压，否则应单独设回油管。

5）系统中的主要管路和过滤器、蓄能器、测压表、流量计等辅助元件应能自由拆装而不影响其他元件。布置活接头时，应保证其拆装方便。

6）高压管路必须使用按其工作压力选定的无缝钢管，不许使用有缝钢管或有缺陷的钢管代替，其管路连接宜采用法兰连接。

2. 液压管路的安装与清洗

液压管路的安装、清洗按以下顺序进行：

（1）管路的安装　先将加工完好的油管按各元件的位置安装好。需焊接的管路应先排管、点焊并编管号。当整个系统的管路全部定位、编号后，将其全部拆下，分节正式焊接。

（2）试压　把油管连接好进行耐压实验，其实验压力应为最高工作压力的 1.5～2 倍。不合格时，应检查连接处的接头或焊接质量，并使其达到合格。

（3）管路的酸洗　管路的酸洗有槽式酸洗和循环酸洗两种方法。

槽式酸洗：将安装好的管路拆下来，分解后放入酸洗槽内浸泡，处理合格后再将其进行二次安装。该方法较适合管径较大的短管、直管，以及容易拆卸、管路施工量小的场合，如泵站、阀站等液压装置内的配管及现场配管量小的液压系统。槽式酸洗一般按："脱油→水冲洗→酸洗→水冲洗→中和→钝化→水冲洗→干燥→喷涂防锈油（剂）→封口"的工序进行。

循环酸洗：在安装好的液压管路中，将液压元器件断开或拆除，用软管、接管、冲洗盖板连接，构成冲洗回路。用酸泵将酸液打入回路中进行循环酸洗。该法具有酸洗快、效果好、简便省力、污染小的特点，是近年来较为先进的方法，已在大型液压系统管路安装中广泛使用。循环酸洗一般按"水试漏→脱油→水冲洗→酸洗→中和→钝化→水冲洗→干燥→涂防锈油（剂）"的工序进行。

酸洗液的浓度和各成分的比例，应根据管路的锈蚀程度和酸洗用水的水质确定。酸洗用液（脱油液、酸洗液、中和液、钝化液）可参照表 10-1 酸洗规程配制。

表 10-1　酸洗规程

溶液	槽式酸洗					循环酸洗				
	成分	浓度(质量分数)(%)	温度/℃	时间/min	pH 值	成分	浓度(质量分数)(%)	温度/℃	时间/min	pH 值
脱油液	氢氧化钠 碳酸氢钠 磷酸钠 硅酸钠	8～10 1.5～2.5 3～4 1～2	60～80	240	1	四氯化碳		常温	30	
酸洗液	盐酸 乌洛托品	12～15 1～2	常温	240～360	1	盐酸 乌洛托品	10～15 1	常温	120～240	
中和液	氨水	1～2	常温	2～4	10～11	氨水	10～15	常温	15～30	10～12
钝化液	亚硝酸钠 氨水	8～12 1～2	常温	10～15	8～10	亚硝酸钠 氨水	10～15 1～3	常温	25～30	10～15

注意：对涂有油漆的油管，酸洗前应用脱漆剂将漆除净；酸洗用水必须洁净；酸洗应掌

握好时间，不得造成过酸洗；酸洗后，若用压缩空气喷油保护，所用压缩空气必须干燥、洁净。

酸洗质量检查：酸洗后管内壁应无附着异物；若用盐酸、硝酸或硫酸酸洗时，管内壁应呈灰白色；若用磷酸酸洗时，管内壁应呈灰黑色。

(4) 管路的油循环清洗　在管道酸洗和二次安装后的较短时间内应进行管路的油循环清洗。其目的是清除管内在酸洗及安装过程中产生的机械杂质和其他微粒，达到液压系统正常运行时所需要的清洁度。

为便于施工，通常采用泵外循环冲洗，即对泵站到主机间的管路进行油循环冲洗。循环冲洗可采用管路串联冲洗，也可以采用并联冲洗。

冲洗时所采用的参数为：

1）冲洗流量——应据管径及回路形式计算，管内油流的流速应在 3m/s 以上，呈湍流状态。

2）冲洗压力——在 0.3~0.5MPa 时，每隔 2h 升压一次，压力升至 1.5~2MPa 时，运行 15~30min，再恢复低压冲洗。

3）冲洗温度——用加热器将油箱内油加热至 40~60℃，冬季至 80℃，以缩短冲洗时间。

4）振动——在清洗过程中，每隔 3~4h 选用木锤、铜锤、橡胶锤或振动器任意一种工具沿管路从头至尾绕管壁敲打一遍，重点敲打焊口、法兰、变径、弯头及三通等部位，振动器的频率为 50~60Hz，振幅为 1.5~3mm。

5）充气——每班可向管内充入经精过滤（压力为 0.4~0.5MPa）的压缩空气两次（每次 8~10min），造成管内油流形成湍流状态的涡流，充分搅起杂质，增强冲洗效果。

清洗时应注意：油循环清洗要三班连续作业；冲洗泵源应接在管径较粗的油路上，使杂物能顺利冲出；油箱的容量应大于泵流量的 5 倍，且注油时应由过滤器过滤；清洗油在回油箱之前需进行过滤，滤芯的精度可按不同的清洗阶段在 100μm、50μm、20μm、10μm、5μm 等规格中更换；清洗油一般选用 L-AN15 号液压油，普通液压系统也可使用工作油。冲洗合格后应立即向液压系统注入合格的工作油。

三、液压系统的清洗

整台设备的液压系统全部安装好后，在试车以前必须再对整个系统进行清洗，要求高的系统可分两次进行。

第一次清洗前应先清洗油箱并用绸布擦净，然后注入油箱容量 60%~70% 的工作油或试车油（不能用煤油、酒精或汽油）。再按如图 10-1a 所示的方法将有溢流阀及其他阀的排油回路在阀的进口处临时切断；将液压缸两端的油管直接连通（使油液不流经液压缸），并使换向阀处于某换向位置（不处于中位）；在主回油管处接一过滤器。这时，即可使泵运转并接通加热装置，将油加热到 50~80℃ 进行清洗。加热可使具有可溶性的油垢更多地溶解在清洗油中。

清洗初期，回油管处的过滤器可用 50μm 的滤芯；当达到清洗时间的 60% 时，换用 25μm 的滤油网。对过滤精度要求高的液压系统可根据设备使用说明书要求换用精密过滤器。为提高清洗质量，应使泵间歇工作，并在清洗过程中不断轻轻敲击油管，使管路各处微

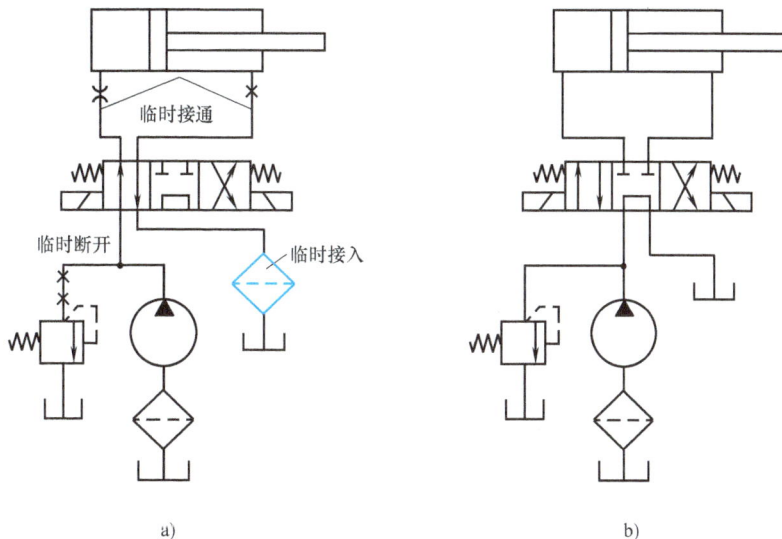

a)　　　　　　　　　　　　　b)

图 10-1　液压系统的清洗

粒都被冲洗干净。清洗时间视系统复杂程度、污染程度和系统要求的过滤精度等具体情况而定，一般为十几个小时到二十几个小时。第一次清洗结束后，应将系统中的油液全部排出，然后，再次清洗油箱并用绸布擦净。

第二次清洗前应先将油路按正式工作油路接好，如图 10-1b 所示。然后向油箱内注入实际工作所用的油液并起动液压泵对系统进行清洗。清洗时间一般为 1~3h。清洗结束时，回油管处的滤油网上应无杂质，这次清洗后的油液还可以继续使用。

第二节　液压系统的调试

新设备及修理后的设备，在安装和几何精度检验合格后必须进行液压系统的调试，使其性能达到预定的要求，即使其具有可靠协调的工作循环并获得各参数所要求的准确数值。

一般液压系统的调试分空载试车和负载试车两步。

试车之前，应先检查电动机和电磁阀电源的电压和频率，电压的变化应在 −15%～+10% 范围内。此外，还应将油箱中的油液加至规定的高度。将各控制手柄置于关闭或卸荷位置；将各压力阀的调压弹簧松开；将各行程挡块移至合适的位置；检查各仪表起始位置是否正确；检查各液压件的管路连接是否可靠；检查运动涉及的各空间大小，保证试车时不发生碰撞等。待各处按试车要求调整好之后，方可进行空载试车。

一、空运转

（一）空运转前的准备工作

1）空运转前，系统中的液压缸、液压马达、比例阀、伺服阀应用短路过渡板从循环回路中隔离出去。

2）蓄能器、压力传感器和压力继电器均应拆开接头而代以螺塞，使这些元件脱离循环回路。

3）须拧松溢流阀的调节螺杆，使其控制压力处于能维持油液循环时克服管路阻力的最低值；系统中若有节流阀、减压阀，则应将其调整到较小开度。

4）空运转应使用系统规定的工作介质，工作介质进入油箱时，应经过过滤。过滤精度应不低于设计规定的过滤精度。

5）空运转前，先将液压泵油口及泄油口（如有）的油管拆下，按照泵工作时的旋转方向用手转动联轴器，并向泵的进油口灌油，直至泵的出油口出油不带气泡时为止。然后接上泵油口处的油管（如有可能可向进油管灌油）。还要通过漏油口处的油管将有泄油口的泵和液压马达壳体灌满油。

（二）起动液压泵电动机

接通电源，点动、断续直至连续起动液压泵电动机，观察泵的转向及工作情况。若泵不排油，应检查液压泵或液压泵电动机的接线；若在起动过程中压力急剧上升，应检查溢流阀失灵原因，排除故障后继续点动电动机直至正常运转。空运转时，应密切注意过滤器前后压差的变化，压差超过规定值时，应及时更换或冲洗滤芯。空运转的油温应在正常工作油温范围内。

二、压力试验

系统在空运转合格后进行压力试验，并应遵守空运转中的1）4）5）项规定。对于工作压力低于16MPa的系统，试验压力为工作压力的1.5倍；对于工作压力高于16MPa的系统，试验压力为工作压力的1.25倍。

试验压力应逐级提高，每升高一级宜稳压 2~3min，达到试验压力后，持压 10min，然后降至工作压力，进行全面检查。以系统所有焊缝和连接口无漏油，管路无永久变形为合格。

注意：压力试验时，如有故障需要处理，必须先卸压；如有焊缝需要重焊，必须将该管卸下，并在除净油液后方可焊接；压力试验期间，不得锤击管路，且在试验区域 5m 范围内不得同时进行明火作业。

压力试验应有试验规程，试验完毕后应填写"系统压力试验记录"。

三、液压系统的调试与试运转

（一）泵站调试

先空转 10~20min，再逐渐分档升压（每档 3~5MPa，每档时间 10min）到溢流阀的调节值。泵站调试应在工作压力下运转 2h 后进行检查和微调。要求泵壳温度不超过 70℃，泵轴颈及泵体各结合面应无泄漏及异常的噪声和振动；如为变量泵，则其调节装置应灵活可靠。油箱的液位超过规定高度时，液位开关应能立即发出报警信号并实现规定的联锁动作。油温监控装置的调试，应使油温超过规定范围时，发出规定的报警信号。

（二）系统调试

1. 压力调整

各压力阀及压力继电器应按其在液压系统原理图上的位置，从泵源附近调整压力最高的主溢流阀开始，逐次调整各个分支回路的压力阀。调整应在运动部件处于"停"位或低速运动时，由低到高边观察压力表及油路工作情况边调整，直至调到其规定数值。这时，须检查系统各管路连接处、液压元件结合面处是否有漏油。若未发现异常情况，即可将压力阀的锁紧螺母拧紧并将相应的压力表油路关闭，以防压力数值变动使压力表损坏。

调整压力继电器时应先调整返回区间，然后调整主弹簧。否则，将会由于返回区间的调整而使接通压力值变化。对失压发信的压力继电器，其调整压力应低于回油路背压阀的调整压力。

2. 液压缸的排气

在液压缸排气时，应先将排气阀或排气塞打开，调节流量阀使流量逐渐加大（执行部件运动速度逐渐加快），同时调节行程挡块，使运动行程逐渐加大，直至达到其最大行程。然后使运动部件往复运动多次，即可使缸内空气排出。缸内空气排完后，应将排气阀或排气塞关闭。对压力高的液压系统，在液压缸排气时，应适当降低压力。

3. 流量阀的调整

当用于大批量生产的专用设备采用流量阀控制运动部件的速度时，阀口的开度应事先调好。系统中流量阀的调整应逐个回路进行。在调试一个回路时，其余回路应处于关闭（不通油）状态；单个回路调试时，电磁换向阀宜用手动操作。流量阀的调试应在正常工作压力和工作温度下进行。

(1) 液压马达转速的调整　液压马达在投入运转前应与工作机构脱开，在空载状态先点动，再从低速到高速逐步调节流量阀的开口，并注意空载排气，然后反向运转。同时应检查壳体温升和声音是否正常。待空载运转正常后，再停机将马达与工作机构连接，再次起动液压马达并从低速到高速运转。运转正常后，先将流量阀开至最大，然后逐渐关小，直至达到所要求的最低速度及平稳性要求。再按工作要求的速度调整流量阀。调好后，将流量阀的锁紧螺母拧紧。

(2) 液压缸速度的调整　液压缸的速度调试与液压马达的速度方法相似，即与工作机构脱开后先点动，再从低速到高速逐步调节流量阀的开口，然后，反向运行。同时应检查缸体温升和声音是否正常。待空载运转正常后，再停机将液压缸与工作机构连接，使液压缸从低速到高速运行。运行正常后，先将流量阀开至最大，然后逐渐关小，直至达到所要求的最低速度及平稳性要求。对带缓冲装置的液压缸，在调速过程中应同时调整缓冲装置，直至达到该缸所带机构的运动平稳性要求。在这个过程中，若出现低速爬行现象，应检查工作机构的润滑是否充分，系统排气是否彻底，或有无其他机械干扰。一切正常后，再按工作要求的速度调整流量阀。调好后，将流量阀的锁紧螺母拧紧。

(3) 润滑油量的调整　对调节润滑油流量的节流阀的调整要在工作部件运动中进行，调整要特别仔细。因润滑油量太少，达不到润滑的目的，润滑油量过多会使运动部件"漂浮"，而影响运动精度。

(4) 其他用途流量阀的调整　对换向阀中用于调节换向时间的节流阀或液压缸中起缓冲作用的节流阀，也要按规定要求在工作部件运行中逐个仔细调整，并在调好后将锁紧螺母拧紧。

(5) 同步回路的速度调整　对双缸同步回路调速时，应先将两缸调整到相同的起步位置，然后调整其中一个缸的流量阀，使运动部件的速度达到规定的要求，再调另一个缸的流量阀，使该缸运动部件的速度也达到规定的要求。然后使两缸由起步位置同时运行，观测其运动速度的一致性。若发现有小的误差，再适当进行微调。

（6）伺服和比例控制系统　在泵站调试和系统压力调整完毕后，宜先用模拟信号操纵伺服阀或比例阀试运行执行机构，并应先点动后联动。

速度调试完毕后，应再检查液压缸和液压马达的工作情况；要求在起动、换向及停止时平稳；在规定低速下运行时不爬行；运行速度符合设计要求。

4. 行程控制元件位置的调整

行程挡块常用于控制行程阀、行程开关、微动开关的动作，以使运动部件获得预定的运动行程或运动方向的自动转换。所以行程挡块的位置应按设计要求在试车时一一仔细调好，并牢固地紧固在预定位置上。固定挡铁的位置也应按要求事先调好。固定挡铁处若有延时继电器也应一并调好。

上述各项工作往往是互相联系、穿插进行的，常常需要反复地测试、调整。复杂的液压系统可能有多个液压泵、多个执行元件，各执行元件的运动常需按一定的顺序或重叠、交叉进行，更需要花费一定时间进行仔细的调试。

各工作部件在空载条件下，按预定的工作循环或工作顺序连续运转 2~4h 后，应再检查油温及液压系统所要求的各项精度，一切正常后，方可进入负载试车阶段。

四、负载试车

负载试车是在重载运转条件下，进一步检查系统的运行质量和存在的问题。例如，设备的工作情况；安全保护装置的工作效果；有无噪声、振动和外漏现象；系统的功率损耗和油液的温升等。

负载试车一般应先在低于最大负载（压力阀的调整压力低于规定的数值）和低于最大速度的情况下进行。如试车情况正常，再将负载和速度加至最大值（压力阀和流量阀调节到其规定值），进行最大负载试车。并按要求检查各处工作情况，检查油液在试车后的温升。特别要认真检查安全过载保护装置的工作是否可靠等，并作必要的记录。

调试结束，对设备和液压系统作出评价，符合要求后，将油箱的全部油液放出过滤并清洗油箱，清除一切沉淀污物，再灌入符合规定要求的液压油，即可交付使用。

每一台设备液压系统的调试应有调试规程和详尽的调试记录。

第十一章 液压系统的使用、维护和故障排除

第一节 液压系统的使用与维护

在生产中使用的液压设备，必须建立有关使用和维护方面的制度，并建立较完善的记录，以保证液压设备能长期处于良好的状态，并尽可能地延长使用寿命。

一、液压设备合理使用应注意的事项

1）操作者必须熟悉液压元件控制机构的操作要领；熟悉各液压元件调节旋钮的转动方向与压力、流量大小变化的关系，各种液压元件未经主管部门同意，任何人不准私自调节或更换，严防调节错误造成事故。

2）泵起动前应检查油温。若油温低于10℃，则应空载运转20min以上才能加载运转。若室温在0℃以下或高于35℃，则应采取加热或冷却措施。冬季室内油温未达到25℃时，不准开始顺序动作。夏季油温高于60℃要注意系统的工作状态，并通知有关技术部门进行处理。工作中应随时注意油液温升。正常工作时，一般液压系统油箱中油液的温度不应超过60℃；高压系统或数控机床液压系统油箱中的油温不应超过50℃；精密机床的温升应控制在15℃以下。

3）不准任意调整电控系统的互锁装置，不准损坏或任意移动各限位挡块的位置。

4）停机4h以上的设备，应先使泵空运转5min，再起动执行机构工作。

5）液压油要定期检查更换。对于新投入使用的液压设备，使用三个月左右即应清洗油箱，更换新油。以后应按设备说明书的要求每隔半年或一年进行清洗和换油一次。

6）使用中应注意过滤器的工作情况，滤芯应定期清理或更换。

7）设备若长期不用，应将各调节旋钮全部放松，防止弹簧产生永久变形而影响元件的性能。

8）液压系统出现故障时，不准擅自乱动，应立即通知有关技术部门分析原因，并采取措施排除故障。

二、液压设备的维护保养

为了使液压设备长期保持要求的工作精度和避免某些重大故障的发生，对其进行经常性的维护保养是十分重要的。对一般液压设备的维护保养应分日常检查、定期检查和综合检查三个阶段进行。

（1）**日常检查**　日常检查通常是用目视、耳听及手触感觉等比较简单的方法，在泵起动前、起动后和停止运转前检查油量、油温、压力、漏油、噪声、振动等情况，并随之进行维护和保养。对重要的液压设备应填写"日检修卡片"。

（2）**定期检查**　定期检查的内容包括：调查日常检查中发现异常现象的原因并进行排除；对需要维修的部位，必要时，分解检修。定期检查的间隔时间，一般与过滤器检修的间隔时间相同，通常为2~3个月。

（3）**综合检查**　综合检查大约每年进行一次。其主要内容是检查液压装置的各元件和部件，判断其性能和寿命，并对产生故障的部位进行检修或更换元件。综合检查的方法主要是分解检查，要重点排除一年内可能产生的故障因素。

定期检查和综合检查均应做好记录，以此作为查找设备故障原因或对设备进行大修的依据。

三、液压设备使用与维护举例

液压设备类别繁多，各有其特定用途和使用要求。以下为汽车工业流水线液压设备使用和维护的实例。汽车工业流水线液压设备通常采用"点检"和"定检"的方法保证设备的正常运行。

点检是设备维修的基础，通过点检可以把液压系统存在的问题排除在萌芽状态，还可以为设备维修提供第一手资料。从中可以确定修理项目，编制检修计划，并可从中找出液压系统故障发生的规律，以及液压油、密封件和液压元件的更换周期。

（一）**点检的项目和内容**

1. 在起动前检查

1）油位是否正常。

2）行程开关和限位挡块位置是否正确，紧固是否可靠。

3）手动和自动循环是否正常。

4）电磁阀是否处于原始状态。

2. 在设备运行中监视工况

1）系统压力是否稳定和在规定范围内。

2）有无异常噪声和振动。

3）油温是否在35~55℃范围内，不得高于60℃。

4）全系统有无漏油。

5）电压是否在额定电压的-15%~5%范围内。

（二）**定检的项目和内容**

（1）**螺钉和管接头**　要定期紧固：压力为10MPa以上的系统，每月紧固一次；压力为10MPa以下的系统，每三个月紧固一次。

（2）**过滤器**　一般系统每月检查清理一次；铸造系统每半个月检查清理一次。

（3）**油箱、管道和阀板**　大修时检查，整修。

（4）**密封件**　按环境温度、工作压力、密封件材质等情况具体规定。

（5）**油污染度检验**　对已确定换油周期的设备，提前一周取样化验；对新换油，经1000h使用后，应取样化验；对精、大、稀等设备用油，经600h取样化验。取油样须用专用容器，并保证不受污染；取油样须取正在使用的"热油"，不取静止油；取油样的数量为300~500mL/次；油样须按油样化验单化验，油样化验单应存入设备档案。

（6）**液压元件** 须根据使用情况，规定对泵、阀、液压马达、液压缸等元件进行性能测定，并尽可能采取在线测试办法测定其主要参数。

（7）**压力表** 按设备使用情况，规定检验周期。

（8）**高压软管** 根据使用工况，规定更换时间。

（9）**弹簧** 按工作情况、元件质量等具体规定。

（10）**电控部分** 按电气使用维修规定，定期维修。

四、液压元件的修理

液压元件是精密机器元件，只能在具有精密加工设备和技术水平的条件下由有经验的人员进行修理。修理一般可分为小修、中修和大修。

（1）**小修** 属于维护性修理，即液压系统在调试时或运转中出现故障时，进行的现场修理，不换零件，只在原零件上进行轻微加工（抛、研、磨、刮）。小修主要是针对各种阀、管道、元件平面结合面的漏油更换密封环、垫等，此外，还对不同型号、不同压力级的压力阀的调压弹簧进行选择更换。

（2）**中修** 指更换轴颈油封、轴承、活塞杆密封圈及阀杆油封等。

（3）**大修** 属于恢复性修理，更换磨损的零件（成对更换）。但液压缸筒和活塞杆不能更换。

必须说明，绝大多数使用单位只能进行"小修"，有较多经验的单位可以进行"中修"，少数专业厂或属于大企业的专业厂可以进行"大修"。不推荐用户为损坏的液压件自行配制零件更换。

第二节 液压系统的故障分析和排除方法

液压系统的故障是多种多样的。这些故障有的是因为液压油被污染造成的；有的是由某一液压元件失灵而引起的；有的是系统中多个液压元件的综合性因素造成的；也有的是由机械、电气以及外界的因素引起的。虽然这些故障不像机械故障那样能直接观察到，进行检测也不如电气系统方便，但是液压元件均在润滑充分的条件下工作，液压系统均有可靠的过载保护装置（如溢流阀等），除工作介质严重污染可能造成液压元件的磨损、腐蚀外，液压系统本身很少发生与机械传动系统类似的金属零件破损及严重磨坏等现象。有些故障用调整的方法即可排除；有些故障可用更换液压油，更换易损件（如过滤器的滤芯、密封圈、弹簧等），甚至清洗某些液压元件，清洗液压系统或更换个别标准液压元件的方法排除。只有小部分故障是因设备使用年久，精度超差，需经修复才能恢复其性能。

因此，只要熟悉设备的结构和性能，熟悉设备的液压系统原理图，熟悉各液压元件的结构、性能、在液压系统中的作用及其安装位置，了解设备的使用和维护情况，主动与操作者密切合作，认真分析故障可能的原因，采用"先外后内""先调后拆""先洗后修""及时更换"的步骤，提前准备好易损件，大多数故障会很快排除的。

国内外大量统计资料表明，液压系统的故障中，有70%以上是由工作介质的污染和泄漏引起的。因此，应对工作介质的污染和液压系统的泄漏问题加以认真分析和较深入地探讨。

一、工作介质污染造成的故障及其排除方法

随着现代液压技术的应用和发展，液压系统的可靠性和元件寿命问题显得特别突出和重要。一个优质的液压元件，可能由于油的污染而经常发生故障，甚至损坏。由于污染的原因，液压元件的实际寿命往往比设计寿命短得多。因此，液压系统的污染问题已越来越受到关注和重视，污染控制的研究已广泛开展并取得了显著成效。实践证明，工作介质的污染控制也是提高系统工作可靠性、延长液压元件和液压系统使用寿命的重要途径。

（一）工作介质污染物的种类及危害性

液压系统中的污染物，指混杂在工作介质中对系统可靠性和元件寿命有害的各种物质。液压系统内的污染物主要有固体颗粒、水、空气、化学物质、微生物和污染能量等。

（1）**固体颗粒** 它是液压系统中最常见的污染物，包括元件加工和组装过程中残留的金属切屑、焊渣和型砂；从外界侵入的尘埃和机械杂质；系统工作中产生的磨屑和锈蚀剥落物，以及油液氧化和分解产生的沉淀物等。颗粒污染物的危害主要是引起泵、阀等液压元件中活动件的卡死及小孔和缝隙的堵塞，导致故障的发生或严重地影响系统的工作性能。混入油中的固体颗粒，还会加速元件的磨损，降低元件的寿命。

（2）**水** 油液中混入一定的水分后，会变成乳白色，甚至变质不能继续使用。油液中所含的水分还会使液压元件生锈、磨损以至产生故障。水对液压系统最大的危害是腐蚀金属表面。此外，水会加速油液的氧化变质，并且与油中某些添加剂作用产生黏性胶质，引起阀芯黏滞和过滤器滤芯堵塞等故障。当油液中水的含量超过 0.05%（质量分数）时，水对液压系统就会产生严重的危害作用。

（3）**空气** 混入油液中的空气会降低油液的体积弹性模量，使系统失去刚性和响应特性，并引起气蚀现象。油液中侵入少量空气，可在油箱中发现针状气泡。若系统中侵入大量空气，在油箱中就会出现大量气泡。这时，油液即容易变质，以致不能使用。同时，液压系统会出现振动、噪声、压力波动、液压元件工作不稳定、运动部件产生爬行、换向冲击、定位不准或动作错乱等故障。空气促使油液氧化变质，降低润滑性能。

（4）**化学污染物** 常见的化学污染物有溶剂、表面活性化合物和油液氧化分解产物等。其中有的化合物与水反应形成酸类，对金属表面产生腐蚀作用。各类表面活性化合物如同洗涤剂的作用一样，将附着在元件表面的污染物洗涤下来悬浮在油液中，因而增加了油液的污染度。

（5）**微生物** 在含有水的石油型液压油或水基工作液中，微生物易于生存和繁殖，大量微生物的生成将引起油液变质劣化，降低油液的润滑性能及加速元件的腐蚀。

（6）**污染能量** 液压系统内的热能、静电、磁场和放射线等能量往往对系统产生有害的影响。例如系统内油温过高，会使油液的黏度降低，油的泄漏会有较大的增加，甚至会使油液分解变质。静电可使挥发性高和燃点低的油液起火，造成火灾，并引起电腐蚀等。

（二）工作介质的污染度及其等级标准

1. 工作介质的污染度

工作介质的污染度是指单位容积的工作介质中固体颗粒污染物的含量。污染物的含量可用重量或颗粒数表示。我国的液压工作介质污染度等级采用国际标准 ISO 4406，见表 11-1。

这个标准用两个代号表示油液的污染度等级。前面的代号表示每 1mL 油液中大于 5μm 颗粒数的等级，后面的代号表示每 1mL 油液中大于 15μm 颗粒数的等级，两个代号之间用一斜线分隔。例如污染度等级 20/17，即表示每毫升油液中大于 5μm 的颗粒数在 5000～10000 之间，大于 15μm 的颗粒数在 640～1300 之间。

表 11-1　污染度等级标准

每毫升油液中的颗粒数	等级代号	每毫升油液中的颗粒数	等级代号	每毫升油液中的颗粒数	等级代号
>5000000	30	2500～5000	19	1.3～2.5	8
2500000～5000000	30	1300～2500	18	0.64～1.3	7
1300000～2500000	28	640～1300	17	0.32～0.64	6
640000～1300000	27	320～640	16	0.16～0.32	5
320000～640000	26	160～320	15	0.08～0.16	4
16000～320000	25	80～160	14	0.04～0.08	3
80000～160000	24	40～80	13	0.02～0.04	2
40000～80000	23	20～40	12	0.01～0.02	1
20000～40000	22	10～20	11	≤0.01	0
10000～20000	21	5～10	10		
5000～10000	20	2.5～5	9		

2. 典型液压系统污染度等级要求及液压系统的过滤精度（见表 11-2、表 11-3）

表 11-2　典型液压系统污染度等级

系统类型	12/9	13/10	14/11	15/12	16/13	17/14	18/15	19/16	20/17	21/18	22/99
对污染极敏感的系统	▬	▬	▬	▬	▬	▬					
伺服及数控系统		▬	▬	▬	▬	▬					
高压系统			▬	▬	▬	▬	▬				
行走机械液压系统				▬	▬	▬	▬	▬	▬		
冶金轧钢设备系统				▬	▬	▬	▬	▬	▬		
中压或机床系统					▬	▬	▬	▬	▬	▬	
重型设备液压系统					▬	▬	▬	▬	▬	▬	
低压系统						▬	▬	▬	▬	▬	
一般机器液压系统						▬	▬	▬	▬	▬	
重型行走设备						▬	▬	▬	▬	▬	
低敏感系统							▬	▬	▬	▬	▬

表 11-3　液压系统的过滤精度

系 统 种 类	过滤精度/μm
低压工业用液压系统	100～150
7MPa 工业用液压系统	50
10MPa 工业用液压系统	25

（续）

系 统 种 类		过滤精度/μm
14MPa工业用液压系统	往复运动	15
	速度控制装置	10~15
	机床进给系统	10
14~20MPa重型液压系统		10
带电液伺服阀的系统		2.5~5
带精密电液伺服阀的系统		2.5

3. 典型液压元件污染度等级要求及元件的过滤精度要求 （见表11-4、表11-5）

表 11-4　典型液压元件污染度等级要求

液压元件类型	优　等　品	一　等　品	合　格　品
各种类型液压泵	16/13	18/15	19/16
一般液压阀	16/13	18/15	19/16
伺服阀	13/10	14/11	15/12
比例控制阀	14/11	15/12	16/13
液压马达	16/13	18/15	19/16
液压缸	16/13	18/15	19/16
摆动液压缸	17/14	19/16	20/17
蓄能器	16/13	18/15	19/16
过滤器壳体	15/12	16/13	17/14

表 11-5　元件的过滤精度要求

液压元件	过滤精度 /μm	液压元件	过滤精度 /μm
齿轮泵与齿轮马达	50	低增益伺服阀	10
叶片泵与叶片马达	30	高增益伺服阀	5
柱塞泵与柱塞马达	20	液压缸	50
液压控制阀	30	节流阀	小于孔径
溢流阀	10~15	橡胶密封	25~30
调速阀	10~15	滑动零件	小于间隙

（三）工作介质污染控制的措施

1. 油液中侵入空气

当油液中混有不同含量的空气时，其浑浊程度也不同。因此，从油液的外观可以大致评定空气的含量。图11-1为某石油型液压油在不同空气含量下的外观描述。例如，当从油液中观察到有微小气泡出现时，根据该图可大致判断油液中的空气含量约为1%（体积分数）左右。另外还可用浊度计或油液压缩法测定油液中空气的含量。

液压系统混入了空气后，应按正确的操作方法利用排气装置将空气排出，还可同时在油箱中设置滤泡网等装置滤去气泡。空气的侵入主要是由管接头、液压泵、液压阀、液压缸等密封不良及油液质量差（消泡性不好）等原因引起的。

防止空气侵入的方法是及时更换不良密封件或更换消泡性好的液压油，经常检查管接头及液压元件的连接是否松动，并及时将松动的螺母拧紧等。

2. 油液中混入水分

水在油液中的含量一般用体积分数表示，常用蒸馏法和电量法测定。图11-2所示为蒸馏法所使用的水分蒸馏装置。将100g（精确至0.1g）试样注入清洁干燥的圆底烧瓶中，在样液中加入100mL溶剂（一般用溶剂汽油），摇动均匀，然后加热蒸馏。水从油液中蒸发出来，经冷凝器4冷凝后沉积在带有刻度的收集管内，在此过程中，溶剂可以避免水滴凝结在冷凝管内壁。根据样液的体积和收集管内水的体积，即可确定油中的含水量。用这种方法可测出最小为0.3%（体积分数）的含水量。

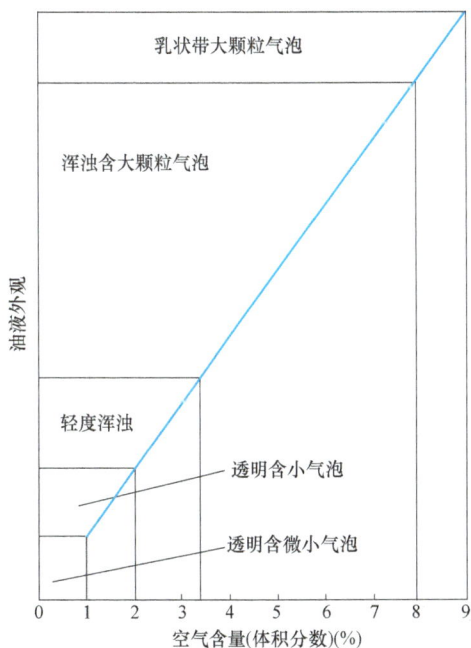

图11-1　油液外观与空气含量

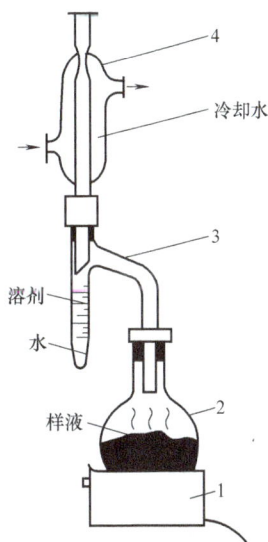

图11-2　水分蒸馏装置

1—加热器　2—烧瓶　3—收集管　4—冷凝器

为了检查油中的水分，还可将油液滴几滴在加热的铁板上，并滴几滴新油进行比较，也可取一部分油液放在试管中加热，若有水分，水分就会蒸发而使油量减少。

油液含有水分的可能原因是：水分从油箱盖上进入冷却液；水冷却器或热交换器渗漏；存放工作油的油桶底部有水（当油桶露天保管时，尤其应注意）或湿度大的空气由空气过滤器进入油箱等。

防止油液混入水分的主要方法是严防水分由油箱箱盖进入冷却液，及时更换破损的水冷却器、热交换器。若油中含水量过大，应采取有效措施（如使油静置一段时间后，从油箱底部放油塞处放出部分油水混合物或其他方法）将水分去除或更换新油。

3. 油液中的颗粒污染物

液压系统中的各种颗粒污染物带有大量反映系统内部状态的信息，通过对油液中颗粒污染物的成分鉴别和含量的测定，可以为元件污染磨损监测和系统故障诊断提供重要线索和依据。

（1）**工作介质污染度的测定** 目前普遍采用显微镜法和自动颗粒计数器法测定油液的污染度。

显微镜法需要用如图 11-3 所示的微孔滤膜过滤装置过滤一定体积的样液，将样液中的颗粒污染物全部收集在微孔滤膜表面。滤膜经过固定处理后制成样片，然后在显微镜下观察并进行计数。滤膜的孔径为 0.8μm，过滤样液的取样量一般为 100mL。

常用滤膜的直径为 47mm，滤膜上印有若干边长为 3.08mm 的方格。在显微镜的目镜内装有测微标尺，用它可将方格面积划为更小的单元面积（约为方格面积的 1/6）和亚单元面积（约为方格面积的 1/20）用以测定颗粒的尺寸。根据样液污染程度，选定若干个方格面积，或单元、亚单元面积进行颗粒计数，并用统计法计算整个过滤面积（约为 100 个方格）内的颗粒数。

颗粒计数的尺寸范围和选用的放大倍数如下：

尺寸范围/μm	放大倍数
5～15	200～400
15～25	160～200
25～50	100～200
50～100	100
100	100

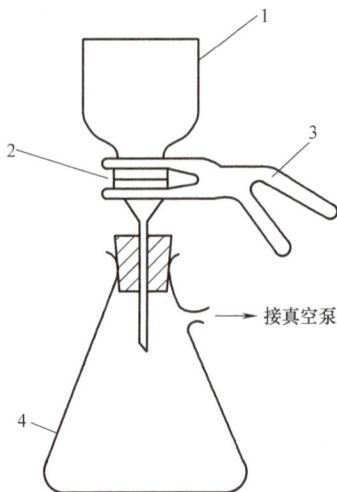

图 11-3 微孔滤膜过滤装置
1—漏斗 2—滤膜夹持器
3—夹子 4—真空吸滤瓶

显微镜法所需仪器设备较简单，并可以直接观察到污染颗粒的大小和形状。但其缺点是计数所需时间长，消耗精力大，且计数的准确性在很大程度上取决于操作人员的经验和技能。显微镜法的重复精度大约为±10%。随着电子技术的发展，自动颗粒计数器在油液污染度分析中已获得日益广泛的应用。

（2）**防止固体污染物混入的方法** 对使用中的液压系统，防止杂质混入的方法，主要是要使设备处于尽可能清洁的环境中，避免灰尘、切屑、金属粉末、木屑等物进入油箱或从元件结合处的缝隙进入液压系统中；灌油前要仔细清洗油箱；向油箱加油时，要加过滤网；在设备使用时，要将油箱覆盖严密，并及时更换损坏的密封件，及时清理过滤器和定期更换新的工作介质。若发现油液固体污染物含量较大，也可进行几次过滤使油液达到系统用工作介质的各项指标之后再用。

（3）**工作介质的更换** 工作介质的更换极限指标见表 11-6。工作介质的更换周期见表 11-7。新油允许的污染度界限标准见表 11-8。

表 11-6 工作介质的更换极限指标

性 能	工作介质			
	普通液压液	抗磨液压液	低凝液压液	磷酸脂
40℃黏度变化(%)	±(10～15)	±(10～15)	±(10～15)	±20
污垢含量/(mg/100L)	10	10	10	—

（续）

性　　能	工作介质			
	普通液压液	抗磨液压液	低凝液压液	磷酸酯
水分(%)	0.1	0.1	0.1	0.5
酸值增加/(mgKOH/g)	0.3	0.3	0.3	—
相对密度变化 (油 15℃/水 4℃)	0.05	0.05	0.05	(25℃)0.055
铜片腐蚀/(100℃/3h)	2	2	2	—
闪点/℃	60	60	60	—
凝点/℃	—	—	—	-60

表 11-7　工作介质的更换周期

介质种类	更换周期/月
普通液压油	12~18
专用液压油	>12
全损耗系统用油	6
汽轮机油	12
水包油乳化液	2~3
油包水乳化液	12~18
磷酸酯	>12

表 11-8　新油允许污染界限标准

颗粒尺寸 /μm	100mL 中的 最大允许颗粒数
5~10	2500
16~25	1000
26~30	250
51~100	25
100 以上	10

（4）**工作介质的净化方法及其应用**　对已经污染的工作介质，可根据污染物的不同和对油液净化要求的不同，采用不同的净化方法。常用净化方法的原理及应用见表 11-9。

表 11-9　油液净化方法的原理及应用

方法	净化原理	应　　用
过滤	利用多孔材质滤除油液中的不溶性物质	分离>1μm 固体颗粒
离心	用离心机使油液转动分离存于油液中的不溶性物质	分离固体颗粒和游离水
惯性	用旋流器使油液转动分离存于油液中的不溶性物质	分离固体颗粒和游离水
聚结	利用多孔材质对不同液体亲和力的差异分离混合液	从油液中分离水
静电	利用静电场力使绝缘油中的污染物被吸附在集尘体上	分离固体颗粒和胶状物
磁性	利用磁场力吸附油液中的铁磁性颗粒	分离铁磁性颗粒(铁屑)
真空	用在负压下饱和蒸气压不同分离油、其他液体和气体	分离水、空气及挥发物质
吸附	利用分子附着力分离油中可溶性和不溶性物质	分离颗粒、水和胶状物

二、液压系统的泄漏及其控制措施

在所有的液压设计任务中，也许最困难的任务就是消除漏油，例如在一些军用武器系统中，有将近40%的使用意见是关于液压系统的渗漏问题；在工业方面，漏油不但脏，而且对操作人员有危险；在有些制造工业中，渗漏会使产品受到污染，因而是完全不允许有渗漏的。可见，工作介质的泄漏是一个不可忽视的问题。如果泄漏得不到解决，将会影响液压设备的正常使用和液压技术的发展。产生泄漏的原因有设计、制造和装配方面的问题，也有设备维护、保养等方面的问题。对产生泄漏的原因和控制泄漏的措施应当引起足够的重视。

（一）泄漏的形式

工作介质的"越界流出"的现象称为泄漏。在单位时间内漏出工作介质的体积称为泄漏量。液压元件内部工作介质从高压腔泄漏到低压腔，称为内泄漏；工作介质从元件内部向外部泄漏称为外泄漏。液压系统的泄漏主要有以下几种形式。

1. 缝隙泄漏

在液压元件中，不宜采用密封件而利用缝隙进行密封的配合面较多，而且缝隙的形式是多种多样的，因此缝隙泄漏是液压元件泄漏的主要形式。由式（2-41）、式（2-45）可知，泄漏量的大小与缝隙两端的压力差、工作介质的黏度、缝隙的长度、宽度及高度值有关，而且与缝隙高度的 3 次方成正比。因此，在结构和工艺允许的条件下尽量减小缝隙的高度是减少缝隙泄漏最有效的措施。

2. 多孔隙泄漏

液压元件的各种盖板、法兰、接头、板式连接件等，若结合表面粗糙，即使紧固力很大，工作介质也会在内外压力差的作用下，由两表面上下接触的微观凹陷处通过大小不等、形状不同的孔隙（见图11-4）泄漏。若结合面残留的加工痕迹与泄漏的方向一致，泄漏会更严重。铸件的组织疏松，焊缝缺陷的夹杂，密封材料的毛细孔等产生的泄漏均属于多孔隙泄漏。多孔隙泄漏的通道弯弯曲曲，纵横交错，漏液流程长，阻力大。因此，做密封试验时需经过较长的时间后才能判断。

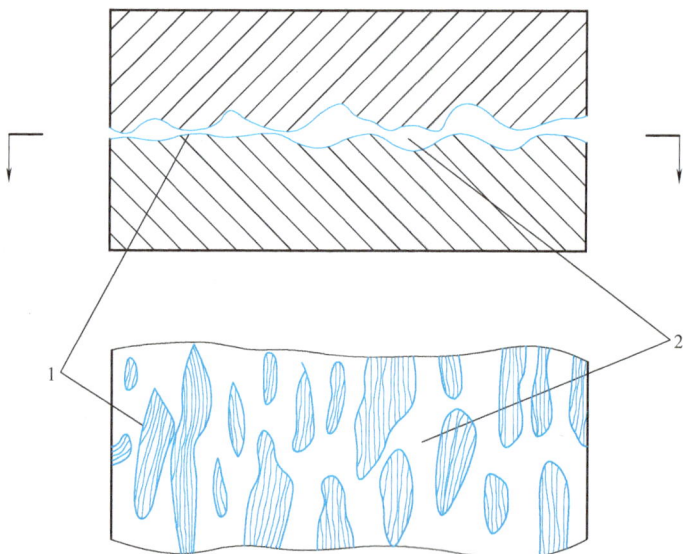

图 11-4　表面粗糙度形成的孔隙

1—接触点　2—孔隙

减少多孔隙泄漏的主要措施是：减小液压元件结合表面加工的表面粗糙度值；提高铸件质量，减少组织疏松；提高焊缝质量；换用材质好的密封件；缝隙处涂密封胶等。

3. 黏附泄漏

工作介质与固体相接触时，会在固体表面上黏附一层液体。当黏附的液体层过厚时，就会形成泄漏的液滴；当伸出的活塞杆缩进缸筒时，密封圈刮擦黏附层也会产生黏附泄漏液滴。防止黏附泄漏的基本方法是控制黏附层的厚度，密封圈对活杆塞的刮擦作用要适当。

4. 动力泄漏

在转轴的密封表面上若留有螺旋形加工痕迹，在轴转动时工作介质在回转力的作用下会沿着凹下的螺旋形痕迹流动（见图11-5），即产生"泵油"作用。从轴端观察，若螺旋方向与轴的转动方向一致时，就会泄漏（图中加工痕迹的螺旋方向和轴的旋转方向均为左旋），这种泄

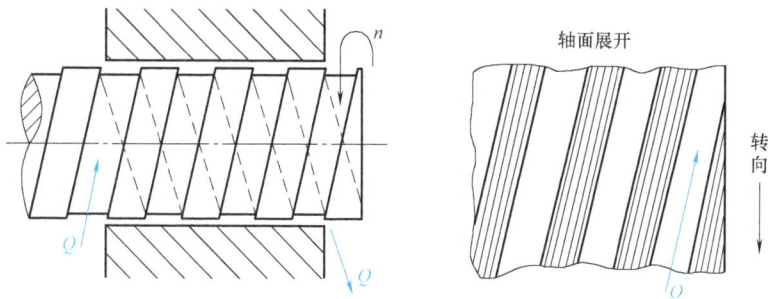

图 11-5 螺旋痕迹动力泄漏

漏称为动力泄漏。若在密封圈的唇边上有此类痕迹时，也会产生动力泄漏。

动力泄漏的特点是轴的转速越高，泄漏量越大。为了防止动力泄漏，应避免在转轴密封表面和密封圈的唇边上留有"泵油"作用的加工痕迹，或者限制痕迹的方向。

工程中的泄漏情况是复杂的，常常是上述各种情况的综合。

(二) 液压装置外泄漏的主要部位和基本控制方法

1. 液压装置外泄漏的主要部位和原因

液压装置的外泄漏，主要发生在元件之间或零件之间的固定连接处，以及外伸轴杆的动配合处。以下是根据治漏实践总结而得的液压件泄漏的各主要部位及其常见的原因。

(1) 管接头处　管接头类型与使用条件不符；接头的加工质量差，不起密封作用；接头装配不良；接头密封圈老化或破损；机械振动或压力脉冲等原因引起接头松动等。

(2) 不承受压力负载的结合面处　结合面的表面粗糙度值和平面度误差过大；由各种原因引起的零件变形使两表面不能全面接触；密封件硬化或破损使密封失效；装配时结合面上有砂尘等杂质；被密封的油腔内有压力等。

(3) 承受压力负载的结合面处　结合面粗糙不平；紧固螺栓拧紧力矩不够或各螺栓拧紧力矩不等；密封圈失效；结合表面翘起变形；密封圈压缩量不够等。

(4) 轴向滑动表面密封处　密封圈的材料或结构类型与使用条件不符；密封圈老化或破损；轴表面粗糙或划伤；密封圈安装不当等。

(5) 转轴密封处　转轴表面粗糙或划伤；油封材料或结构类型与使用条件不符；油封老化或破损；油封与轴偏心过大或转轴振摆过大等。

2. 液压装置外泄漏的基本控制方法

1) 密封部位的沟、槽、面的加工尺寸和精度、表面粗糙度应严格符合规范要求，这是保证密封起作用，杜绝外泄漏的基本条件。

2) 装配时，应重视各密封部位及密封圈的清洁度，并按规定方法进行正确的安装，防止密封圈在装配时发生破损。

3) 各种管路连接件是产生外泄漏主要部位。因此，设计时应尽量减少管接头等连接部位的数量。采用集成化的液压阀和阀块来组成系统，是简化管路布置，减少连接件的有效办法。

4) 设计时应根据使用条件，正确选用接头和密封的类型，确定密封圈的材料，合理设计密封沟槽的尺寸，规定恰当的加工要求。

5) 几种管接头使用注意事项：锥管螺纹接头耐压性小于 3MPa，抗振性较差，不涂密封胶时可耐高温，用涂密封胶的方法提高其密封性时，油温要低于 100℃；圆柱螺纹接头耐压性小于 21MPa，抗振性良好，用金属垫圈时可耐高温，用橡胶密封圈时油温要低于

100℃；法兰接头耐压性小于41.5MPa，可用于振动较大的高压管路中，但用橡胶密封圈时油温要低于100℃；扩口接头振动大时易松动；卡套式接头可用于高压有振动的管路中，但要求管外径尺寸精度较高。

6）密封圈的保存及使用注意事项：密封圈保存时要避免阳光直射、受热、受潮，不得接触酸、碱类物质，保存温度在-15～+35℃之间，保存期不宜超过半年，存放时不宜用铁丝或细绳串挂；密封圈装配前应在密封圈或零件表面上涂油脂润滑，以便顺利装配到位，防止划伤；密封圈装配时，不得用有棱角的工具；对带有螺纹花键的轴头，装配密封圈时要用保护套；对在灰尘较大的车间或室外作业的液压设备，在外伸轴杆等表面的动密封处的外侧，应装有防尘圈或防尘罩。

三、液压系统噪声的控制

液压系统产生的噪声对系统本身的工作性能影响较大，它往往与振动同时发生，会造成较严重的压力振摆，致使系统无法正常工作，还会降低元件的使用寿命。噪声还会使人感到烦躁、疲劳，甚至因未听清报警信号而造成工伤事故。

液压系统产生的噪声有冲击噪声、压力脉动噪声、气穴噪声、传播噪声等。在液压系统的噪声中70%左右是由液压泵引起的。液压泵输出功率越大，转速越高，泵内吸入的空气越多，噪声就越大；液压换向冲击产生的噪声也会引起管路振动及油箱的共鸣。应认真查找产生噪声的原因，并采取措施进行有效控制。

（一）产生噪声的原因（见表11-10）

表 11-10 液压系统产生噪声的各种原因

分 类	声 源	原 因
单个元件噪声	液压泵	脉动、气穴、通风、旋转、轴承、壳体振动等噪声
	电动机	电磁、通风、旋转、轴承、壳体振动等噪声
	压力阀	液流噪声、气穴噪声、颤振声
	电磁换向阀	电磁铁撞击声、电磁噪声、液压冲击声
	风扇冷却器流量阀	风扇的通风噪声、壳体振动声
	流量阀	液流声、气穴声
	电液伺服阀	衔铁、挡板颤振声
	油箱	回油击液、吸油气穴、气体分离、箱壁振动等噪声
系统噪声	泵、电动机、油箱、管道、阀座等的谐振声	由于压力脉动、液压冲击、旋转部件、往复运动部件等引起的振动向各处传播，引起系统谐振

（二）降低液压噪声的措施

1）设计时，选用低噪声液压泵及液压元件；选用较低转速的液压泵；采用上置式油箱；设置蓄能器；设置卸压回路；采用立式电动机将液压泵浸入油液中，泵进出油口采用橡胶软管；泵组下设置减振器；长管路加装多个管夹；采用隔声、消声装置等。

2) 在使用中, 采取措施降低液压系统的噪声 (见表 11-11)。

四、液压系统常见故障产生原因及排除方法

液压系统常见故障产生的原因及排除方法见表 11-11 ~ 表 11-16。各液压元件可能产生的故障及其检修方法不再单独列出, 必要时可查阅相关液压手册。

表 11-11　系统产生噪声的原因及其排除方法

序　号	故　障	原　因	排　除　方　法
1	液压泵吸空引起连续的嗡嗡声并伴随杂声	泵或进油管路密封不良、漏气	拧紧泵螺栓及管路各管螺母
		油箱油量不足	将油箱油量加至油标处
		泵进油管口过滤器堵塞	清洗过滤器
		油箱不透空气	清理空气过滤器
		油液黏度过大	使油液黏度符合要求
2	泵故障造成杂声	轴向间隙过大, 输油量不足	修磨轴向间隙
		泵轴承、叶片等损坏或变形	拆开检修并更换已损坏零件
3	控制阀处发出吱嗡、吱嗡的刺耳噪声	调压弹簧永久变形或损坏	更换弹簧
		阀座磨损, 密封不良	修研阀座
		阀芯拉毛, 移动不灵或卡死	修研阀芯使阀芯移动灵活
		阻尼小孔被堵塞	清洗、疏通阻尼孔
		阀芯与孔间隙大, 高低压油相通	研磨阀孔, 重配新阀芯
		阀升口小, 流速高, 产生空穴现象	应尽量减小进、出口压差
4	机械振动引起噪声	泵与电动机安装不同轴	重新安装或更换柔性联轴器
		油管振动或互相撞击	适当加设支承管夹
		电动机轴承磨损严重	更换电动机轴承
5	液压冲击声	液压缸缓冲装置失灵	进行检修和调整
		背压阀调整压力变动	进行检查、调整
		电液换向阀端单向节流阀故障	调节节流螺钉, 检修单向阀

表 11-12　运动部件换向时的故障及其排除方法

序　号	故　障	原　因	排　除　方　法
1	换向有冲击	活塞杆与运动部件连接不牢固	检查并紧固连接螺栓
		不在缸端换向, 缓冲装置不起作用	在回油路上设背压阀
		电液换向阀的节流螺钉松动	检查、调整节流螺钉
		电液换向阀的单向阀卡住或密封不良	检查及修研单向阀
2	换向冲出量大	节流阀口有污物, 运动部件速度不均	清洗流量阀节流口
		电液换向阀阀芯移动速度变化	检查电液换向阀节流螺钉
		油温高, 油的黏度下降	检查油温高的原因并排除
		导轨润滑油过多, 运动部件"漂浮"	调节润滑油压力或流量
		系统泄漏油多, 进入空气	严防泄漏, 排除空气

表 11-13　系统运转不起来或压力提不高的原因及其排除方法

序　号	故障部位	原　因	排除方法
1	液压泵电动机	电动机线接反	调换电动机接线
		电动机功率不足，转速不够高	检查电压、电流使其正常
2	液压泵	泵进、出油口接反	调换吸、压油管位置
		泵吸油不畅，进气	见表 11-11
		泵轴向、径向间隙过大	检修液压泵
		泵体缺陷造成高、低压腔互通	更换液压泵
		泵叶片与定子内面接触不良或卡死	检修叶片及修研定子内表面
		柱塞泵柱塞卡死	检修柱塞泵
3	控制阀	压力阀主阀芯或锥阀芯卡死在开口处	修压力阀，使阀芯移动灵活
		压力阀弹簧断裂或永久变形	更换弹簧
		某阀泄漏严重以至高低压油路连通	检修阀，更换已坏的密封件
		控制阀阻尼孔被堵塞	清洗、疏通阻尼孔
		控制阀的油口接反或接错	检查并纠正接错的管路
4	液压油	黏度过高，吸不进或吸不足油	用指定黏度的液压油
		黏度过低，泄漏太多	用指定黏度的液压油

表 11-14　运动部件速度达不到的原因及其排除方法

序　号	故障部位	原　因	排除方法
1	液压泵	泵供油不足，压力不足	见表 11-11
2	控制阀	压力阀卡死，进、回油路连通	见表 11-11
		流量阀的节流小孔被堵塞	清洗、疏通节流孔
		互通阀卡住在互通位置	检修互通阀
3	液压缸	装配精度或安装精度超差	检查，保证达到规定的精度
		活塞密封圈损坏，缸内泄漏严重	更换密封圈
		间隙密封的活塞，缸壁磨损过大，内泄漏多	修研缸内孔，重配新活塞
		缸盖处密封圈摩擦力过大	适当调松压盖螺钉
		活塞杆处密封圈磨损严重或损坏	调紧压盖螺钉或更换密封圈
4	导轨	润滑不充分，摩擦阻力大	调节润滑油流量和压力，使润滑充分
		导轨的楔铁、压板调得过紧	调整楔铁、压板，使松紧合适

表 11-15　运动部件产生爬行的原因及其排除方法

序　号	故障部位	原　因	排除方法
1	控制阀	流量阀节流口有污物，通油量不均匀	检修或清洗流量阀
2	液压缸	活塞缸端盖密封圈压得太死	调整压盖螺钉，不漏油即可
		液压缸中进入的空气未排净	利用排气装置排气

（续）

序 号	故障部位	原 因	排 除 方 法
3	导 轨	接触精度不好，摩擦力不均匀	检修导轨
		润滑油不足或选用不当	调润滑油量，选合适润滑油
		温度高使油黏度变小，油膜破坏	检查油温高的原因并排除

表 11-16 工作循环不能正确实现的原因及应采取的措施

序 号	故 障	原 因	排 除 方 法
1	液压回路间互相干扰	用同一个泵供油的各液压缸压力、流量差别大	改用不同泵供油或用控制阀（单向阀、减压阀、顺序阀等）使油路互不干扰
		主油路与控制油路同一泵供油，主油路卸荷时，控制油路压力太低	在主油路上设控制阀，使控制油路始终能保持压力，正常工作
2	控制信号不能正确发出	行程开关、压力继电器开关接触不良	检查及检修各开关
		某些元件的机械部分卡住（如弹簧、杠杆）	检修有关机械结构部分
3	控制信号不能正确执行	电压过低，弹簧过软或过硬使电磁阀失灵	检查电路的电压，检修电磁阀
		行程挡块位置不对或未固定牢	检查挡块位置并将其固定

239

附　录

附录 A　常用流体传动系统及元件图形符号新旧标准对照

表 A-1　图形符号的基本要素

新标准（GB/T 786.1—2009）		旧标准（GB/T 786.1—1993）	
名称及说明	符　号	名称及说明	符　号
供油管路 回油管路 元件外壳 外壳符号	0.1M	工作管路	
控制管路 泄油管路 冲洗管路 放气管路	0.1M	控制管路	
组合元件 框线	0.1M	组合元 件线	
两个流体 管路的连接	0.75M	管路连接 点滚轮轴	●
软管管路	2.5M 4M	柔性管路	
封闭管路 或接口	1M　1M	封闭油、气 路或油、气口	⊥

（续）

新标准（GB/T 786.1—2009）		旧标准（GB/T 786.1—1993）	
名称及说明	符 号	名称及说明	符 号
机械连接		机械连接的轴、操纵杆、活塞杆等	
弹簧（控制元件）		弹簧	
有盖油箱		—	—
回到油箱		油箱	
气压源		气压源	
液压源		液压源	

表 A-2 泵（空气压缩机）和马达

新标准（GB/T 786.1—2009）		旧标准（GB/T 786.1—1993）	
名称及说明	符号	名称及说明	符号
变量泵		单向变量液压泵	
双向流动，带外泄油路单向旋转的变量泵		双向变量液压泵	
双向变量泵或马达单元		变量液压泵-马达	
单向旋转的定量泵或马达		定量液压泵-马达	
限制摆动角度，双向流动的摆动执行器或旋转驱动		摆运马达	
马达(气动)		单向定量马达	
空气压缩机		—	—

（续）

新标准（GB/T 786.1—2009）		旧标准（GB/T 786.1—1993）	
名称及说明	符　号	名称及说明	符　号
变方向定流量双向摆动马达	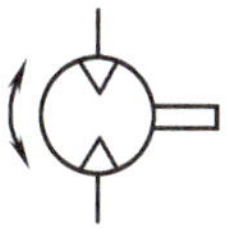	双向定量马达	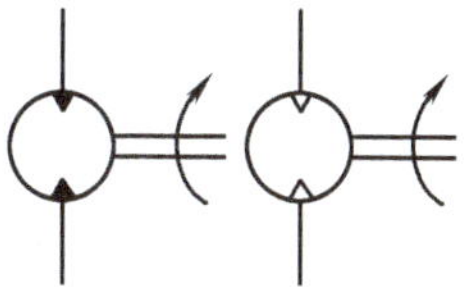
真空泵	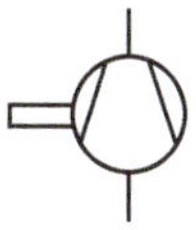	—	—

表 A-3　缸

新标准（GB/T 786.1—2009）		旧标准（GB/T 786.1—1993）	
名称及说明	符　号	名称及说明	符　号
单作用单杆缸，弹簧腔带连接油口	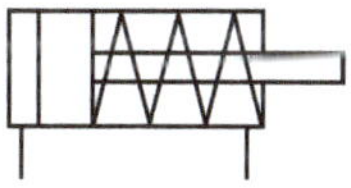	单作用弹簧复位缸	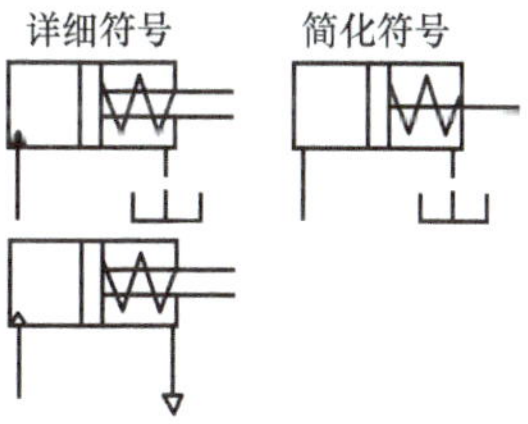 详细符号　简化符号
双作用单杆缸	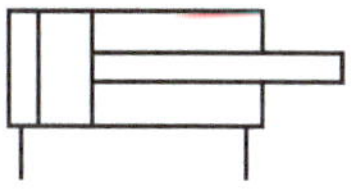	双作用单活塞杆缸	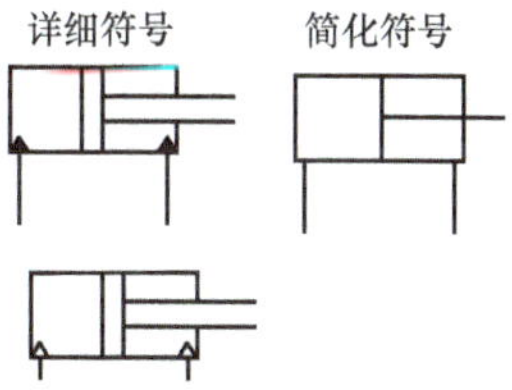 详细符号　简化符号
双作用双杆缸，活塞杆直径不同，双侧缓冲，右侧带调节	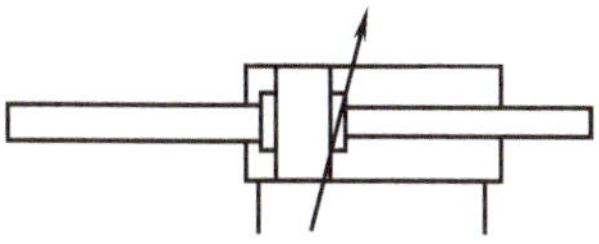	双作用双活塞杆缸	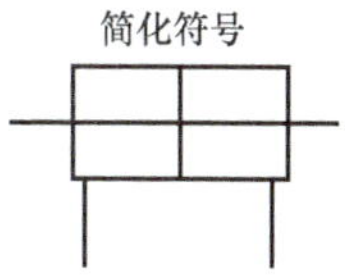 简化符号
带行程限制器的双作用膜片缸	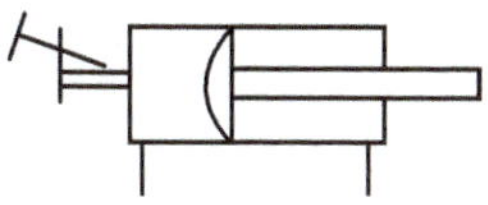	—	—

（续）

新标准（GB/T 786.1—2009）		旧标准（GB/T 786.1—1993）	
名称及说明	符　号	名称及说明	符　号
单作用缸，柱塞缸	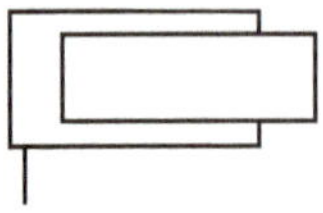	—	—
单作用伸缩缸	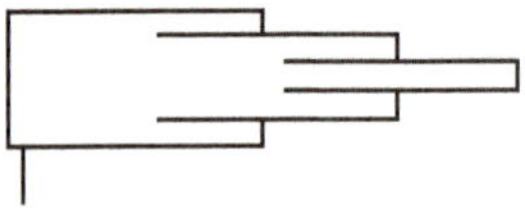	单作用伸缩缸	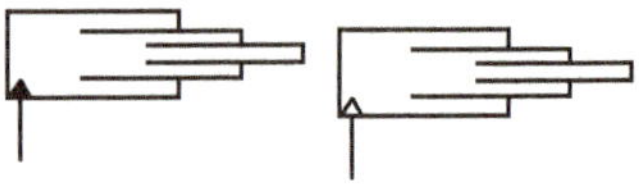
双作用伸缩缸	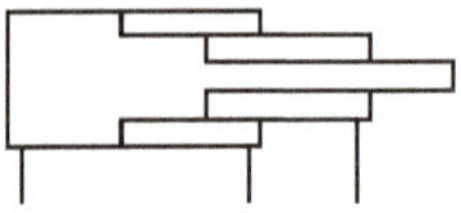	双作用伸缩缸	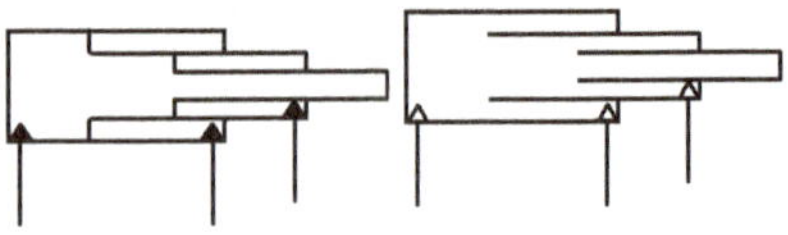
—	—	双向缓冲缸（可调）	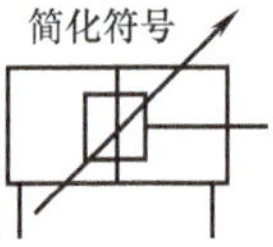 简化符号
单作用压力介质转换器	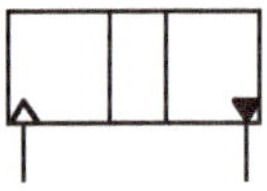	气-液转换器	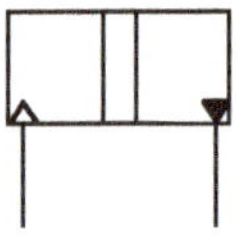

表 A-4　阀

新标准（GB/T 786.1—2009）		旧标准（GB/T 786.1—1993）	
名称及说明	符　号	名称及说明	符　号
具有可调行程限制装置的顶杆	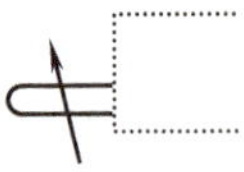	可变行程控制式	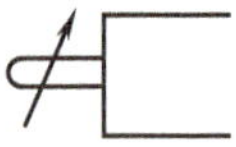
带有定位装置的推或拉控制机构	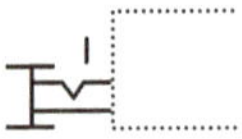	按钮式人力控制	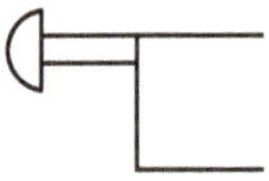
用作单方向行程操纵的滚轮杠杆	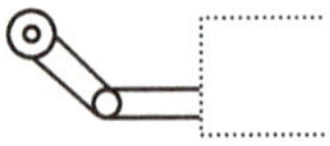	单向滚轮式	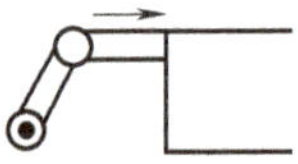
使用步进电动机的控制机构	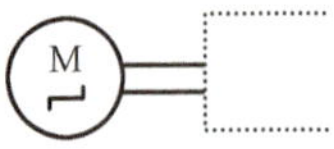	—	—

（续）

新标准（GB/T 786.1—2009）		旧标准（GB/T 786.1—1993）	
名称及说明	符　号	名称及说明	符　号
单作用电磁铁,动作指向阀芯		单作用电磁铁	
单作用电磁铁,动作背离阀芯			
双作用电气控制机构,动作指向或背离阀芯		双作用电磁铁	
单作用电磁铁,动作指向阀芯,连续控制		比例电磁铁	
单作用电磁铁,动作背离阀芯,连续控制		—	—
双作用电气控制机构,动作指向或背离阀芯,连续控制		双作用可调电磁操纵器（力矩马达）	
电气操纵的气动先导控制机构		电磁-气压先导控制	
电气操纵的带有外部供油的液压先导控制机构		电-液先导控制	
二位二通方向控制阀,两通,两位,推压控制机构,弹簧复位,常闭		二位二通手动换向阀（常闭）	

（续）

新标准（GB/T 786.1—2009）		旧标准（GB/T 786.1—1993）	
名称及说明	符　号	名称及说明	符　号
二位二通方向控制阀，两通，两位，电磁铁操纵，弹簧复位，常开		二位二通换向阀（常开）	
二位四通方向控制阀，电磁铁操纵，弹簧复位		二位四通换向阀	
三位四通方向控制阀，弹簧对中，双电磁铁直接操纵		三位四通换向阀	
三位四通方向控制阀，电磁铁操纵先导级和液压操作主阀，主阀及先导级弹簧对中，外部先导供油和先导回油		三位四通电液换向阀	
溢流阀，直动式，开启压力由弹簧调节		直动型溢流阀	
顺序阀，手动调节设定值		直动型顺序阀	
二通减压阀，直动式，外泄型		直动型减压阀	

（续）

新标准（GB/T 786.1—2009）		旧标准（GB/T 786.1—1993）	
名称及说明	符号	名称及说明	符号
三通减压阀		溢流减压阀	
二通减压阀，先导式，外泄型		先导型减压阀	
电磁溢流阀，先导式，电气操纵预设定压力		先导型电磁式溢流阀	
可调节流量控制阀		可调节流阀	详细符号 简化符号
可调节流量控制阀，单向自由流动		可调单向节流阀	
流量控制阀，滚轮杠杆操纵，弹簧复位		滚轮控制可调节流阀	

（续）

新标准（GB/T 786.1—2009）		旧标准（GB/T 786.1—1993）	
名称及说明	符　　号	名称及说明	符　　号
二通流量控制阀,可调节,带旁通阀,固定设置,单向流动,基本与黏度和压力差无关		单向调速阀	
三通流量控制阀,可调节,将输入流量分成固定流量和剩余流量		旁通型调速阀	详细符号　简化符号
单向阀		单向阀	
先导式液控单向阀		液控单向阀	弹簧可以省略
双单向阀,先导式		液压锁	
梭阀（"或"逻辑）		或门型梭阀	

（续）

新标准（GB/T 786.1—2009）		旧标准（GB/T 786.1—1993）	
名称及说明	符　号	名称及说明	符　号
快速排气阀		快速排气阀	
直动式比例方向控制阀		—	—
比例溢流阀，直控式，通过电磁铁控制弹簧工作长度来控制液压电磁换向座阀		—	—
比例溢流阀，直控式，电磁力直接作用在阀芯上		—	—
比例溢流阀，先导控制，带电磁铁位置反馈		先导型比例电磁式压力控制阀	
比例流量控制阀，直控式		—	—
流量控制阀，用双线圈比例电磁铁控制，节流孔可变，特性不受黏度变化的影响		—	—

表 A-5　附件

新标准（GB/T 786.1—2009）		旧标准（GB/T 786.1—1993）	
名称及说明	符　号	名称及说明	符　号
软管总成		柔性管路	
三通旋转接头		三通路旋转接头	
不带单向阀的快换接头,断开状态		—	—
带单向阀的快换接头,断开状态		—	—
带两个单向阀的快换接头,断开状态		—	—
不带单向阀的快换接头,连接状态		不带单向阀的快换接头	
带一个单向阀的快插管接头,连接状态		—	—
带两个单向阀的快插管接头,连接状态		带单向阀的快换接头	

（续）

新标准（GB/T 786.1—2009）		旧标准（GB/T 786.1—1993）	
名称及说明	符　号	名称及说明	符　号
两条管路的连接标出连接点	*0.75M*	连接管路	
两条管路交叉没有节点表明它们之间没有连接		交叉管路	
可调节的机械电子压力继电器		压力继电器	详细符号　　一般符号
温度计		温度计	
液位指示器（液位计）		液面计	
流量计		流量计	
压力测量单元（压力表）		压力计	
过滤器		过滤器	
离心式分离器		—	—

（续）

新标准（GB/T 786.1—2009）		旧标准（GB/T 786.1—1993）	
名称及说明	符　号	名称及说明	符　号
不带冷却液流道指示的冷却器		冷却器	
液体冷却的冷却器		冷却器	带冷却剂管路
加热器		加热器	
隔膜式充气蓄能器（隔膜式蓄能器）		蓄能器（气体隔离式）	
囊隔式充气蓄能器（囊式蓄能器）		蓄能器（一般符号）	
活塞式充气蓄能器（活塞式蓄能器）		—	—
手动排水式油雾器		油雾器	
气源处理装置		气源调节装置	

（续）

新标准（GB/T 786.1—2009）		旧标准（GB/T 786.1—1993）	
名称及说明	符　号	名称及说明	符　号
空气干燥器		空气干燥器	
油雾器		油雾器	
真空发生器		—	—
带集成单向阀的单级真空发生器		—	—
吸盘		—	—
手动排水流体分离器		分水排水器	人工排出 自动排出
自动排水流体分离器			
带手动排水分离器的过滤器		空气过滤器	人工排出　自动排出

附录 B 部 分 题 解

第 二 章

2-16 $°E_{40} = 230/51 = 4.5$，因为$°E > 3.2$，$\nu = 7.6°E - 4/°E = 33$，所以该种油牌号为L-HH。

2-17 当$F = 200N$时，在小活塞上产生的力$F' = 750F/25 = 6000N$，所以在柱塞缸处所产生的起重力$G = D^2 F/d^2 = 34^2 × 6000N/13^2 = 41041N$。

2-18 另一种液体的密度$\rho_2 = h_1 \rho_1 / h_2 = 60 × 1 × 10^3 (kg/m^3)/75 = 0.8 × 10^3 kg/m^3$。

2-19 汞柱高度$h = 0.101325 × 10^6 mm/(13.6 × 10^3 × 9.81) = 760mm$，油柱的高$h = 0.0981 × 10^6 m/900 × 9.81 = 11.11m$。可见测压计中的液体不可以用油。

2-20 1）$F = A_1 W/A_2 = 1 × 10^4 N$；2）$v_2 = 0.1m/min$，$v_3 = 5m/min$。

2-21 因为$p_1 - p_2 = \rho g \Delta h$，$v_1 = q/A_1$，$v_2 = q/A_2$，

列出理想液体的伯努利方程：$p_1/\rho + v_1^2/2 = p_2/\rho + v_2^2/2$，

所以 $\Delta h g = (v_2^2 - v_1^2)/2, 2\Delta h g = (1/A_2^2 - 1/A_1^2)q^2$；

经整理可得到 $q = A_1 A_2 [2\Delta h g/(A_1^2 - A_2^2)]^{1/2}$。

2-22 设容器内深度为h处为Ⅰ—Ⅰ截面，小孔孔外处为Ⅱ—Ⅱ截面，列出理想液体的伯努利方程：$p_1/\rho + v_1^2/2 = p_2/\rho + v_2^2/2$，因为面积$A_1 \gg A_2$，所以可认为$v_1 = 0$，小孔外处的压力$p_2 = 0$，化简可得$p_1/\rho = v_2^2/2$，而$p_1 = W/A + \rho g h$，所以$v_2 = (2W/\rho A_1 + 2gh)^{1/2}$；当$W = 0$时，$v_2 = (2gh)^{1/2}$。

2-23 雷诺数$Re = vd/\nu = 5 × 16 × 10^{-3}/(20 × 10^{-6}) = 4000$，所以为湍流沿程阻力系数$\lambda = 0.3164 × 4000^{-0.25} = 0.0395$；

沿程压力损失：$\Delta p_y = \lambda(1/d)(\rho v^2/2)$

$= 0.0395 × 3.84 × 900 × 25 Pa/(2 × 16 × 10^{-3}) = 1.07 × 10^5 Pa$

局部阻力损失：$\Delta p_j = (\sum \zeta)\rho v^2/2$

$= (1.12 × 2 + 2 + 0.3) × 900 × 5^2 Pa/2 = 0.51 × 10^5 Pa$

管路中的总压力损失：$\Delta p_z = 1.58 × 10^5 Pa$

第 三 章

3-21 泵的流量$q = Vn\eta_v × 10^{-3} = 100kW × 1450 × 0.95 × 10^{-3} L/min = 137.75 L/min$

泵的输出功率$P_o = pq/60 = 10 × 137.75 kW/60 = 22.96 kW$

泵的输入功率$P_i = P_o/\eta = 22.96 kW/0.9 = 25.51 kW$

3-22 排量$V = 6.66 Z m^2 B = 6.66 × 12 × 0.4^2 × 3.2 mL/r = 40.92 mL/r$

泵的理论流量$q_t = Vn × 10^{-3} = 40.92 × 1450 × 10^{-3} L/min = 59.33 L/min$

泵的实际流量 $q=q_t\eta_v=59.33\times0.8L/min=47.47$L/min

泵的输出功率 $P_o=pq/60=2.5\times47.47$kW/$60=1.98$kW

泵需电动机的驱动功率 $P_i=P_o/\eta=1.98$kW/$(0.9\times0.8)=2.75$kW

3-23 快进时双泵供油,所需电动机驱动功率:

$$P_i=p(q_1+q_2)/(60\eta)$$
$$=1\times46\text{kW}/(60\times0.8)=0.96\text{kW}$$

工作进给时,小泵供油,大泵卸荷,所需电动机驱动功率:

$$P_i=(p_1q_1+p_2q_2)/(60\eta)$$
$$=(0.3\times40+4.5\times6)\text{kW}/(60\times0.8)=0.81\text{kW}$$

所以该双联泵可选用功率为 1.1kW 的电动机。

3-24 1) 当 $V=16$mL/r 时,泵的偏心距为:

$$e=V/(2\pi Db)=16\text{cm}/(2\times3.14\times8.9\times3)=0.95\text{mm}$$

2)泵的最大偏心:$e_{\max}=(D-d)/2=0.3$cm

所以泵的最大排量为:$V=2\pi De_{\max}=50.33$mL/r

3-25 泵的排量:$V=(\pi/4)d^2D\tan\gamma Z=74.93$mL/r

泵的理论流量 $q_t=Vn\times10^{-3}=74.93\times960\times10^{-3}L/min=71.93$L/min

泵的实际流量 $q=q_t\eta_v=71.93\times0.98L/min=70.49$L/min

泵所需电动机驱动功率:

$$P_i=Pq/(60\eta)=10\times70.49\text{kW}/(60\times0.9\times0.98)=13.32\text{kW}$$

3-26 1) 液压马达的理论转矩:

$$T_t=pV/(2\pi)=10\times10^6\times200\times10^{-6}\text{N}\cdot\text{m}/2\pi=318.3\text{N}\cdot\text{m}$$

2) 马达的理论流量:

$$q_t=Vn\times10^{-3}=200\times500\times10^{-3}\text{L/min}=100\text{L/min}$$

因为马达的容积效率 $\eta_v=\eta/\eta_m=0.75/0.9=0.833$

所以马达的实际流量 $q=q_t/\eta_v=100$L/min$/0.833=120$L/min

3) 马达的输出功率:$P_o=2n\pi T/(1000\times60)=10.47$kW

马达的输入功率:$P_{Mi}=P_o/\eta=10.47$kW$/0.75=13.96$kW

3-27 1) 泵的流量:$q_p=V_pn_p\eta_{pv}\times10^{-3}=10\times1450\times0.9\times10^{-3}L/min=13.05$L/min 泵的驱动功率:

$$P_{pi}=p_pq_p/(60\eta_p)=10\times13.05\text{kW}/(60\times0.9\times0.9)=2.685\text{kW}$$

2) 泵的输出功率 $P_{po}=p_pq_p/60=10\times13.05kW/60=2.175$kW

3) 液压马达的输出转速:

$$n_M=q_p\eta_v\times10^3/V_M=13.05\times0.9\times10^3\ (\text{r/min})\ /10=1175\text{r/min}$$

4) 液压马达的输出转矩:$T_M=P_{po}\eta_{Mv}\eta_{Mm}/(2\pi n)=2.175\times10^3\times0.9\times0.9\times60N\cdot$m$/(2\pi\times1175)=14.35N\cdot$m

5) 液压马达的输出功率:

$$P_M=P_{pi}\eta_p\eta_M=2.685\times0.9^4\text{kW}=1.76\text{kW}$$

第　四　章

4-3　$A = \pi(D^2 - d^2)/4 = 40.05\,\text{cm}^2$；$v = 8\,\text{cm/s} = 4.8\,\text{m/min}$

$q = vA/10 = 4.8 \times 40.05\,(\text{L/min})/10 = 19.2\,\text{L/min}$

4-4　惯性力：$F_g = m\Delta v/\Delta t = 980 \times 7\text{N}/(0.2 \times 60) = 572\text{N}$

液压缸的有效面积：$A = \pi d^2/4 = 38.5\,\text{cm}^2$

所需的供油压力：

$$p = (1960 + 572 + 980 \times 9.8)\text{Pa}/(38.5 \times 10^{-4}) = 3.156 \times 10^6\,\text{Pa} = 3.156\,\text{MPa}$$

所需的流量：$q = vA/10 = 7 \times 38.5\,(\text{L/min})/10 = 26.95\,\text{L/min}$

4-5　缸内径：$D = [4(F + F_\mu)/(\pi P)]^{1/2}$

$$= [4(20000 + 1200)/(\pi 5 \times 10^6)]^{1/2}\,\text{cm} = 7.35\,\text{cm}；取\ D = 8\,\text{cm}$$

缸有效面积：$A = \pi D^2/4 = \pi \times 8^2\,\text{cm}^2/4 = 50.27\,\text{cm}^2$

工进速度：$v = 0.04\,\text{m/s} = 2.4\,\text{m/min}$

所需泵的流量：

$$q = vA/[10(1 - 0.1)] = 2.4 \times 50.27\,(\text{L/min})/(10 \times 0.9) = 13.4\,\text{L/min}$$

所需电动机功率：

$$P_i = pq/(60\eta) = 5 \times 13.4\,\text{kW}/(60 \times 0.85) = 1.31\,\text{kW}$$

4-6　可按泵的流量和快进速度计算活塞杆的直径 d 和缸的内径 D

$$d = [40q/(\pi v)]^{1/2} = [40 \times 25/(\pi \times 5)]^{1/2}\,\text{cm} = 7.98\,\text{cm}；取\ d = 8\,\text{cm}$$

$$D = 8/0.71\,\text{cm} = 11.2\,\text{cm}\quad 取\ D = 11\,\text{cm}\quad A = \pi \times 11^2\,\text{cm}^2/4 = 95\,\text{cm}^2$$

液压缸的工进压力：$p = F/A = 25 \times 10^3\,\text{MPa}/(95 \times 10^{-4}) = 2.63\,\text{MPa}$

工进时缸的流量：$q = vA/10 = 95 \times 1\,(\text{L/min})/10 = 9.5\,\text{L/min}$

4-7　$b = 8q/[\omega(D^2 - d^2)] = 8 \times 25 \times 10^3/[60 \times 0.7 \times (24^2 - 8^2) \times 10^{-4}]\,\text{m}$

$= 0.093\,\text{m} = 9.3\,\text{cm}$

$T = pb(D^2 - d^2)/8 = 2 \times 10^6 \times 0.093 \times (24^2 - 8^2) \times 10^{-4}\,\text{N} \cdot \text{m}/8$

$= 1190.4\,\text{N} \cdot \text{m}$

4-8　1）当 $F_1 = F_2$ 时，$F_1 = F_2 = p_1 A_1/1.8 = 0.9 \times 10^6 \times 100 \times 10^{-4}\text{N}/1.8 = 5000\text{N}$，$v_1 = \dfrac{10q_1}{A_1} = \dfrac{10 \times 12}{100}\,\text{m/min} = 1.2\,\text{m/min}$，$v_2 = \dfrac{A_2}{A_1}v_1 = \dfrac{80}{100} \times 1.2\,\text{m/min} = 0.96\,\text{m/min}$

2）当 $F_1 = 0$ 时，$F_2 = p_1 A_1/0.8 = 0.9 \times 10^6 \times 100 \times 10^{-4}\text{N}/0.8 = 11250\text{N}$，$v_1 = \dfrac{10q_1}{A_1} = 1.2\,\text{m/min}$。

$q_2 = \dfrac{v_1 A_2}{10} = \dfrac{1.2 \times 80}{10}\,\text{L/min} = 9.6\,\text{L/min}$，$v_2 = \dfrac{10q_2}{A_1} = \dfrac{10 \times 9.6}{100}\,\text{m/min} = 0.96\,\text{m/min}$

3）当 $F_2 = 0$ 时，$F_1 = p_1 A_1 = 0.9 \times 10^6 \times 100 \times 10^{-4}\text{N} = 9000\text{N}$，$v_1 = 1.2\,\text{m/min}$，$v_2 = \dfrac{A_2 v_1}{A_1} = \dfrac{80 \times 1.2}{100}\,\text{m/min} = 0.96\,\text{m/min}$

第 六 章

6-3

中位机能	O 型	H 型	Y 型	P 型	M 型
换向位置精度高	✓				✓
系统卸荷		✓			✓
系统保压	✓	✓	✓	✓	
使液压缸能浮动		✓	✓	✓	
起动平稳		✓	✓	✓	

6-8　由图中特性曲线可知，当溢流阀的压力低于拐点处的限定压力时，其流量稍有变化就会引起较大的压力波动。当阀的流量为 1L/min 时，其压力（4.4MPa）低于拐点压力，所以工作稳定性能较差。通常，应使溢流阀有 2~3L/min 的最小溢流量。

6-10　a）图所示液压系统的泵处于卸荷状态，泵出口处的油无压力。

　　　 b）图所示液压系统的泵出口油的压力为 9MPa。

6-11　缸下腔有效面积：$A_2 = \pi(D^2 - d^2)/4 = 40\text{cm}^2$

顺序阀的调整压力：$p_s \geq W/A_2 = 16 \times 10^3 \text{MPa}/(40 \times 10^{-4}) = 4\text{MPa}$

活塞上升时需克服的惯性力：

$F_g = (W/g)(\Delta V/\Delta t) = (16 \times 10^3/9.8) \times [6/(0.1 \times 60)]\text{N} = 1633\text{N}$

溢流阀的调整压力：

$p_y \geq (W + F_g)/A_2 = (16 \times 10^3 + 1633)\text{MPa}/(40 \times 10^{-4}) = 4.4\text{MPa}$

6-12　活塞运动时，A、B 两点的压力均为 0.5MPa。活塞停止运动并夹紧工件时，B 点处压力为 1.5MPa；A 点处的压力为 5MPa。

6-17　1）$p_1 = F/A_1 = 2 \times 10^4 \text{MPa}/(5 \times 10^{-3}) = 4\text{MPa}$

　　　　由图可知：$q_1 = 20\text{L/min}$

所以 $v_1 = q_1/A_1 = 20 \times 10^{-3}(\text{m/min})/(5 \times 10^{-3}) = 4\text{m/min}$

　　　2）$P = pq/60 = 4 \times 20\text{kW}/60 = 1.33\text{kW}$

　　　3）$v_2 = q/A_2 = \dfrac{40 \times 10^{-3}}{(2.5 \times 10^{-3})}\text{m/min} = 16\text{m/min}$

6-18　1）$v_1 = q/A_1 = \dfrac{6 \times 10^{-3}}{(100 \times 10^{-4})}\text{m/min} = 0.6\text{m/min}$

　　　　$v_2 = q/A_2 = \dfrac{6 \times 10^{-3}}{(50 \times 10^{-4})}\text{m/min} = 1.2\text{m/min}$

　　　2）$v_1 = q/A_2 = \dfrac{6 \times 10^{-3}}{(50 \times 10^{-4})}\text{m/min} = 1.2\text{m/min}$

　　　　$v_2 = q/A_1 = \dfrac{6 \times 10^{-3}}{(100 \times 10^{-4})}\text{m/min} = 0.6\text{m/min}$

　　　3）$v_{\min} = \dfrac{0.05 \times 10^{-3}}{100 \times 10^{-4}}\text{m/min} = 0.005\text{m/min} = 5\text{m/min}$

可见，节流阀放在进油路上与放在回油路上，所得到往复运动速度的快慢正好相反，设计时应予以注意。另外，节流阀放在与无杆腔相连的油路上时，能得到较低的最低速度。

6-20 采用单泵供油时，系统的效率：

$$\eta = 4.5×2×0.8/(5×25) = 5.8\%$$

采用双联泵供油时，系统的效率：

$$\eta = 4.5×2×0.8/(5×4+0.12×25) = 31.3\%$$

可见，当快、慢速读的差比较大时，采用双联泵供油能提高系统的效率。

6-23 1）单向阀接反，应改正。2）调速阀接反，箭头应朝上。3）行程阀应采用常开型。4）压力继电器应放在调速阀与液压缸相连的油路上。5）换向阀中位处，左边背压阀回油路应与右边回油路交换位置。

第 七 章

7-9

电磁铁		1YA	2YA	3YA	4YA	5YA	6YA
动作	装件夹紧	−	−	−	−	−	−
	横快进	+	−	−	−	−	−
	横工进	+	−	+	−	−	+
	纵工进	+	+	+	+	−	+
	横快退	−	+	−	+	−	−
	纵快退	−	−	−	−	−	−
	卸下工件	−	−	−	−	+	−

参 考 文 献

[1] 高殿荣，王益群. 液压工程师技术手册 [M]. 2版. 北京：化学工业出版社，2016.

[2] 丁树模. 机械工程学 [M]. 5版. 北京：机械工业出版社，2015.

[3] 许同乐. 液压与气压传动 [M]. 北京：中国质检出版社，2006.

[4] 张群生. 液压与气压传动 [M]. 3版. 北京：机械工业出版社，2015.